SMINTHEION STUDIES II

KALKOLİTİK GÜLPINAR MİMARİSİ VE MEKÂNSAL KULLANIMI

İÇDAŞ®

Bu kitap İÇDAŞ'ın katkılarıyla basılmıştır.

EGE YAYINLARI

Smintheion Studies II
KALKOLİTİK GÜLPINAR MİMARİSİ VE MEKÂNSAL KULLANIMI
ABDULKADİR ÖZDEMİR

ISBN 978-605-7673-98-5
Sertifika No.: 47806

Kapak ve Sayfa Tasarımı
Aydın TİBET

Baskı
Fotokitap Fotoğraf Ürünleri Paz. ve Tic. Ltd. Şti.
Oruçreis Mah. Tekstilkent B-5 Blok No: 10-AH111
Esenler / İstanbul - Türkiye
Tel: 90 (212) 629 0385 – 90 (541) 231 1887
Sertifika No: 47448

Yapım ve Dağıtım
Zero Prodüksiyon
Kitap-Yayın-Dağıtım San. Ltd. Şti.
Abdullah Sokak, No: 17, Taksim, 34433 İstanbul
Tel: 0212 244 7521 Faks: 0212 244 3209
E.mail: info@zerobooksonline.com
www.zerobooksonline.com

SMINTHEION STUDIES II

KALKOLİTİK GÜLPINAR MİMARİSİ VE MEKÂNSAL KULLANIMI

ABDULKADİR ÖZDEMİR

İÇDAŞ®

İçdaş'ın katkılarıyla…

ege

Ayşem'e…

İÇİNDEKİLER

BÖLÜM III

SUNUŞ

Çanakkale İli'nde, Kültür ve Turizm Bakanlığı bünyesinde gerçekleştirilen, prehistorik dönemlerden klasik çağlara kadar uzanan arkeolojik kazılar, bölgenin dünya tarihi açısından ne kadar önemli olduğunu gözler önüne sermiştir. Bölge için önemli arkeolojik alanlardan biri olan Apollon Smintheus Kutsal Alanı da (Smintheion), tarafımızdan (Prof. Dr. Coşkun Özgünel'in) 1980 yılından günümüze kadar olan çalışma, çaba ve özverileri sonucunda bugünkü önemli konumuna gelmiştir. Smintheion Kutsal Alanı'nda yer alan ve Hellenistik Dönem'e tarihlenen tapınak, Homeros'un önemli eserlerinden İlyada Destanı'nda anlatılan Truva Savaşı'nın sahnelerinin betimlendiği frizleri ile ünlüdür. Ege ve Doğu Akdeniz'den ilgili ziyaretçileri ağırlayan yerleşim alanındaki kazılar, yaşadığımız ve çalıştığımız bölgeye yeni ve kültürel bakış açıları getirmiştir.

Çanakkale'nin kültür tarihi ortaya çıkarılırken, İÇDAŞ Grubu; Smintheion, Parion, Troia, Alexandria Troas, Assos, Maydos gibi arkeolojik alanlarda yapılacak kazılara sponsor olmuş; ülkemizdeki bilimsel arkeoloji araştırmalarının gelişmesinde ilkleri sunmuştur. Troas-Çanakkale bölgesinin, Dünya kültür tarihi içinde yer almasını sağlarken, öncelikle yayın hayatına önem vermiştir. Yayınlanan belgelerle Anadolu kültürleri ile Batı arasındaki iletişimin sağlanmasında, İÇDAŞ hep öncü olmuştur. İÇDAŞ Grubu, son yıllarda Çanakkale İli'nde yürütülen kazılara destek vermede ilkleri ortaya koyması yanında, Çanakkale İli sınırları içinde; yörenin ekonomik, sosyolojik, eğitimsel ve gençlerle-çocuklara sunduğu olanaklarla, bir kentin yaşam standartlarının gelişmesine büyük katkılarda bulunma büyüklüğünü de göstermiştir. Gülpınar Apollon Smintheus kazıları emekli başkanı olarak; Troas turizm rotasına özgün bir kazı alanı olarak kattığımız yörenin tanınmasında, İÇDAŞ Grubunun maddi ve manevi yardımlarının her ortamda, tarafımızdan hatırlanması bize büyük gurur ve onur vermektedir. Arkeoloji alanına büyük katkılar sunan İÇDAŞ, yörede sponsor olarak desteklediği kazılara ait yayın-kitap çalışmaları, Grubun salt ticaretle değil, hümanist yaklaşımları ışığı altındaki düşünceleri sonunda, ortaya konulan emeklerin yayınlanması ile bizleri mutlu kılmıştır. Emekli bir kazı başkanı olarak; tüm İÇDAŞ yöneticilerine ve çalışanlarına teşekkür etmek bizim için büyük onurdur.

İÇDAŞ Grubu'nun destekleriyle, hem klasik dönem hem de prehistorik döneme ait alanlarda gerçekleştirilen arkeolojik kazı çalışmaları sonucunda ortaya çıkarılan yeni bulguların yayınlanmasına aralıksız olarak devam edilmektedir. Bu kapsamda, "Smintheion Studies" adı altında yayın hayatına başlayan yeni bir kitap serisinin ilk kitabı Davut Kaplan tarafından hazırlanan; "Smintheion Studies I: Roma Hamamları ve İlgili Yapılar" olmuştur. Bu serinin ikinci kitabı da başkanlığımdaki kazılar sırasında ekip üyesi olarak katılan Abdulkadir Özdemir tarafından hazırlanan; "Smintheion Studies II: Kalkolitik Gülpınar Mimarisi ve Mekânsal Kullanımı" adlı yapıttır. Bölge arkeolojisi için önemli olan bu monografi, Smintheion Kutsal Alanı öncesine tarihlenen Kalkolitik Dönem'e ait arkeolojik kazıların sonuçlarını göstermesi açısından oldukça önemlidir. Tüm kalbimizle desteklemeye devam ettiğiniz ve kuşkusuz devam ettireceğiniz Smintheion arkeolojik alan kazılarının sonuçlarının bu yayınlar sayesinde daha geniş kitlelere yayılmasında unutulmaması gereken bir gerçek olmalıdır. Ülkemiz üreticileri-sanayicileri, kültürel alanlarda İÇDAŞ'ın açtığı bu onurlu yola katılmaları, tek temennimizdir.

Sevgi ve Saygılarımla

Prof. Dr. A. Coşkun ÖZGÜNEL
Ankara Üniversitesi
Dil ve Tarih-Coğrafya Fakültesi
Arkeoloji Bölümü Üyesi
Gülpınar Apollon Smintheus Kazıları Onursal Başkanı
Babakale 2021

SUNUŞ

Kalkolitik Gülpınar, Kuzeybatı Anadolu'da, Çanakkale İli, Ayvacık İlçesi'nin Gülpınar Köyü-Belde'sinde Apollon Smintheus Kutsal Alanı (Smintheion) sınırları içinde yer alır. "Gülpınar/Apollon Smintheus Örenyeri Arkeolojik Kazıları" 1980 yılından günümüze değin devam etmektedir. Başkanlığımda 2019 yılına kadar süreçte 40. yılını kutlayan kazılar, 2020 yılından itibaren öğrencim Doç. Dr. Davut Kaplan tarafından devam ettirilmektedir. Troas bölgesinde devam eden altı kazının İÇDAŞ tarafından maddi ve manevi katkılarla devam etmesi içeriğinde, Smintheion'daki arkeolojik çalışmaların da katkıları ile, Çanakkale- Troas'ın kültürel zenginliğine katkısını sürdürmesi de kutlanmaya değer bir borçtur.

Başkanlığımda devam eden "Apollon Smintheus Kutsal Alanı'nda" yapılan kazı çalışmaları sırasında kültür tabakaları altında; önce Dr. J. Seheer ve daha sonra Kalkolitik çalışmaların alan sorumlusu Prof. Dr. T. Takaoğlu tarafından yaklaşık olarak İ.Ö. 5300-4450 arasına tarihlenen, tarih öncesi bir yerleşim alanı ortaya çıkarıldı. Bu açıdan Smintheion kutsal alanı, Eski Çağ Troas Bölgesi'nin ilk köy yerleşimlerinden biri olarak Arkeoloji yazınında yerini aldı. Troas bölgesinde sistemli arkeolojik kazısı yapılan tek Kalkolitik merkez olan Gülpınar, ayrıca Troia öncesi kültürlerin varlığına ve nasıl bir yaşam biçiminin varlığına dair önemli bilgi ve kanıtları bilimsel içerikte ortaya koymuştur. Okuyacağınız çalışma, bu bilimsel çalışmalara ışık tutma başarısını gösteren yapıtlardan biridir.

Yapılan kazı çalışmalarında kabaca 12 dönümlük bir alan araştırılmış, Geç Neolitik evreden başlayan yaşamın, Erken Kalkolitik ve Orta Kalkolitik Dönem'e ait somut bulgular gün ışığına çıkarılmıştır. Çalışma içeriği Kalkolitik Dönem'e ait olan mimari unsurlarla birlikte, günlük yaşamda kullanılan nesnelerle beraber ele alınmış ve Kalkolitik Gülpınar'lıların yaşam biçimi anlaşılmıştır. Mimari kalıntıların yanı sıra, günümüzden 7 binyıl öncesinde yaşamış toplulukların, besin hazırlama ve tüketim alanları, kasaplık faaliyetleri, hasırcılık, dokumacılık gibi zanaatları hakkında da fikirler elde edinilmiştir.

Dr. A. Özdemir, 2004-2014 kazı sezonları arasında başkanlığımda sürdürülen "Kalkolitik Gülpınar" kazılarından elde edilen mimari kalıntıları kazı üyesi olarak; doktora tezi ile bilimsel yazına dökmeği başaran gençlerden biri olmuştur. Özdemir, 2013 yılında, "Kalkolitik Smintheion (Gülpınar) Yerleşiminde Hasırcılık ve Dokumacılık" adlı Yüksek Lisans tezi ile başarıyla mezun olmuş ve devamında tarafımdan verilen çalışma ve yayın izinleriyle; "Kalkolitik Gülpınar (Smintheion) Yerleşimi Mimarisi ve Mekânsal Kullanımı" adlı Doktora çalışması ile 2017 yılında Çanakkale Onsekiz Mart Üniversitesi Arkeoloji Bölümü'nde, Prof. Dr. Turan Takaoğlu yönetiminde Edebiyat Dr. unvanını almayı başarmıştır.

Büyük emeklerle hazırlanan bu çalışma Çanakkale-Troas bölgesinin dip tarihinde, Bademli - Coşkuntepe Neolitik yerleşmesinden sonra Troia öncesi bir tarihsel yaşamın Kalkolitik dünyasındaki mekân ve mimari konut ve yapılaşmanın Troas bölgesinde ne ölçekte olduğunu, Dr. Özdemir bilimsel ve somut delillerle ortaya koyma başarısını göstermiştir. Bu çalışmanın İÇDAŞ'ın katkılarıyla "Smintheion Studies II" nci bantı olarak yayınlanması bölge arkeolojisi için önemli bir katkıdır.

İÇDAŞ olarak, Gülpınar kazılarına 2011 yılından itibaren her türlü maddi ve manevi katkıları sürdüren yönetim kurulu üyelerine şükranlarımızı sunmak bize onur verir. İÇDAŞ'ın Çanakkale-Troas bölgesinin kültürel ve sosyal yaşamına kattığı yardımlarla, 1980'li yıllarda bir taşra kenti olan, sadece Çanakkale savaşları ve Troia ile tanınan kent, İÇDAŞ'ın hümanist yaklaşım ve çabalarıyla; bölgenin tarihsel süreçte, başka önemli arkeolojik alanlara ve farklı kültürlerin yaşamlarına yeni boyutlar kazandırılmasına olanak sağlamıştır. Bu bağlamda Kalkolitik Gülpınar Mimarisi ve Mekânsal Kullanımı adlı çalışma, 11 kazı sezonu boyunca büyük emeklerle kazılan Apollon Smintheus'un toprağının altından ortaya çıkarılan ve günümüzden 7 bin yıl öncesinin bir köy yaşantısını, bütün yönleriyle ortaya koymada özveriyle başarılan bir yapıttır.

Prof. Dr. A. Coşkun ÖZGÜNEL
Ankara Üniversitesi
Dil ve Tarih-Coğrafya Fakültesi
Arkeoloji Bölümü Üyesi
Gülpınar Apollon Smintheus Kazıları Onursal Başkanı
Ankara 2021

ÖNSÖZ

Doktora Tez çalışmam olan *"Prehistorik Gülpınar (Smintheion) Yerleşimi Mimarisi ve Mekânsal Kullanımı"* adlı çalışma ile 2017 yılında Çanakkale'den mezun oldum. Elinizdeki bu kitap, doktora tezimin gözden geçirilmiş ve düzenlenmiş halidir. Bu kitap, Batı Anadolu Arkeolojisinin bilinmeyen MÖ 5500-4500 arasına tarihlenen yerleşimlerinden olan Kalkolitik Gülpınar'ın mimarisinin anlaşılmasına odaklanmıştır.

Bu çalışma, Kalkolitik Gülpınar yerleşiminde 2004-2014 kazı sezonları arasında sürdürülen kazılarda ortaya çıkarılan mimari kalıntıların, 2017 yılına kadar ki değerlendirilmesini kapsamaktadır. Kitabın bilimsel tüm sorumluluğu bana aittir.

Çanakkale İli Ayvacık İlçesi Gülpınar beldesinde Apollon Sminthcus Kutsal Alanı (Smintheion) kazıları sırasında tespit edilen prehistorik yerleşiminde 2004 ile 2014 yılları arası yapılan arkeolojik kazılarda ortaya çıkarılan Kalkolitik dönem (Gülpınar II ve Gülpınar III) mimari buluntularını 2017 yılına kadar değerlendirir. Bu çalışmanın konusunu oluşturan MÖ 5320-4940 tarihi arasında iskân edilen Gülpınar II yerleşimi Erken Kalkolitik 2 dönemine ve hemen bunun üzerine MÖ 4930-4450 tarihleri arasında kurulan Gülpınar III yerleşimi ise Orta Kalkolitik döneme atfedilmiştir. Her iki evrede ele geçen yerleşime ait mimari kalıntılar değerlendirilirken yerleşim organizasyonu, inşa teknikleri, yapı tipleri, yapı malzemeleri, mimari ve bunlarla ilişkilendirilen materyal kültür öğeleri arasındaki bağlantı ve insan ve mekânlar arasındaki davranışsal ilişki gibi konular dikkate alınarak değerlendirmeler yapılacaktır. Arkeolojide mekân analizi konusunda çok farklı yöntemler kullanılmış olmasına rağmen bu çalışmada yöntem olarak Taban Dizim Analizi Yöntemi tercih edilmiştir. Bu çalışmanın sonuçları Gülpınar II ve Gülpınar III evreleri yerleşmeleri arasında bir boşluk olmamasına rağmen her iki yerleşim arasında devamlılık ve kesinti sergileyen unsurlar olduğunu ortaya koyar. Tanımlanan mimari yapılar, mimari döşemleri ve faaliyet alanların incelenmesi yoluyla yerleşim boyutunda mekân kullanımı ve mimari ile onları kullanan insanlar arasındaki davranışsal bağlantılar açıklanmaya çalışılmıştır. Batı Anadolu Kalkolitik dönem ile ilgili mimari verilerin oldukça sınırlı olduğu göz önüne alındığında bu çalışmanın bölge ve dönem arkeolojisine önemli bir katkı yapacağı söylenebilir.

Bu çalışmayı gerçekleştirmemi sağladıklarından dolayı; Apollon Smintheus Kutsal Alanı içinde bulunan, Gülpınar Kazıları bünyesinde prehistorik yerleşim kazılarını yürüten doktora tez danışmanım, değerli hocam Prof. Dr. Turan TAKAOĞLU'na teşekkür ederim. 2004 yılından beri Smintheion ekibi parçası olmama izin veren, maddi ve manevi desteklelerini esirgemeyen ve bu kitabın basılmasına öncülük eden Gülpınar-Smintheion Kazıları Onursal Başkanı Prof. Dr. A. Coşkun ÖZGÜNEL'e ve Kazı Başkanı Doç. Dr. Davut KAPLAN'a teşekkürlerimi sunmak isterim. Bu çalışmaya görüşleriyle destek veren Prof. Dr. Burçin ERDOĞU'ya, Prof. Dr. Özlem ÇEVİK'e, Prof. Dr. Erhan ÖZTEPE'ye, Prof. Dr. Göksel SAZCI'ya, Doç. Dr. Davut KAPLAN'a ve Doç. Dr. Yusuf ACIOĞLU'na teşekkürü borç bilirim. Kitabın bilgisayar ortamında mimari çizimlerini yapan ve hemen her konuda yardım eden yol ve çalışma arkadaşım Dr. Öğr. Üyesi A. Onur BAMYACI 'ya çok teşekkür ederim. Ayrıca bu çalışmalarım sırasında görüş, öneri ve katkılarını esirgemeyen meslektaşlarım Doktorant Serhan MUTLU'ya ve Dr. Öğr. Üyesi Meral BAŞARAN MUTLU'ya içtenlikle teşekkür ederim.

Gülpınar kazılarının resmi sponsoru olan ve bu kitabında basılmasını sağlayan İÇDAŞ Grubu'na maddi ve manevi katkılarından dolayı teşekkürlerimi sunarım. Troas bölgesinin Troia öncesi kültürlerinin aydınlatılmasına önemli bir katkı sunacağını düşündüğüm bu çalışmamın kitaba dönüştürülerek geniş kitlelere ulaşmasını sağlayan İÇDAŞ yöneticilerine ve çalışanlarına ne kadar teşekkür etsem azdır.

Çanakkale Onsekiz Mart Üniversitesi Arkeoloji Bölümü 1. sınıf öğrencisi iken, Gülpınar projesine başlayacağını ve benim de katılmamı teklif eden doktora hocam Prof. Dr. Turan TAKAOĞLU ile yollarımız 2003 yılında birleşti. 1. sınıftan itibaren arkeoloji serüvenim boyunca lisans, yüksek lisans ve doktorada birlikte çalışma fırsatı bulduğum, bütün bilgi ve tecrübe birikimini aktaran, bilim insanı olarak örnek aldığım Turan hocama ne kadar teşekkür etsem azdır. Her zaman hoş görülü yanıyla hatalarımı örten, iyi bir bilim insanı olabilmem için elinden gelen gayreti sarf eden ve bir abi şefkatiyle yaklaşan tavırlarıyla hayatımda önemli bir yere sahiptir. Bugün bu satırları yazıyorsam doktora hocamın sayesindedir. Arkeolojiyle buluşmamı sağlayan, sevdiren ve hala sürekli yönlendiren, özellikle de bu yolda akademisyen olmamı sağlayan Turan hocamdır. 2003 yılında Gülpınar projesine beni dahil ettiğin teşekkür ederim. Bu çalışma aslında birlikte çalıştığımız Turan hocamın da eseridir. Bana bu çalışmayı doktora tez konusu olarak verdiği için kendimi çok şanslı hissediyorum. Turan Hocama layık bir doktora öğrencisi olarak akademik hayatıma devam edip, doktora sonrası ne kadar yayın yaparsam yapayım, bunların doktora öncesi kazandığım bilgi birikimi sayesinde olduğunun da altını çizmek isterim.

Ve son olarak çalışmalarım süresince verdiğim bütün rahatsızlıklar başta olmak üzere bana sürekli sabır gösteren, hemen her konuda yanımda olan ve hiçbir zaman desteğini esirgemeyen, özellikle de arazide bu çalışmanın mimari çizimlerini birlikte yaptığım meslektaşım, sevgili eşim Doktorant Ayşe ÖZDEMİR'e ve bu çalışma süresince yeteri kadar ilgi gösteremediğim cennet kokulu yavrum Hüseyin'e ne kadar teşekkür etsem azdır. Bittabi ki, öğrenim hayatım boyunca hemen her konuda yanımda olan, her zaman maddi ve manevi desteklerini üzerimden eksik etmeyen annem ve babama da sonsuz teşekkürler.

Dr. Abdulkadir ÖZDEMİR
Elazığ 2021

SÖZLÜK

Avlu	Mimaride mekân dış yapı döşemi olan, yerleşimin merkezinde yer alan veya mekânların cepheleriyle sınırlandırılan ve mekânlarla bağlantılı günlük aktivitelerin gerçekleştirildiği üstü açık alan.
Besin Hazırlama Alanı	Materyal kültür öğelerinin mekân içindeki ya da dışındaki mimari döşemlerin olduğu alanlarda birlikte ele geçtiği, (topluluğun birlikte hareket ederek) daha çok gündelik besin ihtiyaçlarını karşılamaya yönelik aktivitelerin gerçekleştirildiği alanlardır.
Erzak/Çöp Çukuru	Yerleşim insanları tarafından ana toprağa kazılarak oluşturulan çukurlar, önce erzak depolamak için kullanılmış, daha sonra zamanla çöp çukurlarına dönüştürülmüştür.
Çamur harç	Nehir veya çay kenarlarında bulunan dinlenmiş kilimsi yapıdaki çamurun (veya ana toprağın sulandırılmasıyla elde edilen çamurun) taş örgülü duvar yapısında kullanılan taşları birleştirici maddedir.
Faaliyet Alanı	Materyal kültür öğelerinin iç ya da dış mimari döşemlerin olduğu alanlarda birlikte ele geçtiği, daha çok günlük aktivitelerin gerçekleştiği alanlardır.
Kuru Duvar	Bağlayıcı madde olarak toprağın kullanılması yoluyla örülen taş duvar tekniği.
Mekân	İnsan ve nesneler arasındaki ilişkinin çift yönlü geliştiği, yapı, oda veya konut içi veya dışı yaşam faaliyetlerinin gerçekleştirildiği yerlerdir.
Ocak	Mimaride iç veya dış yapı döşemi olan, seramik yapımında kullanılan kilin, açık alanın veya mekânın zeminine sıkıştırılarak ya da basılarak serilmesi/yerleştirilmesi ile oluşturulan ve zamanla pişmeden kaynaklı sertleşmiş yapı döşemidir. Ocaklar yemek pişirme ve ısınma gibi günlük faaliyetlerde kullanılır.
Payanda	Mimaride yerleşimi çevreleyen veya sınırlayan çevre duvarı olarak adlandırılan diğer duvar yapılardan farklı olarak, kalın ve sağlam bir şekilde örülen duvar yapılarını desteklemek amacıyla kullanılan dikdörtgen planlı taşıyıcı. Payeler özellikle çevre duvarının dış yüzeyine inşa edilir.
Pise	"Masif kerpiç" ya da "dökme kerpiç" olarak adlandırılan kilimsi toprak yapısının su ile karıştırılarak yoğun bir kıvama getirilen çamurun sıkıştırılması ile duvarlarda uygulanan tekniktir.
Seki	Mekân iç veya dış yapı döşemi olarak kullanılan üzeri taş döşeli ve zeminden yükseltilmiş yapı döşemi.
Yapı	Birbiriyle ilişkisi kurulan, bir veya daha fazla odadan oluşan birim.

KISALTMA

(© GKP)	(© Gülpınar Kazı Projesi).

TABLOLAR LİSTESİ

BÖLÜM I

BÖLÜM II

BÖLÜM III

ŞEKİLLER LİSTESİ

BÖLÜM I

BÖLÜM II

BÖLÜM III

GİRİŞ

Anadolu arkeolojisinde 1960'li yılların başlarından itibaren prehistorik toplumların yaşam ilkeleri ve sosyo-ekonomik yapılarını anlamlandırmak için yapılan çalışmaların sayısının arttığı görülmektedir. Bu tür çalışmaların artmasında ağırlıklı olarak Vere Gordon Childe'ın öncülük ettiği Neolitik Devrim (*Neolithic Revolution*) ve Şehircilik Devrimi (*Urban Revolution*) adlı iki temel kavramın teorilerini arkeolojik olarak sağlam temellere oturtmak için Neolitik ve Kalkolitik Dönemler üzerine yoğunlaşan çalışmalar önemli rol oynadığı tartışma götürmez. Böylelikle Anadolu arkeolojisi özelinde avcılık ve toplayıcılığa dayalı göçebe yaşam biçimin bırakılıp yerleşik düzene dayalı örgütlü köy toplumların ortaya çıkışı ve Anadolu'da şehirciliğe giden yolda proto-urban sürecin gelişmesi gibi Anadolu kültür tarihinde meydana gelen iki ana kültürel değişim süreci üzerine önemli teoriler ortaya konmuştur. Neolitik ve Kalkolitik Dönem üzerine Anadolu arkeolojisinde yapılan bu arkeolojik çalışmalar arasında prehistorik insanların mimarisi, mekân kullanımı ve yerleşim mantığı gibi konularda da çok önemli yer tutar. Çünkü bu mantıkla mimari ile bunu inşa eden ve kullanan insanlar arasındaki davranışsal ilişkilerin ortaya konulmasının ve mimari ile materyal kültür öğeleri arasındaki bağlantısını anlaşılmasının önü açılmış olur. Bu konuyu farklı yönleriyle ortaya koymak için ve ortaya atılabilecek arkeolojik teorileri test edebilmek için son yıllarda arkeolojik kazıları yapılan, Kuzeybatı Anadolu kıyı yerleşimlerinden olan ve mimarisi ile dikkat çeken Gülpınar ilgi çekici bir örnek olabilir. Bu bağlamda, "Kalkolitik Gülpınar Mimarisi ve Mekânsal Kullanımı" adlı bu çalışmam MÖ 5320 ile 4450 arasına tarihlenen Kalkolitik Gülpınar yerleşimi insanlarının mimarisi ve mekân kullanımı üzerine yoğunlaşarak mekân ve insan arasındaki davranışsal ilişki konusunda yeni düşünceler ve veriler ortaya koymayı amaçlar. Bugüne kadar yapılan çalışmalarda Prehistorik Gülpınar kazılarında Gülpınar II ve Gülpınar III Kalkolitik Dönem'e aittir ve bu çalışmanın ana konusunu oluşturur. Bu çalışmada, bu iki evreden radyokarbon tarihlemesine göre MÖ 5320-4940 arası iskân gören Gülpınar II Erken Kalkolitik 2 dönem'e, MÖ 4930-4450 arasında iskân gören Gülpınar III ise Orta Kalkolitik Döneme atfedilmektedir. Geriye kalan Gülpınar I Geç Neolitik dönemi temsil etmektedir. Yunan, Roma ve Erken-Orta Bizans Çağları da tanımlanmaktadır.

2004 ve 2014 yılları arası kazıları yapılan Gülpınar yerleşimi kuzeybatı Anadolu bölgesi mimarisi ve mekânsal kullanımı konusunda arkeolojik veriler sunan nadir yerleşimlerdendir. İleride de detaylı olarak değinileceği üzere Troas bölgesinde daha önce kazısı yapılan Kumtepe ve Beşik-Sivritepe gibi MÖ 5. bin yıla ait bulgular sunan iki kilit yerleşim maalesef mimari açıdan çeşitli nedenlerden dolayı oldukça zayıf bulgulara sahiptir. Özellikle Batı Anadolu arkeolojisi özelinde Neolitik Dönem sonu (MÖ 5700/5600) ile Geç Kalkolitik Dönem (MÖ 4300-3200) arasındaki dönemi tanımlayabilecek mimari veriler oldukça sınırlıdır. Yaklaşık olarak Erken Kalkolitik (5700/5600-4900) ve Orta Kalkolitik Dönem (MÖ 4900-4300) arasını kapsayan bin yıl gibi uzun bir süre içinde Batı Anadolu genelinde ne tür mimari geleneklerin olduğu ve bu yerleşimlerim ne tür mekânsal kullanım kurguları olduğu konuları hakkındaki verilerin oldukça sınırlı olduğunu söylemek yanlış olmayacaktır. Son yıllarda Batı Anadolu arkeolojisinde yapılan çalışmalar özellikle Erken ve Orta Kalkolitik Dönemleri yeniden tanımlamamıza olanak sağlamıştır (Çevik 2018; Erdoğu 2018). Özellikle Orta Batı Anadolu'da Ulucak ve kuzeybatı Anadolu'da Uğurlu kazıları şimdiye kadar bilinenin tersine Erken Kalkolitik Dönem'in kendi içinde iki alt döneme ayrılması gerektiğini gösterir (Erdoğu ve Çevik 2020: Fig 2). Bu düşüncede Neolitik Dönem'in sonu olarak kabul edilebilecek 5700/5600 tarihinden yaklaşık MÖ 5300 tarihine kadar olan 300 yıllık sürecin "Erken Kalkolitik 1" olarak tanımlanabileceğini ve bunu izleyen MÖ 5300 ve 4900 arası süren yaklaşık 400 yıllık bir evre ise "Erken Kalkolitik 2" olarak nitelenebilir. Erken Kalkolitik 1 evresi Batı Anadolu'da Ulucak ve Uğurlu gibi sınırlı sayıda yerleşimde görülürken Erken Kalkolitik 2 evresi aralarında Gülpınar'ın olduğu çok sayıda yerleşimden bilinmektedir.

Erken Kalkolitik 2 evresinde (MÖ 5320-4900) iskân gören Gülpınar II yerleşimi ve Orta Kalkolitik Dönem'in neredeyse tamamına yakın bir sürecinde iskân gören Gülpınar III yerleşimi (MÖ 4930-4450) hem kuzeybatı Anadolu özelinde hem de Batı Anadolu genelinde mimari ve mekânsal kullanım konularında yeni bilgi ve belgeler sunar. Bu bakımdan Erken Kalkolitik 2 ve Orta Kalkolitik Dönem Gülpınar mimari buluntularının genel anlamda mimari, yerleşim mantığı, mekânsal kullanım ve yerleşim organizasyonu, gündelik yaşam faaliyetleri, nesnelerin mekân içi ve dışında nasıl kullanıldığı ve mimari ile onlarla birlikte bulunan materyal kültürü öğeleri arasındaki bağlantının anlaşılması gibi konularda bilgiler ortaya konabilir. Çünkü bu döneme ait Kumtepe ve Beşik-Sivritepe gibi Kuzeybatı Anadolu'nun diğer yerleşimlerinde mimari buluntular neredeyse yok denecek düzeydedir.

Kuzeybatı Anadolu da Tunç Çağı yerleşimi Troya'nın ilk iskân edildiği MÖ 3200 tarihi öncesinde bölgede ne tür kültürlerin var olduğu konusu hep merak konusu olmuştur. Prehistorik Gülpınar kazılarının en önemli yanı bu yüzden sözü edilen Troya yerleşiminin öncesinde bölgede gelişen kültürleri tanımlama konusunda yeni değerlendirmeler yapmaya olanak sağlar. Tunç Çağı öncesine ait yerleşimlerde karşılaşılan en büyük problem, genelde kısa dönemli iskân edildiğinden ve yüzey üzerinde höyük benzeri oluşumlar şeklinde kolay tespit edilemediğinden ancak tesadüf sonucu gün ışığına çıkmaktadır. Bu bağlamda Gülpınar prehistorik yerleşiminin de 1970'li yıllarda Apollon Smintheus Kutsal Alanı (Smintheion) içinde gerçekleştirilen Roma hamamı kazı çalışmaları sırasında ve Beşik-Sivritepe yerleşimine ait izlerin de bir tümülüs araştırması sırasında tespit edildiğinin altı çizilmelidir. Dolayısıyla, Kalkolitik Dönem iskân izleri taşıyan ve mevcut verilere göre MÖ 5320-4450 yılları arasına tarihlenen

Kalkolitik kültür katmanlarına sahip Gülpınar yerleşimi bölge kültür tarihine ışık tutan yerleşimler arasında yer alır.

Bu çalışma, Çanakkale ili, Ayvacık ilçesi, Gülpınar beldesinde yürütülen Gülpınar (Smintheion) kazılarında ele geçen Erken Kalkolitik 2 Dönemi'ne ait Gülpınar II ve Orta Kalkolitik Dönem'e ait Gülpınar III yerleşiminde ortaya çıkarılan mimari kalıntıları ve onları inşa ederek kullanan insanların davranış özelliklerini ortaya koymak hedeflenmiştir. Bu hedefe ulaşmak için konut veya özel amaçlı kullanılan yapılar, bu yapılar dışında bulunan hane yaşamı ile ilgili depolama, yemek hazırlama ve pişirme gibi önemli faaliyet alanları mekân-insan ilişkileri yönünden tanımlanmıştır. Batı Anadolu genelinde ve Kuzeybatı Anadolu özelinde Kalkolitik yerleşimlerde yürütülen kazılarda Gülpınar'da olduğu gibi nitelikli mimari verilerin bu ana kadar belirlenememiş olması sebebiyle araştırma konusu olarak Gülpınar Kalkolitik mimarisi ve mekân kullanımı bu araştırmaın konusunu önemli hale getirdiğini söylemek gerekir.

Yöntemsel açıdan kitabın birinci bölümü, Batı Anadolu Kalkolitik Dönem mimarisi konusunda 2017 yılına kadar arkeolojik kazılar sırasında ele geçen arkeolojik verilerin bütüncül olarak değerlendirilmesi yapılmıştır. Bu tür bütüncül bir değerlendirmenin Kalkolitik Gülpınar mimari buluntularının daha iyi bir şekilde anlamlandırılmasına yardımcı olması beklenmektedir. Bu çalışma kapsamında incelenen Batı Anadolu'da Kalkolitik Dönem, kronolojik olarak sorunlu olan, yaklaşık olarak MÖ 5700/5600 ve 3200 yılları arasına tarihlendirilmektedir. Batı Anadolu'da Kalkolitik Dönem, Anadolu'nun topografik yapısına, mimaride görülen bölgeler arası değişkenliklere ve kazılan yerleşim yerlerindeki ortak materyal kültürüne dayanarak Kuzeybatı Anadolu, Orta Batı Anadolu, Güneybatı Anadolu gibi alt bölgelere ayrılabilir. Burada Kalkolitik Gülpınar yerleşimi ile çağdaş belli başlı bazı yerleşimlerin mimari kalıntıları ayrıntılı bir şekilde incelenmiş ve tanıtılmıştır. Bu mantıkta Erken Kalkolitik ve Orta Kalkolitik Dönemler'de Batı Anadolu'nun diğer yerleşimlerinde görülen mimari kalıntıların benzerlerinin araştırılarak karşılaştırılmalar yapılmıştır. Karşılaştırma amaçlı incelenen bu yapıların ne tür bir işlevsellik içerdiği ve mekânların hangi amaçlara yönelik kullanımları konusunda arkeolojik verilerin değerlendirilmesi Gülpınar yerleşiminde ortaya çıkan mimarinin tanımlanmasına yardımcı olması beklenmektedir.

İkinci bölümde, Gülpınar II (Erken Kalkolitik 2) ve Gülpınar III (Orta Kalkolitik) adları altında iki ana kültür katmanını detaylı olarak tanıtılır. Her iki evreye ait mimari kalıntılar ile ilişkilendirilen materyal kültürü (çanak çömlek, figürinler, sürtme taş aletler, çakmaktaşı ve obsidiyen aletler, kemik aletler, metal aletler vb.) ve geçim ekonomisi ile ilgili veriler genel hatlarıyla burada tanımlanmaktadır. Gülpınar II ve Gülpınar III evreleri arasında materyal kültürü ve geçim ekonomisi bağlamlarında gözlemlenen benzerlik ve farklılıkların ortaya konulması mimari ve mekânsal kullanım açısından ortaya konulacak olası benzerlik ve farklılıkların algılanmasına yardımcı olacağı düşünülmektedir. Bu bölümde geçim ekonomisi açısından her iki evre arasında devamlılık veya kesinti olup olmadığının arkeolojik olarak gösterilmesine de önem verilmektedir. Bu kapsamda kazılar sırasında ele geçen bitki ve hayvan kemikleri analizleri sonucuna da özel önem verilecektir. Çünkü özellikle besin üretim veya besin hazırlama faaliyetleri mekân kullanım analizi çalışmalarında çok özel bir öneme sahiptir. Her iki evrede ortaya çıkarılan çok sayıda bu tür faaliyet alanları geçim ekonomisi arkeolojik göstergelerinin çalışılmasının mekân analizi için ne kadar önemli olduğunu gösterir.

Üçüncü bölümde, Kalkolitik Dönem'e ait Gülpınar II ve Gülpınar III evrelerine ait mimari veriler detaylı irdelenmiştir. Gülpınar kazılarında ortaya çıkarılan farklı boyut ve işlevlerde dörtgen ve dikdörtgen planlı odalar ile çeşitli boyut ve niteliklerde besin hazırlama alanları belirlenmiştir. Kalkolitik Dönem'e ait mimari kalıntılar en genel hatlarıyla Gülpınar II (Erken Kalkolitik 2) ve Gülpınar III (Orta Kalkolitik) adları altında iki ana kültür katmanıyla ilişkilendirilmektedir. Yerleşimde mimari evrelerin her yerde üst üste gelmemesi, yerleşim yerinin zamanla artan nüfus karşısında yatay olarak genişlediğine işaret eder. Bu yüzden konu olarak bu çalışma kapsamında mimari katmanlaşmanın boyutları ve tabakalar arasındaki ilişkiler detaylandırma yoluna gidilmiştir. Buna rağmen bu iki ana evre arasında mimari açıdan ne tür bir devamlılık veya kesinti olduğunun da ortaya koyulması gerekmektedir. Her ne kadar Gülpınar II ve Gülpınar III evreleri arasında ciddi bir zamansal kesinti görülmesine rağmen Gülpınar III evresinde yeni bir yerleşim organizasyonuna gidildiği söylenebilir. Bu yeniden organizasyon sırasında Gülpınar II evresine ait bazı yapıların ve duvarlarının değişikliklere rağmen kullanılmaya devam ettiği görülür. Örneğin Gülpınar II evresine ait bazı odaların korunmuş duvarları ve taş temelleri Gülpınar III sırasında tekrar kullanılıp bunlara yeni unsurlar eklenmesi yoluyla yeni odalar oluşturulduğu görülür. Arkeolojik katmanlar arasındaki ilişki ortaya konulduktan sonra Gülpınar II ve Gülpınar III evreleri arasında mimari ve mekân kullanımı açısından ne tür benzerlik veya farklılıklar olduğu ne bir şekilde gösterilmiştir. Bu doğrultuda hem Gülpınar II hem de Gülpınar III evrelerinde ele geçen mimari yapılar ve mimari döşemlerin detaylı tanımlaması yapılmıştır.

Yöntemsel açıdan Kalkolitik Gülpınar mimari kalıntıların değerlendirilmesi: Kalkolitik Gülpınar mimarisinde birbiriyle ilişkisi kurulan, bir veya daha fazla odadan oluşan birimler yapı olarak değerlendirilmiştir. Her iki Kalkolitik evrede tespit edilen mekânlar, insan ve nesneler arasındaki ilişkinin çift yönlü geliştiği, yapı, oda veya konut içi veya dışı yaşam faaliyetlerinin gerçekleştirildiği yerler olarak değerlendirme kapsamına alınmıştır. Bunlara ek olarak Gülpınar topluluğunun, materyal kültür öğelerinin mekân içindeki ya da dışındaki mimari döşemlerin olduğu alanlarda birlikte ele geçtiği, daha çok besin hazırlama ve tüketme aşamalarına yönelik gündelik aktiviteleri gerçekleştirdiği mekânlar, besin hazırlama alanları kapsamında değerlendirilmiştir.

Kitabın ana konusunu mimari ve mekânsal kullanım oluşturmaktadır. Yerleşmenin mimarisi çalışılırken odaklanılan başlıca sorular: a) yerleşim yapısı; b) oda plan tipleri; c) mekân içi ve dışı aktiviteler; d) mekânlar arası bağlantılar; e) mekân ve buluntuları arasındaki ilişki; e) iç ve dış mimari döşemler; f) besin hazırlama alanları / avlu işlevleri. Bu kapsamda yerleşmenin mimarisi, mekân ve besin hazırlama alanlarında/avluda gerçekleştirilen aktiviteleri, buluntuların mekânsal dağılımları, mekânların kullanım amaçları, iç ve dış mimari döşemleri, mekân içi yaşam faaliyetleri ve ölü gömme geleneği gibi konular değerlendirilmiştir. Diğer bir deyişle, yerleşme içerisindeki mekânların ne için kullanıldıkları ve bu mekânların içinde ve dışında bulunan öğelerin mekânlar arasındaki bağlantısı ortaya koyulmaktadır. Ayrıca yerleşmenin yapı/oda yapım teknikleri ve inşa sırasında hangi tür malzemelerin kullanıldığını hakkında bilgiler verilecektir. Yapılar içerisinde yer alan mimari döşemlerin daha çok günlük aktivitelerin gerçekleştirildiği alanlar olduğu, sekilerin bazılarının işlik olarak kullanıldığı, ocakların besin pişirmenin yanı sıra mekânı ısıtmada kullanıldığı gibi bilgiler ortaya koyulmuştur. Bir yapının yaşam alanı olarak kullanıldığını taban üzeri veya dolgusundaki buluntuların mekânlar arası dağılımına bakarak tespit edildiğinin altı çizilmelidir. Mekânlar içerisinde yemek hazırlama ve pişirme gibi besin hazırlama ve tüketme aşamalarının yanı sıra, alet üretimi ve uyuma gibi günlük yaşamsal fonksiyonların nasıl ve ne şekilde gerçekleştirildiğini ortaya koymaktır. Ağırlıklı olarak mekânsal kullanım için benimsenen plan ve yapım tekniklerinin ortaya konulması, ham madde temini ve ne tür malzeme kullanıldığının belirlenmesi ve yerleşimin sınırları gibi konularına açıklık getirilmeye çalışılmıştır. Mekânların dışında veya avlularda belirlenen besin hazırlama alanlarında gerçekleştirilen besin üretimi ve tüketimi yanında nesne üretimi gerçekleştirilen işlik alanları tanımlanmaktadır.

Yöntemsel olarak her iki Kalkolitik evrede ele geçen yerleşime ait mimari kalıntılar ve bunlarla ilişkilendirilen materyal kültür öğeleri arasındaki bağlantı, mekânların içindeki *in situ* buluntulara ek olarak 0,20/0,25 m kadarki mekân dolgusundan ele geçen buluntular da dikkate alınarak, insan ve mekânlar arasındaki davranışsal ilişki gibi konular değerlendirilmeye çalışılmıştır.

Bu konuyla ilişkili olarak ayrıca metodolojik açıdan 2004 ve 2014 yılları arasında yürütülen arkeolojik kazılar sırasında ele geçen tüm mimari kalıntılar küçük buluntular ile ilişkilendirilerek belgelendiğinin altı çizilmelidir. Diğer bir deyişle buluntular kontekstleri, arazideki dağılımları ve konumlarıyla birlikte değerlendirilmiştir. Arazide tespit edilen buluntuların konumu GPS yardımıyla belgelenmiş ve tüm veriler dijital ortama aktarılarak bir veri bankasında toplanmıştır. Prehistorik yerleşimde yaz aylarında gerçekleştirilen kazı çalışmaları esnasında, mimari yapıların çizimleri gerek klasik çizimi ile, gerekse AutoCad ile alınan ölçümlerin bilgisayara aktarılıp çizimi ile yapılmış olup, kazı sonrası ise bilgisayar ortamında mimari çizimlerin kontrolü ve mimari katmanların çizim işlemlerinin yapıldığının altı çizilmelidir.

Batı Anadolu da hem Erken Kalkolitik 2, hem de Orta Kalkolitik Dönemler'e ait mimari buluntuların oldukça sınırlı olduğu göz önüne alındığında Gülpınar II ve Gülpınar III buluntularının ne denli öneme sahip olduğu anlaşılmaktadır. Gülpınar da 2004 ve 2014 yılları arasında Kalkolitik Dönem'e ait arkeolojik buluntulara ulaşmak için yapılan çalışmalarda kamulaştırma sorununun ve bütçe yetersizliklerinin bu çalışmayı belirlenen hedeflere ulaşma adına oldukça engel yarattığının da altını çizmekte yarar vardır. Tüm bu zorluklara rağmen mümkün olduğu kadar prehistorik katmanlar için oldukça dikkatli çalışmalar yapılıp mimari ve insan arasındaki davranışsal bağlantıyı ortaya koymak amacıyla belgeleme çalışmaları yapılmaya özen gösterilmiştir.

BÖLÜM I

BATI ANADOLU KALKOLİTİK DÖNEM MİMARİSİ

Kalkolitik Dönem'de Batı Anadolu arkeolojisinin kendi içerisinde hala bir terminoloji ve kronoloji problemi yaşadığı konusu tartışma götürmez (Erdoğu ve Çevik 2015; 2020). Özellikle Geç Neolitik Dönem'in sonuyla beraber Erken Kalkolitik Dönem'e geçiş süreci bölge arkeolojisini önemli sorunlarından biridir (Çevik 2018). Hatta birçok noktada her iki dönem arasında bir kültürel kesinti yokmuşçasına "Geç Neolitik/Erken Kalkolitik" şeklinde bir kavram kullanılması gelenek haline gelmiştir. Anadolu'da ilk arkeolojik kazılardan itibaren ülkenin doğusundan batısına kalıp olarak kullanılmak istenen terminoloji ve kronolojilerin son 20 yılda artan kazıların çokluğu ve buna bağlı olarak arkeolojik bilgilerin sürekli yenilendiği düşünüldüğünde, Kalkolitik Dönem'in MÖ 6000 civarı başlatılması gibi yaklaşımların artık geçerliliğini yitirdiği görülmektedir. Çünkü Anadolu geniş bir coğrafyaya sahip ve bu geniş coğrafyada kendi iç dinamiklerine bağlı olarak her dönemin aynı tarihsel çizgide başlanmadığı bilinmektedir. Böylesine değişken bir coğrafyaya ve farklı alt kültür bölgelerine sahip Anadolu'nun geçmişte tek bir kronolojik düzleme oturtulmaya çalışılması çabası birçok sorun ortaya çıkarmıştır (Erdoğu ve Çevik 2015: 31).

Bu bağlamda Anadolu Arkeolojisi'nde Neolitik Dönem'in MÖ 6000 yılında bittiği ve bu tarihin Kalkolitik Dönem'in başlangıcı olarak kabul edildiği, özellikle de bu tarihin Halaf Kültürünün görüldüğü Doğu Anadolu Bölgesi'nde Kalkolitik Dönem'e geçiş olarak kabul edildiği savı da yavaş yavaş terkedilmektedir. Yapılan son araştırmalar sonucunda ise Halaf'ın kültürel bir kırılma değil de Neolitik Dönem'in bir devamı niteliğinde olduğu anlaşılmıştır (Erdoğu ve Çevik 2015: 30). Batı Anadolu Bölgesi'nde ise MÖ 6000 yılı Geç Neolitik Dönem'in yaşandığı bir zaman dilimidir. Anadolu'nun Doğusu, İç bölgeleri ve Batısı bir bütün olarak ele alınıp Kalkolitik gibi bir dönemi tek bir tarihsel çizgi ile sınırlandırmanın ne kadar doğru olacağı da ayrıca tartışmaya açık bir konudur. Arkeolojide dönem ayrımı yapılırken tarihsel olarak Kalkolitik Dönem'in bakırın ergitilerek kullanımına dayandırılması da artık günümüzde geçerliliğini yitiren bir tezdir. Bakırın ilk kez Kalkolitik Dönem'de değil de öncesi Neolitik Dönem'de de kullanıldığı, Anadolu prehistoryasında önemli bir konuma sahip olan Çatalhöyük ve Çayönü gibi yerleşimlerin Neolitik tabakalarından bilinmektedir. Kalkolitik Dönem daha çok metal teknolojisinde ortaya çıkan gelişmelerle karakterize edilmişse de, dördüncü bin yılın sonundan itibaren filizlenmeye başlayacak şehir devletlerinin temellerinin de atıldığı proto-urban bir süreci de barındırmaktadır. Bu gelişmelerin tersine Kalkolitik Dönem Anadolu'nun bazı bölgelerde tükettiğinden fazlasını üretmeye çalışan Neolitik köy yaşantısının da özelliklerini koruyarak devam ettiren bir dönem olma niteliği de taşımaktadır. Anadolu'da Kalkolitik Dönem, bölgelere göre çok farklı kültürel özellikler göstermektedir. Güneydoğu Anadolu'da Halaf, Obeyd ve Uruk dönemleri olarak bilinen gelişkin kültürlerin görüldüğü bir dönemdir. Batı Anadolu Kalkolitik Dönem'i ise Güneydoğu bölgesinde tanık olunandan çok farklı bir gelişim süreci gösterir.

Bununla birlikte Batı Anadolu Kalkolitik araştırmaların Anadolu'nun diğer öğelerine kıyasla son dönemlere kadar çok gelişmiş olduğu söylenemez. Avrupa Dünyasının uygarlıkla tanışma sürecinde Neolitikleşme ve şehirleşme kavramlarını Yakın Doğu'dan batıya doğru yayılma sürecinde Vere Gordon Childe'ın Anadolu'yu karanlık bölge olarak nitelemesi bunun önemli göstergelerinden biridir (Childe 1928; 1936). Seton Lloyd ve James Mellaart tarafından 1954 ve 1959 yılları arası yapılan Beycesultan kazılarında ortaya konan birbirini izleyen 20 tabaka (XL-XX) Batı Anadolu'da Geç Kalkolitik Dönem'in varlığını kanıtlaması Kalkolitik Batı Anadolu arkeolojisi adına hiç şüphesiz önemli bir gelişmeydi (Lloyd ve Mellaart 1962). Bunu takiben James Mellaart'ın 1956 yılında Hacılar kazıları Batı Anadolu'da hem Neolitik hem de Kalkolitik süreçlerin tanımlanmasında önemli rol oynadı. James Mellaart'ın radyokarbon yöntemiyle varlığını kanıtladığı erken dönemler Batı Anadolu arkeolojisi için adeta bir devrim niteliğindedir (Mellaart 1970; 1978).

David French tarafından 1960'lı yıllarda İzmir ve Manisa çevrelerinde yapılan yüzey araştırmalarında tespit edilen yeni Neolitik ve Kalkolitik yerleşimler Batı Anadolu'nun aslında köklü bir Kalkolitik geleneğe sahip olduğunun izlerini sunmuştur (French 1967). Ardından James Mellaart (1969) ve David French (1961,1965 ve 1969) tarafından yapılan yüzey araştırmalarında Beycesultan Geç Kalkolitik tabakalarına benzeyen malzemelerin tespit edilmesi, Batı Anadolu genelinde çok sayıda Tunç Çağı öncesi yerleşimlerin varlığını doğrulamıştır. Aslında 1950'li yılların sonundan çok daha öncesinde Batı Anadolu'nun çok değişik yörelerinde Kalkolitik Dönem'e atfedilebilecek bulgulara rastlanılmıştı. Örneğin Kuzeybatı Anadolu'da Beycesultan'ın keşfinden çok daha önce Kalkolitik olarak tanımlanabilecek bulgulara rastlanılmıştı. Örneğin 1880'li yıllarda Heinrich Schliemann'ın o dönemki adıyla Beşikatepe olan Beşiktepe ve Hanay Tepe kazılarında ortaya çıkardığı Tunç Çağı öncesi bulgular ve 1930'lu yıllardaki Kumtepe kazıları gerekli ilginin artmasına sebep olmayı başaramamıştır (Schliemann 1880; Lamb 1932). 1980'li yıllardan sonra Batı Anadolu'da yapılan Aphrodisias-Pekmez Höyük, Karain Mağarası, Kuruçay, Kumtepe, Beşik-Sivritepe, Limantepe ve Bakla tepe gibi yerleşimlerde yapılan çalışmalar özellikle bölgede Geç Kalkolitik kültürlerin unsurlarının tanınmasına çok katkılar sağlamıştır.

1.1. KRONOLOJİ SORUNLARI

Anadolu'nun Kalkolitik Dönem araştırmaların geride kalması genelde MÖ 5500-3000 arasındaki dönemde Mezopotamya'ya göre daha küçük ölçekli ve daha az karmaşık toplumlara ev sahipliği yapmasıyla açıklanmaktadır (Düring 2011b). Ayrıca Anadolu'da Kalkolitik Dönem'le ilgili bilgi eksikliği olmasının ve bu dönemle ilgilenen az sayıda araştırmacının olmasının sebebini, finans kurumlarının bu tarihsel boşluğu doldurmaya yönelik araştırmalara finans sağlamakla ilgilenmedikleri konularıyla da ilgili görülür (Düring 2011a: 203; 2011b: 797).

Anadolu'daki ilk prehistorik kazı çalışmaları ve yüzey araştırmalarından pek azı Erken ve Orta Kalkolitik Dönemler'i araştırmaya yönelikti. Geçmişteki bu durumun aksine son 20 yıl içinde yapılan araştırmaların arasında, bilinmeyen bu dönemlerin aydınlatmaya yönelik projeler de yer almaktadır. Güçlü Mezopotamya izlerinin hissedildiği Güneydoğu Anadolu Bölgesi dışındaki farklı coğrafyalarda Kalkolitik Dönem'e tarihlendirilen Kuruçay, Güvercinkayası, İkiztepe, Orman Fidanlığı, Tepecik ve Gülpınar gibi yerleşimlerde yapılan kazılardan ele edilen sonuçlar Kalkolitik Dönem'in kendi içinde birçok farklı dinamiklere ve bilinmezliklere sahip olduğunu göstermiştir. Anadolu Arkeolojisi'nin kendi içerisinde doğusu ile batısı arasında kronoloji ve terminoloji problemi yaşadığı ortaya konulmuştur. Orta Anadolu'da yer alan Kalkolitik Güvercinkayası yerleşimi ile Kuzeybatı Anadolu'da yer alan Gülpınar arasında kültür farkı olduğu anlaşılmıştır. Bu problemin kaynağı Anadolu genelini tek bir kronoloji kalıbına oturtulmak istenmesinden kaynaklanmaktadır.

Batı Anadolu arkeolojisinde yapılan çalışmalarda Kalkolitik Dönem ayrımında "Erken Kalkolitik ya da Geç Kalkolitik" dönem ayrımlarının kullanımı yaygınken, "Orta Kalkolitik" dönem adlandırılmasının çok eski bir geçmişe sahip olmadığı görülmektedir. Güneybatı Anadolu da Elmalı Ovası'nda Tunç çağı öncesi araştırmaları yapan Christine Eslick Kızılbel ve Aşağı Bağbaşı gibi yerleşimlerde bulunan çanak çömleklere dayanarak ilk kez Batı Anadolu da bir "Orta Kalkolitik" var olduğunun altını çizmeye çalışmıştır (Eslick 1980). Eslick, Elmalı bölgesinde yapmış olduğu araştırmaların sonuçlarını yayınlarken yaptığı tarihlemeler sırasında daha çok Geç Neolitik/Erken Kalkolitik ve Geç Kalkolitik Dönem adlandırılmasını kullanırken detaylı çalıştığı Aşağı Bağbaşı buluntularının ne önceki Geç Neolitik/Erken Kalkolitik ne de sonraki Geç Kalkolitik Dönemle bağlantılı olmadığını göstererek Orta Kalkolitik olarak ayrı bir dönemin Batı Anadolu için tanımlanabileceğini göstermiştir (Eslick 1992: xviii). Yaklaşık aynı tarihlerde Jürgen Seeher, Karain Mağarası kazılarında ele geçen Kalkolitik buluntuları tanımlarken II. Tabaka buluntuları için "Orta/Geç Kalkolitik" ifadesi kullandığının da altı çizilmelidir (Seeher 1988: 221).

Batı Anadolu arkeolojisinin en önemli problemlerinden biri olan Erken Kalkolitik ve Geç Kalkolitik dönemleri arasındaki geçiş konusuna açıklamaya yönelik en ciddi çalışmalar Jak Yakar tarafından yapılmıştır (Yakar 1985; 1991). Bu çalışma haklı olarak Geç Kalkolitik Dönem'in Batı Anadolu kültür tarihinde yerleşim sayılarında ciddi bir artışın olduğu, bina inşa tekniklerinde önemli değişimlerin yaşandığı, bakıra dayalı metal teknolojisinde önemli gelişmelerin yaşandığı ve Erken Kalkolitik Dönem'e ait son derece gelişmiş Hacılar boyalı çanak çömleği yerine daha az nitelikli monokrom bir yeni çanak çömlek geleneğinin geldiği yeni bir gelişme evresi olduğunu vurgulamıştır (Yakar 1985: 121). Erken Kalkolitik ve Geç Kalkolitik Dönem arasında yaşanan bu değişimin altında yatan sebep nüfus artışı ve teknolojik değişim gibi iç faktörlerle açıklanabileceği gibi uzun mesafeli ticarette artış veya yeni halk grupların gelişi gibi dış etkenlere bağlı olarak da açıklanabilir (Takaoğlu 2004). Jak Yakar bu bağlamda 1980'li yıllarda bu değişimde göçebe veya pastoralist bazı grupların Güney Doğu Avrupa'dan gelip Türkiye Trakyası üzerinden Kuzeybatı Anadolu ve Orta Anadolu'ya ulaşmasının bir rolü olabileceği üzerinde durmuştur (Yakar 1985: 28). Benzer bir şekilde James Mellaart'ta Geç Kalkolitik kültürün ortaya çıkışında Balkanlarda yaşanan bazı felaketler sonrasında burada yaşayan bazı grupların bu bölgeden Batı Anadolu'ya gelmesinin bir rolü olabileceği konusundan bahseder (Mellaart 1998: 62). Bu tartışmanın temelinde Gumelnitsa-Karanovo VI kültüründe gözlemlenen tahribat ve Bulgaristan ve Romanya bölgesinde bulunan gözlemlenen yerleşim sayılarının azalışı önemli rol oynamış gibi görülmektedir.

Batı Anadolu'da Geç Kalkolitik kültürün ortaya çıkışında halk göçlerin önemini göz ardı eden teorik yaklaşımlar da bulunmaktadır (Özdoğan 1993). Bu dönemde yaşanan kültür değişimi bu dönemde mevcut olan bölgelerarası geniş bir iletişim ağı ile açıklanabilir. Özdoğan (1993: 176) Balkanlar, Türkiye Trakyası ve Kuzeybatı Anadolu'nun bu dönemde ortak bir kültürel oluşum bölgesi parçası olduğunu ve bu coğrafyada bulunan toplumların benzer coğrafik ve ekonomik şartlar altında hareket ettiğini ileri sürer. Bu bakımdan Geç Kalkolitik Döneme geçiş sürecinde veya öncesinde Güney Doğu Avrupa veya Balkan kültürleri ile Batı Anadolu kültürleri arasında gözlemlenebilecek benzerlikler sözü edilen kültürel oluşum bölgesi içinde mevcut olan kültürel iletişim ağlarından kaynaklanabilir. Sharon Steadman (1995) da benzer şekilde Trakya ve Anadolu'yu ayıran Balkanlar ve Anadolu arasında bir bariyer olmadığını ve her iki bölge kültürleri arasında görülen benzerliklerin aslında bölgelerarası olmaktan öte aynı bölge içi kültürel etkileşimlerden kaynaklandığının altını çizer.

Batı Anadolu Kalkolitik Dönemi'ne ait araştırmaları kapsamında Akhisar/Manisa bölgesinde yapılan Kulaksızlar mermer atölyesi yüzey araştırması ve Kuzeybatı Anadolu bölgesinde Gülpınar arkeolojik kazıları Batı Anadolu'da süregelen Orta Kalkolitik dönem tartışmalarına bir ölçüde katkılar sağlamıştır (Takaoğlu 2005a; 2006a). Batı Anadolu'da Çine Tepecik ve Ulucak gibi yerleşimlerden sınırlı veriler de gelse Orta Kalkolitik Dönem'e tarihlendiğini ve bu dönem yerleşimlerin haritalarda artık yer almaya başladığından bahsedilmektedir (Düring 2011a: 223). Batı Anadolu'nun Kalkolitik Dönem'i ile ilgili yapılan ilk araştırmalar neticesinde, Kuzeybatı Anadolu bölgesindeki Kumtepe IA, Beşik-Sivritepe, Gülpınar ve Alacalıgöl yerleşim kalıntılarının yüzeysel olduğu; geçici-kısa ömürlü, mobil yaşam şekline sahip pastoral göçebeler tarafından kullanılan yerleşimler şeklinde açıklanmaktadır (Düring 2011b: 799-801). Kuzeybatı Anadolu bölgesindeki son araştırmaların yayınlanmasının ardından ise bunun tam tersi olduğu, yerleşik yaşam biçiminin her aşamalarının izlenebildiği ve yerleşimcileri tarafından uzun süreli kullanılan yerleşimler olduğu anlaşılmaktadır. Örneğin Gülpınar yerleşiminin belirli bir yerleşim planına sahip olması, yeni bir mimari geleneğe sahip olması, çevre duvarına sahip olması, birçok yapının belirlenmesi ve yapıların tümüyle taştan inşa edilmesi Orta Kalkolitik mimarisi konusunda yeni verilerdir. Özellikle de yapı içlerinden elde edilen radyokarbon sonuçları bu durumu destekler niteliktedir. Tüm bu veriler Prehistorik Gülpınar'da uzun süreli bir yerleşimin var olduğuna işaret etmektedir (Takaoğlu 2015).

Batı Anadolu Kalkolitik Dönem tartışmaları devam ederken, bu döneme ait kültürlerin tarihlendirilmesinde son on yıla kadar; Erken Kalkolitik kültür Hacılar çok renkli seramik geleneği ile tanımlanırken; Geç Kalkolitik kültür ise Beycesultan erken evreleriyle özdeş tutulan koyu ve tek renkli seramik geleneği ile temsil edildiği şeklindeydi. Erken ve Geç Kalkolitik Dönem kültürleri arasındaki geçişi temsil eden problemli "Orta Kalkolitik" dönem hakkındaki bilgilerimiz ise oldukça sınırlıydı. Troas bölgesinde 1980'li yıllara kadar yapılan kazılarla birlikte, ilk defa MÖ 5 bin yılın ilk yarısına ait Kumtepe IA/Beşik-Sivritepe olarak nitelenen bir kültür kompleksinin varlığından bahsedilmiştir (Seeher 1987). Bu kültür kompleksinin Batı Anadolu'nun bilinmeyen Erken ve Orta Kalkolitik Dönemi'ni temsil edeceği, bu bölgede 2004 yılında başlatılan Prehistorik Gülpınar kazıları raporlarının yayınlanmasının ardından biraz daha anlaşılmaya başlamıştır (Takaoğlu 2006b; 2015). Batı Anadolu Kalkolitik Dönem kültürlerinin tanımlanmasında Gülpınar, Uğurlu II-III, Ulucak III, Limantepe VIII, Yeşilova, Yassıtepe III ve Çine-Tepecik IV gibi yerleşimlerden gelen bilgiler önemli bir rol oynamıştır. Bu dönemi temsil eden perdah bezemeli çanak çömleklerin yanı sıra, boynuz ve sepet biçimli kulplar, kaideli ve pencere ayaklı çanaklar, parmak baskı, beyaz boya, kazıma bezemeli çanak ve çömlekler karakteristiktir.

Batı Anadolu Kalkolitik Dönemi'ne yönelik araştırmaların azlığından kaynaklanan diğer bir problem ise; Geç Kalkolitik Dönem'in başlangıcına kadar olan dönem arasında kalan MÖ 4200-3600 yılları aralığıdır. Bu 600 yıllık boşluk şimdilik "bilinmeyen dönem" olarak görülmektedir. Bu dönem; Orta Kalkolitik Dönem'in devamı mı?, Geç Kalkolitik Dönem'in başlangıcı mı?, yoksa kendi iç dinamiğiyle farklı bir kültürel geleneğe sahip bir dönem mi? olduğu soruları şimdilik cevaplanmayı beklemektedir.

Kültürlerin Yakındoğu'dan batıya doğru yayılımında önemli bir konumda olan Batı Anadolu, tarih öncesi dönemlere ait araştırmaların özellikle son yıllarda yoğunlaşmasıyla birlikte, bir yandan yeni bilgiler katmasının yanı sıra, bir yandan da kronolojik sorunları beraberinde getirmiştir. Batı Anadolu'da Neolitik Dönem'in ne zaman bittiği ve Kalkolitik Dönem'in ne zaman başladığı ve ne zaman bittiği ile ilgili kronolojik ve terminolojik sorunlar hala tartışılmaya ve çözüm önerileri getirilmeye devam etmektedir (Erdoğu ve Çevik 2015; 2020).

Batı Anadolu da Kalkolitik Dönem ile ilgili farklı kronoloji öneri tabloları yer almaktadır. Bu kronoloji tablolarını öneren araştırmacılardan bazıları; kazısı yapılmış yerleşimlerin radyokarbon sonuçlarına göre, bazıları da yüzey araştırmalarından elde edilen seramik karşılaştırılmalarına göre kronoloji tabloları oluşturulmuştur. Bu araştırmacılardan Batı Anadolu konusunda prehistorik dönemlere ait araştırmalar ve kazılar yürüten Burçin Erdoğu ve Özlem Çevik son bilgiler ışığında, Batı Anadolu'daki yerleşimlerden ele edilen buluntuları ve radyokarbon sonuçlarını yeniden değerlendirerek Batı Anadolu geneli için öneri niteliğinde kronoloji tablosu hazırlamışlardır

(Erdoğu ve Çevik 2015: Tab.1; 2020: Fig.4). Problemli Kalkolitik Dönem ise anahtar yerleşmeler esas alınarak Erken 1 ve Erken 2, Orta ve Geç olarak dönemlere ayırmışlar. Şimdilik Batı Anadolu için önerilen bu kronolojiden yola çıkarak Kalkolitik Dönem tanımlanmaya çalışılmaktadır (Tab.1.1).

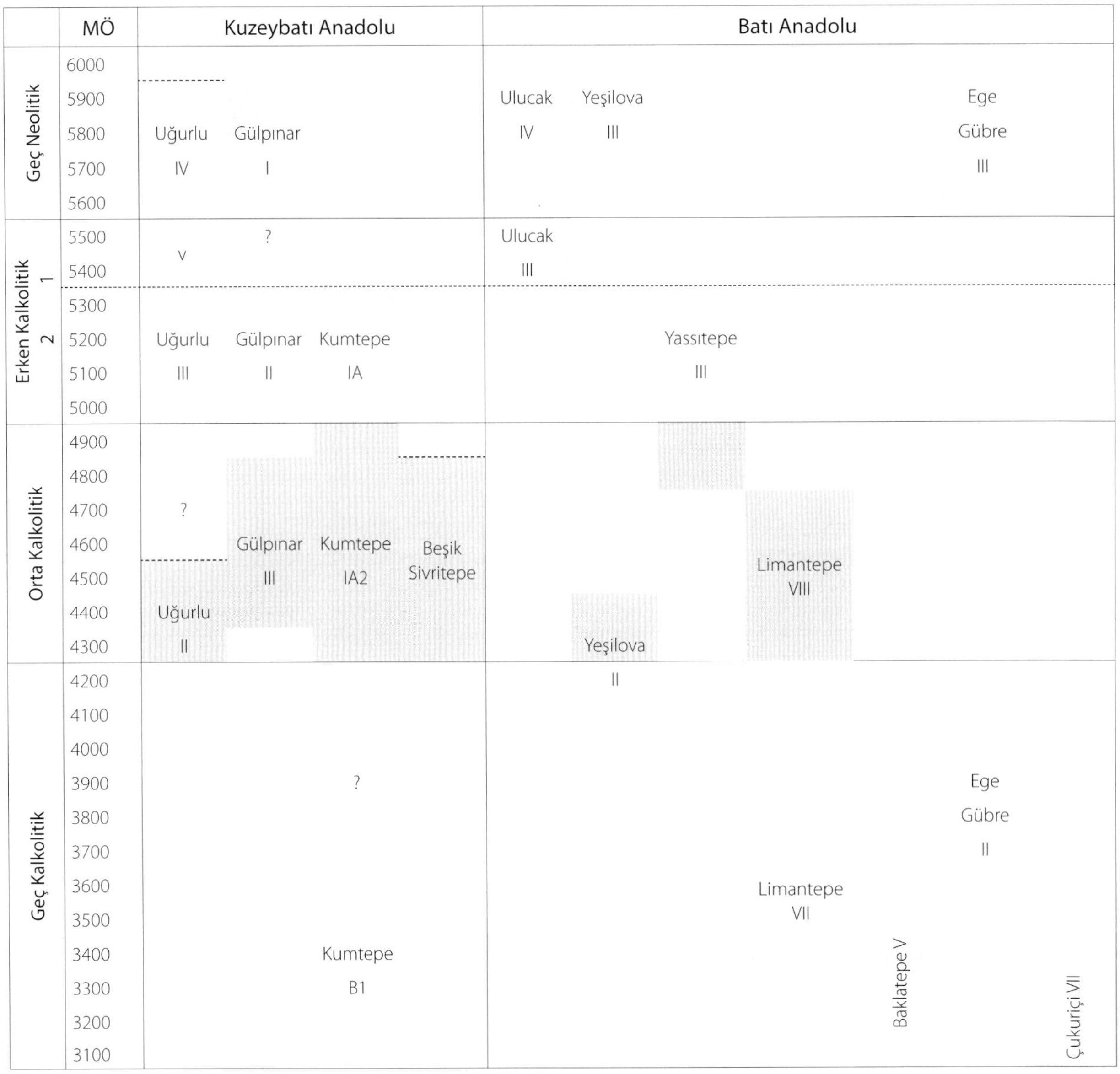

Tablo 1.1 C[14] sonuçlarına sahip Batı Anadolu prehistorik kültürlerinin kronolojik dağılımı önerisi.

Anadolu Kalkolitik Dönem'i araştırmalarına geniş bir bakış açısıyla yaklaşan Schoop, seramik karşılaştırmalarından yola çıkarak Anadolu geneli için Kalkolitik Dönem'i MÖ 6000-3000 yılları arasına tarihlemiştir (Schoop 2005a: 271, Tab.6.10, 272, Tab.6.11; 2005b; 2011). Schoop Kalkolitik Dönem'de Anadolu'yu 7 arkeolojik bölgeye ayırmıştır. Bunlar; Ege kıyıları, Marmara Bölgesi, Güneybatı Anadolu'da Göller Yöresi, Orta Anadolu Bölgesi (Bozkır Bölgesi), Kızılırmak Bölgesi, Porsuk-Sakarya Bölgesi ve Karadeniz Kıyılarıdır (Schoop 2005a: 18, Tab.1.1). Batı Anadolu Bölgesi'nden Ege kıyıları olarak bahsetmektedir. Daha sonraki çalışmalarında Anadolu Kalkolitik Dönem kronolojisi oluşturduğu gözlemlenmektedir (Schoop 2011). Buna ek olarak Anadolu'nun prehistorik dönemleri üzerine araştırmalar yapan Bleda S. Düring, Anadolu Kalkolitik Dönem'i ele alırken Batı Anadolu için Orta Kalkolitik Dönem yerleşimlerinden bahsetmiş, genel kronoloji önerisinde bulunmuştur (Düring 2011a: Tab.5.1, 219, 223). Troas bölgesi ve Gelibolu yarımadası için ise Stephan Blum kronoloji tablosu önerisinde bulunmaktadır (Blum 2014a: 809, Tab.34; 2014b: 128, Şek.3). Blum çalışmasında Troas bölgesinde sadece üç yerleşimde radyokarbon sonucu bulunduğundan, bölgede yapılan yüzey araştırmaları sonucu elde edilen malzemelerden yola çıkarak karşılaştırmalı bir tarihlendirme yapar.

Batı Anadolu'yu yakından ilgilendiren ve prehistorik çağlarda sürekli etkileşim içinde bulunulan Yunanistan ve Adaların Neolitik Dönem kronolojisi Peter Tomkins'e göre dönemlere ayrılmıştır (2009: Tab.1; 2014: Fig.1). Yunanistan kronolojisine göre Geç Neolitik ve Final Neolitik, Batı Anadolu kronolojisine göre problemli Kalkolitik Dönem'e denk gelmektedir. Peter Tomkins tarafından Ege dünyası (Yunanistan ve Adalar) için önerilen bu kronoloji, terminolojik olarak Batı Anadolu'dan farklı da olsa kronolojik bakımından tarihler uymaktadır.

1.2. BATI ANADOLU KALKOLİTİK DÖNEM MİMARİSİ

Batı Anadolu bölgesinde kronolojik olarak sorunlu olan, MÖ 5700/5600-3200 yılları arasına tarihlendirilen Kalkolitik Dönem'in, kendine özgü dönem özellikleri gösteren yerleşimleri, coğrafik bölgelere göre değerlendirilerek yayılım alanı belirlenmiştir (Şek.1.1). Batı Anadolu'da Kalkolitik Dönem öncesinde, Ön Neolitik Dönem olarak adlandırılan Ulucak Höyük'ün MÖ 7. Bin yıla tarihlenen VI. tabakasında dar alanda ortaya çıkarılan iki adet kireç tabanlı ve dörtgen planlı yapıdan yola çıkarak birbirine bitişik nizamlı bir yerleşim yapısına sahip olduğu ileri sürülebilir. (Çilingiroğlu vd. 2012a; Erdoğu ve Çevik 2015: 34). Çukuriçi Höyüğün XI-XII tabakaları hakkında henüz yeterli bilgi olmamasına rağmen, bu tabakada görülen kireç tabanlar Ulucak ile çağdaş olduğu belirtilmektedir (Erdoğu ve Çevik 2015: 34). Erken Neolitik Ulucak Va evresinde birbirine bitişik nizamlı yapılar görülürken, Vb evresinde birbirinden bağımsız inşa edilen yapılar görülmektedir (Çilingiroğlu vd. 2012a; Erdoğu ve Çevik 2015: 35). Geç Neolitik Ulucak IV evresinde birbirine bitişik nizamlı inşa edilen yerleşim yapısına sahiptir. MÖ 7.bin yılın ikinci yarısında Ulucak V ve IV evrelerinde ahşap mimarinin yerini kerpiç mimariye bıraktığı gözlenmektedir (Çilingiroğlu vd. 2012a).

Erken Neolitik Yeşilova'nın III. Kültür katında MÖ 6500-6000 arasına tarihlenen 8-3. tabakalarda yerleşim yapısı hakkında henüz yeterli bilgi elde edilememiştir (Derin 2012a). Uğurlu V. Kültür katında ortaya çıkarılan tek odalı yapıdan birbirinden bağımsız bir yerleşim yapısına sahip olduğu düşünülebilir (Erdoğu 2014). Çukuriçi Höyük'ün MÖ 6600-6200 yıllarına arasına tarihlendirilen IX-X. tabakaları hakkında

Şekil 1.1
Batı Anadolu bölgesi Kalkolitik Dönem yerleşimleri *(Çizen: A. Özdemir).*

yeterli bilgi olmamasına rağmen dikdörtgen planlı yapılar inşa edildiği bilinmektedir (Horejs 2012). Ilıpınar X-VII evrelerinde sürekli aynı yerde inşa edilen, aynı boyutlardaki tek odalı evlerden oluşan, birbirinden bağımsız bir yerleşim yapısına sahip olduğu anlaşılmaktadır. Ilıpınar V ve VI. evresinde ise yan yana bitişik inşa edilmiş sıra evlerden oluşan radyal planlı bir yerleşim düzeni görülmektedir. MÖ 6. binyılın ilk yarısında Ilıpınar VII ve VI evrelerinde ahşap mimarinin yerini kerpiç mimariye bıraktığı gözlenmektedir (Roodenberg ve Alpaslan Roodenberg 2013). Aynı şekilde Aktopraklık yerleşiminde de birbirine bitişik sıra evli radyal planlı bir yerleşim düzeni görülmektedir (Karul ve Avcı 2013). Aktopraklık yerleşiminde MÖ 6. binyılın başında dal-örgü kulübelerin yerini kerpiç yapıların aldığı anlaşılmaktadır (Karul 2013: 42). Aşağıpınar yerleşim yapısı da benzer özellikler göstermektedir (Özdoğan 2013).

Manfred Korfmann tarafından (1983: 222) özellikle Erken Tunç Çağı yuvarlak planlı yapılarından yola çıkarak "*Anadolu Yerleşim Planı*" (*Anatolisches Siedlungsschema*) terimini kullanmıştır. Daha çok Tunç Çağı yerleşimlerinden yola çıkarak kullanılan "*Anadolu Yerleşim Planı*", ortada büyük bir avlu ve bunun etrafında bu avluya açılan ve arka duvarların da savunma duvarını oluşturduğu, yan yana bitişik olarak inşa edilmiş sıra evlerden oluşan bir yerleşim modelidir (Fidan 2013). Kalkolitik Dönem'de Aktopraklık, Ilıpınar V-VI ve Hacılar I yerleşimlerinin, yan yana bitişik sıra evlerden oluşan radyal planlı yerleşim özelliği göstermeleri bakımından, bu planın öncüsü olarak düşünülebilir. Uğurlu V. kültür katında ele geçen bir yapıda, kalın duvarlar ve dış köşelere yerleştirilen çıkıntıların yer almasından yola çıkılarak binanın iki katlı olabileceği belirtilmektedir (Erdoğu 2014: 158). Ilıpınar VI. evresinde yan yana sıralanan evlerin muhtemelen iki katlı olduğu ileri sürülmektedir (Roodenberg ve Alpaslan Roodenberg 2013). Aynı şekilde Ilıpınar V için doğrudan kanıtlar olmasa da, evlerin içlerinde payandaların yer alması, bu evre içinde ikinci kat uygulamasının kullanılmış olması gerektiğini düşündürmektedir (Rosenstock 2014: 239). Aktopraklık evlerinin iç kısımlarında payandalarla duvarların güçlendirilmesi evlerin ikinci kata sahip olduğu fikrini akla getirmektedir.

Anadolu'da Erken Kalkolitik Dönem mimarisinde evlerin iç kısımlarında görülen payanda uygulamalarının benzerleri, Yunanistan bölgesinde Thessaly'da yer alan Tsangli yerleşiminde (Wace ve Thompson 1912: 115-117, fig.64-65; Theocharis 1973: fig.188-89), kısmen Sesklo (Theocharis 1973: fig.183-84), ve (Orta Neolitik) Otzaki yerleşiminde (Milojcic 1983: pl.3; Perlés 2001: 187,fig.9.3; Theocharis 1973: fig.190), ve kısmen de olsa Makedonya'da yer alan Nea Nikomedeia (Erken Neolitik) yerleşiminde (Pyke ve Yiouni 1996) görülmektedir. Yapıların duvarlarının iç kısmının payandalı olması, evlerin ikinci katının olabileceğini göstermektedir. Kronolojik, coğrafik ve yerleşim yapısında kimi farklılıklar olsa da, işlevsellik yönünden mimari de benzer uyguların kullanımı tercih edilmektedir.

Batı Anadolu Ulucak VI. tabakada kırmızı boyalı kireç tabanların bulunduğu Mekân 42 ve 43 olarak adlandırılan özel işlevli binalar tespit edilmiştir. Ayrıca Ulucak VI. tabakada ile benzer kireç tabanlar Çukuriçi Höyük'te de bulunmuştur (Erdoğu ve Çevik 2015: 34). Gökçeada'da Uğurlu yerleşmesinin II. kültür katındaki yapılardan biri girişindeki boğa boynuzu ve kireç tabanı ile özel bir yapıya ait olduğu ileri sürülmektedir (Erdoğu 2014; Erdoğu ve Çevik 2015: 38).

Yerleşimlerde binalardan ayrı bağımsız olarak yerleşimleri çevreleyen taş temel üstü kerpiç veya taştan yapılmış duvarlar; ya da birbirine bitişik binaların dış duvarlarının savunma işlevli olarak bilinçli yapıldığı anlaşılmaktadır. Geç Neolitik ve Erken Kalkolitik Dönem yerleşimlerinde Kuruçay'ın 11. tabakasındaki duvarlar sur duvarı olarak yorumlanmaktadır (Duru 1994: 11). Benzeri Hacılar II çevre duvarı içinde geçerli olabilir (Mellaart 1970; Duru 1994: 16; Düring 2011a: 73). Hacılar I savunma sistemi kale görünümündedir (Mellaart 1970; Düring 2011a: 73; Rosenstock 2014). Hocaçeşme de (Özdoğan 2013), Ilıpınar VI radyal planlı evlerin dış duvarı (Roodenberg ve Alpaslan-Roodenberg 2013), paraleli Aktopraklık da aynı tipte yapılar ve hendek savunma amaçlı kullanılmıştır. Aşağıpınar hendek ve duvar savunma amaçlı kullanıldığı düşünülmektedir (Karul ve Avcı 2013).

1.2.1. Erken Kalkolitik Mimari (MÖ 5700/5600-4900)

Batı Anadolu bölgesinde kronolojik olarak sorunlu olan, MÖ 5700/5600-3200 yılları arasına tarihlendirilen Kalkolitik Dönem'in, kendine özgü dönem özellikleri gösteren yerleşimleri, coğrafik bölgelere göre değerlendirilerek yayılım alanı belirlenmiştir. Anadolu'nun topoğraf yapısına ve mimaride görülen bölgeler arası değişkenlikler göz önüne alınarak farklı bölgelere ayrıldığını görülmektedir. Batı Anadolu'da arkeolojik kazı ve yüzey araştırmaları sonucunda yaklaşık elliye yakın yerleşimde Kalkolitik Dönem'in varlığı tespit edilmiştir. Bu bağlamda Batı Anadolu'nun Kalkolitik Dönem'inde çalışmamız kapsamında incelen coğrafik bölgeler: Kuzeybatı Anadolu'da Troas bölgesi,

Orta Batı Anadolu'da İzmir ve Aydın çevresi, Güneybatı Anadolu'da Göller bölgesi ve Antalya'dır. Bunların yanı sıra kısmen de olsa Ege Adaları ve Yunanistan'da ayrı tutulmamalıdır. Bu bölgelerin dışında kalan Marmara ve Trakya bölgesi, İznik ve çevresi az da olsa Eskişehir bölgesi ayrıca Güneydoğu Balkanlar ve Makedonya gerek mimarisi gerekse çanak çömlek buluntularıyla aynı zaman diliminde farklı bir süreç yaşadığını ileri sürdüğümüz için, bu çalışma kapsamında değerlendirilmeye alınmamıştır.

Batı Anadolu Kalkolitik Dönem'iyle ilgili birçok araştırmacı tarafından öneri niteliğinden kronoloji tabloları yer almaktadır. Bu çalışmada bu çalışmaların hepsi değerlendirilip, daha çok yerleşme bazında oluşturulan kronolojiler (Erdoğu ve Çevik 2015; 2020), Gülpınar buluntuları ve radyokarbon sonuçları dikkate alınarak, diğer yerleşimlerin dönem özellikleri ile yorumlanıp değerlendirilmeye çalışılmıştır. Bu bağlamda Batı Anadolu bölgesi Kalkolitik Dönemi Erken, Orta ve Geç Kalkolitik Dönem olarak üç ayrı evre içerisinde incelenmektedir. Bunlardan Erken ve Orta Kalkolitik Dönem gerek çanak çömlek buluntuları gerekse mimari kalıntıları açısından en az bilgiye sahip olduğumuz evrelerdir. Batı Anadolu Kalkolitik Dönemi'nin genel özelliklerinin yanı sıra, yukarıda belirttiğimiz bölgelerdeki Kalkolitik Dönem'e ait yerleşimlerin karakteristik maddi kültür kalıntılarına göre kendi içerisinde; yerleşim ve mimari, üretim ve ekonomi, çanak çömlek, ticaret, ideoloji vb. gibi özellikleri içerisinde daha çok yerleşim yapısı ve mimari özellikler; bina yapım teknikleri ve yapı malzemeleri değerlendirilerek dönem farklılıkları ve özellikleri ortaya konulmaya çalışılacaktır. Mimari ele geçmeyen yerleşimler hakkında kısaca bilgi verilecektir. Mimarinin yanı sıra dönemi karakterize eden seramikler hakkında da bilgi verilerek Kalkolitik Dönem'in mimari-seramik farklıları ortaya konmaya çalışılacaktır.

Batı Anadolu bölgesi problemli Kalkolitik Dönemi'ne ait sorunların başında; bölgenin Güneydoğu ve İç Anadolu kronolojisine oturtulması sonucunda "Geç Neolitik-Erken Kalkolitik" terminolojisinin ortaya çıkmasına neden olmakla birlikte, bu terimin kullanımından da vazgeçilememiştir (Schoop 2005a; Erdoğu ve Çevik 2015: 31). Batı Anadolu bölgesi Geç Neolitik, Erken ve Orta Kalkolitik Dönemleri arasındaki ayrımlar kimi araştırmacılara göre belirgin olmayıp, bu konuda farklı görüşler hâkimdir.

Batı Anadolu'da, Geç Neolitik geleneğin Erken Kalkolitik Dönem'de devam ettiği (Eslick 1992), ve Geç Neolitik-Erken Kalkolitik Dönemler'i arasında belirli bir değişimin olmadığı görüşleri (Özdoğan 2007: 35), yerini son araştırmalarla birlikte Erken Kalkolitik Dönem'de keskin bir kültürel değişimin yaşandığı görüşüne bıraktığı anlaşılmaktadır (Erdoğu ve Çevik 2015: 36). Bu kültürel değişim, Geç Neolitik Dönem'in kırmızı astarlı çanak-çömlek geleneğinin terk edildiğinin ve Erken Kalkolitik Dönem'le birlikte farklı bir çanak çömlek geleneğinin ortaya çıkmaya başladığına bağlanmaktır. Ayrıca bu değişimin en önemli arkeolojik kanıtları arasında ise Batı Anadolu'da Neolitik Dönem'deki yerleşimlerin birçoğunun MÖ 5800-5700 yılları arasında terk edildiği ve yeniden iskân edilmediği gösterilmektedir. Neolitik Dönem'in sonu olarak kabul edilebilecek 5700/5600 tarihinden yaklaşık MÖ 5300 tarihine kadar olan 300 yıllık sürecin "Erken Kalkolitik 1" olarak tanımlanabileceğini ve bunu izleyen MÖ 5300 ve 4900 arası süren yaklaşık 400 yıllık bir evre ise "Erken Kalkolitik 2" olarak nitelenebilir. Erken Kalkolitik 1 evresi Batı Anadolu da Ulucak ve Uğurlu gibi çok sınırlı sayıda yerleşimde görülürken Erken Kalkolitik 2 evresi aralarında Gülpınar'ın olduğu çok sayıda yerleşimden bilinmektedir.

Bu yerleşimlerin dışında Neolitik Dönem'den Kalkolitik'e geçişte keskin bir kültürel kırılma görülmemesine ve hala tartışma konusu olmasına rağmen Göller Bölgesi'nde yer alan Kuruçay yerleşiminin Geç Neolitik/Erken Kalkolitik Dönem'e tarihlenen tabakaları da bu dönem içinde değerlendirilerek mimari açıdan incelenecektir. Ayrıca Efes-Çukuriçi Höyük VIII. tabakası radyokarbon tarihlemeleri sonucunda MÖ 6100-6000 arasına, Geç Neolitik/Erken Kalkolitik Dönemler'ine tarihlendirilmektedir (Horejs 2012; 2014).

Ulucak Höyük'te Geç Neolitik IV (MÖ6000-5800/5700), Erken Kalkolitik 1 Dönem III. (MÖ 5670-5470), tabaka ile temsil edilmektedir (Çilingiroğlu vd. 2012b:159; Çevik ve Vuruşkan 2014; Erdoğu ve Çevik 2015) Ulucak Höyükte Geç Neolitik ile Erken Kalkolitik 1 tabakaları arasında kısa süreli de olsa iskan boşluğu tespit edilmiştir (Erdoğu ve Çevik 2015: 37). Erken Kalkolitik 1 Dönem'e tarihlenen Ulucak III tabakasına ait iki alt evre IIIb (Erken) ve IIIa saptanmış olup mimari kalıntıların çok zayıf korunduğu belirtilmiştir. Erken Kalkolitik 1 Dönemi'ne tarihlendirilen Ulucak III tabakasına ait mimari özellikler oldukça sınırlı olup; erken IIIb evresinde, sadece Mekân 49 olarak adlandırılan taş temelsiz *pise* duvarlarla örülmüş bir evin yaklaşık yarısı korunmuş bir şekilde bulunurken, diğer kısımları ise tahrip edildiği için tespit edilememiştir (Şek.1.2). Ulucak IIIa evresinde ise 5 silo ve tek sıra taş temellerden oluşan, temellerin üzerinde kısmen kerpiç izlerinin korunduğu düzenli planı belirgin olmayan duvarlar ortaya çıkarılmıştır (Erdoğu ve Çevik 2015: 37). Ele geçen "L" şeklindeki taş temelli duvarın (Çilingiroğlu vd. 2004: Fig.12), dik açıyla köşe yapması sonucunda dörtgen veya kare planlı bir yapıya ait olduğu düşünülebilir (Şek.1.3).

Ulucak yapı kalıntılarının konumundan yola çıkılarak birbirinden bağımsız, müstakil yapılardan oluşan bir yerleşim düzenine sahip olduğu ileri sürülmektedir

Şekil 1.2
Ulucak III, Erken Kalkolitik taş temelsiz pise duvarlarla örülmüş yapı *(Çevik 2018: Fig. 4)*.

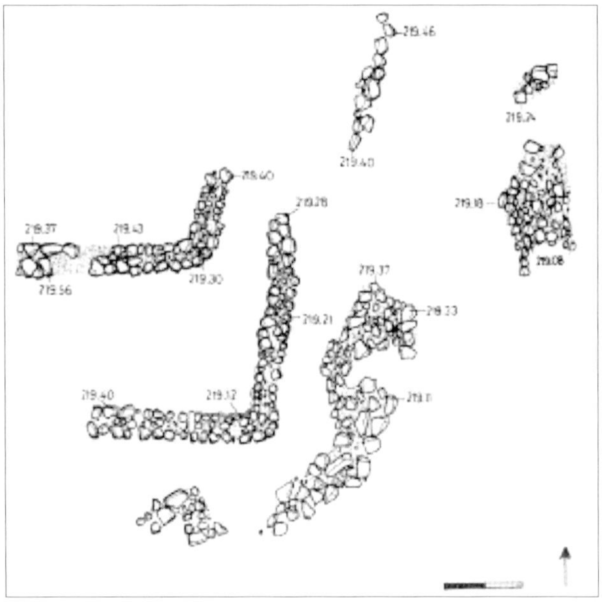

Şekil 1.3
Ulucak Höyük III, L şeklinde taş temelli duvar kalıntıları *(Çilingiroğlu vd. 2004: Fig. 12).*

(Caymaz 2010: 17). Ulucak Erken Kalkolitik Dönem'i mimarisi hakkındaki eldeki somut bilgiler şimdilik kısıtlı olmakla birlikte; yarım bir mekân ile plan vermeyen tek duvarlar ve L şeklindeki duvarların tespit edildiği yerleşimde, mekânların duvar inşasında kerpicin yanı sıra *pise* tekniğinin kullanıldığını anlaşılmaktadır. Ayrıca yerleşimde yangın izine rastlanılmadığından dolayı başka sebeplerden dolayı yerleşimin terkedildiği anlaşılmıştır.

Ulucak III'te mimarinin yanı sıra; koyu yüzlü gri-siyah, kahverengi, kırmızı ve kızıl kahve renkli çanak-çömlek parçaları görülmektedir. Bezeme olarak kazıma, enkrüste, perdah ve oluk bezemeli örnekler ön plana çıkmakla birlikte, az da olsa kırmızı boyalı örneklere de rastlanmaktadır. Kemik bızlar, ağırşak, taş balta, kilden kadın figürinleri ve mermerden bilezikler diğer buluntuları arasında yer almaktadır (Çevik ve Vuruşkan 2014: 587).

Gökçeada Uğurlu yerleşmesinde yapılan çalışmalar sonucunda elde edilen radyokarbon sonuçlarına göre Geç Neolitik IV. kültür katı ile Erken Kalkolitik 1 dönem III. Kültür katı arasında kısa süreli bir boşluk olduğu tespit edilmiştir. Uğurlu IV yerleşmesinin terkedilmesinin ardından, Neolitik Dönem'e özgü maddi kültür öğelerinin ortadan kalktığını ve yerini Uğurlu III olarak adlandırılan farklı bir kültürün aldığını, böylelikle yerleşimde Erken Kalkolitik Dönem'e geçişin iyi gözlemlendiğini belirtilmektedir. Erken Kalkolitik 1 dönem Uğurlu III yerleşimi MÖ 5500-5300 yıllarına arasına tarihlendirilmektedir (Erdoğu 2014: 178, Res.25; Erdoğu ve Çevik 2015: 37). Uğurlu III yerleşmesi iki bölüme ayrılmıştır. Doğuda konut alanları bulunmakta, batıda depolama alanları ve işlikler yer almaktadır (Erdoğu 2014: 162).

Yerleşimin doğu kısmında konut alanlarında yaklaşık 10 x10 m boyutlarında, Bina 3 olarak adlandırılan duvarları taştan yapılmış, çok odalı bir yapı tespit edilmiştir (Erdoğu 2014: 162), (Şek.1.4). Bina 3, kuru duvar tekniğinde inşa edilmiş olup, yapının tabanında sarı renkte kirecin kullanıldığı anlaşılmıştır. Bina çok odalı planlıdır ve batısındaki 3 ve 4 nolu odaları hücre benzeri yapılarında oluşur ve doğusundaki 1

Şekil 1.4
Uğurlu III, Erken Kalkolitik döneme ait Bina 3 *(Erdoğu 2014: Fig. 16).*

no'lu oda ise diğerlerine göre daha geniştir. Yapının doğusundaki diğer hücre benzeri 2 no'lu oda yüzeye yakın olduğu için tahrip edilmiştir. Yapının en geniş odası olan 1 no'lu oda, 4x4 m boyutlarında olup, kare planlı odanın köşeleri taş levhalarla döşenmiştir. Odanın içerisinde geniş bir taşın ortasında bulunan dikme deliği, yapının taşıyıcı sistemi hakkında bilgi vermektedir. Odanın kuzeybatı köşesindeki zeminde yer alan öğütme taşları, buranın besin maddelerinden yiyecek hazırlama yeri olduğunu göstermiştir. Aynı zamanda bu alandan çok sayıda hayvan kemiği ve yoğun deniz kabuğu ele geçmiştir. Odanın güneybatı köşesinde muhtemelen dericilikte ve diğer amaçlar için kullanılan iki adet büyük kemik alet, bir adet bız ve bir adet taş balta bulunmuştur. Ayrıca bu oda içerisinde oldukça kaliteli yapılmış büyük bir *Spondylus* bilezik bulunmuştur. Odadan avluya dar bir kapı ile geçiş vardır. Hücre benzeri küçük 3 no'lu oda 1.5x3 m boyutlarında olup, içerisinde depolama kapları ve serpantinden yapılmış iki adet keser (adzes) bulunmuştur. Evre III'e ait Bina 3 içerisinden alınan bir örneğin kalibre edilmiş radyokarbon sonucu MÖ 5470-5320 yılları arasına tarihlenmiştir (Erdoğu 2014: 162). Bina 3'ün haricinde Uğurlu III'e ait, yapılan Jeofizik yüzey araştırmaları sonucunda, 20x5 m boyutlarında, dikdörtgen planlı, muhtemelen çok odalı binaların olduğu belirlenmiştir.

Yerleşmenin batısında yer alan depolama alanları ve işliklerin bulunduğu kısımda; 12 adet çukur, iç duvarları ve tabanları sarı renkli bir kil ile sıvanmış bir şekilde bulunmuştur. Daire şeklindeki çukurlar farklı boyut ve derinliklere sahiptirler. Bu çukurların kullanılma amacı kesin olarak bilinmemekle birlikte silo olarak kullanılmış olma ihtimali bazı çukurlardan elde edilen karbonlaşmış bitki kalıntılarından anlaşılmaktadır (Erdoğu 2011; 2012: 4). Bu çukurların işlevleri bittikten sonra içlerine çanak çömlek kırıkları, hayvan kemikleri ve büyük taşların atıldığı çöp çukurlarına dönüştürüldüğü tespit edilmiştir (Erdoğu 2014: 162). Çukurlardan bir tanesinde orta yaşlı bir erkeğe ait iskeletlerin ele geçmesi, bu çukurun muhtemelen sonradan mezar olarak kullanıldığını göstermektedir. Aynı zamanda çukurlardan *Spondylus*'dan yapılmış yüzük veya bilezikler, *Cerastoderma*'dan kolye parçaları bulunmuştur. Bunların yapımında kullanıldığı tahmin edilen çok sayıda kemik ve taş aletlerin birlikte ele geçmesi, bu alanda bir *Spondylus* atölyesi olduğunu düşündürmektedir (Erdoğu 2012: 4).

Uğurlu III evresine ait çanak çömlek grubunda kırmızı alacalı siyah, gri mallar ön plandadır. Kap formları içerisinde dört ayaklı kulak gibi tutamakları olan kaplar, kutu biçimli kaplar, düğme biçimli tutamaklar karakteristiktir. Bezemeler içinde baskı, çizgi ve kazımalar yaygındır. Çanak çömlekler üzerinde spiral, meander, dama tahtası ve baklava motifleri görülmektedir. Uğurlu III çanak çömleği içinde Balkanlara özgü parçalar da bulunmuştur. Fakat Uğurlu III çanak çömleği ile Anadolu çanak çömlek geleneği arasında bir benzerlik bulunamamıştır (Erdoğu 2014: 162).

Batı Anadolu'da son zamanlardaki araştırmaların sonuçlarından yola çıkılarak Erken Kalkolitik 2 dönemin MÖ 5300-4900 tarihleri arasına atfedilmektedir. Bu dönemde yerleşme sayısında bir artış gözlemlendiği ve Gülpınar II, Kumtepe IA ve Yassıtepe III gibi yerleşmelerin yer aldığı görülmektedir.

Troas bölgesi yerleşimlerinin radyokarbon metoduyla ilk başta Orta Kalkolitik Dönem'e tarihlendirilmesi sonucunda, erken dönemlerin aksine, son yıllarda ilginin bölge kültürleri üzerinde yoğunlaşmasına, araştırmaların ve yayınların tekrar gözden geçirilmesine neden olmuştur. Bu bağlamda radyokarbon tarihlendirilmeleri bulunan Kumtepe IA tabakası yaklaşık MÖ 5400/5300 ve MÖ 4500/4400 tarihleri arasına tarihlendirilmiştir (Kromer vd. 2003; Bertram ve Karul 2014). Son on yılda kazılan yeni yerleşimlerin ortaya çıkmasıyla birlikte Kumtepe IA tabakası önceki araştırmaların ve yayınların tekrar gözden geçirilmesi ve yapılan son değerlendirmeler sonucunda Erken Kalkolitik 2 döneme atfedilmesi gerektiği düşünülmektedir. Kumtepe IA tabakası 4 alt evreye ayrılmıştır ve plan veren mimari bir bulguya rastlanmamıştır. Bu tabakada basit toprak mezarlar bulunmuştur (Koşay ve Sperling 1936; Sperling 1976; Korfmann vd. 1995; Bertram ve Karul 2014). IA3 evresine ait ortada U şeklinde bir avlu ve etrafında çift sıra taş duvarlardan örülmüş belirli bir plan vermeyen yapılara ait temel kalıntılarına ulaşılmıştır (Şek.1.5). Yapıların tabanlarının zemini sertleştirilmiş kil kullanıldığı anlaşılmıştır (Bertram ve Karul 2014: 1065-1066, Abb.5-6). Kumtepe yerleşmesinin en erken tabakalarında mimaride taş mimarinin kullanıldığı kısıtlı araştırılmış olsa da söylenebilir.

Yassıtepe Höyüğü'nün kültürel yayılımını öğrenebilmek adına açılan sondajlar sonucunda höyüğün kültür tabakaları hakkında bilgiler elde edinilmiştir. Özellikle sondajın alt seviyelerinde Kalkolitik Dönem'e ait çanak çömlek parçalarına rastlanılmıştır (Derin 2006). Erken Kalkolitik 2 döneme atfedilen Yassıtepe III. Kültür katı radyokarbon tarihlemesi sonucu MÖ 5320-5215 ve MÖ 5210-4995 tarihleri arasına tarihlendirilmektedir.

Gülpınar II yerleşimi radyokarbon sonuçlarına göre MÖ 5320-4940 yılları arasına tarihlendirilmiştir (Takaoğlu 2015). Taş mimarinin yerleşimde birbirine bitişik nizamlı ve dörtgen planlı yapılar tespit edilmiştir. Yerleşim "Kalkolitik Gülpınar Yerleşimleri: Gülpınar II ve Gülpınar III" adlı bölüm 3'de daha detaylı incelenecektir.

Bu yerleşimlere ek olarak güneybatı Anadolu'da Göller bölgesinde yer alan Kuruçay yerleşiminin Erken Kalkolitik Dönemi'ne ait 10-7. kat yerleşmeleri radyokarbon

Şekil 1.5
Kumtepe IA3 tabakasına ait mimari kalıntılar
(Bertram ve Karul 2014: Abb. 6).

tarihlemesi sonucunda MÖ 5800-5000/4800 yılları arasına tarihlendirilmektedir (Duru 1994: 91). Bu döneme ait mimari; taş temel üzerine kerpiç duvarları olan, geniş dörtgen ve hafif yamuk planlı, tek odalı, birbirinden bağımsız evlerden oluşmaktadır (Duru 1994: 14, Lev.19, 22, 24). Geç evreye doğru (7. yapı katı) duvarların mekân içine bakan kısımlarında payandalar bulunmaktadır (Duru 1994: 14, Lev.24). Mekân içi duvarlarının iç yüzeyleri sıvalıdır. Evlerin tabanları üzeri sıvalı, sıkıştırılmış toprak tabandan oluşmaktadır. Yapıların düz damlı olduğu, üzerinde dal izleri olan yanmış kil topaklardan anlaşılmaktadır. Mekân içi öğeleri olarak, platform, yatma yeri, ocak, direk altlığı vb. öğeye rastlanmamıştır (Duru 1994: 12-15).

Kuruçay 10'a ait belirgin bir plan vermeyen karmaşık ve bozulmuş durumda temel kalıntıları bulunmuştur (Duru 2016: Res.149-150). Kuruçay 9 sadece taş temelli yamuk planlı bir adet yapı ile temsil edilmektedir (Duru 2016: Res.151-152). Kuruçay 8 ise birbiriyle bağımsız dikdörtgen planlı bozulmuş yapılardan oluştuğu anlaşılmıştır (Duru 2016: Res.153). Kuruçay 7 mimarisi, bazen birbirine bitişik bazen de dar aralıklarla yerleştirilmiş, kare veya kareye yakın dikdörtgen planlı tek odalı yapılardan oluşmaktadır. Kalın taş temel üzerine kerpiçten inşa edilen yapıların kapı yerleri beli değildir. Kapı yerlerinin belirli olmaması ve kalın duvarın payandalarla desteklenmesinden dolayı yapıların birden çok katlı olabileceği ileri sürülmektedir. Odaların içlerinde ocak, fırın, seki vb. mekân içi döşemler bulunmamıştır. Erken Kalkolitik'in son yerleşim evresi olan 7. Katta odaların iç kısmına, duvarların ortalarına kısa duvar çıkıntıları/payandalar eklendiği görülmektedir (Duru 1994: 14,

Lev.24; Duru 2016: 66, Res.154-158). Kuruçay 7 mimarisindeki bu yeni payanda uygulamasından yola çıkılarak farklı kültürel birikimi olan insan gruplarının gelerek kendilerine özgü mimarlık ve yaşam gelenekleri doğrultusunda yeni bir yerleşme kurdukları ileri sürülmektedir (Duru 2016: 65).

Hacılar'da iki aşamalı araştırma döneminden ilki James Mellaart başkanlığında 1957/60 yılları arasında, ikincisi Refik Duru başkanlığında 1985/86 yılları arasında gerçekleştirilmiştir (Mellaart 1970; Duru 1989; 2010; 2016). İlk dönem araştırmalarında James Mellaart tarafından Erken Kalkolitik ve Geç Neolitik olarak adlandırılan V-I arası yapı katları, ikinci dönem araştırmalarının değerlendirilmesi sonucunda ise Hacıların son yerleşmesi olan Hacılar I Erken Kalkolitik olarak tanımlanmıştır (Duru 2016: 26-27). Bu duruma ek olarak Geç Neolitik Dönem'e tarihlenen Kuruçay 11 ile Hacılar II arasında bir çok yönden benzerliklerin olduğu değerlendirilmiş, ayrıca bu benzerliklere Kuruçay 10,9 ve 8 tabakaları ile Hacılar V-III arasında da rastlanıldığı vurgulanmıştır (Umurtak 2011: 9-11). Hacılar V-III yerleşmelerindeki mimari kalıntılar çok fazla tahribata uğradığından sadece bastırılmış toprak taban parçaları ile temsil edinilmektedir. Hacılar II ise iki evreli olup koruma duvarları ile çevrili bir kale görünümündedir (Duru 2016: 65). Hacılar'da ilk defa savunma sistemi Hacılar II'de ortaya çıkmıştır. Yerleşimi çevreleyen bu koruma duvarları taş temelsiz kerpiçten inşa edilmiştir. Hacılar II yerleşmesi bir çevre duvarı içinde belirli sayıdaki konut ve bir kutsal yapı ile diğer yapılardan oluşmaktadır. Genellikle yapıların arka duvarları çevre duvarına dayandırılmıştır ve önleri de avluya açılmaktadır (Umurtak 2011: 9).

Erken Kalkolitik olarak tanımlanan Hacılar I mimarisinin en büyük yeniliği, taş temel üzerine kerpiç duvarları olan yapıların ortaya çıkması ve bu yapıların iç kısımlarında payanda çıkıntılarının yer almasıdır. Hacılar mimarisinde erken dönemlerin aksine, kalın duvar ve taş temel üzeri kerpiç uygulaması Erken Kalkolitik'te ortaya çıkmış ve dönem genelinde yaygınlaşarak yerleşimde kullanımına devam edilmiştir (Duru 2016: 63). Hacılar I birbirine bitişik, dörtgen planlı ve kalın duvarlı, çoğunlukla tek odalı ve iç içe birkaç sıra halinde yapılardan oluşmaktadır. Bu döneme ait taş temel üzerine kerpiç duvarlardan inşa edilen yapıların hepsinde içte payanda çıkıntıları bulunmaktadır (Mellaart 1970: Fig 29-30; Duru 2016: 68, Res.163-166). Hacılar I yapılarının kalın duvarlı içte payanda çıkıntılarının olması ve giriş yerlerinin bulunmaması nedeniyle birden çok katlı olabileceği ileri sürülmektedir (Duru 2016: 68). Hacılar I'in yaklaşık 100 m çapında yuvarlak planda bir yerleşme düzenine sahip olduğu düşünülmektedir (Mellaart 1970: 77; Duru 2016: Res.166)

Genelde arkeoloji biliminde yerleşmeler arasındaki benzerlik karşılaştırmaları çanak çömlekler üzerinden yapılmaktadır. Fakat Erken Kalkolitik 1 döneme tarihlenen yerleşimlerden Ulucak III ve Uğurlu III yerleşmeleri yaklaşık olarak aynı zaman dilimini paylaşsalar bile, özellikle çanak çömlekleri aralarında herhangi bir benzerlik bulunmamaktadır. İki yerleşmede ele geçen çanak çömlekler tamamıyla birbirlerinden farklı özellikler sergilemektedirler. Erken Kalkolitik 1 Dönem'e tarihlenen bu iki yerleşme için, şimdilik çanak çömlekten yola çıkarak etkileşim içinde bulunmadıklarını söyleyebiliriz. Uğurlu III çanak çömleği ile Gülpınar II çanak çömleği arasında benzerlik bulunmamaktadır. Buna rağmen Ulucak III çanak çömleği ile Gülpınar

II'de ele geçen bazı çanak çömlekler arasında ise benzerlikler bulunmaktadır. Şimdilik Erken Kalkolitik 1 Dönemi'ne atfedilen Ulucak III'ün (MÖ 5470) terk edilmesiyle ile Erken Kalkolitik 2 Dönemi'ne atfedilen Gülpınar II'nin (MÖ 5320) yerleşilmeye başlaması arasında yaklaşık 150 yıllık bir zaman dilimi vardır. Ulucak ve Gülpınar farklı zaman dilimlerinde olsalar bile çanak çömlek geleneği bakımından benzerlikler bulunmaktadır.

1.2.2. Orta Kalkolitik Mimari (MÖ 4900-4300)

Ulucak III'ün (MÖ 5470) terk edilmesiyle ile Gülpınar II'nin (MÖ 5320) yerleşilmeye başlaması arasında yaklaşık 150 yıllık bir zaman dilimi vardır. Batı Anadolu'da kabaca MÖ 4900-4300 tarihleri arasına koyulabilecek Orta Kalkolitik Dönem'e tarihlenen yerleşimlerin görüldüğü bölgeler ve yerleşimleri Kuzeybatı Anadolu Bölgesi'nde Gülpınar III, Beşik-Sivritepe ve Hanaytepe yerleşimlerinde tanımlanmıştır. Yüzey araştırmalarıyla ele geçen buluntuların karşılaştırılması sonucu tespit edilenler; Alacalıgöl, Çıplak, Kalafat ve Limantepe (Larisa) yerleşimleri gösterilebilir (Yılmaz 2019). Kuzey Doğu Ege adalarından, Gökçeada'da yer alan Uğurlu II evresi de bu dönem içinde değerlendirilmektedir. Orta Batı Anadolu Bölgesi'nde ise İzmir ve çevresi Limantepe VIII, Yeşilova II ve Kulaksızlar ele geçen buluntular da bu döneme tarihlenmektedir. Büyük menderes Vadisi çevresinde Aydın yöresinde Çine Tepecik IV ve Beçin Kalesi ile Latmos Dağları çevresinde Malkayası'nda bu döneme ait buluntular ele geçmiştir. Muğla çevresinde ise Tavabaşı Mağarası ile Fethiye-Girmeler Mağarası son dönemde Orta Kalkolitik Dönem buluntuları ile gündeme gelmiştir. Güneybatı Anadolu bölgesinde Antalya'da ise Karain Mağarası, Aşağı Bağbaşı ve Kızılbel buluntuları bu döneme atfedilebilir. Orta Kalkolitik Dönem'e atfedilen yukarıdaki yerleşimlerden bir kısmının radyokarbon tarihi bulunmaktadır. Radyokarbonu olmayan yerleşimler, yüzey araştırmaları sonucunda ele geçen çanak çömleklerin radyokarbon tarihi bulunan yerleşimlerdeki buluntularla karşılaştırılması yoluyla tarihlendirilmektedir.

Prehistorik Dönemler'den itibaren Batı Anadolu, özellikle de Kuzeybatı Anadolu'da yer alan Troas bölgesi, kültürlerin Anadolu'dan güneybatı Avrupa'ya aktarılmasında bir köprü görevi gören önemli bir geçiş güzergâhı üzerinde yer almaktadır (Takaoğlu 2006b: 47, 51). Troas bölgesi yerleşimlerinin ilk başta Orta Kalkolitik Dönem'e atfedilmesi, son on yılda bu döneme tarihlenen sağlam stratigrafisi bulunan yerleşim sayısının artmasıyla özellikle radyokarbon verileri bulunan Kumtepe ve Beşik-Sivritepe yerleşimlerinin daha önceki araştırmaların ve yayınların tekrar gözden geçirilmesi gerektiğini ortaya koymuştur. Bu bağlamda dönemin önemli yerleşmelerinden olan Beşik-Sivritepe Orta Kalkolitik Dönem'e atfedilmiştir. Beşik-Sivritepe de radyokarbon sonuçlarına göre MÖ 4780-4500 yılları arasına tarihlendirilmiştir (Korfmann ve Kromer 1993; Kromer vd. 2003). Beşik-Sivritepe'de yapılan çalışmalarda Hellenistik Dönem'e ait tümülüsün Kalkolitik Dönem'e ait tabakayı tamamen tahrip ettiği ve Tümülüs'ün inşasında kullanıldığı anlaşılmıştır (Korfmann 1985; 1986). Bu tahribattan dolayı yerleşimde plan veren bir mimariye rastlanılmamıştır. Yapılan kazı çalışmalarında döküntü taşlara rastlanılması ve höyüğün kesitinden mimaride taşın tercih edildiğini akla getirebilir (Şek.1.6). Orta Kalkolitik Dönem'e tarihlenen

Şekil 1.6
Beşik-Sivritepe Prehistorik kalıntılarına ait kesit *(Gabriel 2000: 42, Fig. 37).*

Beşik-Sivritepe yerleşimini çanak çömlekleri ile tanımaktayız. Yerleşim içinde perdah bezemeli çanak çömlekler ön plandadır. Boynuz ve sepet biçimli kulplar, kaideli ve pencere ayaklı çanaklar, parmak baskı, oluk, beyaz boya, kazıma bezemeli çanak ve çömlekler karakteristiktir (Seeher 1985; Gabriel 2000; Gabriel 2014).

Orta Kalkolitik Dönem'e atfedilen Gülpınar III yerleşimi radyokarbon sonuçlarına göre MÖ 5940-4450 yılları arasına tarihlendirilmiştir (Takaoğlu 2015). Taş mimarinin yerleşimde birbirine bitişik nizamlı ve dörtgen planlı yapılar tespit edilmiştir. Yerleşim "Prehistorik Gülpınar yerleşimi" adlı bölümde daha detaylı incelenecektir.

Troas bölgesinde Hanaytepe Höyüğü'nde yapılan çalışmalarda mimari tabakaya rastlanmamıştır. Orta Kalkolitik Dönem'i ve karakterize eden çanak çömlek buluntuları Kumtepe 1A ve Beşik-Sivritepe ile benzerliği dikkat çekmektedir. Çanak çömlekleri arasında perdahlı parçalar ve boynuz kulplar tipiktir (Schachner 1999; Blum 2014).

Troas bölgesinde Beşik-Sivritepe ve Kumtepe ile benzer çanak çömlek buluntusu veren diğer bir Kalkolitik Dönem yerleşmesi de Alacalıgöl yerleşmesidir (Gabriel vd. 2004). Yerleşim yoğun tahribattan dolayı sadece çanak çömlek parçaları ile tanınmaktadır. Özellikle pencere ayaklar, kazıma ve parmak baskı bezeme karakteristiktir (Gabriel vd. 2004; Gabriel 2014). Troas Bölgesi'nde Alacalıgöl yerleşiminin yanı sıra yüzey araştırmaları ile tespit edilen; Çıplak, Kalafat ve Larisa-Limantepe'de ele geçen buluntuların karşılaştırılması sonucu Orta Kalkolitik Dönem'e tarihlendirilmektedir (Aslan ve Polat 2012; Gabriel 2014; Blum vd. 2014).

İzmir'de yer alan Limantepe VIII tabakası Orta Kalkolitik Dönem'e tarihlendirilmektedir (Erkanal ve Şahoğlu 2012a: 221). Ana kayanın hemen üzerinde tespit edilen Limantepe VIII tabakası, radyokarbon tarihlemeleri sonucunda MÖ 4600-4200 tarihleri arasında yerleşime sahne olmuştur (Tuncel ve Şahoğlu 2018:526-27). Kısıtlı bir alan da anakaya üzerinde varlığı tespit edilen kuzeydoğu-güneybatı uzantılı tek sıra büyük taşlarla inşa edilen bir duvar ortaya çıkartılmıştır. Duvarın güneybatıda köşe

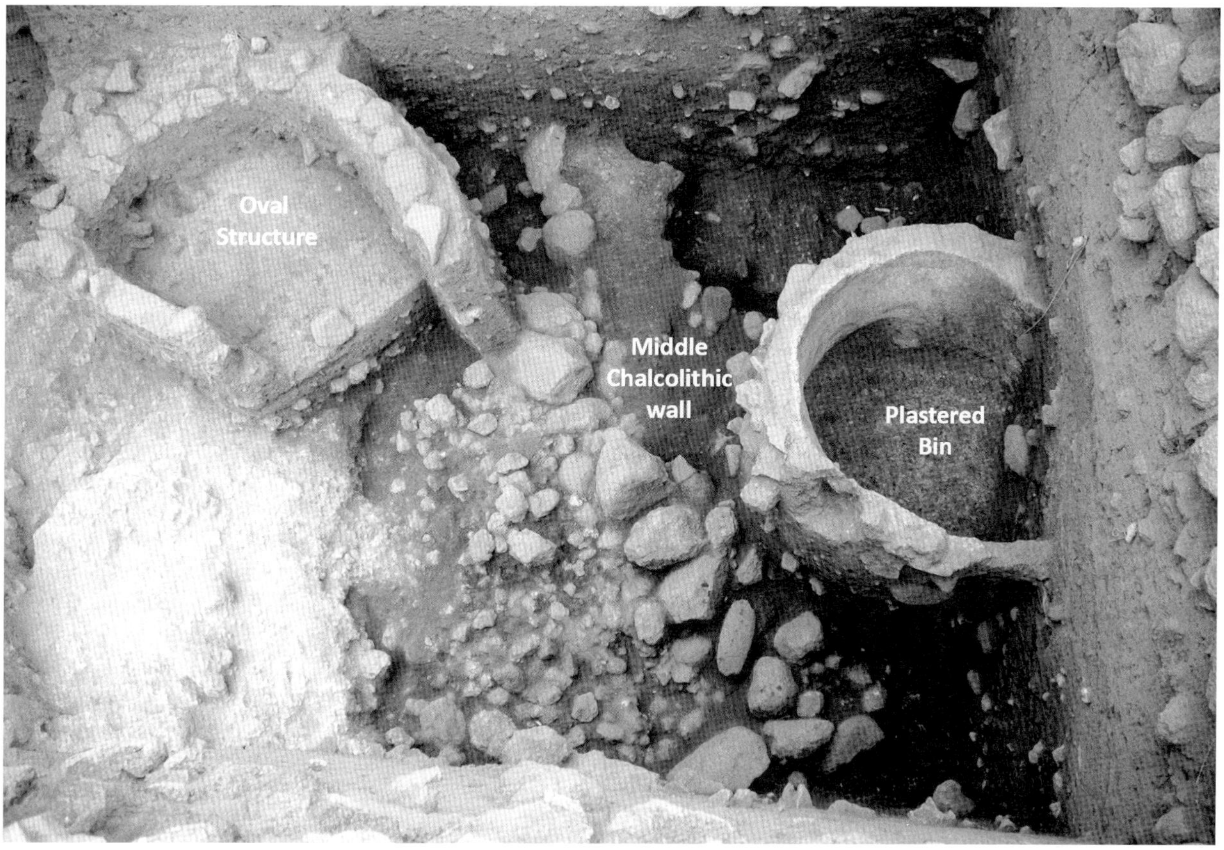

Şekil 1.7
Limantepe VIII tabakası mimari kalıntıları
(Tuncel ve Şahoğlu 2018: Fig. 53.6).

yaptığı anlaşılsa da tahribattan dolayı düzenli bir bina/yapı planı vermeyen taş temelli dörtgen bir mimariye sahip olduğu anlaşılmaktadır. Bu yapının üzerinde orta/küçük boyutlu taşlarla inşa edilmiş bir oval yapıya rastlanılmıştır (Şek.1.7). Bu oval yapının altında ise bir taban (Loc. 953) kalıntısı tespit edilmiştir (Tuncel ve Şahoğlu 2018). Limantepe VIII tabakasında ele geçen bu duvar içerisinde öğütme taşının duvarda kullanılması dikkat çekicidir. Öğütme taşlarının duvara yerleştirilmesi Gülpınar'dan da bilinmektedir. Dam örtüsü hakkında fazla bilgi elde edinilmemiş olsa da çağdaşı Gülpınar gibi kuru duvar tekniğinde örülen yapılardan oluşan bir mimarinin olduğu ileri sürülebilir. Orta Kalkolitik Dönem'e tarihlenen Limantepe VIII tabakasının buluntuları arasında beyaz boya, kazıma ve perdah bezemeli çanak çömlekleri dönemi için karakteristiktir (Tuncel ve Şahoğlu 2018:Fig.53.9,11,13).

Özellikle yerleşimde ele geçen konik gövdeli mermer kap parçası ve çok miktardaki Melos obsidyeni dönemin en belirgin buluntuları arasındadır (Erkanal ve Şahoğlu 2012a: 221). Ayrıca "Cheesepot" olarak adlandırılan kaplar, sepet, boynuz ve mantar kulplar ön plana çıkmaktadır. (Tuncel ve Şahoğlu 2018: 520,Fig.53.9c.10a). Bunun yanı sıra kazıma bezemeli yüksek kulplar, çift sıra halinde aplike edilmiş düğmecik bezemeli kulplar, kazıma bezemeli yüksek kaideler, şerit kabartmalı baskı veya pointille bezemeli kaplar ve derin çanaklar görülmektedir (Caymaz 2010). Yerleşimin diğer en önemli buluntusu, Orta Kalkolitik Dönem'e tarihlenen tabakada çok aşınmış bir şekilde bakırdan bir aletin bulunmasıdır. Bakır alet, MÖ 5. bin yılda Limantepe'de

Şekil 1.8
Çine-Tepecik IV, taş temelli yuvarlak planlı yapı kalıntıları *(Günel 2014: Fig. 6)*.

metal işleme ve metalürjik faaliyetler olduğunun en iyi göstergesidir (Tuncel ve Şahoğlu 2018: 525).

Kalkolitik Dönem'e tarihlendirilen Yeşilova'nın II. kültür katı radyokarbon sonuçları MÖ 4340-4230 tarihleri aralığını vermektedir (Derin vd. 2009: 13). Yerleşim Kalkolitik Dönem mimarisi; zemine yarı gömülü, oval planlı basit dal örgü tekniğinde yapılmış kulübelerden oluşmaktadır. Bu çukur evlerin ortasında mimari alt yapıyla ilgili taş öbeklerine, yanmış kerpiç parçalarına ve seramik döşeli çamur taban parçalarına rastlanılmıştır (Derin vd. 2009: 8, 33: Res. 4; Derin 2012a: 178-179). Yerleşimde ele geçen gri, siyah, kahvemsi kırmızı renklerindeki çanak çömleklerde, en yaygın tip omurgalı çanaklardır. Bu çanaklar da sepet, boynuz ve mantar biçimli kulp tipleri de vardır. (Derin 2012b: 179). Ayrıca daralan ağızlı ve silindirik boyunlu çömleklerde en yaygın formlar arasındadır. Bunların yanı sıra *cheesepot* olarak adlandırılan kap formları da görülmektedir (Derin 2012a: 179). Bezeme olarak az sayıda perdah, kazıma, nokta ve kabartma bezeme de görülmektedir (Caymaz 2010: 98).

Aydın'da yer alan Çine Tepecik yerleşmesinin IV. Kültür katı Orta Kalkolitik Dönem'e tarihlendirilmektedir (Günel 2011; 2014). Yerleşimin şimdilik radyokarbon tarihi bulunmamaktadır. Yerleşimin en erken tabakasına ait tabana dikine yerleştirilmiş taşlardan oluşturulmuş iki adet yuvarlak planlı ve taş döşeli silo olarak kullanıldığı belirtilen mimari kalıntılar bulunulmuştur (Günel 2007: 234, Günel 2014: 87, fig.6-7), (Şek.1.8). Silo yapılarının duvarlarına öğütme taşları ve çömlek parçalarının yerleştirildiği tespit edilmiştir (Günel 2014: 87). Duvarda öğütme taşı kullanımı çağdaşı Gülpınar yerleşiminden de bilinmektedir (Takaoğlu 2015). Silo yapılarının hemen yanında ise tek sıra halinde uzanan düzgün olmayan taşlarla örülmüş bir duvar kalıntısı tespit edilmiştir (Günel 2011: 219). Ayrıca yerleşimin erken evrelerinde yanmış kerpiç parçaları ve kerpiç taban kalıntıları da ortaya çıkarılmıştır (Günel 2014: 87). Çine-Tepecik kazılarında Kalkolitik Dönem'e tarihlendirilen tabakalarda şimdiye kadar ele geçen mimari kalıntılar belirgin bir plan vermemektedir. Yerleşimin mimari kalıntıları iki adet yuvarlak planlı silo yapıları, planı belli olmayan taş duvarlar ve kerpiç kalıntılarından ibarettir. Çine-Tepecik yerleşimin en karakteristik kap formları arasında dışa eğik çanaklar ve kısa boyunlu küresel gövdeli çömlekler gelir. Ayrıca "*Cheesepot*" olarak adlandırılan kap parçaları da ele geçmiştir (Günel 2014: 87, Lev.1A). Boynuz kulp, mantar kulp ve sepet kulplar ön plandadır (Günel 2014: 87). Bezeme olarak kazıma, perdah, oluk, yiv ve baskı bezemeler en belirginlerindendir (Çayır-Böyükulusoy 2010: 110). Yerleşimin en dikkat çeken buluntuları arasında ise mermer Kilia tipi figürinler ve mermer konik bir kap parçası yer almaktadır (Günel 2014: 87, 91-93, Lev.6-11).

Malkayası Mağarası'nda küçük bir alanda yapılan kazıda mimari izine rastlanmamıştır. Kalkolitik Dönem tabakası, sadece iki taban ve bunlarında altında bulunan iki çukurlar evresinden oluşmaktadır. Mağaranın tek bir dönem süresince yerleşim gördüğü belirtilmektedir (Peschlow-Bindokat ve Gerber 2012: 74). Özellikle çanak çömlekler arasında beyaz boyalı, perdah bezemeli, kazıma bezemeli örnekler ön plandadır (Peschlow-Bindokat ve Gerber 2012: 108-109-110, Res.42-45) Mermerden kilya idolü ve keman biçimli idol dönem için karakteristiktir (Peschlow-Bindokat ve Gerber 2012: 107, Res. 41). Krem astar üzerine kırmızı boyalı seramik parçası Göller Bölgesi Erken Kalkolitik Dönem seramiğiyle benzerlik göstermektedir. (Peschlow-Bindokat ve Gerber 2012: 110, Res.46).

Orta Kalkolitik Dönem'e tarihlendirilen Kulaksızlar'da yapılan yüzey araştırmaları sonucunda, çok fazla miktarda üretim artığı mermer parçalarının ele geçmesi, Kulaksızlar'ın bir mermer atölyesi olduğuna işaret etmektedir (Takaoğlu 2001; 2005a). Batı Anadolu'da önemli bir mermer üretim merkezi olan Kulaksızlar'da, çanak çömlek parçaları da ele geçmiştir (Takaoğlu 2005a: 19-21). Çanak çömlek formları arasında özellikle ağızdan kulplu çanak çömlekler, basit boyunlu kaplar, küçük düğme kulplar, oluk bezemeler görülmektedir (Takaoğlu 2005a: lev.44-45). Yerleşimde son yıllarda T. Takaoğlu başkanlığında yapılan kurtarma kazıları sonucunda mimari izlerine de rastlanılmıştır.

Güneybatı Anadolu bölgesinde yer alan Orta Kalkolitik Dönem'e tarihlendirilen Tavabaşı Mağarası, radyokarbon tarihlemesi sonucu MÖ 4838 ve 4459 arası iskan gördüğü anlaşılmıştır (Korkut vd. 2015: 39). Aşağı Mağara içerisinde açılan sondaj çukurundan elde edinilen bilgiler sonucunda mimari bir bulguya rastlanmazken, 0.60 m kalınlığında kültür tabakasından yoğun miktarda Orta Kalkolitik Dönem'e tarihlendirilen çanak çömlek parçaları ortaya çıkarılmıştır (Korkut vd. 2015: 39-40, Res.5). Tavabaşı Aşağı Mağara kaya resimleri içerisinde tespit edilen mimari tasvirler dikkat çekicidir (Korkut vd. 2015: 46, Res. 15-16).

Karain Mağarası B gözünde Kalkolitik Dönem'e ait katmanlara rastlanılmıştır. Mağaradaki tahribat yüzünden herhangi bir mimari kalıntı ele geçmemiştir. Orta Kalkolitik Dönem II. evresi çanak çömlek ve diğer küçük buluntular ile temsil edilmektedir. Yerleşimde içe kalınlaştırılmış ağız kenarlı çanaklar, perdah bezeme, sepet ve boynuz kulp yaygındır. Ayrıca Kilia tipi figürün ele geçmiştir (Seeher 1988).

Antalya-Elmalı ovası araştırmaları sırasında "Lower Bağbaşı" Aşağı Bağbaşı ve Kızılbel yerleşimleri tespit edilmiş ve bu yerleşimler çanak çömlek buluntularıyla Orta Kalkolitik Dönem'e tarihlendirilmektedir. Bu yerleşimlerde mimari yapılara ait kalıntılara rastlanılmamıştır (Eslick 1992: 69-70, 78).

Doğu Ege Adalarından Gökçeada'da yer alan Uğurlu yerleşmesinin II. kültür katı Batı Anadolu'da MÖ 4500-4300 yıllarına tarihlendirilen Orta Kalkolitik Dönem kültürü ile ilişkili olduğu değerlendirilmektedir (Erdoğu 2014: 163). Kalkolitik Dönem'e tarihlendirilen Uğurlu II evresine ait şimdilik iki bina tespit edilmiştir. Bunlardan Bina 1 olarak adlandırılan yapı, 5 x 5 m boyutlarında olup duvarları taştan inşa edilmiştir (Şek.1.9). Kuru duvar tekniği ile örülen taş duvarlar yaklaşık 40 cm yüksekliğe kadar korunmuşlardı. Binanın kuzeybatı köşesinde taş bir payanda ve hemen yanında söve taşı yer almaktadır. Yapının kuzey duvarı çift duvar halinde yapılmıştır. Binanın batı duvarı düzgün yayvan taşlarla örülmüşken güney duvarı ise tam aksine büyük kaba taşlarla oluşturulmuştur. Binanın güney duvarı üzerinde muhtemelen bir kapı aralığı bulunmaktadır (Erdoğu 2012: 3). Binanın zemini toprak olup, içerisinde fırın veya ocak bulunmamıştır (Erdoğu 2014: 163, Fig.21). Binanın güneybatı bölümü depo olarak kullanıldığı belirlenmiştir. Bu depo yapısı içerisinden *in situ* birçok buluntu ortaya çıkarılmıştır. Aynı zamanda binanın batısında yer alan, yarım dair şeklinde uzanan ve büyük taşlardan örülmüş avlu duvarı belirlenmiştir. Uğurlu II evresine ait Bina 1 yapısının içinden alınmış bir örneğin radyokarbon tarihi, kalibre edilmiş haliyle MÖ 4449-4267 yılları arasına tarihlendirilmektedir (Erdoğu 2014: 164, Fig.25).

Uğurlu II evresinin Kalkolitik Dönem'e tarihlendirilen diğer yapısı olan Bina 4 ise 7x6 m boyutlarında ve dikdörtgen planlıdır (Erdoğu 2014: 164, Fig.22). Kuru duvar tekniğiyle örülen taş duvarları 65 cm kalınlığındadır. Binanın güneyinde 90 cm genişliğinde bir kapı aralığı yer almaktadır (Erdoğu 2015: 168). Bina içine küçük bir giriş odası ile girilmektedir. Binanın girişinde bulunan boğa boynuzu ve kırmızı boyalı kireç tabanı ile buranın bir konuttan ziyade özel amaçlı kullanılmış bir bina (komünal veya kamu binası) olduğu değerlendirilmektedir (Erdoğu 2014: 164). Ayrıca binanın iç köşelerinde nişler vardır. Bina içerisinden radyokarbon sonucu olmamasına rağmen ele geçirilen çanak çömlekler Kumtepe IA ve Beşik-Sivritepe Orta Kalkolitik Dönem kültürü ile ilişkilendirilmiştir (Erdoğu 2015:168). Uğurlu II. Evresinde özel-

Şekil 1.9
Uğurlu II, kuru duvar tekniğinde inşa edilen Bina 1
(Erdoğu 2014: Fig. 21).

likle mahmuz, mantar, sepet ve lades kemiği biçimli kulplar ön plandadır. Bezeme olarak açkı bezeme, sığ oluk bezeme, enkrüste çizgi bezeme ve boya bezeme Uğurlu için karakteristiktir (Erdoğu ve Çevik 2015: 38). Orta Kalkolitik Dönem Uğurlu II. evresi yaklaşık olarak MÖ 4450-4250 yılları arasına tarihlendirilmektedir (Erdoğu 2014: 178, Res. 25).

1.2.3. Geç Kalkolitik Mimari (MÖ 4300-3200)

Batı Anadolu Kalkolitiği'nin en az araştırılan dönemi Erken ve Orta Kalkolitik Dönemi'nin yanı sıra en iyi araştırılan dönemi ise Geç Kalkolitik olarak adlandırılan dönemidir. Keskin bir kültürel kırılmanın yaşandığı Geç Kalkolitik Dönem'de yeni kültürlerin ortaya çıktığı ve Troas bölgesinde yer alan Kumtepe'den Göller bölgesine kadar yayıldığı görülmektedir. Gerek belirgin çanak çömlek repertuarı ve metalürjideki gelişmeleriyle, gerek şehirleşme öncesi mimari özellikleriyle birçok açıdan kendinden önceki dönemden farklı öğelerin ortaya çıktığı bir dönemdir. Batı Anadolu'da Orta Kalkolitik ile Geç Kalkolitik Dönem arasında hala bilinmeyen 600 yıllık bir boşluk vardır. Geç Kalkolitik Dönem ayrımı ise son yıllarda özellikle Kumtepe IB ve Baklatepe malzemelerinin yeniden değerlendirilmesiyle tanımlanmaya başlanmıştır.

Kuzeybatı Anadolu veya Troas bölgesindeki kazısı yapılan ve radyokarbon tarihlemesiyle tespit edilen Kumtepe IB tabakası, yüzey araştırmalarıyla ele geçen buluntuların karşılaştırılması sonucu tespit edilenler; Bozköy-Hanaytepe yerleşimi gösterilebilir. Orta Batı Anadolu Bölgesi'nde İzmir ve Çevresinde, Limantepe VII, Baklatepe V, Efes Çukuriçi VI-VII ve Ege Gübre II yerleşmelerinden bilinmektedir. Güneybatı Anadolu bölgesinde ise Bağbaşı, Beycesultan XL-XX yapı katları ve Kuruçay 6A-3 tabakaları bu döneme yerleştirilebilir.

Troas bölgesinde yer alan Kumtepe IB tabakası Geç Kalkolitik Dönem'i en iyi yansıtan yerleşimler arasında yerini almaktadır. MÖ 3500-3100/3000 yılları arasına tarihlendirilen Kumtepe IB tabakasına ait 4 alt evre tespit edilmiştir (Korfmann ve Kromer 1993; Korfmann 1996; Kromer vd. 2003; Bertram ve Karul 2014). IB1 evresinde mimari kalıntı olarak tek sıra taş temelden oluşan bir apsisli yapı ortaya çıkartılmıştır (Bertram ve Karul 2014: 1067, Abb.7), (Şek.1.10). IB2 evresinde ise beş odadan oluşan geniş bir bina saptanmıştır (Korfmann 1996; Bertram ve Karul 2014: 1068-1069, Abb.8-9). Bina dikdörtgen ve kare planlı odalardan oluşan taş temelli olarak inşa edilmişlerdir (Şek.1.11). Bazı odaların sıkıştırılmış sert toprak ile tabanları oluşturulmuştur. Bir odada ise gelişi güzel taşların döşenmesiyle ve aralarının toprakla sertleştirilmesiyle taban oluşturulmuş ve bu odanın köşesinde büyük taş levhalarla platform oluşturulduğu anlaşılmıştır (Bertram ve Karul 2014: 1069). IB3 evresinde belirgin olmayan doğu batı uzantılı taş temelli bir duvar kalıntısı ve birkaç tane plaka şeklinde büyük boyutlu taşlar tespit edilmiştir (Bertram ve Karul 2014: 1070, Abb.10).

Kumtepe IB'de içten kalınlaştırılmış ağız kenarlı çanaklar karakteristiktir. Bu çanakların ağız kenarları altında yatay ip delikli tutamaklar tipiktir. Çanak-çömlekler genelde gri, kahverengi ve siyah perdahlıdır. Az da olsa boyunlu çömlek ve sığ meyvelik formları da görülmektedir. Kazıma bezeme yaygındır (Sperling 1976; Korfmann vd. 1995).

Şekil 1.10
Kumtepe IB1, tek sıra taş temelden oluşan apsisli yapı kalıntısı
(Bertram ve Karul 2014: Abb. 7).

Şekil 1.11
Kumtepe IB2b, dörtgen planlı odalardan oluşan taş temelli yapı kalıntısı
(Bertram ve Karul 2014: Abb. 9).

Troas bölgesinde Hanaytepe Höyüğü'nde yapılan çalışmalarda mimari tabakaya rastlanmamıştır. Geç Kalkolitik Dönem'i karakterize eden Kumtepe B tipi çanak çömlek buluntular ele geçmiştir (Schachner 1999; Blum 2014). Ayrıca bölgede 2009-2011 yılları arasında Rüstem Aslan tarafından yapılan yüzey araştırmaları sonucunda Bozköy-Hanaytepe'nin yanı sıra Işıldak Tepe ve Çardakaltı yerleşimlerinden ele geçen malzemeler MÖ 6. ve 5. Bin yıla tarihlendirilmektedir (Aslan ve Polat 2012).

İzmir'de yer alan, Limantepe VIII tabakasının hemen üzerinde, Geç Kalkolitik Dönem'e tarihlendirilen Limantepe VII tabakası ortaya çıkarılmıştır (Erkanal 2008a; Şahoğlu 2008; Erkanal ve Şahoğlu 2012a: 221). Limantepe VII tabakası, radyokarbon tarihlemeleri sonucunda MÖ 3600-3300 tarihleri arasında yerleşime sahne olmuştur (Tuncel ve Şahoğlu 2018: 526). Bu döneme ait planı tam belli olmayan dal-örgü *wattle and daub* tekniğiyle yapılmış bir mimariye sahip ve büyük bir yangınla yıkılmış bir evin köşesi *Burnt House* ortaya çıkarılmıştır (Şek.1.12). Ev içerisinde yanmış

Şekil 1.12
Limantepe VII, dal-örgü tekniğinde inşa edilmiş "Burnt House" ve kerpiçten dörtgen yapı kalıntısı *(Tuncel ve Şahoğlu 2018: Fig. 53.7).*

halde çok sayıda buğday tohumu ele geçmiştir. (Erkanal ve Şahoğlu 2012a: 221). Aynı teknik çağdaşı Bakletepe'den çok iyi bilinmektedir. Bu yapının Baklatepe gibi temelleri ahşap direklerin yerleştirilmesi için aralıklı dizilen küçük boyutlu taşlarından inşa edilmiştir. Fakat direkler doğrudan zemine girmediği ve aralıklı dizilen taşların direkleri desteklediği düşünülmektedir. Baklatepe ile olan bu mimari benzerliğinin yanı sıra depo olarak kullanıldığı belirlenen *Burnt House* yapısının muhtemelen apsisli bir yapıya ait olduğu düşünülmelidir. Bunun yanı sıra kerpiçten küçük bir dörtgen yapı da tespit edilmiştir (Tuncel ve Şahoğlu 2018: 516). Geç Kalkolitik Dönem'e ait bütün bir ev planı olmamasına rağmen, ele geçen mimari buluntulardan yola çıkarak az da olsa yerleşimin mimarisi hakkında bilgi edinilmektedir.

Geç Kalkolitik Dönem'e tarihlenen Limantepe VII tabakasının en karakteristik buluntuları arasında; kırmızı veya siyah astarlı, perdah bezemeli ve içe kalınlaştırılmış ağız kenarlı çanaklar ve kâseler görülmektedir. Bu çanakların ağız kenarının iç kısmında, V motifinden iki yana açılan paralel çapraz çizgilerle ve geniş zikzak yapan paralel çizgilerle yapılmış beyaz boya bezeme vardır. Ayrıca Siyah astarlı ve beyaz boya bezemeli gaga ağızlı testiler, kahverengi perdahlı ve yatay ip delikli tutamaklı ağız kenarı beyaz boyalı çanaklar da görülmektedir. Bölgede çağdaşı Baklatepe ile benzer özellikler gösteren Limantepe VII tabakasındaki kaplar üzerinde görülen koyu renk astar ve parlak perdah ile beyaz boya bezeme Geç Kalkolitik Dönem'in en belirgin özelliklerindendir (Erkanal ve Şahoğlu 2012a: 221).

Geç Kalkolitik Dönem'e ait dört evreli Baklatepe V tabakası, radyokarbon tarihlemeleri sonucunda MÖ 3500-3100 yılları arasına tarihlendirilmektedir (Özkan ve Erkanal 1999: 13; Erkanal ve Şahoğlu 2012b: 92; Şahoğlu ve Tuncel 2014: 76-77). Baklatepe V yerleşmesinde en karakteristik ev tipini, birbirinden bağımsız inşa edilmiş dikdörtgen planlı yapıların dar kenarlarından biri ızgara şeklinde düzenlemelere sahip,

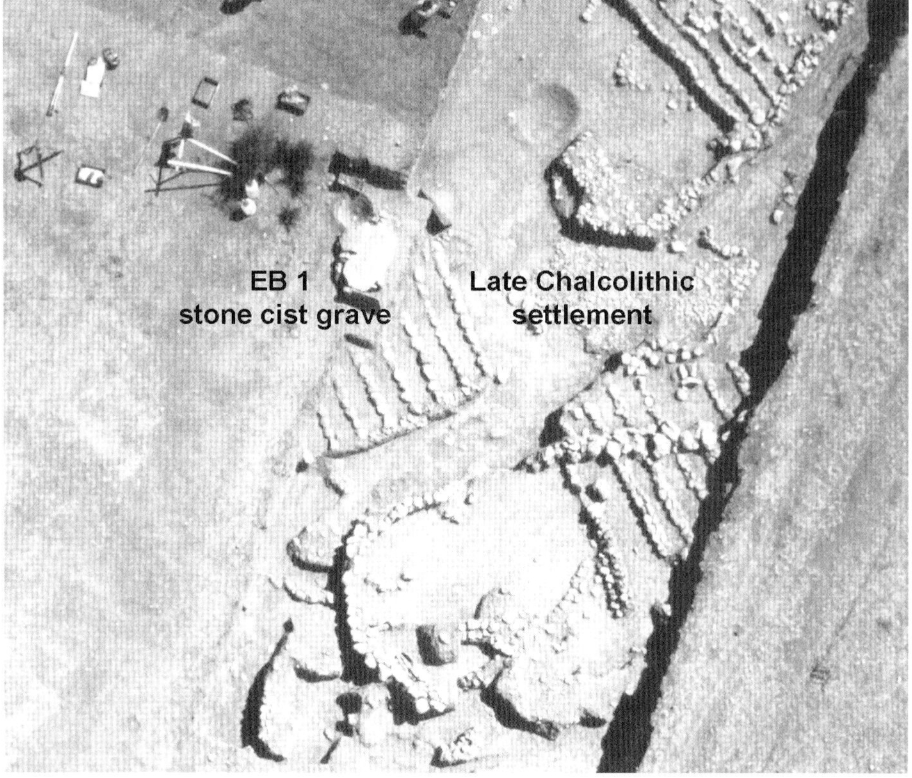

Şekil 1.13
Baklatepe V, ızgara şeklinde düzenlemelere sahip olan apsisli yapı kalıntıları *(Şahoğlu ve Tuncel 2014: Fig. 4).*

Şekil 1.14
Baklatepe V, yuvarlak planlı yapı kalıntıları *(Şahoğlu ve Tuncel 2014: Fig. 6).*

diğer tarafı apsisli olarak inşa edilmiş yapılar oluşturmaktadır (Erkanal ve Şahoğlu 2012b: 92), (Şek.2.13). Bu yapıların yanı sıra, depo olarak kullanıldığı değerlendirilen, kenarları büyük boy düzensiz taşlarla sınırlandırılmış, iç kısımları ise daha küçük taşlarla sıkıca döşenmiş olan yuvarlak planlı yapı kalıntıları açığa çıkarılmıştır (Şahoğlu ve Tuncel 2014: 68-71; Caymaz 2010), (Şek.1.14). Yerleşimde kerpiç parçaları da bulunmasına rağmen ağırlıklı mimari *wattle-and-daub* dal örgü tekniğinde inşa edilmiştir (Şahoğlu ve Tuncel 2014: 68).

Geç Kalkolitik Dönem'e tarihlenen yerleşimin tipik mimarisi, birbirinden bağımsız ızgara şeklinde düzenlemelere sahip apsisli yapılar ve dairesel planlı depo birimleri Baklatepe toplumunda ön plana çıkmaktadır (Tuncel 2009; Şahoğlu ve Tuncel 2014: 70). Bu yapıların duvarları, temeli düzensiz tek sıra taşlarla desteklenen dikmelerin içten veya dıştan çamurla sıvandığı dal örgü *wattle-and-daub* tekniğinde yapılmıştır (Erkanal 2008b; Erkanal ve Şahoğlu 2012b: 92). Mekân içlerinde çamurla düzgün sıvanmış tabanlar ve daire şeklinde ocaklar bulunmuştur (Caymaz 2010: 143). Evlerin dışında yer alan açık alanlarda domestik faaliyetlerin göstergesi olarak fırın ve ocaklar ele geçmiştir. Evler arasında çakıl taşlarının döşenmesiyle sertleştirilmiş sokak kalıntıları ve yollar tespit edilmiştir (Şahoğlu ve Tuncel 2014: 71). Yapıların tabanları altında ağzı taşlarla kapatılmış çömlekler içerisinde bebek ve cenin mezarları ortaya çıkartılmıştır (Şahoğlu ve Tuncel 2014: 75).

Baklatepe V çanak çömlek repertuvarında karşımıza çıkan içe kalınlaştırılmış ağız kenarlı çanaklar, kırmızı veya siyah astarlı ve perdahlı çanak çömlek örnekleri Geç Kalkolitik Dönem'de oldukça yaygındır. Bu çanakların ağız kenarları, bazen omurgalı çanakların ağız kenarının iç kısmında birbirini kesen eğik çizgiler veya içi taralı üçgen motiflerinden oluşan beyaz boya bezeme görülmektedir (Tuncel 2009; Erkanal ve Şahoğlu 2012b: 93; Şahoğlu ve Tuncel 2014: 73-75). Aynı zamanda Baklatepe V tabakasında farklı tiplere ait çok sayıda pişmiş toprak figürin de ele geçmiştir (Şahoğlu ve Tuncel 2014: 75).

Efes-Çukuriçi Höyük VII. tabakası 4. binyıl ikincisi yarısına, radyokarbon tarihlemeleri sonucunda MÖ 3300-3100 arasına, Geç Kalkolitik Dönem'e tarihlendirilmektedir (Horejs 2012; 2014). Ayrıca Çukuriçi Höyük VI. tabakası da Geç Kalkolitik/Erken Tunç Çağı dönemlerine yerleştirilmektedir. Yerleşimin Geç Kalkolitik Dönem mimarisinde, yerel kaynaklardan elde edilen taşın binaların yapımında kullanıldığını ve tabanlarının sıkıştırılmış toprak ile yapıldığı anlaşılmıştır (Horejs 2014: 19). Bir tarafı ızgara şeklinde düzenlemelere sahip olan apsisli yapılar Geç Kalkolitik Dönem'in ve Çukuriçi Höyük'ün karakteristik mimari tarzını yansıtmaktadır (Horejs 2014; Horejs ve Schwall 2015: 461, Fig. 5), (Şek.1.15). Bunun yanı sıra küçük bir alanda ortaya çıkarılan taş temelli duvar kalıntısının köşe yapması sonucu dikdörtgen plana sahip yapıların da olduğu söylenebilir (Horejs ve Schwall 2015: 460-462, Fig.4). Höyüğün genel mimari özelliklerine bakıldığında, bir tarafı dikdörtgen ve diğer bir tarafı apsisli düzenlemeye sahip bu ızgara planlı yapıların depolama özelliklerini de içinde barındırması Ege ve Batı Anadolu bölgesiyle şekil ve fonksiyon bakımından ortak özellik göstermektedir (Horejs 2014: 25-26). Çukuriçi Höyük VII. Tabakasında bulunan açık ve kapalı kaplar yerleşimin ana repertuarı oluşturmaktadır. Bu dönemin içe kalınlaştırılmış ağız kenarlı çanaklar ve dışa açılan dışbükey kenarlı çanaklar, boyunlu çömlekler Çukuriçi Höyük için karakteristiktir. Ayrıca *cheesepot* adı verilen kaplarda yaygındır. Bezeme olarak az da olsa yivli, beyaz boya ve kazıma bezemeli örneklerde vardır (Horejs 2014: 26).

Ege Gübre II tabakası Geç Kalkolitik Dönem'e tarihlendirilmektedir (Sağlamtimur 2007; 2012; Sağlamtimur ve Ozan 2012). Ege Gübre II radyokarbon sonuçları

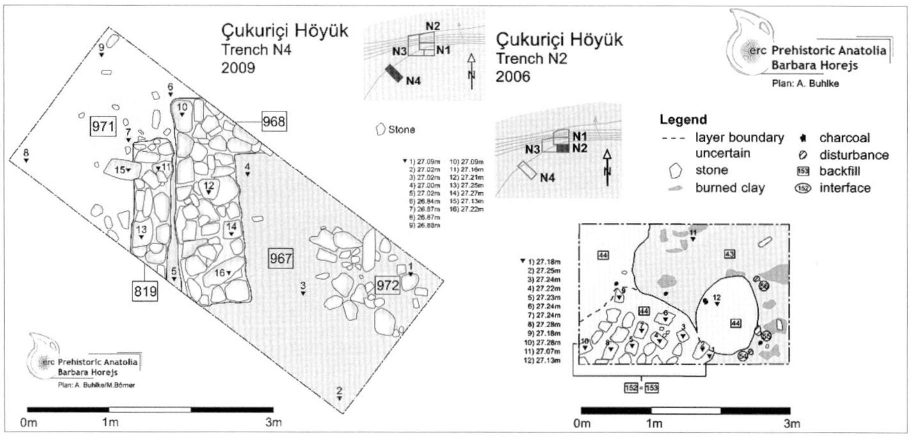

Şekil 1.15
Çukuriçi Höyük VII, taş temelli duvar kalıntısı ve apsisli bir yapıya ait mimari kalıntı *(Horejs ve Schwall 2015: 161, Fig. 4-5).*

MÖ 4040-3950 ile MÖ 3780-3640 tarihleri aralığını vermektedir (Sağlamtimur ve Ozan 2012: 240). Bu tabakanın mimari yapıları Hellenistik Dönem yerleşimcileri tarafından tahrip edilmiş olup, belirgin mimari plandan yoksun taş yığınlarından oluşmaktadır. Korunmuş kısımlarından tek sıra taş temele sahip yapıların olduğu anlaşılmaktadır. Ayrıca bazı kısımlarda birbirine kenetlenerek oluşturulmuş döşeme biçimli taş zeminler, düzgün yüzeyli taşlarla şekillendirilmiş bir ocak bu dönemin mimari kalıntıları arasındadır. Bunların yanı sıra çöp çukurları ve mezarlar da ortaya çıkarılmıştır (Sağlamtimur ve Ozan 2012: 228). Geç Kalkolitik Dönem'e tarihlendirilen bu tabakanın en karakteristik çanak çömlekleri arasında içten kalınlaştırılmış ağız kenarlı çanaklar gelmektedir. Ayrıca silindirik veya konik boyunlu çömlekler ve az da olsa *cheesepot* adı verilen kap parçaları da görülmektedir. Bu tabaka da boynuz, mantar ve sepetkulpların yanı sıra, kazıma, perdah ve oluk bezeme de ön plandadır (Yazıcı 2009).

Aydın'da yer alan, Prehistorik Aphrodisias'ın (Pekmez Höyük Trench 2) Geç Kalkolitik Dönem'e tarihlenen VIII. Evreye ait radyokarbon sonuçları; MÖ 4430-4110/4160-3900/3800-3520 tarihleri aralığını vermektedir (Joukowsky 1986: 163,166). Eldeki radyokarbon verilerine göre yerleşim MÖ 4430 ile MÖ 3520 arası 900 yıl boyunca iskan görmüştür. Prehistorik Aphrodisias'ın (Pekmez Höyük Trench 2) Geç Kalkolitik 1 (Evre VIIIB-VIIIA) tabakasına tarihlenen, belirli bir mimari plan vermese de, mimari olarak bazı duvar kalıntılarına, döküntü kerpiç tuğlalara ve kül katmanına rastlanılmıştır (Joukowsky 1986: 167). Geç Kalkolitik 2 (Evre VIIID) tabakasında belirgin bir mimari plan vermeyen yapıların duvarları taş temelsiz kerpiç tuğladan inşa edilmiştir (Joukowsky 1986: 167). Özellikle duvarların yapımında güneşte kurutulmuş tuğlalar kullanılmış ve yapıların temellerinde taş kullanılmamıştır (Joukowsky 1986: 65, Fig.37). Duvarda kullanılan kerpiç tuğlalar büyük, düzensiz ve dikdörtgen şeklindedir. Yapıların iç kısmında tabandan hafif yükseltilmiş ocaklar bulunmuştur. Geç Kalkolitik 3 ve 4 tabakasında ise hiç bir mimari kalıntıya rastlanılmamıştır (Joukowsky 1986: 167). Prehistorik Aphrodisias yerleşiminde siyah astarlı ve beyaz boyalı seramikler karakteristiktir (Joukowsky 1986: 167). Bir kısmı beyaz boya bezemeli dışa kalınlaştırılmış çanaklar yaygındır. Bunun yanı sıra üç ayaklı derin çanaklar, kısa ve keskin omuzlu/omurgalı çanaklar ve boyunlu çömlekler de görülmektedir (Joukowskys 1986: 317; Caymaz 2010: 182).

Milet'de ana kaya üzerinde Geç Kalkolitik Dönem'e tarihlenen (Ege Kronolojisine göre Final Neolitik) Milet I olarak adlandırılan tabaka bulunmuştur. Melos obsidiyeni bulunmuştur. (Niemeier 2005: 2; Greaves 2010: 880). Kuşadası Kadıkalesi'nde VI. tabaka da Geç Kalkolitik Dönem'e ait buluntulara rastlanılmıştır.

Antalya-Elmalı ovasında yer alan Bağbaşı, Geç Kalkolitik Dönem'e tarihlenen 3 tabakadan oluşmaktadır. Yerleşim MÖ 4. bin yılın ortası ile MÖ 5. bin yıl arasında değerlendirilmektedir (Eslick 1992: 80-81, 101). Geç Kalkolitik Dönem'e tarihlenen yerleşimde dikdörtgen planlı, çok odalı 5 veya 6 ev ortaya çıkarılmıştır (Eslick 1992: 1). Yerleşimin genel mimari özelliklerine bakıldığında, duvarları dal ve saman katkılı çamur tekniğiyle yapılmıştır (Eslick 1992: 5,76, pl.4,11,91-93). Bazı dal ve çamur sıvalı duvarların temellerini desteklemek için, taşların da temellerde kullanıldığı tespit edilmiştir (Eslick 1992: 15). Ayrıca duvarlar, kalıp şeklinde çamur levhalar ve aralarında yatay dallar kullanılarak oluşturulmuştur (Eslick 1992: 5, pl.7,85-87). Bağbaşı Geç Kalkolitik Dönem yapılarında, özellikle Neolitik ve Kalkolitik Dönem'den bildiğimiz geleneksel kerpiç ve *wattle-and-daub* tekniğinin kullanılmamış olduğu yazarı tarafından belirtiliyor (Eslick 1992: 76).Yerleşimde az da olsa bazı yapılar taş temel üzerine çamur levhalar kullanılarak inşa edildiği de anlaşılmıştır. Bağbaşı binalarının duvarları, çamur levhalar, yatay dizilen dallar ve dikey dalların çamurla sıvanarak kaplanması gibi teknikler kullanılarak inşa edilmiştir. Yerleşimde ahşap direk delik izlerine rastlanmamıştır (Eslick 1992: 15). Genellikle evlerin tabanları sıkıştırılmış topraktan oluşturulmuş ve içlerinde çamur sıvalı dairesel formda ocak kalıntıları ele geçirilmiştir (Eslick 1992: 16, pl.94b-95a). Yapılarda öğütme taşları, pişirme kap parçalarının bulunması, yemek hazırlık aşamalarının mekân içi faaliyetlerin olduğunu göstermektedir (Eslick 1992: 48). Bağbaşı yerleşimi çanak çömlek repertuvarında; dikey kulplu boyunlu çömlekler, geniş ağızlı derin çömlekler, dışa açılan "S" profilli çanaklar ve maşrapalar yaygındır. (Eslick 1992: 16-25). Geç Kalkolitik Dönem'in tipik beyaz boya bezemesi Bağbaşı'nda görülmemektedir.

İçbatı Anadolu'da yer alan Kuruçay yerleşiminin Geç Kalkolitik Dönemi'ne ait 6A-3. kat yerleşmeleri radyokarbon tarihlemesi sonucu MÖ 3800-3200 yılları arasına tarihlendirilmektedir (Duru 1996: 102). Bu döneme ait mimari; tek sıra taş temel üzeri kerpiçle yükselen duvarlara sahip, geniş dikdörtgen planlı, tek odalı ve birbirine bitişik fakat her biri bağımsız evlerden oluşmaktadır (Duru 1996: Lev.32, 37). Muhtemelen düz dama sahip yapıların duvarlarının her iki yüzeyinin de sıvandığı anlaşılmıştır. Evlerin tabanları bastırılmış kilden yapıldığı tespit edilmiştir. Mekân içi öğeleri, yuvarlak veya at nalı biçimli planlı fırınlar, az da olsa ocaklar tespit edilmiştir. Savunma amaçlı yapılar planlı bir şekilde düzenlenmiştir. Yerleşmenin en dış halkasında yer alan yapıların duvarları aynı zamanda yerleşimin savunma duvarlarını oluşturmaktadır. Dışa kapalı bir yerleşme planına sahiptir. Kuruçay Geç Kalkolitiğin erken evresinde (6A yerleşim katında) görülen kent olarak adlandırılan planda, üç giriş kapısının bulunduğu, meydan, avlu ve sokaklardan oluşan, içlerinde evlerin ve kutsal yapıların yer aldığı düzenli bir yerleşim planından söz edilmektedir (Duru 1996: 5-23).

Batı Anadolu bölgesinde son 20 yıla kadar Geç Kalkolitik Dönem'in anahtar yerleşmesi olan Beycesultan'da, Geç Kalkolitik Dönem'e ait XL-XX (40-20) yapı katları ortaya çıkarılmıştır (Lloyd ve Mellaart 1962: 17-26). Beycesultan'da Geç Kalkolitik kendi içinde 4 safhaya ayrılmıştır (Lloyd ve Mellaart 1962: 75). Yerleşimde kalibre edilmiş radyokarbon sonuçları; XXXVI yapı katı için MÖ 3900 tarihini, XXVIII yapı katı için ise MÖ3200 tarihini vermektedir (Lloyd ve Mellaart 1962: 19,23). Yerleşimin mimarisi; duvarları taş temelsiz kerpiçten yapılmış, ince uzun dikdörtgen planlı, tek odalı ve (iki odalı olan örnekler de var) birbirine bitişik olarak inşa edilen evlerden oluşmaktadır (Lloyd-Mellaart 1962: Fig.5-6). Beycesultan Geç Kalkolitik Dönemi'ne ait tabakalar, dar bir alanda kazıldığı için, evlerin iki odalı mı yoksa birbirine bitişik yapılmış tek odalı mı olduğu netliğini kazanamamıştır. Duvarları oluşturan kalıp şeklindeki kerpiçlerin üzeri kille sıvanmıştır. Evlerin kapıları dar kenarlarda bulunmaktadır. Evlerin içerisinde damı destekleyen ahşap direk altlığına rastlanılmıştır. Mekân içlerinde dairesel veya dikdörtgen formlu ocaklar bulunmuştur. Mekânların içlerinde tahıl depolamada kullanılan kerpiçten ambarlara ve bazı evlerin içlerinde seki uygulamalarına rastlanılmıştır (Lloyd ve Mellaart 1962: 17-26).

1.3. BATI ANADOLU KALKOLİTİK DÖNEM YAPI TİPLERİ VE YERLEŞİM PLANLARI

Batı Anadolu Kalkolitik Dönem yerleşimcileri hammadde seçimini doğrudan doğal kaynaklara erişilmesi şeklinde gerçekleştirilmiş olması, yerleşim seçiminde ise yerel geleneklerin ve tekniklerin etkisinin olduğunu akla getirmektedir. Düring, Batı Anadolu Kalkolitik Dönem yerleşimlerinde farklı yapı tekniklerinin kullanımını, genel olarak yerleşme yoğunluğuna bağlı olduğunu düşünmektedir. Dal-örgü tekniğiyle yapılmış yerleşim yapısına sahip, 6. Bin yılın ilk yarısı- 5. Bin yılın başına tarihlenen Troas bölgesindeki Kumtepe IA, Beşik-Sivritepe, Gülpınar ve Alacalıgöl yerleşimlerinden, Elmalı ovasındaki Bağbaşı ve Marmara bölgesindeki Ilıpınar 5B'nin geçici-kısa ömürlü, mobil yaşam şekline sahip pastoral göçebeler tarafından kullanılan yerleşimler olduğu görüşünü savunmaktadır (Düring 2011a: 254-255; 2011b: 799-801).

Son 10 yıla kadar Kalkolitik Dönem'de Anadolu'nun doğusunda, güneydoğusunda ve merkezinde kültürün tanımlanabilecek kadar yeterli sayılabilecek araştırmaların varlığından söz edilebilirken, batısında detaylı kazısı yapılmamış ve tanımlanamamış bir kültürün ele geçtiği birkaç yerleşimle, bilinmeyen bir dönem hakkındaki görüşler ve tartışmaların, bu kültürün tanımlanabilmesi için yapılmaya devam edeceği anlaşılmaktadır. Batı Anadolu'da Kalkolitik Dönem'in en az bilgiye sahip olunan Erken ve Orta Dönem'i ve diğer dönemlere göre daha fazla bilgiye sahip olunan dönemi ise Geç Kalkolitiktir. Bu döneme ait araştırmaların artmasının yanı sıra diğer en büyük problem Orta Kalkolitik Dönem'e tarihlendirilen yerleşimlerde mimari unsurların ele geçmemesidir. Tüm bu tartışmaların yanı sıra Batı Anadolu'da Kalkolitik Dönem'e tarihlenen kazısı yapılmış yerleşimlerin yayınlarının mimari analizleri yapılarak; yerleşim yapısı, bina yapım teknikleri ve yapı malzemeleri irdelenmeye çalışılmıştır. Batı

Anadolu'da 6. bin yılın ikinci çeyreği - 4. bin yıl başına tarihlenen yerleşimlerin yerel yapı plan tipleri dört ana tiptedir (Tip 1. Dörtgen Yapılar; Tip 2. Apsisli Yapılar; Tip 3. Yuvarlak Yapılar; Tip 4. Oval yapılar) (Tab.1.2).

Tip 1. Dörtgen Yapılar: Batı Anadolu Erken Kalkolitik Dönem tartışmalı da olsa, bu döneme tarihlenen yerleşimler içerisinde Ulucak III'de birbirinden bağımsız, taş temel üstü kerpiçten inşa edilmiş dörtgen yapılar olduğu anlaşılmaktadır (Çilingiroğlu vd. 2004). Uğurlu III'de taştan kuru duvar tekniğinde, dikdörtgen plan tipinde yapılar bulunmaktadır (Erdoğu 2014). Kuruçay 10-7 yapı katlarına ait taş temel üzerine kerpiç duvarları olan, geniş dörtgen planlı, tek odalı, birbirinden bağımsız evler yer almaktadır (Duru 1994).

Orta Kalkolitik Dönem'de bina tiplerinde ve yapı malzemelerinde yerel farklılıklar olduğu anlaşılmaktadır. Bu dönemin mimarisi hakkında bilgilerimiz oldukça sınırlıdır. Bugüne kadar genellikle çanak çömlek buluntularıyla temsil edilen bu dönem hakkındaki bilgilerimiz, Kuzeybatı Anadolu Bölgesi'nde kazısı yapılan ve detaylı mimarisi bilinen yerleşimlerin başında Prehistorik Gülpınar ve Uğurlu yerleşimleri gelmektedir. Gülpınar II ve III'de birbirine bitişik nizamlı, taştan kuru duvar tekniğinde, dörtgen yapılar mevcuttur (Takaoğlu 2015). Uğurlu II'de ise taştan kuru duvar tekniğinde dörtgen planlı çok odalı yapılar bulunmaktadır (Erdoğu 2014). Bu iki yerleşimin dışında şimdilik tam plan veren yerleşimlere rastlanılmamıştır.

Diğer çağdaş yerleşimlerde tahrip olmuş bir şekilde ele geçen duvar kalıntılarının yer aldığı ve bunların tam plan vermese de mimari izlerin görüldüğü ve yorumlandığı anlaşılmaktadır. Bu yerleşimlerden Kumtepe IA'da taş temelli-dörtgen planlı (Bertram ve Karul 2014), ve Limantepe VIII'de taş temelli-dörtgen planlı yapılar olabileceği düşünülmektedir (Tuncel ve Şahoğlu 2018). Çine Tepecik IV de taş temel üstü kerpiç-dörtgen bir yapıya ait olabileceği düşünülen duvar kalıntısı tespit edilmiştir (Günel 2014).

Batı Anadolu'da Geç Kalkolitik Dönem, en iyi araştırılan ve kültürü en iyi tanımlanan bir dönemdir. Bu dönemi karakterize edecek önemli merkezlerin başında Beycesultan gelmektedir. Beycesultan XL-XX yapı katlarında birbirine bitişik nizamlı, taş temelsiz kerpiçten-dikdörtgen planlı, tek odalı evler yer almaktadır (Lloyd ve Mellaart 1962). Kuruçay 6A-3. kat yerleşmelerinde, birbirine bitişik nizamlı, taş temel üzeri kerpiç-dikdörtgen planlı, tek odalı evler bulunmaktadır (Duru 1996). Bağbaşı'nda çamur levha ve dal-örgü tekniğinde inşa dilen dikdörtgen planlı çok odalı evler ortaya çıkarılmıştır (Eslick 1992). Limantepe VII'da kerpiçten inşa edilmiş küçük bir dörtgen yapı tespit edilmiştir (Tuncel ve Şahoğlu 2018: 516). Efes-Çukuriçi Höyük VII. tabakasında taş temelli-dörtgen yapıların olduğu söylenebilir (Horejs ve Schwall 2015: fig.4). Kumtepe IB'de taş temelli-dörtgen planlı çok odalı yapılardır (Bertram ve Karul 2014: 1068-1069, Abb.8-9).

Tip 2. Apsisli Yapılar: Geç Kalkolitik Dönem'in diğer bir karakteristik mimarisini, birbirinden bağımsız inşa edilmiş dikdörtgen planlı bir tarafı ızgara şeklinde düzenlemelere sahip olan apsisli yapılar oluşturmaktadır. Baklatepe V'de birbirinden bağımsız, dal-örgü tekniğinde inşa edilen apsisli yapılar dikkat çekmektedir (Erkanal ve Şahoğlu 2012b; Şahoğlu ve Tuncel 2014). Limantepe VII'da dal-örgü tekniğinde yangın geçirmiş "Burnt House" yapısının muhtemelen apsisli bir yapıya ait olduğu düşünülmektedir (Tuncel ve Şahoğlu 2018: Fig.53.7). Efes-Çukuriçi Höyük VII. tabakasında bir tarafı dikdörtgen ve diğer bir tarafı ızgara şeklinde düzenlemeye sahip apsisli yapılar yer almaktadır (Horejs and Schwall 2015: fig.5). Kumtepe IB1 evresinde tek sıra taş temelden oluşan bir apsisli yapı ortaya çıkartılmıştır (Bertram ve Karul 2014: Abb.7).

Tip 3. Yuvarlak Yapılar: Orta Kalkolitik Dönem'e tarihlenen Çine Tepecik IV'de taş döşeli yuvarlak planlı silo olarak kullanıldığı düşünülen yapılar tespit edilmiştir (Günel 2014: fig.6). Geç Kalkolitik Dönem'de Baklatepe V tabakasında birbirinden bağımsız yuvarlak planlı depo olarak kullanıldığı düşünülen birimler ele geçmiştir (Şahoğlu ve Tuncel 2014:fig.6).

Tip 4. Oval Yapılar: Orta Kalkolitik Dönem'e tarihlenen yerleşimlerden; Limantepe VIII'de taştan inşa edilmiş bir oval yapı tespit edilmiştir (Tuncel ve Şahoğlu 2018: 516). Yeşilova II'de ise zemine yarı gömülü, oval planlı basit dal örgü tekniğinde yapılmış kulübeler bulunmaktadır (Derin 2012a: fig.4).

Batı Anadolu'da Kalkolitik Dönem'e tarihlenen yerleşimlerde yapılan kazı çalışmaları sonucunda tam plan veren yapıların bulunduğu yerleşimlerin sayısı oldukça azdır. Genelde çanak çömlek buluntuları ile temsil edilen bu döneme ait yerleşimlerde mimari tahrip olmuş bir şekilde ele geçmekte ve tam plan vermeyen duvarlar veya yapılar tespit edilmektedir. Bu durum Kalkolitik Dönem'in yerleşim yapısını incelemeyi oldukça güçleştirmektedir. Batı Anadolu'da 6. bin yılın ikinci çeyreği - 4. bin yıl başına tarihlenen Kalkolitik Dönem'e ait yerleşim yapısı hakkındaki bilgilerimiz oldukça sınırlı olmakla birlikte şimdilik iki ana tipte incelenebilir (1-Birbirine bitişik yerleşim yapıları, 2-Birbirinden bağımsız yerleşim yapıları), (Tab.1.3).

Erken Kalkolitik Dönem'e tarihlenen ve mimarisi hakkında detaylı bilgiye sahip olunan Kuruçay 10-7 tabakalarının, birbirinden bağımsız yerleşim yapısına sahip olduğu anlaşılmaktadır. Ulucak III evresi için yeterli mimari ele geçmediğinden var olan mimari kalıntılardan yola çıkılarak birbirinden bağımsız yerleşim yapısına sahip

Tip 1 Dörtgen		Tip 2 Apsisli	Tip 3 Yuvarlak	Tip 4 Oval
		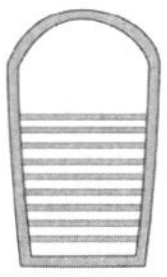	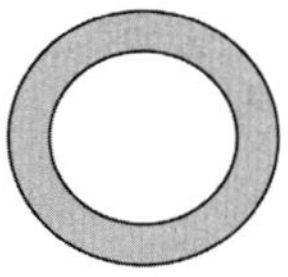	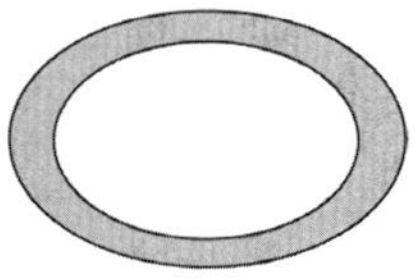
Ulucak III Uğurlu III Kuruçay 10-7 Uğurlu II Gülpınar II-III Kumtepe IA Limantepe VIII Çine Tepecik IV	Beycesultan XL-XX Kuruçay 6A-3 Bağbaşı Limantepe VII Efes-Çukuriçi VII Kumtepe IB1	Baklatepe V Limantepe VII Efes-Çukuriçi VII Kumtepe IB1	Çine-Tepecik IV Baklatepe V	Limantepe VIII Yeşilova II

Tablo 1.2. Batı Anadolu Kalkolitik döneminde görülen yerel yapı plan tipleri *(Çizen: A. Özdemir).*

<table>
<tr><td>Tip 1: Birbirine Bitişik Yapılar</td><td colspan="2">Tip 2: Birbirinden Bağımsız Yapılar</td></tr>
<tr><td>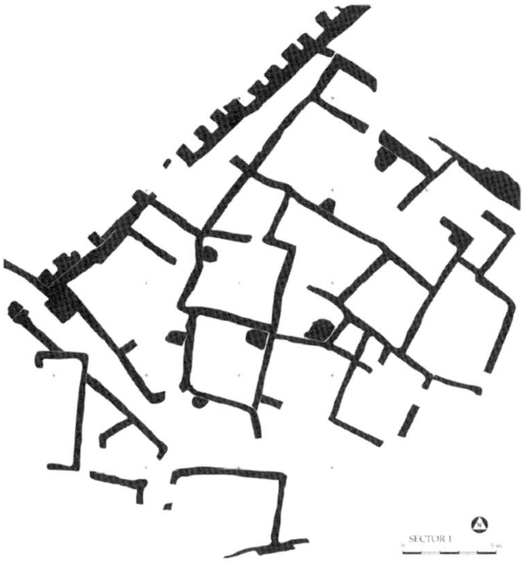
</td><td colspan="2">
</td></tr>
<tr><td>Gülpınar II - III
Uğurlu II ? - III ?
Beycesultan XL-XX</td><td>Kuruçay 10-7
Ulucak III ?</td><td>Kuruçay 6A-3
Baklatepe V</td></tr>
</table>

Tablo 1.3. Batı Anadolu'da Kalkolitik Dönem yerleşim yapı tipleri *(Çizen: A. Özdemir)*.

olduğu ön görülebilir. Uğurlu III evresi hakkında ise kazıldığı alanın şimdilik yeterli olmadığından ve bu alanın kazısı devam ettiğinden dolayı kesin bir şey söylenemez ise de ortaya çıkarılan yapılar baz alınarak birbirine bitişik yerleşim yapısına sahip olduğu ön görülebilir.

Orta Kalkolitik Dönem'de Uğurlu II evresi için kazıldığı alan itibariyle henüz erken olsa da birbirine bitişik yapılardan oluşan yerleşim yapısına sahip olduğu düşünülebilir. Ayrıca bu dönemin en detaylı mimarisi hakkında verilerin olduğu Gülpınar II-III evreleri birbirine bitişik yapılardan oluşan yerleşim yapısını yansıtan en güzel örnekler arasında yerini almaktadır. Geç Kalkolitik Dönem'de Kuruçay 6A-3 evrelerinin ve Baklatepe V evresinin de birbirinden bağımsız yapılardan oluşan yerleşim yapısına sahip oldukları anlaşılmaktadır.

1.4. BÖLÜM SONU DEĞERLENDİRMESİ

Anadolu'da Kalkolitik Dönem, bölgelere göre çok farklı kültürel özellikler göstermektedir. Batı Anadolu Bölgesi'nde MÖ 5700/5600-3200 yılları arasındaki Kalkolitik süreç Anadolu'nun diğer bölgelerinden hem zaman olarak, hem de kültür olarak farklılık göstermektedir. Batı Anadolu'da MÖ 5700/5600 yıllarında bir kültürel değişimin görüldüğü ve Geç Neolitik Dönem'i karakterize eden maddi kültür öğelerinin aniden yok olduğu ve MÖ 5650-5500 civarlarında yeni bir kültürün, Erken Kalkolitik Dönem'in ortaya çıktığı ve ilk yarısı Erken Kalkolitik 1 (MÖ 5700/5600-5300) hakkında yalnızca radyokarbon tarihlemeleri bulunan Ulucak III (MÖ 5670-

5470) ve Uğurlu III (MÖ 5500-5300) evrelerinden, ikinci yarısı Erken Kalkolitik 2 (MÖ 5300-4900) hakkında öncelikle Gülpınar II ve Uğurlu II yerleşimlerin yanı sıra Kumtepe IA ve Yassıtepe III ile de bazı değerlendirmeler yapmak mümkündür. Bu kültürün ilk bakışta Trakya-Balkan coğrafyasından başlayıp Orta Karadeniz ve Orta Anadolu bölgelerine kadar uzanan geniş bir alanı kapsayan bir kültürel oluşum bölgesine ait olduğu rahatlıkla söylenebilir

MÖ 5300 yıllarından itibaren kültürel bir kırılmanın görüldüğü ve MÖ 4900 yıllarından itibaren ise yeni yerleşme ortaya çıktığı ve sayısında yoğun bir artışın görüldüğü Orta Kalkolitik Dönem'i temsil eden en önemli yerleşmeler arasında Gülpınar III ve Uğurlu II yerleşimlerinin yanı sıra Limantepe VIII, Yeşilova II, Beşik-Sivritepe ve Çine Tepecik IV' de bulunmaktadır. Bu dönemde mimarinin en iyi korunarak günümüze kadar ulaştığı Gülpınar ve Uğurlu yerleşimlerinde taşın yapıların inşasında tercih edildiği dikkati çeker. Bu yerleşimlerin dışındaki tüm yerleşmelerde mimari tek sıra taş temel, tek sıra taş temel üstü kerpiç, pise ve çukurlar gibi belirgin olmayan öğelerden oluştuğu gözlemlenmektedir.

Batı Anadolu'da MÖ 4300 civarında Orta Kalkolitik Dönem'i karakterize eden maddi kültür öğelerinin ortadan kalktığı ve yaklaşık 600 yıllık bir Hiatus'tan sonra, MÖ 3600 civarında yerini tümüyle farklı bileşenlere sahip kültürel bir düzlemin aldığı görülür. Geç Kalkolitik çanak çömlek repertuvarı ve metalürjideki gelişmeleriyle, şehirleşme öncesi mimari özellikleriyle ve birçok açıdan kendinden önceki dönemden farklı öğelerin ortaya çıktığı bir dönemdir. Bu dönemi temsil eden yerleşmeler arasında Kumtepe IB, Baklatepe V, Limantepe VII, Efes-Çukuriçi VI-VII, Prehistorik Aphrodisias, Beycesultan XL-XX, Bağbaşı ve Kuruçay 6A-3 bulunmaktadır.

Batı Anadolu Bölgesi'ndeki Geç Kalkolitik Dönem'e tarihlendirilen yerleşimler incelendiğinde tutarlı bir mimari izlenmemektedir. Her bölge kendine özgü mimari farklılıklar içermektedir. Kuzeybatı Anadolu'da yer alan Kumtepe IB'de taş temelli dörtgen planlı yapıların inşa edildiği anlaşılmıştır. Orta Batı Anadolu'da Baklatepe V ve Efes-Çukuriçi VII tabakalarında birbirinden bağımsız dal örgü tekniğinde inşa edilen apsisli yapılar dikkat çekmektedir. Apsisli yapıların dikdörtgen plana sahip dar kısımları ızgara şeklinde düzenlemelere sahiptir ve bu kısımların depo olarak kullanıldığı düşünülmektedir. Ayrıca bu dönemde Bakletepe V ve Çine Tepecik IV yerleşmelerindeki diğer yapılardan bağımsız olarak ele geçen yuvarlak planlı depo yapıları dikkat çekmektedir. Güneybatı Anadolu bölgesinin en önemli yerleşmelerinden olan Beycesultan XL-XX yapı katlarının, birbirine bitişik dörtgen planlı yapıların taş temelsiz kerpiçten inşa edildiği görülmektedir. Kuruçay 6A-3 tabakalarında ise birbirinden bağımsız dörtgen planlı taş temel üstü kerpiç yapıların inşa edildiği anlaşılmıştır. Batı Anadolu'da bu döneme tarihlenen yerleşimler incelendiğinde; gerek yapı plan tiplerinde, gerek yerleşim yapılarında, gerekse yapıların inşasında kullanılan malzemelerde farklılıklar olduğu anlaşılmaktadır.

Batı Anadolu'da Geç Kalkolitik Dönem'i karakterize eden önemli yerleşimlerden Kumtepe IB ve Baklatepe V'nin radyokarbon sonuçları değerlendirildiğinde MÖ 3500-3100 yılları arasına tarihlenmektedir. Eldeki bu arkeolojik belgelere dayanan verilerden yola çıkarak Batı Anadolu da Orta Kalkolitik ile Geç Kalkolitik Dönemler arasında şimdilik anlaşılamayan yaklaşık 600 yıllık bir hiatus gözlemlenmektedir. Batı Anadolu için bu durum göz önüne alındığında Erken/Orta Kalkolitik gibi dönem ayrımı yapılmanın şimdilik erken olacağını düşündürmektedir. Çünkü kazı ve yüzey araştırmaları arttıkça, yeni yöntemler arkeoloji biliminde uygulanmaya devam ettikçe, Erken Kalkolitik olarak adlandırılan bir yerleşim Orta Kalkolitik, Orta Kalkolitik olarak adlandırılan bir yerleşimde Erken Kalkolitik olarak ileride kronoloji tablosuna yerleştirilebilir. Yukarı da Batı Anadolu içinde değerlendirilen yerleşimlerden yola çıkarak Kalkolitik Dönem ayrımında Geç Kalkolitik Dönem'in başlangıç ve bitişinin şimdilik kesinleştiği, fakat Erken ve Orta Kalkolitik Dönem'in başlangıcı ve bitişinin şimdilik bilinmezliğini koruduğu anlaşılmaktadır.

Batı Anadolu Kalkolitik Dönem'i yerleşimleri 2017 tarihine kadar olan süreçte tüm bileşenleriyle birlikte değerlendirildikten sonra, özellikle anahtar yerleşimler baz alınarak Kalkolitik Dönem ayrımı için kronoloji tablosu önerilmektedir (Tab.1.4). Ulucak ve Uğurlu yerleşimleri göz önüne alındığında Erken Kalkolitik Dönem'in iki evre içerisinde incelenmesi gerektiğini; MÖ 5700/5600 tarihinden MÖ 5300 yılına kadar olan 300 yıllık sürecin "Erken Kalkolitik 1" olarak tanımlanabileceği ve bunu izleyen MÖ 5300 ve 4900 arası süren yaklaşık 400 yıllık bir evre ise "Erken Kalkolitik 2" olarak nitelenebilir. Erken Kalkolitik 1 döneme ait Ulucak ile Erken Kalkolitik 2 döneme ait Gülpınar II arasında şimdilik 150 yıllık bir hiatus söz konusudur. Gülpınar yerleşimi göz önüne alındığında Orta Kalkolitik Dönem'in MÖ 4930 yılında başlayıp, Limantepe VIII göz önüne alındığında MÖ 4200 yılına kadar devam ettiği anlaşılmaktadır. MÖ 4200-3600 yılları arasında bilgilerimiz olmamakla birlikte, şimdilik 600 yıllık bir hiatus söz konusudur. Limantepe VII göz önüne alındığında Geç Kalkolitik Dönem'in MÖ 3600 yılında başlayıp, Baklatepe göz önü alındığında MÖ 3100/3000 yıllarında sona erdiği anlaşılmaktadır. Geç Kalkolitiğin hemen akabinde Erken Tunç Çağı'nın başladığı görülmektedir. Batı Anadolu bölgesinde Kalkolitik Dönem'in aydınlatılmasına yönelik yeterli düzeyde yerleşim kazılmadığından, bilgilerimiz şimdilik eldeki bu verilerle değerlendirilmekte ve sınırlı kalmaktadır.

Batı Anadolu prehistoryasını yakından ilgilendiren kronoloji ve terminoloji probleminin, ancak bölgede araştırma ve kazıların artması, ayrıca devam etmekte olan kazılardan gelen bilgilerin bilim insanlarıyla paylaşıldıktan sonra tüm verilerin değerlendirilmesiyle sorunun çözümüne katkı sağlayabileceği ön görülmektedir. Ayrıca tüm bilim insanları ne zamanki aynı dili konuşur ve aynı terminolojiyi kullanırlar işte o zaman sorunun çözümü için en önemli adım atılmış olacaktır.

Batı Anadolu Kronolojisi	Batı Anadolu	Ege Adaları ve Yunanistan	Ege Kronolojisi
Çanak-Çömleksiz Neolitik 8000	Fethiye-Girmeler	Franchthi FCP1	(Initial) Akeramik Neolitik 7000-6500
Ön Neolitik 7000	Ulucak VI Efes-Çukuriçi XI-XII		
Erken Neolitik 6500-6000	Ulucak V Uğurlu V Yeşilova III 8-3 Ege Gübre IV Efes-Çukuriçi IX-X		(EN) Erken Neolitik 6500-6000
Geç Neolitik 6000-5700/5600	Uğurlu IV Ulucak IV Gülpınar I Yeşilova III 1-2 Efes-Çukuriçi VIII	Emporio X? Franchthi FCP2-3	(MN) Orta Neolitik 6000-5300
Erken Kalkolitik 1 5700/5600-5300	Kuruçay 10-7 ? Ulucak III Uğurlu III		
Erken Kalkolitik 2 5300-4900	Uğurlu III Gülpınar II Kumtepe IA Yassıtepe III	Emporio IX ? Tigani I Saliagos I-II Franchthi FCP4	(LN I) Geç Neolitik I 5300-4900
Orta Kalkolitik 4900-4300	Uğurlu II Gülpınar III Beşik-Sivritepe Yeşilova II Limantepe VIII Çine-Tepecik IV Kulaksızlar Tavabaşı Mağarası	Emporio VIII Tigani II-III Saliagos II-III Ftelia	(LN II) Geç Neolitik II 4900-4500
Geç Kalkolitik 4300-3200	Kumtepe IB Limantepe VII Baklatepe V Efes-Çukuriçi VII Prehistorik Aphrodisias VIII Bağbaşı Kuruçay 6A-3 Beycesultan XL-XX	Franchthi FCP5 Kephala (erken) Kephala (geç) Emporio VII/VI Tigani IV	(FN) Final Neolitik 4500-3000

Tablo 1.4 Batı Anadolu karşılaştırmalı Kalkolitik Dönem önerilen kronoloji tablosu.

BÖLÜM II

KALKOLİTİK GÜLPINAR YERLEŞİMLERİ: GÜLPINAR II VE GÜLPINAR III

Bu çalışma konusunu oluşturan Kalkolitik Gülpınar yerleşimi Kuzeybatı Anadolu'da, Biga Yarımadası'nın (antik Troas) güneybatı köşesinde, Gülpınar köyü eteklerinde Apollon Smintheus Kutsal Alanı (Smintheion) sınırları içinde yer almaktadır (Şek.2.1). Apollon Smintheus Kutsal Alanı arkeolojik açıdan ilk kez o dönemde adı Külahlı olan köyde 1866 yılında araştırmalar yapan Robert Pullan tarafından gündeme getirilir. Burada yaptığı araştırmalar sonucunda Robert Pullan Apollon Smintheus'a adanmış bir tapınağının tanımlanmasına yol açar. Yaklaşık 100 yıllık süren bir yalnızlık sonrası 1970'li yılların başında Çanakkale Arkeoloji Müzesi kutsal alanda çalışmalar yapar. Bu çalışmalar sırasında bir adet Roma hamamı ve onunda altında prehistorik döneme ait bir yerleşimin izlerini ortaya koyar. Burada "Gülpınar/Smintheion Örenyeri Arkeolojik Kazıları" adı altında 1980 yılından beri Ankara Üniversitesinden Prof. Dr. Coşkun Özgünel başkanlığında arkeolojik kazılar sürdürülmektedir. Bu çalışmalar ağırlıklı olarak Hellenistik Dönem'e ait tapınak ile kutsal alan içinde bulunan Roma Dönemi'ne ait hamam yapıları, su yapıları, cadde kalıntıları ve konut benzeri yapılar üzerine önemli bulgular ortaya koymuştur. Gülpınar (Smintheion) kazılarının en büyük katkısı MÖ 2. yüzyıl ortalarına tarihlenen Apollon Smintheus Tapınağı ve bu tapınağa ait ozan Homeros'un İlyada destanının ana teması Troya Savaşlarını konu alan friz ve kabartmaları ile tanınmış tapınağı detaylı olarak tanıtmasıdır (Özgünel 2001; 2003). Fakat ilgi çekici bir şekilde 1970'li yıllarda Çanakkale Arkeoloji Müzesi'nin Apollon Smintheus Tapınağı'nın yaklaşık 200 m kuzeybatısında kazı çalışması yaptığı alanda yeni ekip tarafından 1982 yılında tekrar sondaj çalışmaları yapılmaya başlanınca söz konusu prehistorik yerleşime ait yeni bulgular fark edilir. Daha çok çanak çömlek parçaları ve az da olsa taş aletlerden oluşan Gülpınar buluntuları değerlendiren Jürgen Seeher prehistorik Gülpınar buluntularının Troas bölgesinde MÖ 5. bin yılın ilk yarısına ait "Kumtepe IA / Beşik-Sivritepe Kültür Kompleksi" ile ilişkilendirilmesi gerektiğini söyler (Seeher 1987).

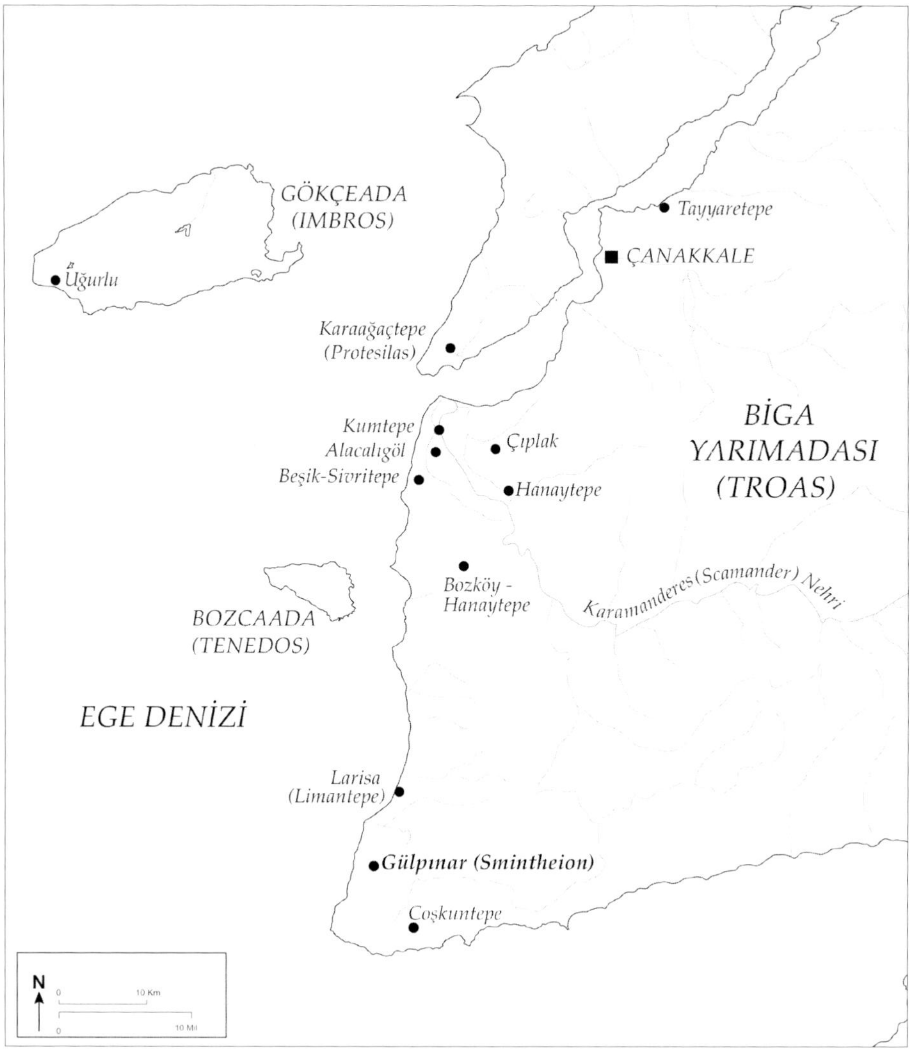

Şekil 2.1
Troas bölgesinde Troya öncesi dönemlere ait buluntu veren ana yerleşimlerin konumunu gösteren harita
(Çizen: A. Özdemir).

Jürgen Seeher'in bu çalışması üzerine Apollon Smintheus Kutsal Alanı içinde bulunan bu prehistorik yerleşimde Çanakkale Onsekiz Mart Üniversitesi'nden Prof. Dr. Turan Takaoğlu tarafından 2004-2014 kazı sezonları arasında arkeolojik kazılar yapılır (Takaoğlu 2006a; 2015). Gülpınar kazıları ve *Institute for Aegean Prehistory (INSTAP)* maddi katkıları ile mütevazı bir ekiple sınırlı bir alanda yürütülen kazılar sırasında tespit edilen kültür katmanları arasında Gülpınar II ve Gülpınar III Kalkolitik Dönem'le ilişkilendirilir. Aslında Kalkolitik Dönem'e atfedilebilecek buluntular çok daha öncesinde münferit şekillerde Troas bölgesinde tanımlanmıştı. Örneğin, 1880'li yıllarda Heinrich Schliemann tarafından Beşiktepe ve Hanaytepe'de gerçekleştirilen kazılar o dönemde tanımlanamayan ancak bugün Kalkolitik olarak nitelenebilecek bulgular ortaya koymuştu (Schliemann 1880). Benzer bir şekilde, 1934 yılında Hamit Zübeyr Koşay ve Jerome Sperling tarafından Kumtepe'de yapılan kazılar da benzer Kalkolitik nitelikte bulgular oraya koymuştu (Koşay ve Sperling 1936). Söz konusu Kumtepe buluntularının Mehmet Özdoğan ve daha sonra Jerome Sperling tarafından yeniden değerlendirilmesiyle Troas bölgesinde Tunç Çağı öncesi artık daha net bir şekilde tanımlanmıştır (Özdoğan 1970; Sperling 1976).

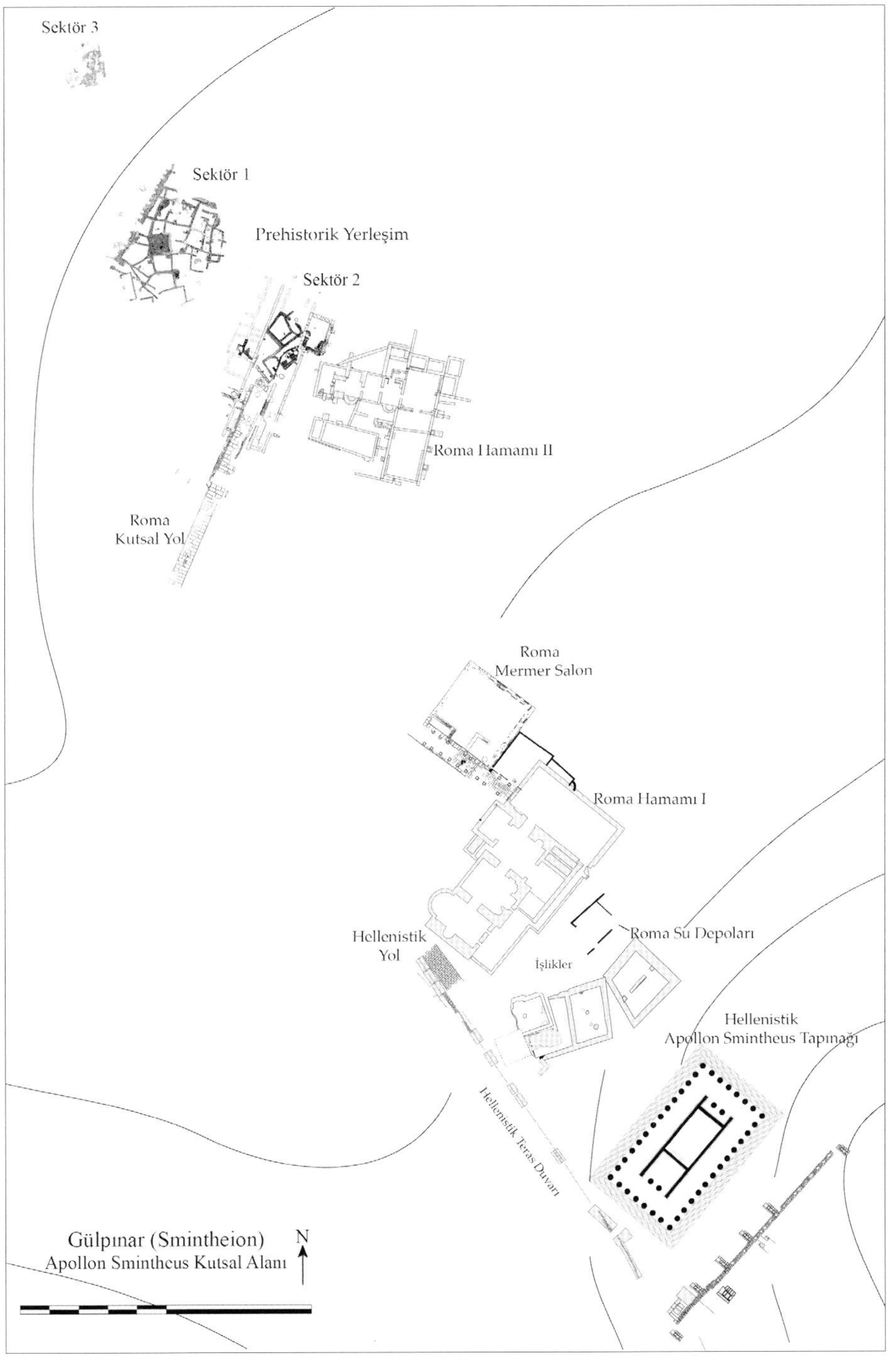

Şekil 2.2
Apollon Smintheus Kutsal Alanı (Smintheion) planı
(Çizen: A. Onur Bamyacı).

Jürgen Seeher tarafından yukarıda bahsedilen Gülpınar prehistorik bulgularının değerlendirilmesi Kuzeybatı Anadolu'da MÖ 5 bin yıla ait yeni bir kültür kompleksinin varlığının kabul edilmesine yol açmıştır (Seeher 1987: 533). Troya kazıları başkanı Manfred Korfmann tarafından Beşik-Sivritepe de 1983-1987 yılları arasında yapılan kazıları ile 1993-1997 yılları arasında Kumtepe'de gerçekleştirilen ikinci dönem kazılarında Jürgen Seeher'in değerlendirmelerini detaylandırmıştır. 2003 yılında İlhan Kayan tarafından keşfedilen Alacalıgöl yerleşimine ait yüzey buluntuları da bu kültür kompleksi ile ilişkilendirilmiştir (Gabriel vd. 2004; Gabriel 2014). İlk kez 1853 yıllında Frank Calvert ve ardından 1879 yıllında Schliemann tarafından gerçekleştirilen Hanaytepe kazıları sonucunda elde edilen buluntularının bu kültür kompleksiyle çağdaş olduğu görülmektedir. Burada sözü edilen Troya öncesi dönemlere ait Kumtepe, Beşik-Sivritepe, Hanaytepe ve Alacalıgöl gibi yerleşimlerde ele geçen buluntuların hangi dönemlere atfedilmesi gerektiği konusu bu yerleşimler özelinde problemlidir. Bu bağlamda Gülpınar kazıları bu buluntuların tanımlanmasına katkı sağlamaktadır. Çünkü Kumtepe, Beşik-Sivritepe, Hanaytepe ve Alacalıgöl buluntusu prehistorik buluntular şimdilerde MÖ 6. binin son çeyreğinden başlayıp MÖ 5. bin yılın ortalarını aşan Erken Kalkolitik 2 dönemi temsil eden Gülpınar II ve Orta Kalkolitik Dönem'i temsil eden Gülpınar III evreleri ile ilişkilendirilebilir.

Apollon Smintheus Kutsal Alanı (Smintheion) sınırları içinde prehistorik kültür katmanlarına ait bulguların çok geniş bir alana yayıldığı belirlenmiştir. Hellenistik Dönem'e ait Apollon Smintheus tapınağı 200 metre kuzeybatısında yoğunlaşan prehistorik yerleşim kalıntıları Roma Dönemi'ne ait Kutsal Yol altında (Sektör 2) ile hemen onun kuzeybatı yönünde kümeleşmiş bir şekilde (Sektör 1) net bir biçimde tanımlanmıştır (Şek.2.2). Prehistorik yerleşim kalıntıları aynı zamanda Roma Hamamı I ve Roma Hamamı II kalıntıları altında ve çevresinde de ortaya çıkarılmıştır. Prehistorik Gülpınar yatay bir tabakalaşma sergilendiğinden tahmin edilenden çok daha geniş bir alana yayıldığı sondaj çalışmaları soncunda belirlenmiştir. Sektör 3 bu bağlamda Apollon Smintheus kutsal alanının en uç ve uzak noktasını teşkil etmektedir. Bu üç ayrı sektör ileride daha detaylı olarak tüm mimari verileriyle birlikte tanıtılacaktır.

2.1. KRONOLOJİ VE STRATİGRAFİ

Apollon Smintheus Kutsal Alanı'nda yer alan prehistorik yerleşimi 2004 ve 2014 yılları arasında 11 kazı sezonu boyunca Sektör 1, Sektör 2, Sektör 3 olarak adlandırılan üç farklı alanda kazılmıştır. Prehistorik yerleşime ait kültür katmanları yaklaşık 1.2 hektar (12 dönüm) gibi dönemi için geniş sayılabilecek bir alana yayılmış bir şekilde olduğu belirlenmiştir. Bu prehistorik yerleşimde sürdürülen kazı çalışmaları sonucunda toplam 3 ana kültür katmanı belirlenmiştir (Tab.2.1). Bu kültür katmanları arasında belirlenebilen en erken tarihli yerleşim izlerini içeren Gülpınar I burada ele geçen az sayıda çanak çömlek ve küçük buluntular yardımıyla Geç Neolitik Dönem'e atfedilmiştir. Kazı yapılan alan dikkate alındığında çok zayıf mimari ve az sayıda bulutu ile temsil edilen bu kültür katmanı ardından bir boşluk olduğu anlaşılmaktadır. Yerleşimde görülen yatay tabakalaşma gereği bu evreye ait çok net bilgiler elde etme şansı bulunamamıştır.

Burada kültür tabakalarının isimlendirilmesi aşamasında neden en erken evreye Gülpınar I dendiği konusu üzerinde kısaca durmakta fayda vardır. Troas bölgesinde geçmişte yapılan iki önemli arkeolojik kazı olan Troya ve Kumtepe kültür tabakaları da isimlendirilirken en erken evrenin I ile başlatılması Gülpınar için de model olmuştur. Kumetepe de ana kaya üzerine oturan ilk yerleşim erkenden günümüze doğru Kumtepe IA, IB, IC ve II olarak ilerlediğinden ve aynı durumun Troya'da Troya I, Troya II, Troya III gibi benimsenmesi gerekçesiyle tutarlılık olması açısından Gülpınar için de, benzer bir uygulamaya gidilmiştir. Buna rağmen bu kronolojik isimlendirmenin Ulucak, Limantepe, Ege Gübre, Yeşilova ve Uğurlu gibi Batı Anadolu prehistorik yerleşimlerinde görülen isimlendirmelerin tersine olduğunun altını tekrar çizmekte fayda vardır.

Gülpınar kazıları sırasında elde edilen örneklerin Yeni Zelanda'da bulunan Waikato Üniversitesi radyokarbon laboratuvarında ve Amerika Birleşik Devletleri'nin Miami Eyaleti'nde bulunan Beta radyokarbon laboratuvarında yapılan tarihlendirmeler sonucunda Kalkolitik Dönem'e tarihlendirilen Gülpınar II ve Gülpınar III evrelerinin tarihsel sınırları çizilebilmiştir. Bu tarihlendirmelerin Institute for Aegean Prehistory (INSTAP), Çanakkale Onsekiz Mart Üniversitesi Bilimsel Araştırma Fonu ve Avustralya Melbourne Üniversitesi Arkeoloji Bölümü Öğretim Üyesi Prof. Antonio Sagona'nın sağladığı imkânlar sayesinde gerçekleştirilmiştir.

Kültür Katı	Tarih	Dönem
Gülpınar I	ca. MÖ 6000	Geç Neolitik
	------ HIATUS ? ------	
Gülpınar II	MÖ 5320-4940	Erken Kalkolitik 2
Gülpınar III	MÖ 4930-4455	Orta Kalkolitik
	------ HIATUS ? ------	

Tablo 2.1 Prehistorik Gülpınar (Smintheion) ana kültür evreleri.

Elde edilen toplam 11 adet radyokarbon tarihlemesine göre MÖ 5320-4940 tarihleri arası iskân gördüğü anlaşılan Gülpınar II evresinin Erken Kalkolitik 2 Dönemi'ne atfedilmesi gerektiği anlaşılmıştır (Tab.2.2). Yaklaşık olarak MÖ 5700/5600 tarihleri civarı başlayan ve MÖ 5300 civarında sona eren ve Gülpınar II evresinin öncüsü olarak kabul edilebilecek Erken Kalkolitik 1 Dönem'e ait herhangi bir arkeolojik veriye Gülpınar'da şimdilik ulaşılmış değildir. Erken Kalkolitik 1 konusunda Batı Anadolu arkeolojik yerleşimlerinde de oldukça sınırlı bilgiler bulunmaktadır. Yalnızca Ulucak ve Uğurlu gibi bazı yerleşimlerde Geç Neolitik Dönem ardından başlayan bu döneme ilişkin bazı veriler ortaya konulmuştur. Erken Kalkolitik 2 Dönemi'nde bu kültürün çok gelişmiş bir şekilde Batı Anadolu ve Ege dünyasının birçok yerinde MÖ 5300 civarı gelişmiş bir şekilde karşımıza çıkması ister istemez Erken Kalkolitik 2 sürecine yönelik olan ilginin artmasına sebep olmaktadır. MÖ 5300 tarihi civarında başlayan bu süreç Kuzeybatı Anadolu bölgesinde belirli oranda özellikle çanak çömlek kullanımında Balkan unsurları içermesi ile öne çıkar. Ege adaları ve Yunanistan ana karasında da aynı tarihlerde izlenmeye başlanan bu süreçte Balkanlar, Batı Anadolu ve Karadeniz bölgelerini de içine alan geniş bir kültürel oluşum bölgesi mevcut olmalıydı. Özellikle Batı Anadolu özelinde Erken Kalkolitik 1 Dönemi tanımlayacak ve Erken Kalkolitik 2 evresine geçişi gösterecek yeni verilere ihtiyaç bulunmaktadır. Kazı yapılan alanlarının boyutu göz önüne alındığında Gülpınar'da Erken Kalkolitik 1 ile ilişkilendirilebilecek buluntuları tanımlamak mümkün olmamıştır. Erken Kalkolitik 1 Dönem olarak adlandırdığımız yaklaşık olarak MÖ 5700/5600 ile 5300 arasında-

Evre	Lab. No	Örnek	Konum	Geleneksel Yaş	Kalibre Edilmiş Yaş 1 Sigma
Gülpınar II	Wk-26815	Kömürleşmiş Odun	K Yapısı, Ocak 12 yanı (Sektör 2)	6304±31 BP	MÖ 5320-5225
Gülpınar II	Wk-26816	Kömürleşmiş Odun	K Yapısı, Fırın 2 yanı (Sektör 2)	6307±34 BP	MÖ 5320-5225
Gülpınar II	Wk-35604	Midye Kabuğu (Mytilus sp)	B Yapısı, Duvar 16 kuzeyi (Sektör 1)	6636±25 BP	MÖ 5270-5197
Gülpınar II	Wk-37958	Kemik	Duvar 24 batısı (Sektor 1)	6138±23 BP	MÖ 5205-5008
Gülpınar II	Wk-26818	Kemik	Çukurlar Alanı (Sektör 2)	6092±40 BP	MÖ 5190-4940
Gülpınar II	Beta-371000	Kemik	Duvar 9 kuzeyi (Sektör 1)	6050±30 BP	MÖ 5000-4930
Gülpınar III	Wk-26819	Midye Kabuğu (Glycmeris sp.)	E Yapısı, Depo Odası (Sektör 2)	6438±33 BP	MÖ 4930-4760
Gülpınar III	Beta-371001	Kemik	Duvar 117 güneyi (Sektör 3)	5960±40 BP	MÖ 4900-4790
Gülpınar III	Beta-405656	Kömürleşmiş Odun	Duvar 50 kuzeyi (Sektör 1)	5830±30 BP	MÖ 4720-4685
Gülpınar III	Beta-405655	İnsan kemiği	Mezar 5 Duvar 21 üzeri (Sektör 1)	5750±30 BP	MÖ 4675-4545
Gülpınar III	Beta-405653	İnsan kemiği	Mezar 2 Duvar 131 kuzeyi (Sektör 3)	5650±30 BP	MÖ 4500-4455

Tablo 2.2 Gülpınar II ve Gülpınar III evrelerine ait radyokarbon tarihleri (© GKP).

ki bu dönem Batı Anadolu Ulucak ve Gökçeada (Imbros) da Uğurlu yerleşimleri dışında güney Marmara yöresinde Ilıpınar VB, Türk Trakkya'sında Yarımburgaz 0 ve Balkanlar'da daha çok Karanovo II, II-III ve III evrelerde eşleştirilebilir.

Gülpınar II kültür katmanının düzleştirilmesi sonucu hemen onun üzerine kurulan ve Orta Kalkolitik Dönem'e ait Gülpınar III yerleşiminin ise beş adet radyokarbon tarihlemesine göre MÖ 4930-4450 arasında iskân edilmiş olduğu anlaşılmaktadır (Tab.2.2). Gülpınar II ve Gülpınar III evreleri arasında çok keskin bir kültürel değişim olmamasına rağmen bazı konularda her iki dönem yerleşimi arasında bir kırılma yaşandığı söylenebilir. Yeniden bir yerleşim organizasyonuna gidildiği, Gülpınar III evresinde burada yaşayan toplumun kendi içinde yeniden bir yapılanmaya gittiği söylenebilir. Gülpınar II ve Gülpınar III evreleri arasında mimari, çanak çömlek ve küçük buluntular açısından bazı kesintiler olmasına rağmen bazı öğelerde bir devamlılık gözlemlenmektedir. Bu iki ana yerleşim arasında kronolojik açıdan bir zaman boşluğunun olduğunu söylemek zordur. Gülpınar III evresi bile kendi içinde IIIa, IIIb ve IIIc olmak üzere üç yapı evresi ile temsil edilir. Gülpınar IIIc yapı evresi boyunca yerleşimin bazı terk edilmiş bölümlerinin mezarlık alanına dönüştürüldüğü görülmektedir.

Erken Kalkolitik 2 Dönem'e tarihlenebilecek Gülpınar II yerleşimi materyal kültürü öğeleri açısından ağırlıklı olarak Trakya-Balkan kültürleri ile benzeştiği söylenebilir. Türk Trakyası yerleşimlerinden Aşağıpınar'ın 5-2 evreleri, Hoca Çeşme I evresi, Bulgaristan'da Karanovo-III-IV ile IV evreleri, Kuzey Yunanistan'da Sitagroi I ve II evreleri, Dikilitaş I evresi ve Paradimi II ve III evreleri bu kapsamda belirli çanak çömlek unsurları açısından Gülpınar II evresi ile benzeşen yönlere sahiptirler. Bu dönemde Trakya-Balkanlardan başlayan ve Orta Karadeniz bölgesi ve Orta Anadolu'ya kadar uzanan bölgenin aynı kültürel oluşum bölgesinin bir parçası olduğu göz önüne alındığında Gülpınar II evresinde materyal kültürü öğelerinde Trakya-Balkan unsurlarının ağır basması şaşırtıcı değildir.

Orta Kalkolitik Dönemi'ne ait Gülpınar III evresi ise materyal kültür öğeleri açısından Yunanistan ana karası ve Ege adaları yerleşimleri materyal kültürü öğeleri ile daha çok benzeşir. Gülpınar III yerleşimi buluntuları bu bağlamda en yakın benzerlerini Kuzeybatı Anadolu'da Troas bölgesinden güneybatı Anadolu'da Pamfilya bölgesine kadar uzanan Batı Anadolu yerleşimlerinde bulur. Örneğin Kuzeybatı Anadolu'da Beşik-Sivritepe, Kumtepe IA ve Alacalıgöl, Orta Batı Anadolu'da İzmir ve Manisa çevresinde Ulucak, Ege Gübre, Yeşilova, Limantepe ve Kulaksızlar, Büyük Menderes havzası üzerinde Çine-Tepecik ile Latmos Dağları çevresinde Malkayası, Güneybatı Anadolu'da Muğla yöresinde Tavabaşı Mağarası, Girmeler Mağarası ve Tlos yerleşmesinde ve en son olarak Antalya çevresinde Karain Mağarası'ndan bilinir. Ege adalarında ise Chios adasında Emporio X-VIII evrelerinde, Samos adasında Tigani I-II evrelerinde, Rodos adasında Kalythies I-II evrelerinde, Youra Adasında Kyklops Mağarası, Saliagos, Kalymnos adasında Vathy Mağarasında ve Kos adasında Batı Anadolu Orta Kalkolitik materyal kültür öğeleriyle karşılaştırılabilecek buluntular elde edilmiştir. Benzer şekilde Mykonos adasındaki Ftelia ile Thera adasında Akrotiri

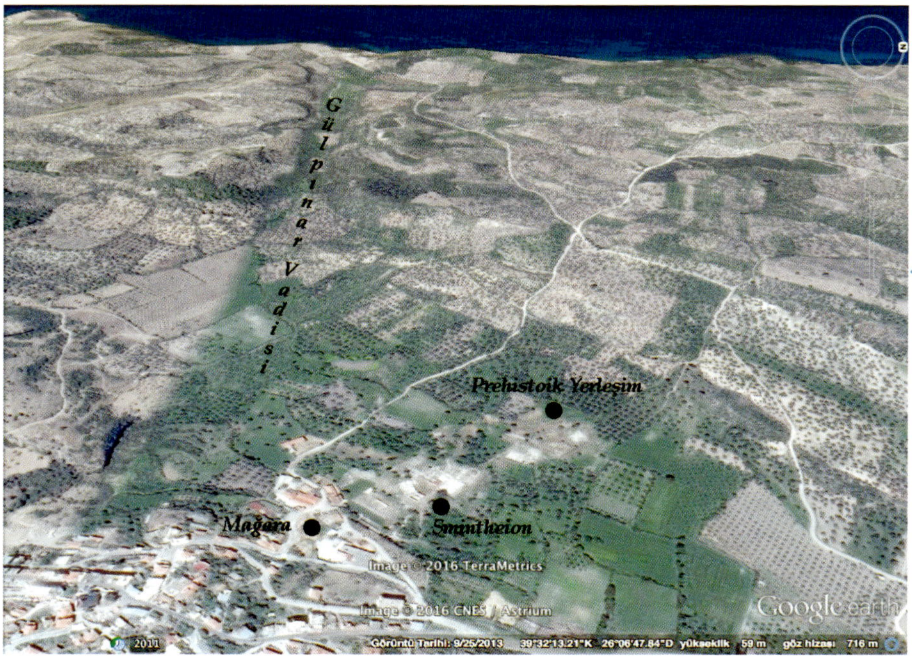

Şekil 2.3
Smintheion ve prehistorik yerleşimin çevresinin Google Earth uydu görüntüsü.

Şekil 2.4
Prehistorik yerleşim alanında üç ayrı sektörün konumunu gösteren hava fotoğrafı *(© GKP)*.

yerleşimi ve Naksos adasındaki Zas Mağarası ve Grotto Mağarası çalışmalar da bu kültüre ait izler ortaya koymuştur. Yunanistan'ın Ege adalarında yapılan arkeolojik çalışmalar Batı Anadolu kıyı kesimleri ile Kiklad ve doğu Ege adaları arasında bu dönemde bir kültür birliği ve iletişim ağı olduğuna işaret etmektedir (Takaoğlu ve Özdemir 2018; Mavridis 2017).

Kutsal alandaki Yunan Çağı kalıntıları prehistorik yerleşimlerin direk üzerine oturduğu ve Yunan Çağı'na ait olan söz konusu dönem ilgili olarak Apollon Smintheus Kutsal Alanı bünyesinde bugüne kadar yapılan kazılarda ele geçen en erken tarihli veriler MÖ 6. yüzyıla aittir. Kutsal alan bünyesinde yapılan bazı sondaj çalışmaları Gülpınar II ve Gülpınar III evresine ait kalıntıların bazen Hellenistik, bazen Roma bazen de Erken-Orta Bizans Dönem'i kalıntıları altında ele geçtiğini göstermiştir. Kutsal alanın Roma Çağı iskânı da görülmektedir. Kapladığı alan itibarıyla en geniş yerleşim alanına Roma Dönemi'nde ulaşan kutsal alan bu dönemde çok yoğun imar faaliyetlerine tanık olmuştur. En son kültür katmanı ise Erken Bizans-Orta Bizans Dönemleri'ne tarihlendirilebilir. Yapılan arkeolojik kazılar MS 13. yüzyılda kutsal alanın artık tamamen kaderine terk edilmeye başladığını göstermektedir.

Konumuzu oluşturan Gülpınar II ve Gülpınar III kültür katmanları Sektör 1, Sektör 2 ve Sektör 3 olarak adlandırılan üç ayrı alanda genelde arazi eğimine bağlı olarak yürüme yüzeyinden 0,5 m ile 2,20 m arası değişen derinliklerde karşımıza çıkmaktadır. Prehistorik yerleşim alanı doğu-batı uzantılı ve batısında Ege Denizi'nden kuş uçuşu 2 km uzaklıkta denize uzanan eski bir vadi tabanı içerisinde yer almaktadır (Şek.2.3). Gülpınar Köyü'nün eteklerinde denizden ortalama yüksekliği 60 m olan düz bir alanda yer alan prehistorik yerleşim yapılarının bulunduğu alanın topografyası, genelde düze yakın bir özelliğe sahiptir ve yalnızca doğuya doğru bir eğim göstermektedir. Prehistorik Dönem'de bu eğimin en sonunda büyük ihtimalle tapınak çevresindeki kaynaklardan çıkan suyun Tuzla Ovası yönüne doğru akmasını sağlayan küçük bir ırmak akıyor olmalıydı. Bu ırmağın yönü büyük olasılıkla burada yapılacak imar faaliyetleri gereği Roma Dönemi'nde değiştirilmiştir. Prehistorik Gülpınar insanları içme suyu ihtiyaçlarını ya bu ırmaktan ya da yerleşimin yaklaşık 250 m güneybatısında yer alan doğal kaynaktan karşılamış olmalıydı. Burada bulunan doğal su kaynakları ve tarıma uygun verimli topraklar prehistorik dönemde burayı yerleşim için tercih edilmesinde önemli etken olmuş olmalıydı. Bu Sektörler (Şek.2.4);

Sektör 1'in kazısı yapılan ve ortaya çıkarılan prehistorik mimari kalıntılarının kapladığı alan 650 m^2'dir. Bu alanda antik çağ yapı kalıntılarının kısmen olmadığı alanlarda arkeolojik kazılar gerçekleştirilmiştir. Bu sektörde Geç Neolitik Dönem'e tarihlenen Gülpınar I evresi çok zayıf mimari, çanak çömlek ve diğer küçük buluntularıyla temsil edilmektedir. Bu sektörde Erken Kalkolitik 2 Dönemi'ne ait Gülpınar II ile Orta Kalkolitik Dönemi'ne tarihlenen Gülpınar III evrelerine ait taş temelli ve tam plan veren önemli mimari yapılar (savunma duvarı, konut, depo, yemek hazırlama ve pişirme ile ilgili faaliyet alanları gibi) birbirlerinin üstüne gelecek şekilde ortaya çıkarılmıştır.

Sektör 2 içinde kazısı yapılan ve ortaya çıkarılan prehistorik mimari kalıntılar toplam alan 600 m^2 alan kaplar. Bu alanda daha çok Hellenistik ve Roma Dönemleri'ne ait yapı temelleri altında ele geçen prehistorik yerleşim kalıntılarından; yürüme yüzeyine yakın olan Gülpınar III evresinde tahribatın izleri yoğun görülürken, hemen ana kayanın üzerine oturan Gülpınar II evresi daha diğer evreye göre nispeten daha az tahrip olmuştur.

Sektör 3, prehistorik yerleşimin yayılım alanını ve sınırlarını belirlemek için Sektör 1'in çevresinde belirli aralıklarla yapılan kazı çalışmalarını kapsamaktadır. Kazısı yapılan ve ortaya çıkarılan prehistorik mimari kalıntıların ve yaşam alanlarının kapladığı alan toplamda 150 m^2'dir. Gülpınar yerleşiminin kuzey ve kuzeybatı yayılım alanı ve sınırı, kısmen de olsa çalışılan alanlarda tespit edilmiştir. Yerleşimin doğu, batı ve güney sınırları Roma ve Bizans Dönemleri'nde yapılan mimari yapılar tarafından yoğun bir şekilde tahrip edildiği belirlenmiştir. Aynı zamanda Sektör 1'in doğusunda ve güneyinde, Sektör 2'yi kapsayan alanda, Kutsal Yol, Roma Hamamı II ve Podyumlu Yapı gibi Geç Roma Dönemi mimari yapıları yoğun bir şekilde yer almaktadır. Geç dönem yapıları açığa çıkartılırken, bu yapılara ait mekânların içerisinde ya da boş bırakılan alanlarında, yoğun tahrip edilmiş bir şekilde prehistorik kalıntılara ulaşılmıştır. Kutsal alanda yapılan arkeolojik kazılar yerleşimin bu alanlara kadar devam ettiğini göstermekle beraber antik çağ ve sonrasında yapılaşma faaliyetlerinin Kalkolitik Dönem yapılarını da ne derece tahrip ettiğini de göstermektedir.

Gülpınar II ve Gülpınar III kültür evrelerine ait mimari ve mekân kullanımı konularının detaylı incelenmesinden önce her iki evrenin genel mimari unsurlarını, bu yerleşimde yaşayan insanların materyal kültür öğelerin neler olduğu ve bu yerleşimde yaşayan insanların nasıl bir geçim ekonomisi geliştirdikleri konularında bazı değerlendirmeler yapmak faydalı olabilir. Bu değerlendirmelerin özellikle mekânsal kullanım konusunda yapılacak değerlendirmelerde besin hazırlama faaliyetlerine tanıklık eden alanların çalışılması anlaşılmasına katkı sağlayacağı şüphe götürmez. Bu bağlamda bitki ve hayvan kalıntılarının analizleri ön sonuçları üzerinde bir ölçüde durulmasında fayda olacağı açıktır. Bu kapsamda öncü Gülpınar I kültür evresi ile ilgili olarak da bazı değerlendirmeler yapılması gerekir.

2.2. ANA PREHİSTORİK EVRELER

2.2.1. Gülpınar I (Geç Neolitik)

Bugüne kadar yapılan arkeolojik kazılar dikkate alındığında Prehistorik Gülpınar yerleşimin en erken arkeolojik kanıtları Batı Anadolu kronolojisine göre Geç Neolitik Dönem'e tarihlenebilir (Takaoğlu 2015:142). Yerleşimin Batı Anadolu kronolojisine göre Geç Neolitik Dönem'e tarihlenen ve Gülpınar I olarak adlandırılan kültür katı, daha çok küçük buluntular ve çok zayıf bir mimariyle temsil edilmektedir. Geç Neolitik Dönem'de Batı Anadolu'nun bir bölümünde yaygın olan kırmızı astarlı çanak çömleklerden Gülpınar'da, yaklaşık iki düzine kadarı ele geçmiştir. Yerleşim alanı Kalkolitik Dönem yerleşimcileri tarafından tesviye edilerek düzleştirilmiş olduğundan, şimdiye kadar yapılan çalışmalarda bu döneme ait bir plan verecek düzeyde sağlam mimari veriler ele geçmemiştir. Sadece bazı alanlarda tesviye çalışmaları yapılırken bu evreye ait bazı duvar parçalarının kısmen de olsa yapı taban dolguları içinde korunmayı başarmıştır.

Geç Neolitik Dönem'e tarihlendirilen Gülpınar I kültür katını karakterize eden çanak çömlekler çok özenle yapılmış, ince cidarlı, perdahlı, kırmızı astarlı veya turuncu astarlıdır. Bu çanak çömlek parçaları "S" profilli çömleklere, dikey olarak yerleştirilmiş uzun tüp biçimli delikli tutamaklı çanak çömleklere (Şek.2.5.1-5) ve düğme biçiminde

Şekil 2.5
Gülpınar I, yaklaşık MÖ 6000 civarına tarihlenen Geç Neolitik çanak çömlek örnekleri *(© GKP)*.

Şekil 2.6
Gülpınar I buluntusu "Bullet core" olarak adlandırılan çakmaktaşı mermi biçimli çekirdekler *(© GKP)*.

yatay delikli kulplu çanak çömleklere aittir (Şek.2.5.6). Bu evrede görülen düşük halka kaideli ve düz kaideli çanak ve çömlekler karakteristiktir (Şek.2.5.7-9). Çanak çömlek parçalarının yüzeylerinde görülen bazı alacalı renk farklılıkları, ise fırınlanmadan kaynaklanmış olmalıdır (Takaoğlu 2015: 142). Batı Anadolu'da Geç Neolitik Dönem'de kullanılan kırmızı astarlı çanak çömlekler bölge için karakteristiktir. Kırmızı astarlı çanak çömlek geleneğinin Troas bölgesinde görüldüğü yerleşimleri arasında, Gülpınar'ın 9 km güneyinde yer alan Coşkuntepe'nin (Takaoğlu 2005b: fig.4; Takaoğlu ve Özdemir 2013: Fig.3-5; Özdemir ve Bamyacı 2018) yanı sıra Gökçeada'da yer alan Uğurlu yer alır (Erdoğu 2013: 5-7). Gülpınar buluntusu Neolitik çanak çömlek parçaları en yakın benzerlerini Uğurlu V, Ulucak Höyük V, Yeşilova III, Ege Gübre ve Çukuriçi VII gibi güvenilir stratigrafileri ve radyokarbon tarihleri bulunan yerleşimlerde rastlanılmıştır (Erdoğu 2013: fig.31-14; Çilingiroğlu vd. 2012a; Derin 2012a; Sağlamtimur 2012; Horejs 2012; Fig.6). Bu tür çanak çömlek geleneği yüzey araştırmaları sırasında Moralı ve Dedecik-Heybelitepe gibi yerleşimlerde de rastlanılmıştır (Takaoğlu 2014: Fig.3; Lichter ve Meriç 2012: Fig.3).

Gülpınar'da zayıf korunmuş mimari ile dağınık bir şekilde ve Erken Kalkolitik 2 yapıları tabanları içinde dolgu malzemesi arasında ele geçen buluntular, Coşkuntepe yüzey araştırmasında tespit edilen yüzey buluntularıyla benzerlik göstermesi, Troas bölgesi Geç Neolitik Dönem'i hakkındaki bilgilerimizi güçlendirmektedir. Gülpınar I evresine ait çanak çömleklerin yanı sıra Geç Neolitik Dönem'e özgü yontmataş aletlerde ele geçmiştir. Bunlardan mikro dilgi aletlerin üretiminde kullanılan iki adet çakmaktaşından mermi biçimli çekirdeğin bulunması dikkat çekicidir (Şek.2.6). Batı Anadolu'da yer alan Neolitik merkezlerde MÖ 7. binin ortalarından itibaren mermi biçimli çekirdekler Ulucak, Yeşilova, Dedecik-Heybelitepe ve Aktopraklık da tespit edilmiştir (Derin vd. 2009: 19-22; Lichter ve Meriç 2012:134; Karul ve Avcı 2013: 65, Fig.21). Bu mermi biçimli çekirdek tipi MÖ 7. bin ile 6. bin arasına tarihlenen dönemde geniş bir yayılıma sahiptir (Gatsov 2005). Bunlara ek olarak, Neolitik Dönem'de sıklıkla rastlanılan yontma taş alet tipleri arasında yer alan, çok

Şekil 2.7
Gülpınar I, obsidiyen alet örnekleri *(© GKP)*.

sayıda obsidyenden düzeltili delgiler ele geçmiştir (Şek.2.7), (Takaoğlu 2015: 142). Arkeometrik çalışmalar sonucunda obsidyen buluntularının kaynağının iki ana bölge; Ege Adaları'ndan Melos Adası ve Orta Anadolu yer alan Göllüdağ ve Nenezi kökenli oldukları anlaşılmıştır. Yerleşimde obsidyen işlem zincirinin tüm aşamalarına ait ürünler ele geçmemesi, özellikle bu aşamalardan obsidyen çekirdeğinin ve üretim artığı obsidyen parçalarının ele geçmemesi, buraya tamamlanmış ürünlerin ithal edildiğini gösterir (Takaoğlu 2015: 143).

Gülpınar II yerleşimin tahrip olmuş tabakalarında ve yerleşimin çevresinde Geç Neolitik evreyi bulmak için sınırlı sayıda sondaj kazı çalışmaları yapılmasına rağmen bu çalışmalar kamulaştırma sorunları yüzünden ciddi sonuçlar vermemiştir. MÖ 5320 yılından itibaren Erken Kalkolitik 2 döneminin ilk yerleşimcileri yeni konutların inşası için yakında bulunan Gülpınar I evresi yerleşimin taşlarını yapıların duvarlarında kullanmışlardır. Çünkü Gülpınar II evresine ait yapıların temellerine, bilinçli bir şekilde sağlam veya kırık öğütme taşlarının yerleştirilmiş olması da bunla ilgili olmalıdır. Gülpınar da yapılan kazılarda şimdiye kadar MÖ 5320 yılından öncesini veren radyokarbon tarihi bulunmamaktadır. Gülpınar'dan gelen yeni bilgilere rağmen Geç Neolitik Dönem'in bitişi ile MÖ 5320 yılına tarihlenen Erken Kalkolitik 2 Dönem'in başlangıcına kadar bu yerleşimde ne olduğu konusu henüz cevaplanmayı bekleyen sorunlar arasında yerini almaktadır.

2.2.2. Gülpınar II (Erken Kalkolitik 2)

Radyokarbon tarihlerine göre Gülpınar II evresinin MÖ 5320 - 4940 arası yerleşim gördüğüne işaret eder. Gülpınar II kazısı yapılan üç ayrı sektör de de belirlenmiştir. Sektör 1'de, Gülpınar II birbirine bitişik nizamlı inşa edilmiş, dörtgen ve dikdörtgen planlı, tam plan veren ve çift sıra taştan kuru duvar tekniğinde örülmüş mekânlar ile öne çıkar (Şek.2.8). Eldeki arkeolojik verilerden yola çıkılarak bu yapıların yaklaşık 1,5 m yüksekliğe kadar taştan örülmüş olduğu anlaşılmaktadır. Gülpınar II evresinin bu sektörde en dikkat çeken yapıları A Yapısı ve B Yapısı olarak nitelenebilir. Dikdörtgen plana sahip A Yapısı yaklaşık 48 m^2 boyutlarında olup, kuzeybatı-güneydoğu doğrultusunda uzanan iki ana odadan oluşur. Giriş kuzeydoğu yönünden sağlanan A Yapısı içinde günlük yaşam faaliyetlerine tanıklık eden besin üretiminin gerçekleştirildiği bir adet taş döşeli yuvarlak planlı seki dikkat çeker. Bu sekinin üzerinde ve etrafında besin üretimini kanıtlayan çok sayıda alt öğütme taşı ve üst el taşı *in situ* olarak ele geçirilmiştir. Güneyi ise, içinde yemek pişirme eylemini kanıtlayan bir adet ocağın yer aldığı ve daha çok günlük aktivitelerin gerçekleştirildiği yaşam alanı olarak kullanılmaktadır. Bu odanın merkezinde damı taşıyan ahşap direklerin yerleştirildiği direk altlığı olarak kullanılan düzgün yüzeyli taşlar yer almaktadır.

Gülpınar II evresine ait dörtgen plana sahip tabanı taş döşeli bir avluyu çevreleyen odalardan oluşan B Yapısı ise ortak yaşam izleri sergilemesi açısından oldukça dikkat çeker. Söz konusu avlu zemini tamamen taşlarla kaplanmış ve çamurla sıvanarak düzgün bir yüzey ile dikkat çeker (Şek.2.9). Girişi kuzey yönde olan yapının güney duvarına bitişik, taş döşeli zeminden yükseltilmiş seki, besin hazırlığı aşamalarından

Şekil 2.8
Gülpınar I, Gülpınar II ve Gülpınar III evrelerine ait yapıların taş temellerinin görüldüğü Sektör 1'in kısmi görüntüsü *(© GKP)*.

buğdayın öğütülme işlemi için kullanılmıştır. Bu seki düzgün bir yüzeye sahip değildir. Öğütme faaliyetlerinin yapıldığı bu sekilerin yüzeyleri kil ile sıvanarak düzgün bir yüzey oluşturdukları düşünülmektedir.

Sektör 1 içinde belirlenen her iki A Yapısını ve B Yapısını oluşturan odaların dışında bulunan açık alanlarda daha çok besin hazırlamaya yönelik faaliyet alanlarına ait kalıntılar dikkat çeker. Örneğin deniz kabuğu yığınları, ocaklar ve ele geçen hayvan kemikleri açık havada gerçekleşen günlük yaşamla bağlantılı faaliyetler konusunda ipuçları sunarlar. Bu tür veriler Gülpınar II evresinde tahıl öğütüp un yapma, ekmek pişirme, yemek hazırlamam veya pişirme gibi besin hazırlama faaliyetlerinin genelde evlerin hemen dışında avlu içinde ayrılan mekânlarda gerçekleştirildiğine işaret ettiğime işaret eder.

Benzer bir şekilde Gülpınar II evresi Sektör 2 içinde ise K Yapısı ve hemen onun güneyinde tespit edilen "Çukurlar Alanı" olarak adlandırılan kısmen yapıların önünde ve daha çok açık alanlarda yer alan, çok sayıda tabana kazılan erzak ve çöp çukurları ile öne çıkar. Çukurların bazılarının çevresinde ahşap direk izlerinin tespit edilmesi, çevresinin ve üstlerinin kapalı olduğunu göstermektedir. Şu ana kadar toplam 17 adet bu tür çukur belirlenmiştir. Başlangıçta erzak çukuru olan bu unsurların zamanla çöp çukuruna dönüştürülmüş olması gerekir. Genellikle bu çukurların içlerinin taşlarla doldurulan örneklerin yanı sıra, üzerleri bir taş sırası ile kapatılan örneklerde vardır. Bu çukurlarda alt ve üst öğütme taşları, çanak çömlek parçaları, midye ve bitki kalıntıları tespit edilmiştir.

Şekil 2.9
Gülpınar II evresine ait B Yapısının merkezinde yer alan ortak kullanıma yönelik tabanı taş döşeli avlu *(© GKP)*.

Çukurlar Alanı dışında Gülpınar II evresinin en dikkat çekici yapıları birbirine bitişik nizamlı yapılmış, kuru duvar tekniğinde inşa edilen dörtgen ve dikdörtgen planlı odalardan oluşan ve tam plan veren 26 m^2 boyutlarındaki dörtgen biçimli K Yapısı olarak tanımlanabilir. Bu yapı içerisinde bir adet ocak, bir adet fırın ve deniz kabuğu yığınları ve direk altlığının *in situ* ele geçmesi dikkat çekmektedir. Yapının girişi kuzeyde olup, girişin önünde bir çukur yer almaktadır. Mekânın tabanı, sıkıştırılmış toprak zeminden ve duvarları çift sıra taştan kuru duvar tekniğinde inşa edilmiştir. Mekân içerisinde yer alan kil tabanlı fırın, üst örtüsüne ait olan kil tavan parçalarıyla birlikte yapının güney duvarı yakınında tespit edilmiştir. Fırının ağzı girişe doğru bakmaktadır. Girişin karşısında mekânın merkezinde kilden sıvalı tabanı pişmeden dolayı sertleşmiş bir adet ocak yer almaktadır. Aynı zamanda mekânın güneydoğu köşesinde deniz kabuğu yığınları ele geçmiştir. Ocak ve deniz kabuklarının bir arada ele geçmesi, besin hazırlama ve tüketme aşamalarının aynı mekânda, birlikte gerçekleştirildiğine dair güzel bir örnektir. Bunun yanı sıra mekânların içlerinde ocakların yanında yığın şeklinde bulunan deniz kabukları yerleşimcilerin deniz ürünlerini ile geçim ekonomilerini desteklediklerini göstermektedir. Bu mekânın içerisinde ocağın yanında damı taşıyan ahşap direklerin yerleştirildiği, düzgün ve sert bir yüzey ve etrafı küçük taşlarla desteklenmiş direk altlığı yer almaktadır. Mekân tabanı üzerinde sağlam bir şekilde iki adet kap ele geçmiştir. Bunlardan boynuz kulplu biri kırmızı boyalı iyi perdahlı çanak, diğeri ise boynuz kulplu şişkin gövdeli boyunlu çömlektir (Şek.2.10.2-3).

Sektör 3 olarak tanımlanan alanda yapılan kazı çalışmaları sırasında Gülpınar II evresine atfedilebilecek herhangi arkeolojik kalıntılara rastlanılmamıştır. Bu

Şekil 2.10
Sektör 1, Gülpınar II, A Yapısı buluntusu pencere ayaklı kâse (1), Sektör 2, Gülpınar II, K Yapısı buluntusu kırmızı boya bezemeli boynuz kulplu kâse (2) ve boynuz kulpu boyunlu çömlek (3) *(© GKP)*.

Şekil 2.11
Gülpınar II, iç yüzeyleri perdah bezemeli çanak ve dış yüzeyleri perdah bezemeli çömlek parçaları *(© GKP)*.

durum söz konusu Sektör 3'ün yerleşimin bu evresinde yerleşilmemiş olması ile açıklanabilir.

Gülpınar II çanak çömlekçiliğinin oldukça ileri düzeyde işçilik gösterdiği söylenebilir. Genel itibarıyla Trakya-Balkan unsurlarını da bünyesinde barındıran ve Kuzeybatı Anadolu için yeni bir geleneği temsil eden tamamen el yapımı çanak çömlekler genel olarak iyi ve yarı kaba mallar olarak iki kategoride değerlendirilebilir. Siyah, kahverengi ve turuncu gibi tonlarda değişen yüzey renklerine sahip mallar oldukça iyi perdahlanmış olan iyi malların oranı kaba yapımlı çanak çömleğe oranla üç kat daha fazladır. Bu evrede ince cidarlı çanak çömleklerde oldukça yaygındır. En yaygın formlar arasındaki pencere ayaklı, boynuz kulplu, düz veya halka kaideli ve dört ayaklı veya yüksek halka kaideli çanaklar gelmektedir. Bu çanakların dış yüzeylerinin kazıma bezemeli olması Gülpınar II evresi çanak çömleklerinin en ayırt edici özelliğidir. Buna rağmen bezeme haricinde bütün formların Gülpınar III evresinde de kullanıldığı göze çarpar. İçe doğru düz veya içten kalınlaştırılmış ağız kenarlı derin çanaklarda; boynuz kulp, düğme biçimli kulp, çıkıntı kulp, ağız kenarında yarı delinmiş çıkıntı tutamak örnekleri görülmektedir.

Gülpınar II de genel olarak çanak çömleklerin iç ve dış yüzeyleri oldukça iyi perdahlanmıştır. Perdah bezeme çanak tiplerinde; dört ayaklı kâselerin, pencere ayaklı meyveliklerin, boynuz kulplu düz veya yüksek ayaklı çanakların iç yüzeyine; çömlek tiplerinde ise, kulpsuz veya tek boynuz kulplu boyunlu çömleklerin dış yüzeylerine perdah bezeme uygulanmıştır (Şek.2.11). Perdah bezeme kaplar şekillendirildikten sonra fırınlama öncesi sivri uca sahip çakmaktaşı ve deniz kabuğu gibi sert cisimlerle uygulanmaktadır.

Yerleşimde görülen perdah bezeme motifleri arasında; birbirine paralel yatay zigzaglar, içleri taralı ters üçgenler, kafes tarama, iç içe geçmiş üçgenler, içi dolu paneller, yatay iki bant arasında bulunan noktalar dizisi, yatay kalın bantlar arasında paralel çizgi diziler en sık uygulananlar arasındadır. Bu evrede genel olarak perdah bezeme, derin çanakların iç yüzeyinde, boyunlu çömleklerin dış yüzeyinde özellikle omuz ve boyun hizasında karşımıza çıkmaktadır. Az da olsa bazı kaplarda hem iç hem de dış yüzeyde perdah bezemeye rastlanılmaktadır. Yerleşimde perdahlama sırasında kullanılan çok sayıda taş ve pişmiş toprak aletler yapılan kazı çalışmaları sırasında ele geçmiştir. Özellikle kenarları yuvarlatılmış çanak çömlek parçaları ve taş perdah aletleri de çanak çömlek üretimi sonrası, kap yüzeylerini parlatmak için kullanılmıştır. Bu evrede, perdahlama işlemi sırasında kullanımdan dolayı; dikdörtgen, yamuk ya da dairesel şeklinde perdah aletleri ele geçmiştir. Bu aletlere ek olarak, ahşap, kemik, deri ve kumaş gibi organik malzemelerin de kapların yüzeylerini parlatma işleminde kullanıldığı bilinmektedir (Özdemir 2015: 42).

Gülpınar II çanak çömlek repertuarı içerisinde kazıma bezeme ağırlıklı olarak, boynuz kulplu veya kulpsuz dört ayaklı kâselerin dış yüzeyinde görülmektedir (Şek.2.12). Kazıma bezeme de perdah bezemede olduğu gibi kap şekillendirildikten sonra hala yaş haldeyken sert cisimlerle kabın yüzeyine motiflerin çizilmesiyle oluşturulur. Fakat nadirde olsa kap pişirildikten sonra bezemenin uygulandığı örneklerde bulunmaktadır (Özdemir 2015: 27, Şek.2.15). Kazıma bezeme motifleri arasında panel içerisinde birbirine paralel ince çizgi dizileri, birbirine paralel diyagonal çizgiler, iç içe geçmiş daireler, iç içe geçmiş ters üçgenler, içi dolu üçgenler, içi ince çizgilerle taranmış kum saati, yatay çizgiler arasında kafes tarama, içleri taralı baklava dilimi ve yatay bantlar arasında yatay ince çizgiler dikkat çeker. Gülpınar'daki kazıma bezemeli örneklerin en yakın paraleline Beşik-Sivitepe'de rastlanılmıştır.

Prehistorik Gülpınar yerleşiminin II. evresindeki çanak çömlekler üzerinde karşımıza çıkan beyaz ve kırmızı boya, içe kalınlaştırılmış ağızlı kâselerin iç yüzeyine ve içe dönük ağız kenarına sahip kâselerin dış yüzeyinde görülmektedir. Kırmızı ve beyaz boya bezeme motifleri arasında; içleri taralı baklava motifi, yatay bantlarla oluşturulmuş üçgenler, birbirine paralel zikzak motifleri, kilim ve kafes motifi görülmektedir (Takaoğlu 2015: 148; Özdemir 2015: 29). Yerleşimde ele geçen bazı kırmızı ve beyaz boya bezemeli örneklerin yüzeylerinde, boyanın kaybolduğu ve mat bir yüzey görüntüsü izlenmiş ve bu örneklerin fırınlamadan sonra ve özellikle kap yüzeyi perdahlandıktan sonra yapıldığı anlaşılmıştır (Takaoğlu 2015: 148; Özdemir 2015: 28).

Gülpınar II çanak çömleği üzerinde gözlemlenen teknolojik izler arasında dokuma ve hasır izleri oldukça dikkat çeker (Şek.2.13 ve Şek.2.14). Neredeyse ele geçen tüm

Şekil 2.12
Gülpınar II, dış yüzeyi kazıma bezemeli dört ayaklı kâseler *(© GKP)*.

Şekil 2.13
Çanak çömleklerin kaideleri altındaki negatif dokuma, hasır ve yaprak izleri *(© GKP)*.

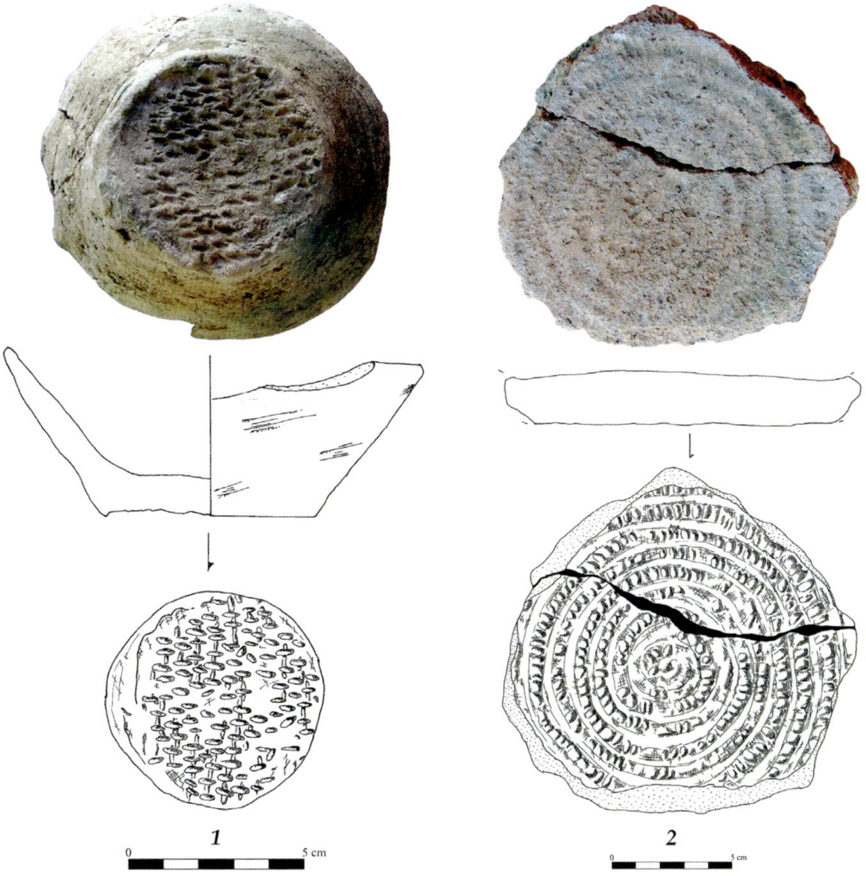

Şekil 2.14
Çanak çömleklerin altındaki negatif izler; basit örgü tekniğinde dokunmuş kumaş izi (1), sarma örgü tekniğinde sepet izi (2) *(© GKP)*.

çanak çömleklerin kaidelerinin altında ele geçen negatif izler yerleşimde oldukça gelişmiş bir dokuma ve hasır üretim teknolojileri geliştiğine işaret eder (Özdemir 2007; 2010; 2012; 2013). Gülpınar'da ele geçen çanak çömleklerin üçte ikisinin kaidelerinin altında hasıra ve yün dokuma dışında sepete ve asma yaprağına ait negatif izler de sıklıkla tespit edilmiştir. Bu negatif izlerden yola çıkılarak Gülpınar yerleşiminde 4 farklı tekniğin kullanıldığı anlaşılmaktadır. Bunlar; basit örgü tekniği ("bir ters-bir düz"), dimi örgü tekniği ("iki ters-iki düz"), sarma ("sarmal şerit") örgü tekniği ve karmaşık ("düzensiz") örgü tekniğidir (Özdemir 2013: 67-113). Çanak ve çömlek kaidelerinde gözlemlenen söz konusu negatif izler kapların hasır, yün dokuma, sepet parçası ve asma yaprağı üzerinde şekillendirildiğine işaret eder. Bu durumda elle döndürülen bir tür ilkel çarktan bahsedilebilir.

Gülpınar II evresinin öne çıkan buluntu gruplarından biri de kil heykelciklerdir (detaylı bilgi için bkz. Takaoğlu ve Nanoglou 2021). Bu kil heykelcikler genelde mekânların içlerinde, avlularda, ocak yerlerine yakın yerlerde, çukurlar içinde, seramik kap parçaları ve cilalanmış baltalar gibi objelerle birlikte ele geçirilmiştir (Özdemir vd. 2014: 18; Takaoğlu 2015: 150). Bu evrenin kil heykelcikleri iyi fırınlanmış, grimsi-siyah hamurlu ve perdahlanmış dış yüzeye sahiptirler. Bunlar arasında antropomorfik olanlar oldukça dikkat çekicidir (Şek.2.15). Bunlar kült kaplarının ağız kısımlarından yükselen insan başı olarak değerlendirilebilir (Özdemir vd. 2014: 14, Şek.3-4). Gülpınar II evresinde bulunan bu heykelcik başları genel olarak yassı formlu olup, boynun sonundan hafif yukarı doğru eğimli olup ince uzun görünümlü bir boyuna sahiptir. Yassı başlar uzun boyun ile birleşik olup gövde devamının eğimli olması, bunların kapların ağız kenarlarında yukarıya doğru yükselen uzantılar olduklarını işaret etmektedir. Hem tercih edilen malzeme hem de üretim tekniği açısından çanak çömlekler ile benzer özellik göstermeleri ve heykelcik başlarının yüzeyinde fırınlamadan dolayı kısmen renk farklılıkları görülmesi, bunların kaplara ait parçalar olduklarına işaret etmektedir.

Bu heykelcik başları arasında özellikle kazıma çizgilerle göz pınarlarından aşağıya doğru inen gözyaşları vurgulanan yas tutan insan betimli baş sembolik açıdan

Şekil 2.15
Gülpınar II, Antropomorfik heykelcik başları (1-7) ve antropomorfik kulp parçası (© GKP).

özellikle dikkat çekmektedir (Şek.2.15.1). Bu heykelcik başının alt kısmındaki izler bunun olasılıkla kült amaçlı bir kabın ağız kısmından yükseliyor olduğuna işaret etmektedir. Ağız kısmı vurgulanmamış olan bu heykelcik başında, kaşlar ve burun kabartma olarak ifade edilmiştir. Gözler ise yatay kazıma çizgilerle vurgulanmıştır. Bu heykelcik başının en önemli özelliği, eser fırınlanmadan önce göz pınarlarından aşağıya doğru inen kazıma çizgilerin belirtilmesidir. Bunu yapmasındaki ana amaç olasılıkla yas tutan bir insanı betimlemek olmalıydı. Bu sembolik anlatım Anadolu'da ele geçmiş kil heykelcikler arasında ilk defa karşımıza çıkan bir özellik olması bakımından oldukça önemlidir.

Antropomorfik kil heykelcikler genellikle inanç sistemlerinin göstergeleri olarak kabul edilmiş ve ritüellerde kullanılan aracı nesneler olarak yorumlanmıştır. Bu antropomorfik kil heykelciklerin ait olduğu varsayılan kapların, özel kullanım amaçlı törensel kült kaplarına ait olduğu düşünülebilir. Bu kült kaplarının olasılıkla ev kültü veya cenaze törenleriyle ilgili kaplar olduğu savunulmaktadır. Antropomorfik objelerin ait oldukları kapların bütün olarak ele geçmemesi bunların ritüel sırasında bilerek kırıldığı görüşünü düşündürtmektedir. Özellikle heykelcik başlar içinde yas tutma ile ilgili göz pınarlarından aşağıya doğru inen kazıma çizgilerle gözyaşlarının simgelenmesi ve ağızların işlenmemiş olması bu sembolik objelerin cenaze ritüellerinin bir parçası olan kült kaplarına ait olduğu savı güçlendirmektedir. Gülpınar'da ele geçen bu örnekler Batı Anadolu Kalkolitik Dönemi insanlarının düşünce ve inanç sistemlerini anlama da katkı sağlarlar.

Gülpınar'da ele geçen pişmiş toprak nesneler içerisinde yerleşimdeki dokumacılığın varlığını destekleyen ağırşaklar ve çömlek kırığı diskler de önemli yer tutar (Özdemir ve Bamyacı 2018). Yerleşimde yün dokumanın varlığı negatif izlerden bilinmektedir. Gülpınar insanlarının günlük aktiviteleri sırasında yün dokumacılığında iğ kullandığını gösteren bu örnekler tipolojik açıdan kendi içinde oldukça farklılıklar gösterirler. Gülpınar II yerleşiminde bikonik, konik, yarım küre biçimli, halka biçimli, yarı oval ve basık yarım küre biçiminde farklı ağırşak tipleri yer almaktadır (Özdemir ve Bamyacı 2018: Şek. 4).

Gülpınar II evresinde günlük yaşamla ilgili çok zengin buluntular yer alır. Bunlar arasında sürtme taş endüstrisine ait öğütme, ezgi, vurgu, ağırlıklar, baltalar ve besin hazırlama ile ilgili çeşitli diğer taş alet ve objeler önemli yer tutar (Bamyacı 2018; 2019). Gülpınar II evrenin besin üretimi hakkında bilgi veren çok sayıda öğütücü aletlerden öğütme taşı (alt ve üst) ve el taşı, bunun yanı sıra havan ve havaneli türünden aletler mimari ile bağlantılı olan besin hazırlama alanlarında ele geçtiğinden önemlidir (Bamyacı 2019). Bu evrede iki farklı genişlikte öğütme taşı tespit edilmiştir. Bunlardan 0,35 m genişliğe kadar olan öğütme taşları, oval veya düzensiz forma sahiptir. Diğer bir 0,45 ve 0,6 m genişlikte olan öğütme taşları ise genelde büyük geniş formlu örneklerdir. Gülpınar'da hammadde olarak andezit, bazalt, granit ve serpantin tercih edilmiştir. Bunlar içerisinden öğütme taşı üretiminde en çok andezit ve bazalt büyük yer tutar. Öğütücü aletlere ek olarak bu evrede ezici aletlerden havan ve havanelleri, kesici sürtme taş aletler içerisinde balta, keser ve keski, parlatıcı aletlerden perdah taşı, ağırlıklar ve diğer aletler ele geçmiş ve detaylı olarak çalışılmıştır. Gülpınar II evresinde sürtme taş endüstrisine ait alet ve objelerin tamamına yakını Sektör 1 ve Sektör 2 'de yer alan yapıların içerisinde ocakların yakınında, yapıların dışında avlu ve işlik alanları ile mimari yapıların taş temellerinde ve Sektör 2'de yer alan Çukurlar Alanı'nda ele geçmiştir. Bu alandaki birçok çukurun içerisinden alt ve üst öğütme taşları birlikte ele geçmesi dikkat çekmektedir.

Prehistorik yerleşimde yapılan kazılar sırasında yontmataş buluntu topluluğuna dair kanıtlar, mimari tabakalar arasındaki dolgu toprağından, mekân içinde seki ve taban üzerinden, mekân dışında avlu ve açık alanlardan çeşitli tipte ve yerel hammaddeden üretilmiş delgi ve çekirdekler ele geçmiştir. Gülpınar yontmataş buluntu topluluğu başlıca; çekirdekler, delgiler, kazıyıcılar ve bunlara ait üretim artıkları ile alet haline getirilmiş yongalama ürünlerinden oluşmaktadır. Yerleşimde yontmataş endüstrisinin ana hammaddesini oluşturan çakmaktaşıdır. Çakmaktaşının bulunduğu kayaçlar prehistorik yerleşime çok yakın bir konumdadır. Gülpınar'da temelde iki tekniğin kullanıldığı anlaşılmıştır. Bunlar; vurma tekniği ve baskılama tekniğidir. Bunun yanı sıra Gülpınar II Evresi içinde ele geçen obsidyen delgilerin ve kazıyıcıların kaynağının iki ana bölge; Ege Adaları'ndan Melos Adası ve Orta Anadolu'da yer alan Göllüdağ ve Nenezi kökenli oldukları anlaşılmıştır. Gülpınar II evresinde ait obsidyen buluntuların ön analizi, 30 obsidyenin üçte ikisinin Melos Adası kökenli olduğu göstermektedir. Fakat obsidiyen çekirdek ele geçmemesi, üretimi tamamlanmış aletlerin yerleşime getirildiğine işaret etmektedir.

Yontmataş dışında Gülpınar II evresi yerleşimi insanlarının alet repertuarının önemli bir kısmını hayvan kemiklerinden yapılan aletler oluşturmaktadır. Bu dönemde besin olarak kullanılan hayvanların kemik artıklarından çeşitli aletleri üretmek için kullanıldığı belirlenmiştir. Bu kemik aletlerden dokumacılık ve hasırcılık yanış sıra deri işleme gibi teknolojilerinde kullanıldığı bilinmektedir. Özellikle Gülpınar'da binden fazla çanak çömleğin altında ele geçen negatif yün, hasır ve sepet izleri, bu aşamalarda kemik aletlerin kullanıldığı fikrini desteklemektedir. Gülpınar II kemik aletleri en genel anlamda nokta uçlu kemik aletler (1), yuvarlak uçlu kemik aletler (2), keser uçlu kemik aletler (3), alet sapı olarak kullanılan kemik aletler (4) ve kazıyıcı uçlular (5) olarak dört ana alt grupta karşımıza çıkar. Bunlar arasında en yaygın alet tipini sivri uçlu aletler oluşturur. Bu sivri uçlu alet tipinde formu muhafaza edilmiş kemiğin başından uca doğru sivriltilmiş örnekler ağırlıktadır. Yerleşimde diğer en yaygın tip yuvarlak uçlu olan ve genelde Alageyik boynuzlarından üretilen delgi tipi aletlerdir. Bu tipte kullanılan aletler, boynuzun doğada ilk bulunduğu haliyle kullanıldığı için ciddi bir değişiklik gerektirmez. Sadece doğal formu muhafaza edilmiş ve gövdenin uç kısmında işleme izleri görülür. Delgi olarak kullanılan boynuzların ana hammaddesi karacası (*Capreolus capreolus*) ve ala geyik (*Dama dama*) olduğu yapılan incelemeler sonucunda anlaşılmıştır. Bu hayvanların boynuzlarından ayrıca keski gibi sürtme taş aletlerin yerleştirilmesi için sap yapıldığı durumlarda mevcuttur.

Gülpınar'da alet repertuarı içerisinde deniz kabuğundan yapılmış süs objeleri ve aletlere ait örnekler az sayıda mevcuttur. Yapılan analizler ve çalışmalar sonucunda deniz kabuklarının besin olarak tüketiminden sonra, arta kalan kabukları ikincil ürün olarak süs objeleri ve alet yapımında kullanıldıkları tespit edilmiştir. Deniz yumuşakçalarının tüketilmesinin ardından geriye kalan kabukların çanak çömlek üretiminde raspa gibi el aleti olarak kullanıldığı anlaşılmıştır. Ayrıca süs objesi olarak boncuk üretiminde de kullanılmıştır. Gülpınar'da yapılan çalışmalar sonucunda deniz kabuğunun farklı türlerine ait boncuklar üretildiği tespit edilmiştir (*Glycymeris glycymeris, Conus mediterranneus, Cerithium vulgatum, Acanthocardia tuberculata, Mytilus galloprovincialis, Cerastoderma glaucum, Ostrea edulis ve Monodonta articulata*). Deniz kabuklarının analizi sırasında ayrıca çanak çömlek üretimiyle ilgili olabilecek *Ostrea edulis* ve Glycymeris glycymeris türü kabuklardan yapılmış kazıyıcı veya raspa olarak nitelenebilecek aletlere de rastlanılmıştır. Deniz kabuğundan üretilmiş bu aletlerin pişmiş toprak perdahlayıcı örnekleriyle birlikte yerleşimde ele geçmesi, yerel üretimin ve özellikle zanaat faaliyetlerinin olduğunu göstermesi açısından önemlidir.

Prehistorik Gülpınar II yerleşimin temel geçim kaynakları arasında; tarım, hayvan besiciliği, avcılık, balıkçılık ve midye-istiridye toplayıcılığı gibi karma bir ekonomiden oluştuğu anlaşılmaktadır (Takaoğlu 2015: 154). Özellikle yerleşimin besin ekonomisinde önemli bir paya sahip olan kabuklu deniz hayvanlarının diyette öncelikli protein ve kalori kaynağı olduğu bilinmektedir. Prehistorik toplumlarda karasal ve çevresel koşullar göz önüne alındığında, karasal kaynaklara alternatif oluşturabilen deniz kabuklarının prehistorik diyette önemli bir yere sahip olduğu anlaşılmaktadır. Deniz kabukluları toplayıcılığı ve balıkçılık Batı Anadolu'da ve Ege dünyasında kıyısal ekonomilerin gelişiminin kavranabilmesi açısından önemlidir. Günümüzde birçok prehistorik toplumun temel ya da gerekli besin ögeleri arasında tarım, avcılık ve hayvan besiciliği gelmektedir. Özellikle kıyıya uzak olan toplumların karasal kaynakları kullanımına ağırlık verdiği anlaşılmaktadır. Prehistorik toplumların beslenme ve geçim ekonomilerine; iklim ve bitki örtüsünün yanı sıra, çevresel faktörlerin de yön verdiği kazılardan elde edilen bilgiler arasındadır. Prehistorik toplumların geçim ekonomilerinde, dağlık ve engebeli arazilerde yaşayanların yaban hayvan avcılığı ve evcil hayvan besiciliğinin ön planda olduğu, düz ovalarda yaşayanların ise tarım faaliyetlerinin ön planda olduğu bilinmektedir.

Gülpınar II evresine ait hayvan kemiklerinin incelenmesi sonucunda evcil ve yabani hayvanlara ait kemikler tespit edilmiş, ayrıca yerleşimin çevresindeki hayvan popülasyonu hakkında da bilgiler edinilmiştir Gülpınar II yerleşimin hayvan besiciliğinin önemli bir bölümünü koyun/keçi (*Ovis/Capra*), sığır (*Bos Taurus*) ve domuz (*Sus domesticus*) gibi çiftlik hayvanları oluşturmaktadır. Bu evrede ait hayvan kemikleri içinde en fazla % 31 ile koyun ve keçi türü, ardından %12 ile sığır türü temsil edilmektedir. Bu hayvan türleri içerisinde evcil hayvanlara ait kemiklerin bulunması yerleşimde hayvan besiciliğini gösterirken, yabani hayvanlara ait kemiklerin bulunması da avcılık yaptıklarını göstermektedir. Özellikle evcil hayvanların etinden faydalanmanın dışında sütünden ve yününden faydalandığı da yapılan çalışmalar sonucunda belgelenmiştir. Yerleşimde ele geçmiş kemikler üzerinde yapılan inceleme sonucunda, etinden faydalandıkları evcil hayvanlardan koyun ve keçi, ayrıca domuz türünü genç yaşta tükettikleri tespit edilmiştir. Yerleşimin besin ekonomisin de hayvan besiciliğinin yanı sıra avcılık faaliyetlerinin de önemli oranda yeri vardır. Gülpınar avcılarının etinden faydalandıkları türler arasında, yaban keçisi *(Capra aegagrus aegagrus* ve *Capra aegagrus f. hircus)*, yaban koyunu (*Ovis ammon musimon)*, yaban domuzu (*Sus scrofa),* aynı zamanda alageyik (*Dama dama*), karacası (*Capreolus capreolus*) ve tavşan (*Lepus copensis)* yer alır (Takaoğlu 2015: 154).

Gülpınar II evresinde az sayıda da olsa karbonlaşmış tahıl ve tohum ele geçmiştir. Yerleşimdeki bitki kalıntıları daha çok ocakların etrafından ve çöp çukurlarından elde edilmiştir. Gülpınar'da kazı toprağı basit yüzdürme tekniği ile işlemden geçtikten sonra, yerleşimde tespit edilen bitki kalıntıları içerisinde en fazla einkorn buğdayı (*Triticum monoccocum*) ve emmer buğdayı (*Triticum dicoccum*) ve bunların yanı sıra az sayıda kabuksuz buğday (*Triticum aestivum*) ve arpa (*Hordeum vulgare*) gibi tahıl kalıntıları çeşitli örneklerle temsil edilmektedir. Baklagiller içerisinde ise, burçak (*Vicia ervilia*) önemli bir paya sahipken mercimek (*Lens culinaris*) ve bezelye birkaç örnekle temsil edilmektedir (Takaoğlu 2015: 155).

Gülpınar II insanları çevresel koşulların sağladığı imkânlar doğrultusunda şekillendirdiği besin ekonomisini denizel kaynaklarla da çeşitlendirmeye çalıştığı, yerleşimde balık kemiklerinin ve çok fazla türe ait deniz kabuklarının ele geçmesinden anlaşılmaktadır. Kazılar sırasında yapıların içlerinde, özellikle de ocakların yanında toplu olarak ele geçmesi besin olarak tüketimini de ayrıca kanıtlamaktadır. Yerleşimin çeşitli noktalarında ele geçen yemek artığı deniz kabuğu yığınları buna örnek olabilir. Deniz kabukluları toplayıcılığı sadece mevsimsel bir aktivite bile olsa, Gülpınar II geçim ekonomisindeki önemi göz ardı edilemeyecek bir unsurdur. Gülpınar II yerleşimlerinde ele geçen yenebilir deniz yumuşakça kabukları, topluluk insanlarının deniz kaynaklarını geçim ekonomilerini desteklemek amacıyla kullandıklarını kanıtlar niteliktedir. Yerleşimde deniz kabukları üzerinde yapılan sistematik çalışmalar sonucunda, ele geçen kabukların Mollusca (yumuşakçalar) filumu; 15 adet Bivalvia (*Balta ayaklılar*) ve 13 adet Gastrapoda (*Karından ayaklılar*) sınıfına ait bireylerin kabukları olduğu tespit edilmiştir (Yavşan 2010:33). Yerleşimde besin maddesi olarak kullanılan yumuşakça türleri arasında: Bivalvia sınıfına ait yumuşakçalardan; *Ensis ensis, Cerastoderma glaucum, Ostrea edulis, Mytilus galloprovincialis, Ruditapes decussatus, Spondylus gaederopus, Glycymeris glycymeris* en yaygın türleri ve Gastrapoda sınıfına ait yumuşakçalardan; *Patella rustica, Hexaplex trunculus, Murex brandaris, Patella coerulae, Thais haemastoma* en yaygın türlerdir (Yavşan 2010). Birçoğu yenilebilir olan bu deniz kabuğu yumuşakları, yerleşimin batısında yaklaşık kuş uçuşu 2 km uzaklıktaki denizin sığ sularından elde edilebilirdi.

Ayrıca Gülpınar II yerleşimi kazılarında bitki kalıntıları tespit etmek için prehistorik tabakalara ait kazı toprağını basit yüzdürme tekniği ile işlemden geçirdikten sonra elde edilen sonuçlar içerisinde denizkestanesi dikeni ele geçmesi oldukça dikkat çekicidir. Yerleşimde ocak yanından alınan toprak örneğinden böylesine ilgi çekici bir ürünü mekân içerisinde tükettiklerini göstermektedir. Özellikle yerleşimcilerin proteini bol bu ürünün toplayıcılığını yaptıkları ve diğer deniz yumuşakçaları gibi yerleşime taşıdıktan sonra tükettikleri anlaşılmaktadır. Diğer ilgi çekici denizsel buluntu ise deniz kaplumbağası ve köpek balığı kemikleri yanında çok sayıda balık türüne ait kemiklerdir. Bu tür buluntular Gülpınar II insanlarının besin ekonomisinde denizsel kaynaklardan faydalanma konusunda kabiliyetlerine tanıklık etmektedir.

2.2.3. Gülpınar III (Orta Kalkolitik)

Yapılan radyokarbon tarihlemelerine göre Orta Kalkolitik Dönem'e ait Gülpınar III evresinin MÖ 4940-4450 tarihleri arasında yerleşim gördüğü anlaşılmıştır. Gülpınar II ve Gülpınar III evreleri arasındaki çanak çömlek formlarında, mimarisinde, geçim ekonomisi stratejilerinde ve diğer buluntularında önemli bir değişikliğin görülmemesi, her iki evre arasında istikrarlı bir sürecin devam ettiğini göstermektedir. Gülpınar III yapıları inşa edilirken, yerleşimin kurulduğu arazinin eğimi dikkate alınarak, Gülpınar II evresine ait yapıların taş temellerinin birkaç sırasının sökülerek alanın düzleştirildiği tespit edilmiştir. Bir önceki evrede görülen mimari düzen devam etmiştir. Yerleşimde çok sayıdaki Gülpınar II evresi yerleşimine ait yapıların duvarlarına ait temellerin yenilenerek bu evre de kullanıldığı tespit edilmiştir. Prehistorik evrelerin toprak kesitinde gözlemlenebilen ve Gülpınar III evresinin 0,1 ile 0,5 m arasında değişen kahverengi bir dolgu toprakla yapısıyla kaplı olduğu, bize Gülpınar'ın bu evresinin sonra erdiğini göstermektedir (Takaoğlu 2015: 156). Özellikle prehistorik yerleşimin toprak kesitinde, 0,2 m ile 0,6 m arasında değişen siyahımsı ve içerisinde organik kalıntıların olduğu humuslu toprak yapısı uzun süren bir boşluğun (*Hiatus*) olduğunu ve MS 2 yüzyıla kadar, yaklaşık 4 bin yıl boyunca bu alana yerleşilmediğini göstermektedir. Gülpınar III evresi yerleşimi mimari açıdan kendi içerisinde üç alt evreye ayrılmıştır. Bunlardan IIIa, IIIb ve IIIc'ye ait mimari kalıntılar üç farklı sektörde de ortaya çıkarılmıştır.

Sektör 1'de Gülpınar III evresinde ait birbirine bitişik inşa edilmiş, dörtgen ve dikdörtgen planlı, tam plan veren ve çift sıra taştan kuru duvar tekniğinde örülmüş çok sayıda mekân tespit edilmiştir. Bu evredeki mekânların zeminleri sertleştirilmiş toprak tabanlıdır. Sektör 1'de yerleşimin kuzeybatısında "Payandalı Çevre Duvarı" olarak adlandırılan, bir önceki seviyeye ait duvarın dış yüzü boyunca yerleşimi çevreleyen taş duvar payandalarla desteklenmiştir. Bu duvar yapısı, Gülpınar III yerleşiminin mimarisinde görülen en önemli yeniliktir. Bu evredeki birçok mekânın içerisinde taş döşeme sekiler üzerinde yer alan tahıldan un elde etmek için kullanılan öğütme taşlarının yanı sıra, yemek pişirme aşamalarının gerçekleştirildiği ocak ve fırın ele geçmiştir. Bu evrenin en ayırt edici mimari özelliği mekân içlerinde ele geçen yarım daire şekildeki seki temelleridir. Bu sekilerin temelleri düzgün yüzeyli taşlarla döşenmiş ve bu taşların araları ve yüzeyleri killi bir toprak yapısı ile sıvanarak daha düzgün bir yüzey oluşturulmuştur. Özellikle Sektör 2'de L Yapısına ait olan Oda 39 güneybatı köşesindeki taş döşeme seki ile doğrudan ilişkisi olan 8 adet öğütme taşının *in situ* halinde bulunması, bu kapalı alanlarda yer alan taş sekilerinde işlevini kanıtlamaktadır. Bu evreyle birlikte bazı yapıların içlerinde kil tabanlı oval fırınlar ele geçmeye başlar. Fırınların genellikle küçük düzensiz taşların yerleştirildiği ve üzerinin kil taban ile kaplandığı anlaşılmıştır. Özellikle bu evredeki bazı fırınların tabanlarındaki iki veya üç kat atılan sıva kalıntılarının görülmesi, zaman içerisinde yenilenme geçirdiğini göstermektedir.

Gülpınar III Evrelerine ait Sektör 1'de, birbirine bitişik nizamlı yerleşim yapısına sahip, tam plan veren, dörtgen ve dikdörtgen planlı toplam çok sayıda mekânın günlük aktivitelerin gerçekleştirildiği yaşam alanı veya işlik olarak kullanıldığı anlaşılmıştır. Yapıların kuru duvar tekniğinde inşa edildiği ve duvarlarının taştan 0,2 m ile 1,5 m arasında yüksekliğe kadar korunduğu tespit edilmiştir. Yapıların içi mimari öğeleri olarak ocak, fırın, seki ve direk altlığı, öğütme taşı *in situ* olarak ele geçer. Ayrıca mekân içlerinde veya faaliyet alanlarında deniz kabuğu yığınları, depolanmış deniz kabukları, depolanmış öğütme ve el taşları ile tabana yerleştirilmiş depolama kapları da ortaya çıkarılmıştır. Bunun yanı sıra yapı dışlarında bulunan faaliyet alanlarında besin hazırlamaya tanıklık eden bulgular tespit edilmiştir. Bu bağlamda Gülpınar III yerleşimindeki birbirine bitişik nizamlı yerleşim planının en güzel örneğin E Yapısı olduğu rahatlıkla söylenebilir. Birbirine bitişik iki odadan oluşan bu yapının en ilgi çekici özelliği her bir odanın birer depo birimine sahip olmasıdır. Bu depolama birimleri içinde kolay bozulabilen besin maddelerini muhafaza edebilmek için yerleştirilmiş büyük depolama kabına ait kaide ve gövde parçaları ele geçmiştir. Odalardan birisinin içerisinde yanmadan dolayı sertleşmiş kil zemin ve yanık izlerinin tespit edilmesi bu alanın pişirme faaliyetleri ile ilgili olabileceğine işaret eder.

E Yapısı önünde güneybatı yönde yer alan avlu içerisinde hem besin hazırlama hem de çakmaktaşı yontma ile ilgili birer faaliyet alanı belirlenmiştir. Örneğin, burada ele geçen ve moloz taşlardan yapılmış yuvarlak bir plana sahip bir seki etrafında çok sayıda test edilmiş veya kullanılmış çakmaktaşı çekirdek ve ilgili üretim artığı yonga parçaları ele geçmesi burasının çakmaktaşı yongalama aktivitelerinin gerçekleştirildiği bir alan olması gerektiğini düşündürür. Yapı içerisinde ayrıca çok sayıda alt ve üst öğütme taşları ile el taşları ele geçmesi yine bu birimlerin günlük yaşamda nasıl kullanılmış olabileceğini gösterir. Ele geçen ahşap direk altlıkları taş duvarlı bu yapıların üzerinin kapalı olduğunun göstergesi olarak kabul edilebilir.

Sektör 1 içinde Gülpınar IIIa evresinin en önemli yeniliği, yerleşimin kuzeydoğu-güneybatı uzantılı sözü edilen payandalı çevre duvarı ile sınırlandırılmış olması (Şek.2.16), ve bu duvar üzerinde yerleşimin bir ana giriş kapısına sahip olmasıdır. Çevre duvarının çift taş sırası ve kimi yerde üçtaş sırası genişliğinde kuru duvar tekniğiyle örüldüğü tespit edilmiştir. Bu duvarın toplam uzunluğu 25 m olup, duvarı desteklemek için 16 adet payanda bulunmaktadır. Bunlardan 3 tanesi tahrip olmuş bir şekilde günümüze ulaşmıştır. Bunlara ek olarak 1,2 m genişliğindeki Ana Giriş Kapısı'nın doğusunda ve batısında 2 adet diğerlerine oranla daha büyük kapı destek payandaları bulunmaktadır. Bunlarla da birlikte Kuzeydoğu-güneybatı uzantılı çevre

Şekil 2.16
Gülpınar IIIa evresini yerleşiminin en önemli unsurlarından biri olan Payandalı Çevre Duvarı *(© GKP)*.

duvarını desteklemek üzere toplam 18 adet payanda tespit edilmiştir. Yerleşime Ana Giriş Kapısı'ndan geçiş yapıldıktan itibaren içe doğru daralan yaklaşık 10 m uzunluğunda bir dar sokak bulunmaktadır. Payandalı çevre duvarının korunan yükseklik ölçüleri 0,2 m ile 0,75 m arasında değişmektedir.

Sektör 2'de Gülpınar III evresine ait yerleşime ait tam plan veren mekânların yaşam alanı olarak kullanıldığı söylenebilir. Gülpınar III evresi yerleşimine ait yapıların içlerinde en sık karşılaşılan mimari döşemler arasında işlevi tam olarak anlaşılamayan sekiler önemli yer tutar. Bir önceki Gülpınar II yerleşimi yapıları içlerinde karşılaşmadığımızı bu döşem yeni bir unsur ve anlayış olarak karşımıza çıkar. Bu yapılarda ayrıca maalesef yürüme yüzeyleri veya tabanları tespit etmek mümkün olmamıştır. Sadece pişirme yapılan fırın veya ocak çevrelerinde meydana gelen sertleşmeden dolayı yürüme yüzeyi seviyesi konusunda bilgilere ulaşıldığı durumlar olmuştur. Bazı yapıların iç kısımlarında toprak yüzey üzerinde gözlemlenen negatif izler yapıların zeminlerin hasırla kaplanmış olabileceğini düşündürmektedir.

Çanak çömlek teknolojisi açısından Gülpınar II ve Gülpınar III evresi arasında belirgin devamlılık ve kesintiler birlikte izlenebilmektedir. Çanak çömlekçiliği üretim teknolojisinde ve kapların şekillendirilmesinde ile mal gruplarında önemli bir değişiklik görülmemektedir. Fakat Gülpınar II ve Gülpınar III evreleri arasındaki en büyük fark Gülpınar III evresinde yarı-kaba malların oranında bir artışın gözlenmesidir. Örneğin Gülpınar III çanak çömlek repertuarında sayıca büyük çoğunluğu ağız kısmı dışa dönük büyük boy çanaklar, karından veya boyundan kulplu dik ve içbükey boyunlu büyük çömlekler, tüm yüzeyi delikli süzgeç veya kevgir olarak bilinen çanaklar, ağız kenarı altında tek sıra deliğe sahip peynir kapları (*cheesepot*) olarak bilinen sığ kap-

Şekil 2.17
Sektör 3, Gülpınar IIIc mezar hediyeleri: (1) Basit/düz ağız kenarlı çanak (Mezar 1); (2) düz ağız kenarlı çanak (Mezar 2); (3) yüksek halka kaideli çanak (Mezar 3); (4) sepet kulplu çanak (Mezar 3) *(© GKP)*.

Şekil 2.18
Gülpınar III evresine ait kadın kil heykelcik parçaları *(© GKP).*

lar, açık ağızlı ve ağız kenarında ya da gövde üzerine yerleştirilen kabartma şeritler üzerinde parmak baskı bezemeli içe dönük ağızlı derin büyük çanaklar önemli yer tutar. Bunların yanı sıra, dışa dönük ve geniş ağızlı çanakların ağız kenarı altında veya gövde üzerinde bulunan yatay, dikey ve yarım daire şeklindeki kalın şeritler halinde kabartma bezemesinin yer aldığı çanaklarda yarı kaba mallar arasında dikkat çeker. Bunların yanı sıra Gülpınar III yarı kaba malları arasında çerisinde çok sayıda 0,8 m'ye kadar yüksekliğe sahip geniş boyunlu depolama amaçlı çömlekler ve ağız kenarında karşılıklı iki yatay kulpu bulunan 0,45 m'ye kadar çapa sahip çanaklarda bu evrede önemli sayıda ele geçmiştir.

Gülpınar III evresinde çanak çömlek repertuarında yeni formların ortaya çıktığı da söylenebilir (Şek.2.17). Ayrıca birçok küçük buluntu gruplarına yeni tiplerin eklenmesinin yanı sıra birçoğunun Gülpınar III evresinde bir değişikliğe uğramadan kullanıldığı anlaşılmaktadır. Gülpınar yerleşiminin Gülpınar III evresinin kaliteli malları arasında yer alan, pencere ayaklı çanaklar, içe dönük düz ağızlı ve perdah bezemesiz çanaklar, içe dönük düz ağızlı ve kazıma bezemesiz çanaklar, içe dönük düz ağızlı ve boya bezemeli çanaklar, boynuz kulplu çanaklar, ağız kenarından yükseltilmiş burgu biçimli sepet kulp, küçük düğme şeklinde veya yumru biçiminde bezemeye sahip sepet kulp, kazıma bezemeli sepet kulp, kabartma bezemeli kulp, yarı delinmiş tutamak ve çıkıntı tutamaklarında bu evre boyunca kullanımının bazı değişikliklerle devam ettiği anlaşılmaktadır. Çanak çömlek topluğunu içerisinde iyi kaliteli içe dönük ağızlı çömlekler, kısa dik boyunlu çömlekler ve içe dönük gövdeli açık ağızlı çömlekler hâkimdir. Kazıma bezemeli dört ayaklı kâseler Gülpınar III evresinde kaybolurken perdah bezeme ve boya bezeme geleneğinin Gülpınar III evresinde kullanılmaya devam ettiği görülmektedir

Çanak çömlek teknolojisi dışında kil heykelcik yapımı ve kullanımında da Gülpınar III evresinde bazı değişimler gözlemlenebilmektedir (detaylı bilgi için bkz. Takaoğlu ve Nanoglou 2021). Gülpınar III kil heykelcikleri içinde özellikle iki örnek dikkat çekmektedir. Her iki örnekte kollar dirsekten kırılmış ve eller göğüs altında veya göğüs üzerinde birleştirilmiştir. Bu örneklerin büyük olasılıkla bir iple boyun kısmından veya mekân içinde kutsal sayılan bir yere asılması için her iki omuz hizasından delikler açılması gibi ortak özelliklere sahiptir. Bu örneklerden birincisi (Şek.2.18.1), pişmiş topraktan yapılmış, gözler kazınarak dairesel formda ve merkezine nokta koyularak göz bebeği de belirtilmiştir. Kaşlar kazıma ile kavisli betimlenmiştir. Burun ve kulaklar kabartma olarak gösterilmiş ve kulaklarda küpe deliği bulunmaktadır. Eller belirgin bir şekilde ve kazıma çizgilerle betimlenmiştir. Başın üst kısmında, kazıma ile üç sıra kesişen paralel çizgiler ve bu çizgiler arkaya doğru işlenerek, taç veya şapka gibi betimlenmeye çalışılmıştır. İkinci kadın kil heykelcik parçası ise "sokma başlı" ("acrolithic") kategorisine girer. Bu örnekte omuzları arasındaki boşluğa taşınabilir başlar yerleştirilmektedir (Şek.2.18.2). Heykelciğin bel kısmının altında yatay ve dikey kazıma çizgilerle, dirsekten kırılmış olan kolların üst kısmında yer alan kazıma çizgiler elbise izlenimi vermektedir. Benzer çizgiler arka kısımda da yer almaktadır. Göğüsler kabartma olarak belirtilmiştir (Takaoğlu 2015: 160-161).

Birisi "naturalistik" üslupta değerlendirilebilecek bu iki örneğin dışında kolların dirsekten kırılmış olan "şematik" kadın heykelcikleri de bulunmaktadır. Bunlardan biri düz bir gövdeye sahip, boyundan yukarısı ve belden aşağısı kırık olan sadece gövde kısmı ele geçmiş pişmiş toprak kadın heykelciğidir. Kollar her iki yandan dirsekten bükülmüş çıkıntı şeklinde betimlenmiştir. Diğer örnek ise boyundan yukarısı ve gövdenin alt kısmından itibaren kırık olan, düz gövdeli pişmiş toprak kadın heykelciğidir. Bu şematik düz gövdeli heykelcik parçasının kolları yana yarım açık bir şekilde bir çıkıntı şeklinde ifade edilmiştir (Takaoğlu 2015:161).

Bu açılardan Gülpınar II ve Gülpınar III evreleri arasında kil heykelcik kullanımı açısından farklılıklar ve değişimler oluştuğu söylenebilir. Özellikle Gülpınar II evresine ait kült kaplarının parçası olduğu düşünülen ağzı betimlenmemiş baş parçalarının Gülpınar III evresinde yok olduğu ve zoomorfik biçimli tutamaklara sahip çanakların kullanımının da bittiği görülmektedir. Gülpınar evresinde daha önce rastlanılmayan yeni bir heykelcik geleneği oluşmuş gibidir.

Gülpınar III evresi sürtme taş alet endüstrisinde bir önceki Gülpınar II evresine göre önemli oranda yenilikler, değişimler ve nicel olarak artışlar gözlemlenmektedir. Bunların yanı sıra taş alet endüstrisinde önemli ölçüde bir değişiklik görünmemektedir. Gülpınar II evresinde görülen sürtme taş alet tiplerine ek olarak bazı yeni taş aletlerin ortaya çıktığı görülmektedir. Gülpınar III evresinin en önemli buluntuları arasında, prestij nesnesi olarak kullanılan ve MÖ 5. bin yıl ortalarında Batı Anadolu ve Ege dünyasında geniş bir dağılım ağına sahip mermer kaplar oldukça dikkat çeker.

Gülpınar III evresinde öğütücü aletlerden alt ve üst öğütme taşı, el taşı, havan ve havaneli, kesici sürtme taş aletlerden balta, keser ve keski ve parlatıcı sürtme taş aletlerden perdah taşı önemli sayıda ele geçmiştir (bkz. Bamyacı 2017). Ayrıca vurgu taşı, ağırlıklar, mermer kaplar, prestij/süs obje ve aletleri ve diğer objelerde görülmektedir (Bamyacı 2018). Sürtme taş aletlerin büyük bir çoğunluğunu alt ve üstte kullanılan öğütme taşları ve el taşları oluşturmaktadır (Bamyacı 2017). Öğütme taşlarının kullanımında Gülpınar II ve Gülpınar III arasında herhangi bir değişiklik olmadığı görünmektedir. Yerleşimin baskın öğütme taşı tipini, en büyüğü 0,35 m boyutlarında olan oval tipli küçük öğütme taşları oluşturmaktadır (Şek.2.19.1). Oval tipli öğütme taşlarını eliptik, dörtgen, düzensiz ve geniş alt öğütme taşları takip etmektedir. Geniş öğütme taşlarının yüzeyleri kullanımdan dolayı aşınmakta ve yüzey genişlikleri 0,45-0,60 m arası değişmektedir. Yerleşimde bu tür örneklere sayıca fazla

1 2

Şekil 2.19
Gülpınar III, besin hazırlama aşamasında kullanılan ve yerel andezitten yapılmış Öğütme taşı ve el taşı (1), havan ve havaneli (2) *(© GKP)*.

1 2 3 4 5

Şekil 2.20
Gülpınar III, balık ağı ağırlığı veya tezgâh ağırlığı olarak kullanılan taş aletler *(© GKP)*.

1 2 3 4 5 6

Şekil 2.21
Gülpınar III'e ait kesici taş aletler *(© GKP)*.

rastlanması yerleşimin geçim ekonomisinde tahıl üretiminin ne kadar önemli rol aldığını göstermektedir. Bunlarla birlikte çeşitli boyutlarda el taşları da bulunmuştur. El taşları küçük boyutlu olmalarına rağmen öğütücü taşlar içinde en yaygın tipi oluşturmaktadır. Kullanım yüzeyleri dışbükey olan ve tek elle kullanıma uygun küçük ebatlardaki el taşları, muhtemelen büyük alt öğütme taşlarının üzerinde kullanılıyor olmalıydı. Bazı örneklerinin yüzeyleri düzeltilmiş olsa da dikdörtgen ve yamuk şeklinde olanları da vardır. Yerleşimde yerel andezit taşından üretilmiş havan ve havaneli kullanımı da oldukça yaygındır (Şek.2.19.2). Havanlar veya ortası oyulmuş taşlar genellikle tuz, baharat, tohum ve farklı birçok bitkiyi havaneli yardımıyla öğütüp toz haline getirmeyi sağlayan çok fonksiyonlu aletlerdir. Hem öğütme ve el taşları hem de havan ve havaneli gibi sürtme taş aletler yerleşim içinde ağırlıklı olarak ya besin hazırlama alanlarında birer seki üzeri veya yanında ya da ocak veya fırın yine besin hazırlama ile bağlantılı döşemler yanında kayıt altına alınmıştır. Hatta bir ilgi çekici örnek de öğütme taşlarının odanın bir köşesinde istiflenmiş şekilde kullanılmadığı zamanlar toplu olarak nasıl muhafaza edildiğini gösterir.

Gülpınar III evresiyle beraber sürtme taş repertuarına giren bir alet tipi yivli ağırlıklardır (Bamyacı 2018). Kendi içinde farklılıklar gösteren bu yivli ağırlıkların en tipik örneği kahve çekirdeği biçiminde olanıdır (Şek. 2.20.1-3). B örnekler genel olarak aynı ölçüdeler ve ortalama 0,12 m uzunluğa sahiptirler. İkinci yaygın yivli ağırlık tipi de hem boyuna hem enine yivlendirilmiş olan örneklerdir (Şek.2.20.4-5). Taşların üzerindeki derin yivler, ağırlık veya ağ için kullanılan aletler olarak tasarlandığını düşündürmektedir. Bu yivli ağırlıklardan dört tanesi E Yapısı içerisinde bulunması üzerinde durulması gereken bir durumdur. Bu aletler üzerinde yer alan çentikler veya yivler onların balık ağı ağırlığı olarak kullanılmış olabileceğini veya dokuma tezgâhlarında çözgü ipliklerinin asılı bir şekilde sabit kalmasının sağlanması için ipliklerin an alt kısımlarına bağlanılarak kullanılan ağırlık olabileceklerini düşündürür (Bamyacı 2018: 20-24).

Gülpınar'da yaklaşık yüz adet kesici sürtme taş alet kategorisine giren balta, keser ve keski ele geçmiştir (Şek.2.21). Bu aletlerin hammaddelerinin çoğunlukla yerel kaynaklardan olduğu anlaşılmıştır. Bu kesici sürtme taş aletleri gabro, nefrit, serpantin gibi yerel metamorfik kayaçlardan üretilmiştirler. Bunlar arasında sadece "*greenstone*" olarak kabul edilen eksici sürtme taş alet örneklerin ithal olabileceği söylenebilir. Gülpınar kesici sürtme taş alet topluluğunun büyük çoğunluğunu baltalar oluşturmaktadır. Gülpınar II ve Gülpınar III arasında Kesici sürtme taş aletler sınıfında baltalar ve keserlerde de belirgin bir değişim gözlemlenmektedir. Balta grubunda oval ve dörtgen formlu örneklerin Gülpınar II ve III Evresinde birbirine yakın oranlarda olduğu görülürken üçgen formlu örneklerin Gülpınar III Evresinde ciddi bir artış gösterdiği görülmektedir. Üçgen formlardaki artış eğilimine benzer bir durum keser grubunda da gözlemlenebilmektedir.

Gülpınar III evresi yerleşimin en önemli özelliği kültürel etkileşim ve ticaret açısından artık yönünü Ege dünyasına doğru çevirmesidir. Bu açıdan Gülpınar III yerleşimi daha çok Trakya-Balkan bağlantıları sergileyen bir önceki Gülpınar II yerleşiminden büyük ölçüde ayrılmaktadır. Bu süreçte Gülpınar III insanlarının materyal kültür öğeleriyle çağdaşı Ege adaları yerleşimleri materyal kültür öğeleri arasında gözlemlenen benzerliklerde artışlar ortaya çıkmaya başlar. Kuzeybatı Anadolu'nun her yöne açık ve çok yönlü olan iletişim ağların ortasında yer alması sebebiyle bünyesinde farklı coğrafyalardan nesnelerle karşılaşılabilmektedir. Örneğin Gülpınar III evresinde Ege Adaları'ndan Melos kökenli obsidyen objelerin sayısında bir artış görülmektedir. Bu evre de Melos Adası dışında Orta Anadolu'da yer alan Göllüdağ ve Nenezi kökenli obsidyen aletler de ele geçmiştir. Gülpınar II yerleşiminde obsidyen çekirdek ele geçmemesi, üretimi tamamlanmış aletlerin mal transferi yoluyla mevcut iletişim ağı içerisinde yerleşime getirildiğine işaret etmektedir.

Benzer bir şekilde Kuzeybatı Anadolu kökenli olmayan yedi adet mermer kaba ait parçanın Gülpınar III yerleşiminde ele geçmesi yerleşimin dönemin iletişim ağları içinde yerini göstermesi açısından önemlidir. Gülpınar III evresinde mermer kaplar konik rhyton ve kâse olmak üzere iki farklı tipte görülür. Bu mermer kaplardan bir tanesinin Roma Dönemi'nde kısmen tahrip edilene Mezar 3 yakınından ele geçmesi dikkat çekicidir. Bu konik mermer rhyton parçası muhtemelen ölü hediyesi olmalıydı. C yapısı kalıntıları arasında ele geçen bir tüme yakın kâse ise çok yakın benzerini Kumtepe A'da mezar R1 içinde iskeletin çenesi yanına yerleştirilmiş olarak bulunması (Sperling 1976: 11). Açısından dikkat çekicidir. Söz konusu Kumtepe örneği mermer kâselerin nasıl ve ne amaçla kullanıldıkları konusunda değerlendirme yapmak için bir ipucu sunar.

Bu mermer kaplar üretim ve taşıma maliyeti yüzünden sadece varlıklı kişilerin ulaşabileceği sembolik ve sosyal değeri olan önemli bir prestij nesneleridir. Konik mermer rhyton, Batı Anadolu ve Ege'de MÖ beşinci binyıl ortalarının en belirgin özelliklerinden biridir (Takaoğlu ve Bamyacı 2018). Gülpınar'ın yanı sıra Kuzeybatı Anadolu'da Troas bölgesi yerleşimlerinden Kumtepe, Beşik-Sivritepe ve Bozköy-Hanaytepe, aynı zamanda Batı Anadolu hinterlandı içerisinde Demircihöyük'te konik mermer rhyton parçaları ele geçmiştir. Mermer kapların en belirgin özelliklerinden biri olan dışa dönük kâse tipi; İzmir bölgesinde Limantepe, İzmir bölgesinin güneyinde Menderes nehri yakınlarında Çine-Tepecik, Manisa-Akhisar bölgesinde Dağdere'de tespit edilmiştir. Sivri dipli mermer Rhyton ise Ege Adalarından Keos'da Kephala, Samos'da Tigani, Lemnos'da Koukonesi ve Naxos yerleşiminde yaygın olarak tespit edilmiştir (Takaoğlu 2015: 163). Orta Batı Anadolu'da yüzey buluntularıyla temsil edilen Kulaksızlar mermer atölyesinde, çok sayıda konik mermer rhyton'un bütün üretim aşamalarını gösteren gövde parçaları tespit edilmiştir. Bunun yanı sıra rhyton üretimi sırasında kullanılan aletlerinde ele geçtiği şimdiye kadar tespit edilen tek yer olmuştur (Takaoğlu 2015: 164).

Mermer ve obsidyen dışında Gülpınar III yerleşimi materyal kültür öğeleri arasında egzotik olabilecek üçüncü grubu "*greenstone*" olarak adlandırılan sürtme taş aletler alır. Bu nesneler de büyük olasılıkla Ege adaları kökenli olarak görülmektedir.

Gülpınar'a mermer, obsidyen ve "greenstone" sürtme taş aletler gibi ham madde kaynağı Kuzeybatı Anadolu bölgesinde rastlanmayan egzotik nesnelerin yerleşime dışarıdan geldiği net bir bilgi olarak söylenebilir. Bu tür buluntular Orta Kalkolitik Dönem'de Gülpınar'ın geniş çaplı uzun mesafeli bir değiş-tokuş mekânizmasına işaret eden bir iletişim ağı içinde olduğunu kanıtlar. Kalkolitik Dönem'in kendine özgü materyal kültür özelliklerinin gerek bölgelerarası gerekse yerleşimler arası dağılımı veya yayılımı, tek yönlü veya çok yönlü iletişim ağlarıyla açıklanabilmektedir.

Geçim ekonomisi açısından bakıldığında Gülpınar II evresinde evcil ve yabani hayvanlardan faydalanılmaya devam edildiği görülmektedir. Hayvan popülasyonu hakkında edinilen bilgiler Gülpınar III yerleşimin hayvan besiciliğinin önemli bir bölümünü Koyun/keçi (*Ovis/Capra*), sığır (*Bos Taurus*) ve domuz (*Sus domesticus*) gibi çiftlik hayvanları oluşturduğu görülmeketdir. Sadece Koyun/keçi (*Ovis/Capra*) kullanımında bir önceki evreye göre artış gözlemlenmiştir. Bununla birlikte yabani hayvanların avlanmasının bir önceki döneme göre artış gösterdiği de gözlemlenmiştir. Hayvan kemiklerinin analizi Gülpınar III insanlarının yaban keçisi *(Capra aegagrus aegagrus* ve *Capra aegagrus f. hircus)*, yaban koyunu (*Ovis ammon musimon)*, yaban domuzu (*Sus scrofa),* aynı zamanda alageyik (*Dama dama*), ve az oranda da karacası (*Capreolus capreolus*) ve tavşan (*Lepus copensis)* gibi yabani hayvanları avlamaya devam etti*ğini göstermektedir (Pişkin ve Takaoğlu 2020*).

Gülpınar III evresinde az sayıda ele geçen karbonlaşmış tahıl ve tohum arasında tespit edilen bitki kalıntıları içerisinde yine einkorn buğdayı (*Triticum monoccocum*) ve emmer buğdayı (*Triticum dicoccum*) yanı sıra az sayıda kabuksuz buğday (*Triti-*

cum aestivum) ve arpa (*Hordeum vulgare*) gibi tahıl kalıntıları öne çıkar. Gülpınar III evresinde baklagiller içerisinde ise, burçak (*Vicia ervilia*) önemli bir paya sahipken mercimek (*Lens culinaris*) ve bezelye birkaç örnekle temsil edilmeye devam eder (Takaoğlu 2015: 155).

Benzer şekilde yerleşimde besin maddesi olarak kullanılan yumuşakça türleri arasında: Bivalvia sınıfına ait yumuşakçalardan; *Ensis ensis, Cerastoderma glaucum, Ostrea edulis, Mytilus galloprovincialis, Ruditapes decussatus, Spondylus gaederopus, Glycymeris glycymeris* en yaygın türleri ve Gastrapoda sınıfına ait yumuşakçalardan; *Patella rustica, Hexaplex trunculus, Murex brandaris, Patella coerulae, Thais haemastoma* gibi yumuşakçalar Gülpınar yerleşiminde bulunan sığ sulardan besin amaçlı olarak temin edilmeye devam edilmiştir.

2.3. TERK EDİLİŞ

Gülpınar kazıları sırasında Orta Kalkolitik yerleşimin terk ediliş süreci konusunda da bir takım bilgiler elde edilmiştir. Söz konusu terk ediliş süreci veya yerleşimin kapanışı ile ilgili bilgiler özellikle IIIc alt evresini temsil eden yedi adet mezar ortaya çıkarılmıştır. Bu mezarlardan dört tanesi Sektör 1'de, üç tanesi ise Sektör 3'de yer almaktadır. Bu mezarların hepsi basit toprağın içerisinde dizleri karına çekilmiş şekilde yatırılmıştır. Bu mezarlardan Mezar 1, Mezar 2 ve Mezar 3 hediyeleriyle birlikte ele geçmiş ve en iyi korunmuş örneklerdir (Takaoğlu 2015: 157). Bu mezarlardan Sektör 1 de ele geçenler Gülpınar IIIc alt evresi iskânının son aşamalarını temsil eden dört adet mezar (Mezar 4-7) çoğunlukla bir önceki Gülpınar II evresi yerleşimi duvarlarının üzerinde veya duvarları kenarında bulunmuştur. Bununla birlikte Sektör 3 içinde ortaya çıkarılan üç adet mezar (Mezar 1-3) genelde Gülpınar IIIb alt evresi duvarları kenarında gün ışığına çıkarılmıştır.

Örneğin Sektör 3 içinde bulunan Mezar 1'de ölen birey IIIb evresi yapılarına ait duvarın üzerine sol tarafına doğru yerleştirilmiştir. Bireyin dizlerin kırılarak karın bölgesine doğru çekme ("anne karnında") pozisyonunda kollar dirsekten kırılarak vücudun önünde eller baş hizasına gelecek şekilde konumlandırılmıştır (Şek.2.22).

Şekil 2.22
Gülpınar IIIc, Sektör 3, yarı hocker şeklinde, ayak uçlarına ölü hediyesi olarak kap yerleştirilen Mezar 1 (solda) ve Mezar 2 (sağda) *(© GKP)*.

Mezar 2 ise Mezar 1'in aksine IIIb evresi duvar yapıları arasında kalan toprağın içerisine sağ tarafına doğru, fakat Mezar 1 ile aynı özellikte yerleştirilmiştir. Her iki Mezar 1 ve Mezar 2'de bireylerin ayak uçlarına ölü hediyesi olarak özenle çapları 0,2 m olan çanaklar yerleştirilmiştir. Mezarlardaki bu uygulamanın inanç sistemi bağlantılı olduğu ve ölümden sonraki yaşamla ilişkili olduğu düşünülmektedir. Çanakların yanı sıra birkaç taş eser ve obsidyen delginin de, ölü hediyesi olarak bu önemli mezarlara bırakıldığı tespit edilmiştir. Mezar 1 ve Mezar 2 de ele geçen çömleklerin benzerliğinden yola çıkılarak, her iki mezarın da çağdaş dönemlerde gömüldükleri ileri sürülebilir (Takaoğlu 2015: 158). Her iki iskeletin yatırılışında yön birliği olmamasına rağmen birisi sağ diğer sol omuz üzerine yatırıldığından yüzleri doğu yönüne bakar. Her iki mezarın ortak özellikleri arasında basitçe derin olmayan bir çukur içinde ya da erken evrenin duvarı üzerine yatırılmasıdır.

Mezar 3 içinde ölünün yine dizlerin kırılarak karın bölgesine doğru çekildiği ve kollar dirsekten kırılarak vücudun önünde eller baş hizasına gelecek şekilde sol tarafına doğru yerleştirildiği anlaşılmaktadır. Mezar 3'ün Roma Dönemi'nde tahribata uğramasına rağmen, iskeletin baş hizasında yarısından fazlası korunmuş şekilde yüksek halka kaideli bir çanak ele geçmiştir. Ölünün göğüs hizasında ise yarısı korunmuş olan ağız kenarından yükselen sepet kulplu derin çanak ele geçmiştir. Bu kapların ölü hediyesi olarak bilinçli bir şekilde mezara yerleştirildi rahatlıkla söylenebilir. Sektör 1 içinde belirlenen dört adet mezar içinde de ölülerin yine ayakların dizlerden kırılarak karın bölgesine doğru çekildiği ve kollar dirsekten kırılarak vücudun önünde eller baş hizasına gelecek şekilde düzenlenerek yatırıldığı görülmektedir. Fakat bu dört mezarın gerek Roma Dönemi'ndeki yoğun faaliyetlerden dolayı, gerekse kendi dönemi içerisinde tahribata uğradıklarından dolayı, henüz tanımlanabilecek mezar hediyeleri bulunmamaktadır.

Ölü gömme ile ilgili bu veriler Gülpınar IIIc evresinde terk edilmiş veya kullanım dışı kalmış bazı binaların mezarlık alanı olarak kullanılmaya başladığı görülmektedir. Gülpınar II evresine ait olabilecek mezarlar maalesef ele geçmemiştir. Prehistorik Gülpınar yerleşiminden mezarlarından elde edilen kanıtlar, Batı Anadolu ve Troas bölgesinin MÖ 5. binyılın ilk yarısındaki ölü gömme gelenekleri hakkındaki bilgilerimiz artırmaktadır. Gülpınar'dan önce Kumtepe A'da yapılan çalışmalarda; sadece bir mezar Trench U içinde ve iki mezar da Trench R içinde tespit edilmiştir (Sperling 1976: 311, 326). Kumtepe'de ele geçen bu üç mezarda yetişkin kadına ait olduğu anlaşılmıştır. Gülpınar'daki mezarlardan ele geçen insan iskeletleri üzerine yapılan yaş, cinsiyet ve hastalık gibi konulardaki analizleri detaylı bir şekilde analiz edilmiştir. Bu çalışmalar Mezar 1 ve Mezar 2 de bulunan iki adet yetişkin bireylerin dişilere ve geriye kalan Mezar 3-7 de buluna yetişkin bireylerin ise erkeklere ait olduğunu göstermiştir (Erdal ve Takaoğlu 2021).

2.4. BÖLÜM SONU DEĞERLENDİRMESİ

Gülpınar yerleşiminde bulunan Erken Kalkolitik 2 Dönemi'ne ait Gülpınar II ve Orta Kalkolitik Dönem'e ait Gülpınar III yerleşimlerinde ele geçen materyal öğelerinin incelenmesi sonucunda her iki dönem kültürün özellikleri konusunda bazı değerlendirmeler yapılabilir. Batı Anadolu arkeolojisi özelinde bakıldığında Geç Neolitik Dönem'in sona erdiği MÖ 5700/5600 tarihleri ardından ortaya çıkan ve yaklaşık MÖ 4900 tarihine kadar sürdüğü kabul edilebilecek Erken Kalkolitik ilk yarısına ait Erken Kalkolitik 1 (MÖ 5700/5600-5300) hakkında Gülpınar kazıları bu aşamada ciddi arkeolojik veriler sunmamaktadır. Bu konuda yalnızca Ulucak III (MÖ 5670-5470) ve Uğurlu III (MÖ 5500-5300) evrelerinde bazı bilgilere sahibiz. Fakat Gülpınar II evresi ile birlikte Erken Kalkolitik 2 (MÖ 5300-4900) hakkında bazı değerlendirmeler yapmak mümkündür. Bu kültürün ilk bakışta Trakya-Balkan coğrafyasından başlayıp Orta Karadeniz ve Orta Anadolu bölgelerine kadar uzanan geniş bir alanı kapsayan bir kültürel oluşum bölgesine ait olduğu rahatlıkla söylenebilir. Erken Kalkolitik kültürün Batı Anadolu'da nasıl ortaya çıktığı konusu ise ancak yeni bulgular olunca söylenebilecektir. Gülpınar da gözlemlenen yatay tabakalaşma bu kültüre ait izleri net bir şekilde ortaya koymaya engel olmuştur. Fakat bu kültürün tanımlanmasında Gülpınar'ın ileride yapılacak kazılarda önemli bir rol oynayabileceği söylenebilir.

Orta Kalkolitik Dönem'e ait Gülpınar III yerleşmesi ise materyal kültür öğeleri açısından daha çok Ege dünyası ile iç içe geçmiş durumdadır. Benzerlikler özellikle çanak çömlek açısından çok belirgindir. MÖ 4900 civarı yaşanan bir kültürel kırılma ile Batı Anadolu Orta Kalkolitik toplumlarının bir nevi yüzünü Ege dünyasına dönmeye başladığı, belki de iletişim ağları gelişerek ticareti artırma yoluna gitmeye başladığı düşünülebilir. Batı Anadolu'da son on yıla kadar tabakalanması güvenilir olan ve materyal kültür öğeleri arasındaki çok yakın benzerlikler dikkate alınan kazılardan Uğurlu II (MÖ 4500-4350), Limantepe VIII (MÖ 4600-4200) yerleşimlerindeki güvenilir radyokarbon tarihleri özellikle Gülpınar IIIc alt evresi radyokarbon tarihleri ile uyuşmaktadır. Gülpınar III yerleşmesinin en önemli özelliği bu bağlamda Orta Kalkolitik Dönem'de yerleşim mantığı, mimari ve mekân kullanımı konusunda ilk kez kapsamlı bilgiler sunması ve kendisinden önce gelen Erken Kalkolitik Dönem ile olan bağlantıların boyutlarını göstermesidir.

BÖLÜM III

KALKOLİTİK GÜLPINAR II VE GÜLPINAR III YERLEŞİMLERİ MİMARİSİ VE MEKÂN KULLANIMI

Prehistorik Gülpınar arkeolojik kazıları başta kamulaştırmadan kaynaklı bir sorun olmak üzere çeşitli nedenlerden dolayı Sektör 1, Sektör 2, Sektör 3 olarak adlandırılan 3 farklı alanda yoğunlaşmak durumunda kalmıştır. Prehistorik kültür katmanları yaklaşık 1,2 hektar (12 dönüm) gibi geniş bir alana yayıldığı kazı ve sondaj çalışmaları sonucu belirlenmiştir (Şek.3.1). Prehistorik yerleşim kalıntıları genelde yürüme yüzeyinden 0,5 m ile 2,2 m arası değişen derinliklerde karşımıza çıkmaktadır. Yerleşim alanı, doğu-batı uzantılı ve batısında yaklaşık kuş uçuşu 2,5 km uzaklıktaki denize uzanan eski bir vadi tabanı içerisinde yer almaktadır (Şek.3.2-3). Denizden ortalama yüksekliği 60 m olan yerleşim yapılarının bulunduğu alanın topografyası, genelde düze yakın bir özelliğe sahiptir ve yalnızca doğuya doğru bir eğim göstermektedir. Gülpınar yerleşmesinde yapılan kazı çalışmalar sonucunda, Prehistorik dönemleri içeren, Geç Neolitik Dönem'e tarihlendirilen ve Gülpınar I evresi, ayrıca radyokarbon tarihlemeleri sonucunda Erken Kalkolitik 2 Dönem'e tarihlenen Gülpınar II ile Orta Kalkolitik Dönem'e ait Gülpınar III evrelerine ait kültür katmanları tespit edilmiştir. Yerleşim ana kaya üzerine oturan bir taban üzerinde yaklaşık 0,3 m ile 1,2 m arası değişen kalınlıkta kültür katmanları ile temsil edilmektedir. Gülpınar III evresi mimari açıdan kendi içinde IIIa, IIIb ve IIIc olmak üzere üç yapı evresine sahip olduğu anlaşılmıştır. Yerleşimde 2004 ve 2014 yılları arasında 11 kazı sezonu boyunca, Sektör 1, Sektör 2, Sektör 3 olarak adlandırılan 3 farklı alanda sürdürülen kazı çalışmaları sonucunda toplam 1400 m^2 alan kazılmıştır.

Sektör 1'de prehistorik döneme ait Gülpınar I, Gülpınar II ve Gülpınar III (IIIa, IIIb, IIIc) kültür katlarının yanı sıra Roma Dönemi'ne ait de mimari kalıntılar ele geçmiştir (Şek.3.4-5). Sektör bünyesinde Geç Neolitik Dönem'e tarihlenen Gülpınar I kültür katına ait mimari kalıntılar, belirgin bir plan vermeyen birkaç duvar kalıntısı ile temsil edilmektedir.

Şekil 3.1
Prehistorik Gülpınar yerleşimi Sektörlerin genel planı ve yapı katları *(© GKP)*.

Sektör 1'in kuzeyinde ele geçen kalıntılar Kalkolitik Dönem yerleşimcileri tarafından tesviye edilerek düzleştirilmiş olduğundan, şimdiye kadar yapılan çalışmalarda bu döneme ait orijinal kontekst bulunamamıştır. Bu evrenin üzerine sırasıyla gelen Erken Kalkolitik 2 Dönem'e tarihlenen Gülpınar II ve Orta Kalkolitik Dönem'e tarihlenen Gülpınar III evrelerine ait, birbirine bitişik nizamlı inşa edilmiş, daha çok dörtgen ve

Şekil 3.2
Gülpınar (Smintheion) Kutsal Alanı, Prehistorik yerleşim ve Gülpınar Vadisinin görünümü *(© GKP)*.

Şekil 3.3
Gülpınar köyü, Prehistorik yerleşim ve Tuzla Ovasının görünümü*(© GKP)*.

dikdörtgen planlı, tam plan veren ve çift sıra taştan kuru duvar tekniğinde örülmüş odalardan oluşan yapıların kullanıldığı anlaşılmıştır. Her iki evrede de oda içi ortalama metrekarelere ve planlara bakıldığında, aynı biçim ve boyutta odalara çok az rastlanır. Yerleşmedeki yapıları oluşturan odalar birbirine eklenerek çoğaltıldığı için belirli bir standartlaşmış yapı ve oda plan tipinden söz etmek mümkün değildir. Yapıların içinde ve dışındaki alanlarda ocak, fırın, seki, direk altlığı gibi mimari döşemlerin yanı sıra çok sayıda materyal kültür öğesi bulunmuştur.

Mimari yapıların olmadığı üstü açık alanlarda deniz kabuğu yığınları, ocaklar ve küçük buluntular, öğütme, pişirme ve üretim gibi günlük aktivitelerin üstü açık olan besin hazırlama alanlarında da gerçekleştirildiğini göstermektedir. Topluluğun çeşitli aktivitelerini farklı hane sakinleriyle birlikte mekân içlerinden ziyade, besin hazırlama alanlarında gerçekleştirdiği düşünülmektedir.

Gülpınar III evresinde toplam yedi adet mezar ortaya çıkarılmıştır. Bu mezarlardan dört tanesi Sektör 1'in kuzeybatısında ve geriye kalan üç tanesi Sektör 3'de yer almak-

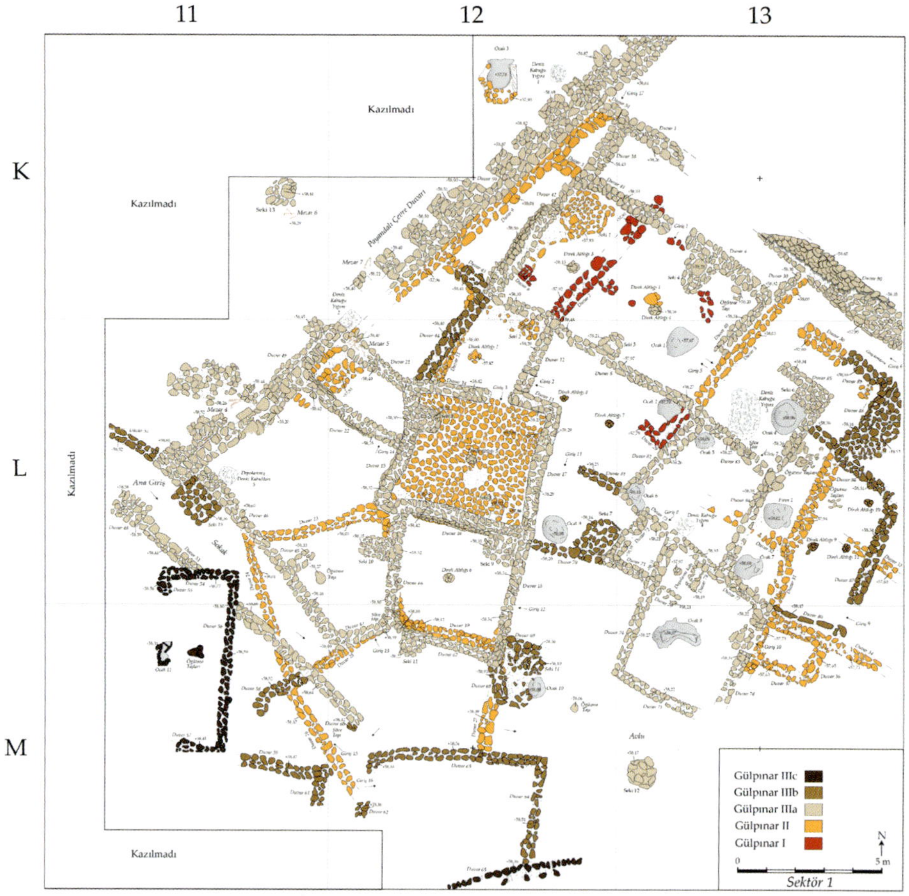

Şekil 3.4
Prehistorik Gülpınar yerleşimi Sektör 1 genel planı ve yapı katları *(© GKP)*.

Şekil 3.5
Gülpınar yerleşimi Sektör 1 batıdan görünüm *(© GKP)*.

tadır. İnsan iskeletleri üzerinde yapılan çalışmalar sonucunda Sektör 1 de bulunan Mezar 4, Mezar 5, Mezar 6 ve Mezar 7 olarak adlandırılan iskeletlerin yetişkin erkek bireylere ait olduğu anlaşılmıştır.

Şekil 3.6
Prehistorik Gülpınar yerleşimi Sektör 2 genel planı ve yapı katları *(© GKP)*.

Sektör 1'in kuzeydoğusunda Roma Dönemi'ne tarihlenen ve işlevi tespit edilemeyen, temelleri yaklaşık -2 m derinliğe kadar inen ve üzerinde büyük taş blokların yer aldığı duvarlara sahip bir yapı açığa çıkartılmıştır. Bu yapının temeli ve duvarı yürüme yüzeyinden -2.50 m seviyesindeki ana kayaya kadar devam ettiği ve kapladığı alandaki tüm prehistorik tabakaları tahrip ettiği tespit edilmiştir.

Sektör 2'de (Şek.3.6), prehistorik döneme ait Gülpınar II ve III (IIIa ve IIIb) kültür katlarının yanı sıra Roma Dönemi'ne ve Erken-Orta Bizans Dönemi'ne ait de mimari kalıntılar ele geçmiştir (Şek.3.7-8). Bu sektörde daha çok Roma ve Erken-Orta Bizans

Şekil 3.7
Prehistorik yerleşimin 2004 yılı kazı öncesi görünümü *(© GKP)*.

Şekil 3.8
2004 yılı, Geç dönem kalıntıları altında tespit edilen Prehistorik yerleşimden Gülpınar köyüne bir bakış *(© GKP)*.

dönemlerine ait yapı temelleri altında ele geçen prehistorik yerleşim kalıntılarından Gülpınar II ve Gülpınar III evrelerine ait, birbirine bitişik nizamlı inşa edilmiş, dörtgen ve dikdörtgen planlı, tam plan veren ve çift sıra taştan kuru duvar tekniğinde örülmüş odalardan oluşan yapılar tespit edilmiştir. Ayrıca ocak, fırın, seki, direk altlığı gibi mimari döşemlerin yanı sıra çok sayıda materyal kültür öğesi ele geçmiştir.

Sektör 2'nin güneyinde, Çukurlar Alanı olarak adlandırılan Gülpınar II evresine ait kısmen yapıların önünde ve daha çok açık alanlarda yer alan, çok sayıda tabana kazılan çukurlara rastlanılmıştır. Çukurların bazılarının çevresinde ahşap direk izlerinin tespit edilmesi, çevresinin sınırlandırıldığı ve üstlerinin mevsime göre geçici bir örtü ile kapatıldığını düşündürmektedir. Bu alanda Geç dönem yapılaşmalarından doğan tahribatın izleri, yürüme yüzeyine yakın olan Gülpınar III evresinde yoğun görülürken, hemen ana kayanın üzerine kurulan Gülpınar II evresinde daha az görülmektedir.

Sektör 3, Prehistorik Gülpınar yerleşiminin yayılım alanını ve sınırlarını belirlemek için Sektör 1'in kuzeyindeki kazı çalışmalarını kapsamaktadır. Bu alanda yapılan çalışmalar sonucunda prehistorik döneme ait Gülpınar II ve Gülpınar III kültür katının IIIa, IIIb ve IIIc evrelerine ait mimari kalıntılar, mezarlar ve materyal kültür öğeleri ele geçmiştir (Şek.3.9). Bu sektörde Gülpınar II sadece I14 karelajındaki kuzeydoğu-güneybatı aksındaki Duvar 137 ve 138'in köşe yaparak kuzeybatı-güneydoğu aksında uzanan Duvar 139 ve 140, ve ele geçen materyal kültür öğeleri ile temsil edilmektedir.

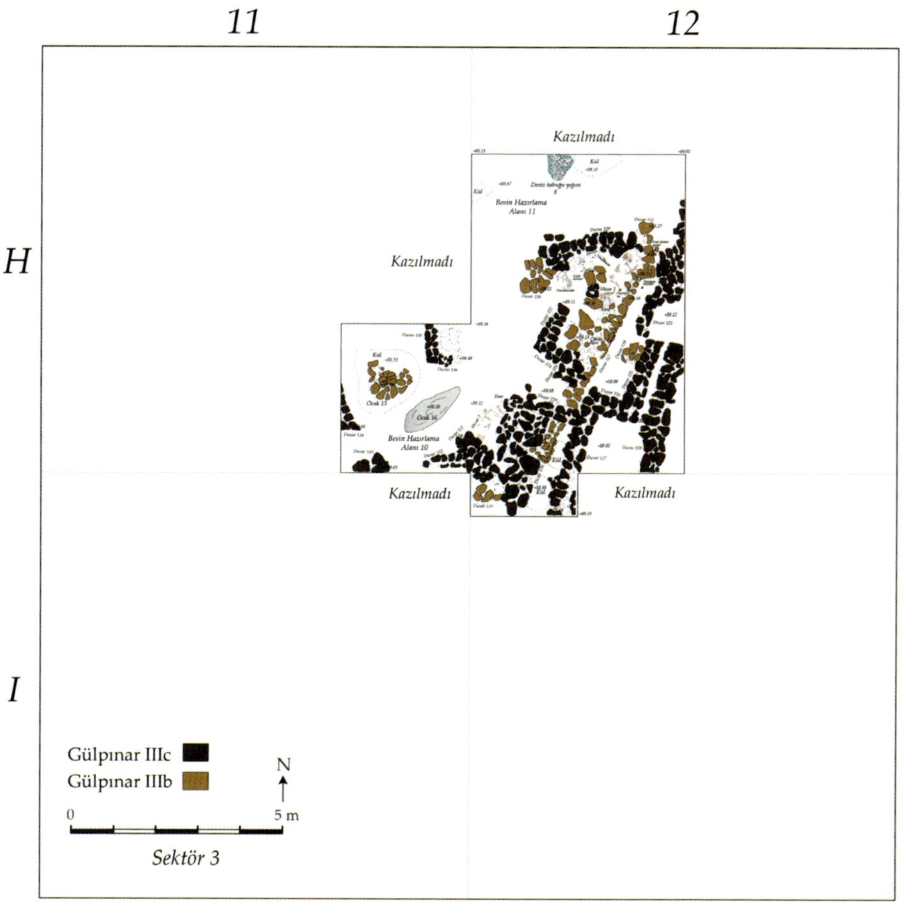

Şekil 3.9
Gülpınar IIIb ve IIIc, Sektör 3'de H12 karelajında yer alan mimari kalıntıların genel planı *(© GKP)*.

Şekil 3.10
Sektör 3, Gülpınar IIIb ve IIIc evrelerine ait mimari kalıntılar ve Mezar 1 ve 2 *(© GKP)*.

Aynı karelaj içerisinde Gülpınar II evresine ait bu duvarların hemen üzerinde, IIIa evresini sadece kuzeybatı-güneydoğu aksında uzanan Duvar 141,142 ve 143, ve ele geçen buluntular temsil etmektedir. Ayrıca bu sektörde G12 ve H13 karelajlarında yapılan sondaj nitelikli kazı çalışmaları sonucunda, IIIb ve IIIc evresine ait duvar kalıntıları ve bunun yanı sıra materyal kültür öğeleri tespit edilmiştir.

Bu sektörün en önemli buluntuları H12 karelejında ele geçmiştir (Şek.3.9). Bu karelajda Gülpınar IIIb ve Gülpınar IIIc evresine ait tahrip olmuş, tam plan vermeyen mimari kalıntılar ve bu kalıntıların etrafında, içerisinde ocak ve deniz kabuğu yığını bulunan besin hazırlama alanları tespit edilmiştir (Şek.3.10). IIIb evresi kuzeydoğu-güneybatı aksında uzanan çakıllı kum dolgusuyla oluşturulmuş çift sıra taştan örülmüş Duvar 117 ve tahrip olmuş Duvar 115,116 ve 118 gibi duvarlar ve ocaklar ile temsil edilmektedir. Gülpınar IIIc alt evresi ise farklı doğrultularda uzanan ve belirgin bir plan vermeyen duvar kalıntıları ile temsil edilmektedir. Ayrıca, Gülpınar IIIc alt evresini temsil eden yedi adet mezardan üç tanesi (M1-M2-M3) Sektör 3'de H12 karelajında yer almaktadır. Mezar 1, 2 ve 3 toprak üzerine yatırılmış ve bireylerin ayak uçlarına ölü hediyesi olarak özenle seramik kaplar yerleştirilmiştir. Bu mezarlar prehistorik yerleşimin mezar hediyeleriyle birlikte ele geçmiş ve en iyi korunmuş örneklerdir. Mezar 1 ve 2'nin yaşlı yetişkin kadın bireye, Mezar 3'ün ise yetişkin erkek bireye ait olduğu iskeletleri üzerinde yapılan çalışmalar sonucunda tespit edilmiştir.

3.1. GÜLPINAR II YERLEŞİMİ MİMARİSİ VE MEKÂN KULLANIMI

Radyokarbon tarihlerine göre MÖ 5320-4940 arası iskan gördüğü anlaşılan Gülpınar II yerleşimi birbirine bitişik nizamlı odalardan oluşan yapıların olduğu bir yerleşim düzenine sahiptir. Odalar genellikle dörtgen ve dikdörtgen plan tipindedir. Odaların duvarlarının tümüyle taştan yapıldığı saptanmıştır. Gülpınar II mimari kalıntılar üç farklı sektörde ortaya çıkarılmıştır. Geniş bir alana yayıldığı tespit edilen mimari yapıların, Sektör 1'de geç dönem yapılaşmalarının olmadığı alanlarda ortaya çıkarılan mimari kalıntılar nispeten daha sağlam bir şekilde bulunmuştur. Bu sektörün domestik özellikler gösteren en önemli yapısı A Yapısıdır. Bu evrenin Sektör 2'de ise geç dönem yapılaşması nedeniyle tahribata uğradığı tespit edilmiştir. Bu sektörde bulunan K Yapısına ait üç odadan sadece Oda 33 domestik faaliyetler hakkında bilgi vermektedir. Sektör 3'de ise Gülpınar II evresi kuzeydoğu-güneybatı (Duvar 137-138) ve kuzeybatı-güneydoğu uzantılı (Duvar 139) duvarlar temsil eder. Gülpınar II evresi Sektör 1 ve Sektör 2 de toplam 1250 m² alan kaplar.

Gülpınar III genellikle dörtgen ve dikdörtgen plan tipi yapıların inşasında tercih edilmiştir. Bir örnekle temsil edilen iki odalı yapı tipi haricindeki diğer yapıların hepsi çok odalıdır. Özellikle çok odalı yapılardan B Yapısı, merkezde taş döşeli bir avlu ve etrafında odaların sıralanması oldukça dikkat çekici bir örnektir. Odalardan oluşan yapıların biçim ve büyüklükleri kendi içerisinde çok fazla bir değişim göstermez. Aynı biçim ve büyüklükte çok az yapı bulunmaktadır. Yerleşimin mekânsal kullanımı, yapı, avlu, besin hazırlama ve faaliyet alanlarına göre değişkenlik göstermektedir. Yapıların taşınmaz mimari döşemlerinden, işlik alanı, besin hazırlama ve tüketme, yatma ve dinlenme gibi farklı işlevlerde kullanıldığı anlaşılmaktadır. Yapıların farklı

Şekil 3.11
Sektör 1, Gülpınar II Yerleşim Planı *(© GKP)*.

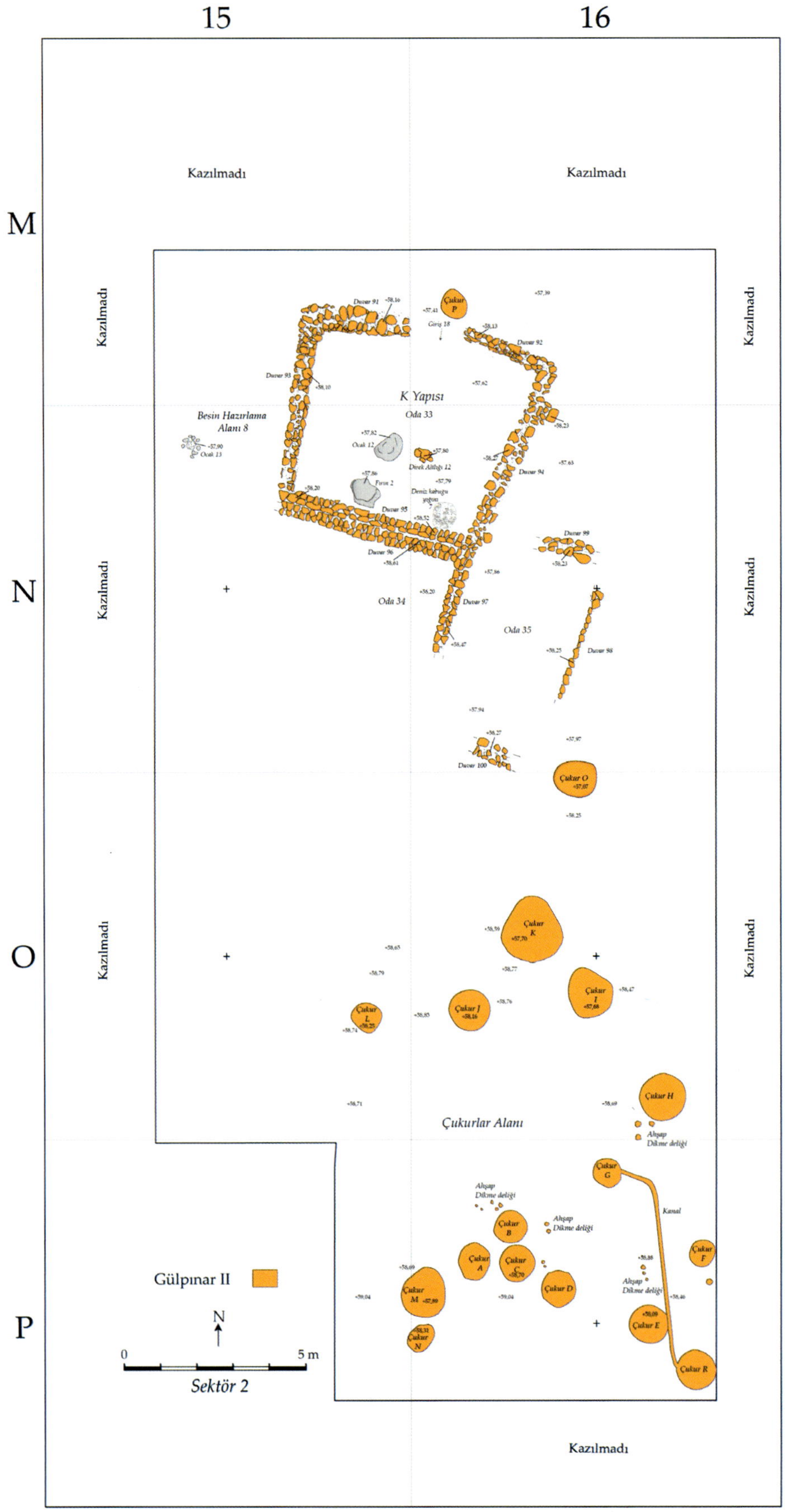

Şekil 3.12
Sektör 2, Gülpınar II Yerleşim Planı *(© GKP)*.

evreleri arasındaki yaşam hikayeleri, arkeolojik kayıt altına alınan depozitlerle ilişkilidir (LaMotta ve Schiffer 1999:20). Yapıların, materyal kültür öğeleriyle birlikte ele alınması, yapıların ve odaların işlevselliği hakkında bilgi vermektedir. Ayrıca mekânın taban buluntu envanterinden, bir konutun yaşam hikayesi de ortaya çıkmaktadır. Bu evredeki topluluğun günlük aktivitelerini ve yerleşim geneli faaliyetlerini anlamak adına buluntuların mekânsal dağılımı incelendiğinde, mekânlar arasındaki farklılaşmaların ortaya çıktığı görülmektedir. Yerleşimin bu evresinin en önemli yapılarından olan A Yapısı, mekân içi faaliyetlerini daha çok Oda 1'in kuzeyinde etrafında öğütme taşlarının yer aldığı genişçe bir seki ile odanın güneyinde bulunan ocak çevresinde gerçekleştirmektedir. Ayrıca A Yapısı mekân içi buluntularıyla bu evrenin en önemli domestik özellikler gösteren yapıları arasında yer alır. Bu evrede mekân içi buluntusu ve döşemi olmayan yapıların işlevi hakkında ise pek bilgi yoktur.

Gülpınar II yerleşimi mimarisi ve mekân kullanımından yola çıkılarak, birbiri ile ilişkili çok odalı yapıların bulunması ve özellikle bu yapıların önünde veya yanında ortak kullanıma ait avlu ve besin hazırlama alanlarının yer alması, çekirdek ailelerden çok birlikte hareket eden geniş aile tipinden oluşan hanelerin varlığından söz edilebilmektedir.

Gülpınar II evresine ait mimari kalıntılar iki farklı sektörde ortaya çıkarılmıştır. Bunlardan Sektör 1 K11-K12-K13, L11-L12-L13, M11-M12-M13 karelajlarındaki mekânları kapsar (Şek.3.11). Sektör 2 ise M15-M16, N15-16, O15-O16, P15-P16 karelajlarındaki mekânları kapsar (Şek.3.12).

3.1.1. Mekânlar

İnsan elinden çıkma barınaklar, topluluklar tarafından yaşam alanları/mekânlar olarak kullanılmaya başladığından itibaren belirli bir mimari ve yerleşme düzeni kullanılmaya başlanmıştır. Avcı-toplayıcı ve göçebe yaşamdan, çiftçiliğe dayalı yerleşik yaşama geçiş sürecinde mimaride ahşap kulübeler, dal örgü yapılar, kerpiç ve taş örgü yapılar toplulukların ihtiyacına göre gelişim göstermiştir. Yerleşik yaşamla birlikte ev ve hane gibi sosyal grupları bir araya getiren mekânlar oluşmaya başlamıştır. Mekânlar insanlar tarafından bilinçli bir şekilde sınırlandırılmış, konut/mekân içi veya dışı yaşam faaliyetlerinin gerçekleştirildiği alanlardır.

MÖ 6. binyılın son çeyreği ile MÖ 5. binyılın ortaları arasında iskan gören iki ana Kalkolitik kültür katmanında ortaya çıkarılan yerleşimlerde mekânlar ve besin hazırlama ve faaliyet alanları, düz yerleşim modeli özelliği göstermektedir. Gülpınar'da birbirine bitişik nizamlı odalar, nüfus artışına ve ihtiyaca göre kendinden bir önce inşa edilmiş odanın duvarlarını kullanarak yenisi inşa edilerek oluşturulmuştur. Odaların, dörtgen ve dikdörtgen plan tipinde yan yana bitişik düzende inşa edilerek yerleştirilmesi ve duvarlarının aynı zamanda çevre duvarı işlevi görmesi, topluluğun dışa kapalı olduğunu ve korunaklı bir yerleşme izlenimini vermektedir.

Gülpınar II'nin yapıları genel olarak iki odalı veya çok odalı yapı tipine sahiptir. Bu mekânlardan iç mimari döşemleri bulunan iki odalılara A Yapısı, çok odalılara ise B Yapısı ve K Yapısı en iyi örneği teşkil eder. II. evrede tespit edilen yapıların iç mimari döşemleri bulunanları olduğu gibi B Yapısı ile ilişkili olduğu tahmin edilen

Gülpınar II Yapılar/Odalar ve Besin Hazırlama Alanı Bilgileri													
							Mimari Döşemler						
Yapı/Oda	Plan	Tip	Sektör	Kültür Katı	Açma	Toplam m²	Ocak	Fırın	Seki	Direk Altlığı	Giriş	Buluntu	Buluntular
A Yapısı (Oda 1 ve 2)	Dikdörtgen	İki Odalı	1	II	K ve L12-13	48	1		1	1	1	37	öğütme taşı (8), el taşı (2), perdah taşı (4), havan eli (1), balta (5), keser (1), mablak (5), bız (6), delgeç (2), spatula (1), sap (1), tam kap (1)
B Yapısı (Oda 3 ve 4)	Dörtgen	İki Odalı	1	II	K12, L12	25			2	1	2	18	öğütme taşı (6), balta (4), zoomorfik kulp (1), çömlek kırığı disk (3), kil perdah aleti (1), tam kap (1), DK boncuk (2)
B Yapısı (Oda 5)	Yamuk	Tek Odalı	1	II	K12, L12	9							
B Yapısı (Oda 6)	Dikörtgen	Tek Odalı	1	II	K12, L12	5					1		
B Yapısı (Oda 7)	Belirsiz	Tek Odalı	1	II	M11-12	15						7	yivli ağırlık (1), balta (2), mablak (2), kil perdah aleti (1), DK boncuk (1)
B Yapısı (Oda 8)	Dörtgen	Tek Odalı	1	II	L11-12, M11-12	16,2							
B Yapısı (Oda 9)	Belirsiz	Tek Odalı	1	II	II L11-12	22						15	öğütme taşı (6), el taşı (1), havan eli (2), balta (1), mablak (2), bız (1), sap (1), kil heykelcik başı (1)
B Yapısı (Oda 10)	Yamuk	Tek Odalı	1	II	L12, M12	13,3							
K Yapısı (Oda 33)	Dörtgen	Tek Odalı	2	II	M ve N15-16	26,5	1	1		1	1	29	öğütme taşı (4), el taşı (1), perdah taşı (2), havan eli (1), havan (1), vurgaç (2), yivli ağırlık (1), balta (3), oyuklu taş (1), taş küre (1), mablak (3), bız (3), delgeç (1), spatula (1), sap (1), tam kap (3)
K Yapısı (Oda 34)	Belirsiz	?	2	II	N15-16	?						1	kil heykelcik başı (1)
K Yapısı (Oda 35)	Dikdörtgen	Tek Odalı	2	II	N16	15							
Oda 11	Belirsiz	Tek Odalı	1	II	L13	16						4	perdah taşı (1), balta (1), mablak (1), DK boncuk (1)
Oda 12	Belirsiz	?	1	II	L13-M13	11,2						9	balta (1), topuz başı (1), taş boncuk (2), bız (1), kapak (1), kil perdah aleti (2), kil heykelcik başı (1)
Oda 13	Dikdörtgen	Tek Odalı	1	II	L13-M13	1,6						1	balta (1)
BHA-1		Besin Hazırlama Alanı	1	II	L13-M13	16,4	1					15	öğütme taşı (2), perdah taşı (4), keser (2), mablak (2), bız (3), delgeç (1), kapak (1)
BHA-2		Besin Hazırlama Alanı	1	II	K ve L11-12	19,3						32	öğütme taşı (4), el taşı (1), perdah taşı (1), balta (9), keski (1), taş küre (3) mablak (3), bız (1), delgeç (1), spatula (1), zoomorfik kulp (2) ağırşak (2), çömlek kırığı disk (2),tam kap (1)
BHA-3		Besin Hazırlama Alanı	1	II	K12-13	20,7	1					17	öğütme taşı (3),balta (1), taş küre (1), mablak (6), bız (3), kil perdah aleti (3)
BHA-8		Besin Hazırlama Alanı	2	II	M ve N15-16	23,7	1					13	perdah taşı (3), yivli ağırlık (1), oyuklu taş (1), mablak (2), bız (1), delgeç (1), spatula (1), kil heykelcik başı (3)
ÇA		Çukurlar Alanı	2	II	O15-16 P15-16	156						23	öğütme taşı (2), perdah taşı (1), yivli ve çentikli ağırlık (2), balta (3), keser (4), keski (1), mermer kap (2), mablak (4), bız (2), delgeç (1), kil heykelcik başı (1)

Tablo 3.1 Gülpınar II, Yapılar, Odalar ve Besin Hazırlama Alanı bilgileri.

içinde herhangi bir taşınmaz iç mimari döşem barındırmayan tek (Oda 8 ve Oda 10) veya iki odalı (Oda 5 ve Oda 6), ve birbirleri ile bağlantısı kesin olarak kurulamayan odalar da bulunmaktadır. Bu odaların dışında, ortak kullanıma yönelik günlük aktivitelerin sürdürüldüğü besin hazırlama alanları yerleşimin içinde ve dışında olmak üzere iki kategoride değerlendirilmiştir. Son olarak yerleşimin güneybatı kısmında Çukurlar Alanı olarak adlandırılan alanın besin hazırlama ve depolama alanı olarak kullanıldığı anlaşılmıştır (Tab.3.1). K Yapısına ait Oda 33 ve A Yapısına ait Oda 1 içinde birer ocak tespit edilmiştir. Fırın ise sadece Oda 33'de bulunur. Direk altlığı sadece Oda 1, Oda 4 ve Oda 33'de ele geçmiştir. Seki kullanımı sadece yapıların ana odasında bulunur. Girişler bazı odalar da mevcuttur.

Gülpınar II yerleşimi yapıları ihtiyaç doğrultusunda eklemeler yapıldığından geleneksel bir yapı tipi ile karşılaşılmaz, yapılar ve odalar farklı boyutlarda ve biçimlere sahiptir.

Gülpınar II Yapı/Oda Plan Tipleri								
Yapı/Oda	Evre	Sektör	Tek Odalı	İki Odalı	Dörtgen	Dikdörtgen	Yamuk	Belirsiz
A Yapısı (Oda 1 ve 2)	II	1		■		■		
B Yapısı (Oda 3 ve 4)	II	1		■	■			
B Yapısı (Oda 5)	II	1	■				■	
B Yapısı (Oda 6)	II	1	■			■		
B Yapısı (Oda 7)	II	1	■					■
B Yapısı (Oda 8)	II	1	■		■			
B Yapısı (Oda 9)	II	1	■					■
B Yapısı (Oda 10)	II	1	■				■	
K Yapısı (Oda 33)	II	1	■		■			
K Yapısı (Oda 34)	II	2	■					■
K Yapısı (Oda 35)	II	2	■			■		
Oda 11	II	2	■					■
Oda 15	II	1	■					■
Oda 13	II	1	■			■		
Toplam			12	2	3	4	2	5

Tablo 3.2 Gülpınar II, Oda plan tipleri.

Gülpınar II de odaları dört farklı plan tipinde karşımıza çıkar. Bunlar dörtgen (%21,4), dikdörtgen (%28,6), yamuk (%14,3) ve belirsiz (%35,7) şeklindedirler (Tab.3.2).

Birbirine bitişik yerleşim düzenine sahip bu evrede odalar ve besin hazırlama alanları Sektör 1 ve 2 de görülmektedir. Sektör 1' de; iki adet yapı ve on üç oda; Sektör 2'de ise bir adet yapı ve üç oda olmakla birlikte, yerleşmenin bu evresinde toplamda üç adet yapı ve on altı adet oda tespit edilmiştir. Ayrıca bu evreye ait Sektör 1' de; üç adet besin hazırlama alanı (BHA-1, BHA-2, BHA-3), Sektör 2' de bir adet besin hazırlama alanı (BHA-8) olmakla birlikte toplam dört adet besin hazırlama alanı olabilecek yerler tespit edilmiştir (Tab.3.3 ve 4).

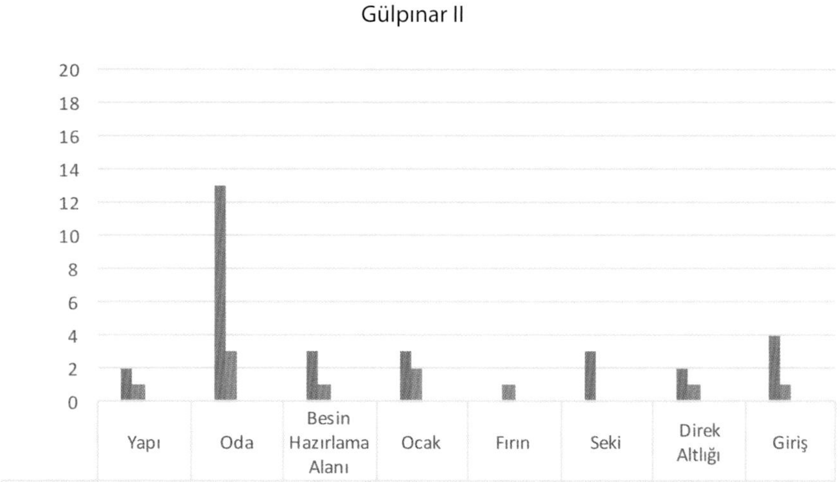

	Yapı	Oda	Besin Hazırlama Alanı	Ocak	Fırın	Seki	Direk Altlığı	Giriş
Sektör 1	2	13	3	3		3	2	4
Sektör 2	1	3	1	2	1		1	1
Sektör 3								
%	7,5%	40,0%	10,0%	12,5%	2,5%	7,5%	7,5%	12,5%

Tablo 3.3 Gülpınar II, mimari ve mimari öğelerin sektörlere göre dağılımı.

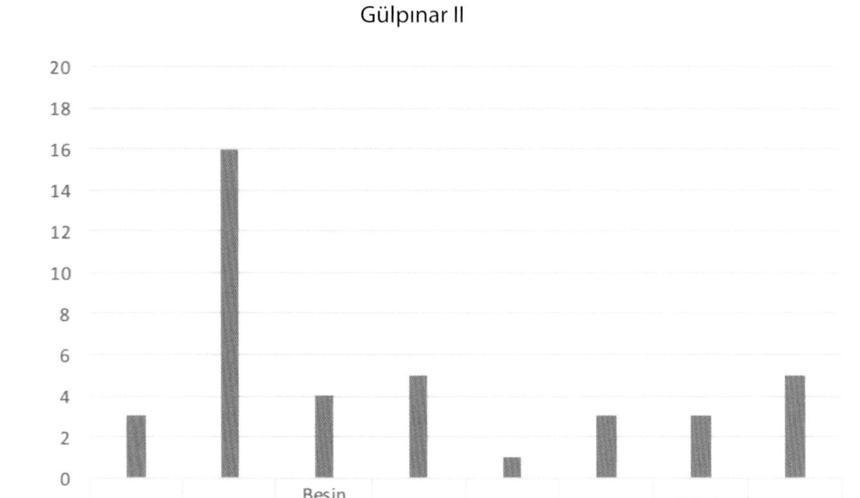

	Yapı	Oda	Besin Hazırlama Alanı	Ocak	Fırın	Seki	Direk Altlığı	Giriş
■ EVRE II	3	16	4	5	1	3	3	5
%	7,5%	40,0%	10,0%	12,5%	2,5%	7,5%	7,5%	12,5%

Tablo 3.4 Gülpınar II, mimari ve mimari öğelerin dağılımı.

Mimari yapıların bir parçası olan üstü açık (veya kapalı) mekânlarda ele geçen deniz kabuğu yığınları, ocaklar ve materyal kültür öğeleri, topluluğun günlük yaşamsal aktivitelerini bu besin hazırlama mekânlarında gerçekleştirildiğini göstermektedir. Gülpınar II evresinde öğütme, pişirme ve üretim gibi günlük aktiviteler, mekân dışındaki besin hazırlama alanlarında ve mekân içlerinde yoğunlaştığı görülmektedir. Topluluğun çeşitli aktivitelerini ve vaktini mekân içlerinden ziyade (Oda 1 ve Oda 33 istisna), besin hazırlama alanlarında ve avluda geçirdiği ileri sürülebilir. Uyuma gibi faaliyetler de mekân içlerinde gerçekleşmektedir.

Gülpınar II evresinde hem mekân içinde hem de dışında bulunan besin hazırlama alanı olarak kullanılan mekânlar, gündelik aktivitelerin yoğun olarak gerçekleştiği ve hane sakinlerinin bir araya gelerek ortaklaşa hareket ettiği ve iletişim kurdukları yerlerdir. Prehistorik Gülpınar'daki besin hazırlama alanlarında yemek hazırlama ve pişirme, öğütme etkinliği sonucunda tahıldan un elde edilmesi ve ekmek pişirme aşamalarının arkeolojik kanıtları; ocak, fırın, öğütme taşı ve seki gibi mimari döşemlerin yanı sıra gündelik besin işlemeye işaret edebilecek deniz kabuğu yığınları ile tekil veya toplu bulunan öğütme taşlarıdır. Bu evrede besin hazırlama alanlarında sadece fırın ve sekiler mekân içlerinde bulunurken, diğerleri hem mekân içi hem de mekân dışındaki faaliyet alanlarında bulunurlar. Oda içindeki ve dışındaki besin hazırlama alanları ve bu alanlarda bulunan materyal kültür öğeleri yerleşmedeki günlük aktiviteler hakkında bilgi vermektedir. Aynı zamanda kimi besin hazırlama alanlarında yoğun olarak ele geçen kemik atıklarından çöplük olarak da kullanıldığı gözlemlenmektedir. Ayrıca bu alanlar çakmaktaşı ve seramik gibi farklı üretim faaliyetlerinin gerçekleştiği alanlardır. Gülpınar II evresine ait tespit edilen dört adet besin hazırlama alanından (Tab.3.33), özellikle Sektör 1' de mekân dışında iki adet deniz kabuğu yığını (DKY-1 ve DKY-2) ve Sektör 2'te mekân içinde bir adet farklı türlere ait deniz kabuğu yığını (DKY-7) depolanmış bir şekilde bulunmuştur (Tab.3.5).

Prehistorik Gülpınar'daki Sektör 2'de, Oda 33 içindeki ocak 12'nin doğusunda depolanmış deniz kabuklarının bulunması, yerleşimin II. evresinde besin hazırlama ve tüketme etkinliğinin aynı mekânda, birlikte gerçekleştirildiğini göstermektedir. Aynı zamanda depolanmış deniz kabuklarının yanında *in situ* bir şekilde yivli bir ağırlık bulunması, hem ağırlığın işlevinin, hem de deniz kabuklarının nasıl elde edildiğinin en güzel arkeolojik kanıtıdır.

Yerleşimlerin en önemli faaliyet alanı sayılabilecek yerleri arasında sayılan çanak çömleklerin pişirilmesinin gerçekleştiği açık hava fırınlarının yerleri Prehistorik Gülpınar genelinde tespit edilememiştir. Ayrıca Gülpınar II evresinde kemik aletlerin, sürtme taş aletlerin ve yontma taş aletlerin üretim yerleri de tespit edilememiştir.

Deniz Kabuğu Yığını	Sektör	Kültür Katı	Mekân	Tür	Türleri	Şekil
Deniz Kabuğu Yığını 1	1	II	BHA 1	1	*Mytilus galloprovincialis*	 **Şek. 3.13** Sektör 1, Gülpınar II, Besin Hazırlama Alanı 3'de Deniz Kabuğu Yığını 1 *(© GKP).*
Deniz Kabuğu Yığını 2	1	II	BHA 2	1	*Ensis ensis*	 **Şek. 3.14** Sektör 1, Gülpınar II, Besin Hazırlama Alanı 2'de bulunan Deniz Kabuğu Yığını 2
Deniz Kabuğu Yığını 7	2	II	Oda 33	4	*Mytilus galloprovincialis, Ensis ensis, Ruditapes decussatus, Ostrea edulis*	

Tablo 3.5 Gülpınar II Deniz Kabuğu yığını bilgileri.

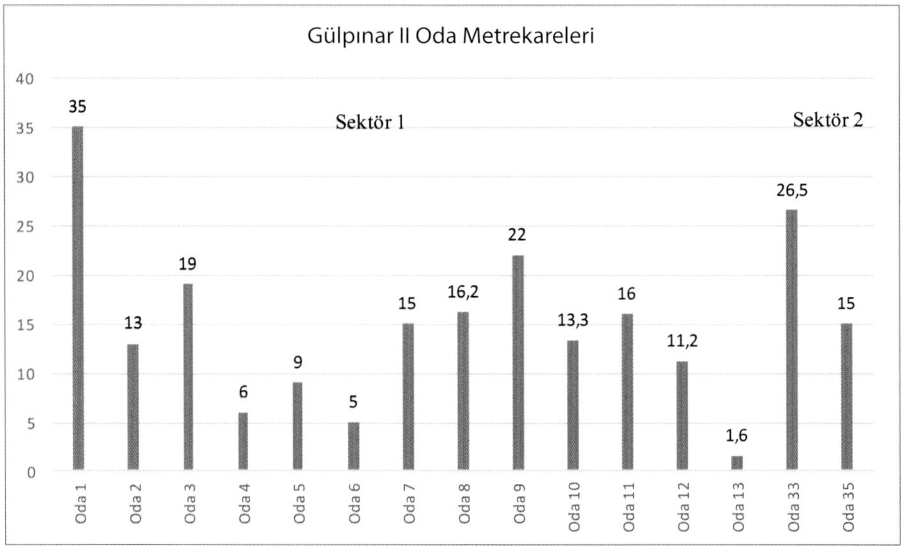

Tablo 3.6 Sektör 1 ve Sektör 2, Gülpınar II'ye ait Oda metrekareleri.

Gülpınar II evresinde tüm yerleşim içerisindeki tek odalıların boyutları 2 ile 26 m^2 arasında değişse de sadece dört oda 15/16 m^2 boyutlarındadır. İki odalıların boyutları ise 25 ile 48 m^2 'dir (Tab.3.6). Oda içi ortalama metrekarelere bakıldığında, her iki yapı tipinde de aynı biçim ve boyutta odalara nadir rastlanır. Bu evredeki odalar birbirine eklenerek çoğaltıldığı için belirli bir standartlaşmış yapı ve oda planı tipinden söz edilemez.

Gülpınar II evresi yerleşiminde kazılan alanlarda açığa çıkartıldığı kadarıyla tespit edilen besin hazırlama alanlarının ortalama kullanım metrekarelerine bakıldığında, topluluk tarafından kullanılan belirgin bir plana ve biçime sahip besin hazırlama alanı görülmemektedir (Tab.3.7). Besin hazırlama alanları içerisinde ortalama kullanım metrekaresi en fazla olan Sektör 1'deki Besin Hazırlama Alanı 1'dir. Bazı besin hazırlama alanlarının yerleşimin kazılmamış kısımlarda devam ettiği, bazı kısımlarının da geç dönem yapıları tarafından tahrip edildiği gözlemlenmiştir.

Gülpınar II yerleşmesinde odalara düşen buluntu sayılarına bakıldığında (Tab.3.8), en fazla Oda 1 ve Oda 33'de buluntu olduğu görülür. Bazı mekânlarda hiçbir buluntuya rastlanmaz. Besin hazırlama alanına düşen buluntu sayısında ise en fazla buluntu Besin Hazırlama Alanı 2'de görülür.

Bu evre genelinde oda ve besin hazırlama alanı buluntularına ve sayılarına bakıldığında (Tab.3.9), en fazla sürtme taş aletlerden öğütme taşı ve balta ele geçtiği görülür. Kemik aletlerden mablak ve bız oransal olarak ikinci sırada en fazla ele geçen buluntulardandır. Bunların yanı sıra kil heykelcikler de diğer evreye oranla en fazla bu evrede ele geçmiştir.

Gülpınar II evresinde oda içi ve besin hazırlama alanlarında ele geçen buluntuların metrekareye düşen sayıları birbirleriyle karşılaştırıldığında (Tab.3.10) yapı, oda içi ve dışındaki buluntuların dağılım oranında belirgin bir fark görülmese de, yapı ve oda dışı az da olsa diğerlerine oranla daha fazla buluntu içerirler.

Oda içinde (Oda 33) veya besin hazırlama alanlarında deniz kabuğu yığınları, tabana kazılmış depolama çukurları ve bu çukurların etrafında öğütme ve el taşlarının bulunması topluluğun besin gereksinimi için ortaklaşa hareket ettiği fikrini güçlendirmektedir.

Ayrıca Sektör 2' de yer alan ortalama kapladığı alan itibariyle 156 m² olan Çukurlar Alanı'nda toplam 17 adet Çukur (Çukur A, Çukur B, Çukur C, Çukur D, Çukur E, Çukur F, Çukur G, Çukur H, Çukur I, Çukur J, Çukur K, Çukur L, Çukur M, Çukur N, Çukur O, Çukur P, Çukur R) tespit edilmiştir. Bu alandaki tabana kazılan çukurlar farklı genişlik ve derinliktedirler. Bir çoğunun üzerlerinde bulunan taş kapama sıraları onların ilk başlarda depo amaçlı kullanılan çukurlar olduğunu ve sonradan terk sürecinde çöp çukurlarına dönüştürüldüğünü düşündürür.

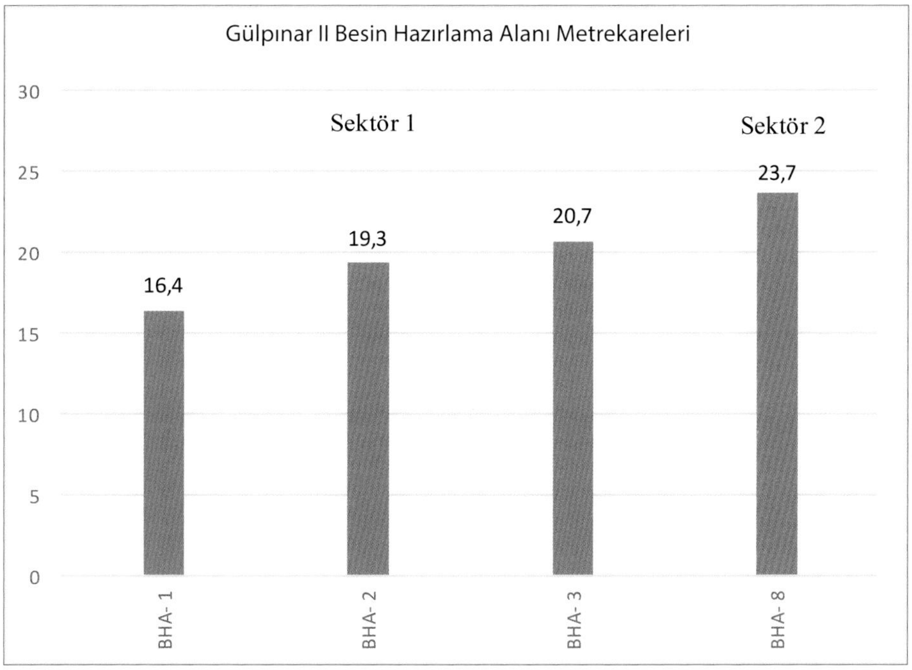

Tablo 3.7 Sektör 1 ve Sektör 2, Gülpınar II'ye ait Besin Hazırlama Alanı metrekareleri.

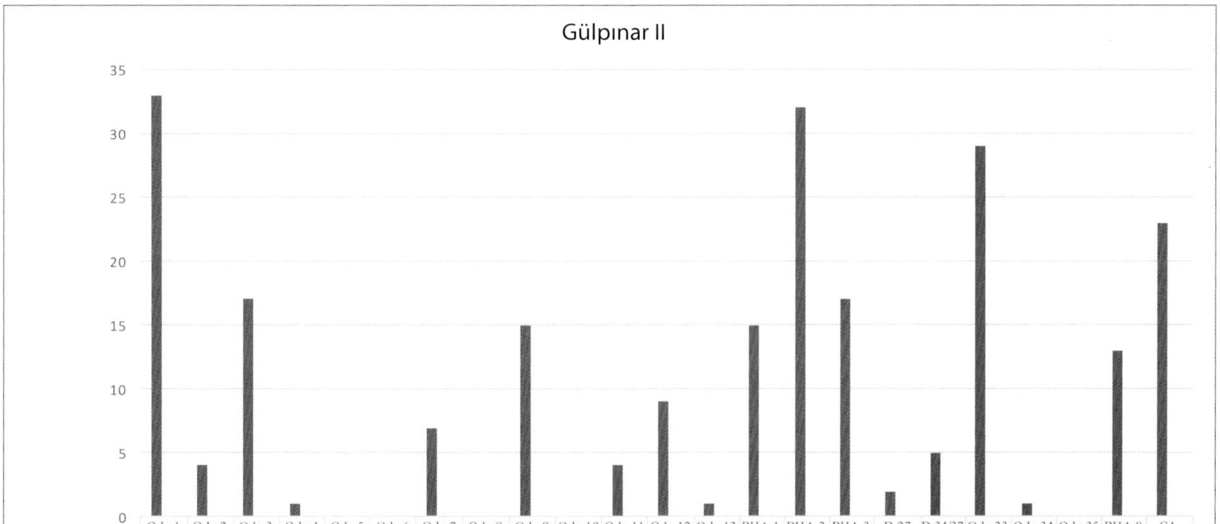

	Oda 1	Oda 2	Oda 3	Oda 4	Oda 5	Oda 6	Oda 7	Oda 8	Oda 9	Oda 10	Oda 11	Oda 12
■Buluntu Sayısı	33	4	17	1	0	0	7	0	15	0	4	9
%	14,5%	1,8%	7,5%	0,4%	0,0%	0,0%	3,1%	0,0%	6,6%	0,0%	1,8%	3,9%

	Oda 13	BHA 1	BHA 2	BHA 3	D 27	D 34/37	Oda 33	Oda 34	Oda 35	BHA 8	ÇA
■Buluntu Sayısı	1	15	32	17	2	5	29	1	0	13	23
%	0,4%	6,6%	14,0%	7,5%	0,9%	2,2%	12,7%	0,4%	0,0%	5,7%	10,1%

Tablo 3.8 Gülpınar II, Mekânlara düşen buluntu sayıları ve oranları.

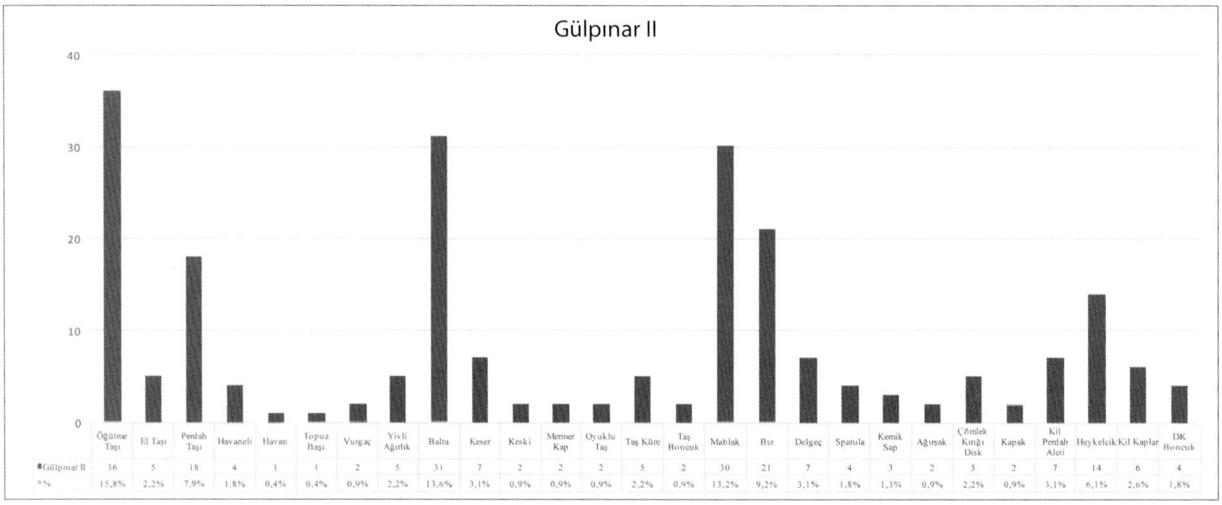

Tablo 3.9 Gülpınar II, Oda ve Besin Hazırlama Alanı buluntu sayıları ve oranları.

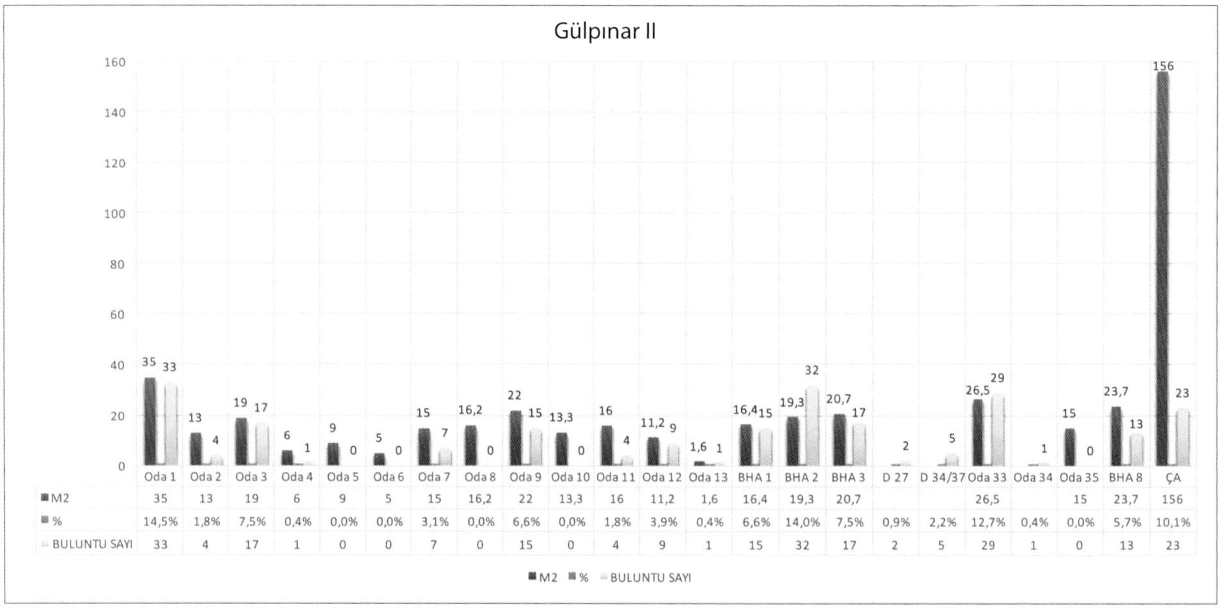

Tablo 3.10 Gülpınar II, Oda ve Besin Hazırlama Alanı metrekareye düşen buluntu sayısı ve oranları.

3.1.1.1. A Yapısı (Oda 1 ve Oda 2)

Söz konusu bu iki mekân sektör 1'in kuzeyinde ve K12(q3-q4)-K13(q1-q3) ve L13(q1) karelajlarındaki alanda yer alır (Şek.3.11). Gülpınar II evresinin domestik özellikler gösteren en önemli yapısıdır. İki odalı ve dikdörtgen planlı A Yapısı (Oda 1 ve Oda 2), 48 m^2 boyutlarında olup kuzeybatı-güneydoğu doğrultusunda uzanmaktadır (Şek.3.15). Oda 1 ile dar ve uzun Oda 2'den oluşan yapıya giriş kuzeydoğu yönünden sağlanmaktadır. Mekânların tabanı sıkıştırılmış toprak tabandır ve tüm duvarları çift sıra taştan kuru duvar tekniğinde örülmüştür. Duvarların temel seviyelerinin oldukça iyi korunageldiği, bazı duvarların ise 0,5 m yüksekliğe kadar korunduğu görülmektedir (Tab.3.11). İki mekânında kuzeybatısını sınırlayan kuzeydoğu-güneybatı uzantılı duvarı (Duvar 9) aynı zamanda yerleşimin çevre duvarını oluşturmaktadır.

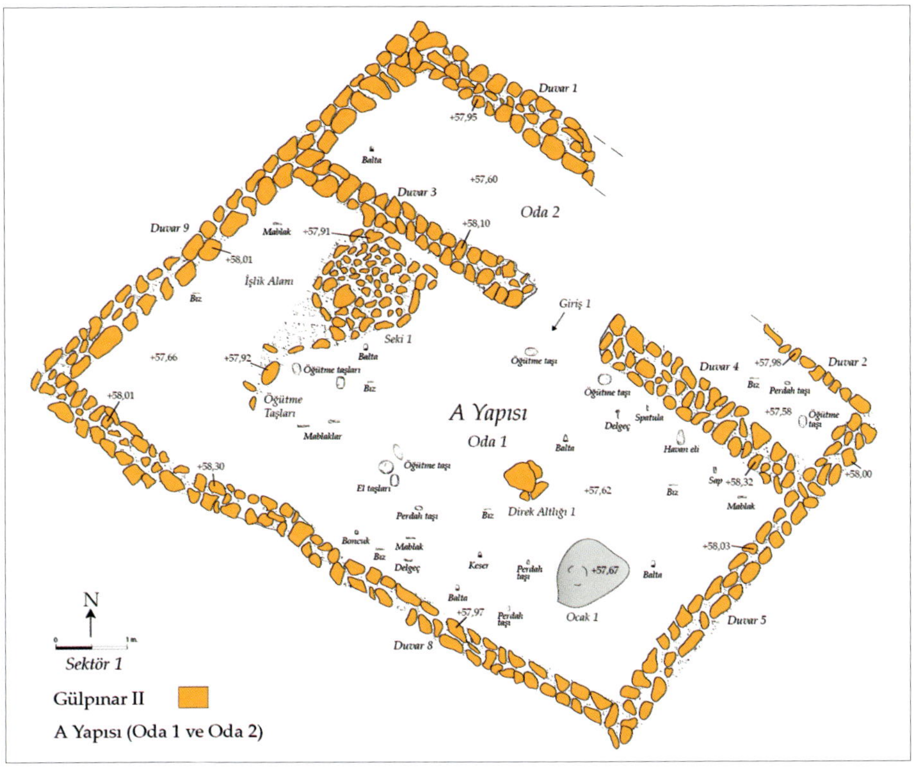

Şekil 3.15
Sektör 1, Gülpınar II, A Yapısı planı ve buluntuların mekân içi dağılımı *(© GKP)*.

Duvar	Uzunluk	Genişlik	Yükseklik	Mak. Taş Sırası Yük.	Mak. Taş Sırası Gen.	Denizden Yükseklik
Duvar 1	2,9 m	0,6/0,65 m	0,35 m	2	3	+57,95
Duvar 2	1,7 m	0,6/0,65 m	0,4 m	2	3	+57,98
Duvar 5	5,9 m	0,5/0,45 m	0,41 m	4	2	+58,03
Duvar 8	9,75 m	0,4/0,45 m	0,35 m	2	2	+58,30
Duvar 9	7 m	0,5 m	0,35 m	2	2	+58,01

Tablo 3.11 A Yapısını (Oda 1 ve Oda 2) çevreleyen duvarların bilgileri.

Oda 2'nin kuzeydoğusundaki Besin Hazırlama Alanı 3'den yapıya giriş olabilecek kısım, Roma yapısı tarafından tahrip edilmiştir. Bu muhtemel girişin doğusunda ve batısında dar ve uzun, depolama amaçlı kullanılan Oda 2 yer almaktadır. 1,3 m genişliğindeki ikinci bir Giriş 1'den geçtikten sonra Oda 1 yer almaktadır.

Dikdörtgen bir plana sahip Oda 1, 35 m^2 büyüklüğündedir (Tab.3.12). Bu mekâna geçiş, mekânın kuzeydoğusunu sınırlayan duvarların (Duvar 3 ve 4) arasında kalan 1,30 m genişliğinde Giriş 1'den sağlanır. Girişin karşısında damı desteklemek amacıyla kullanılan ahşap direğin yerleştirildiği, 0,5 m çapında Direk Altlığı 1 olarak kullanılan taşlar yer almaktadır. Bu ahşap direk altığı yuvarlak formda olup, ortada büyük bir taş ve bunu desteklemek için altında çevresindeki üç orta boyutlu taştan meydana getirilmiştir. Mekânın güneyinde, yemek pişirme etkinliğini kanıtlayan 0,8x0,65 m boyutlarında kilden tabana sahip oval formlu Ocak 1 vardır. Bu ocağın kil tabanı evsel pişirme etkinliği nedeniyle sertleşmiştir. Ayrıca girişin karşısında ve mekânın merkezinde besin üretim etkinliğini gösteren elips formlu alt öğütme taşı, disk ve oval formlu el taşları ve kemik alet dolgu içerisinde bulunmuştur.

Oda 1'in kuzeyinde, kuzeydoğu duvarına (Duvar 3) bitişik olarak yapılan, 1,65x1,6 m boyutlarında, yuvarlak planlı taş döşeli Seki 1 bulunur (Şek.3.16). Sekinin dış kenar hattı, bilinçli bir şekilde yassı taşların dikine, yuvarlak bir form verecek şekilde tabana yerleştirilmesiyle sınırlandırılmıştır. İç kısmı ise, küçük boyutlu düzensiz taşların sekinin tabanına sık aralıklarla yerleştirilmesiyle oluşturulmuştur. İşlik alanı olarak kullanılmak amacıyla Oda 1'in kuzeyinde, kendine yetecek kadar hane içi besin üretiminin gerçekleştirildiği sekinin üzerine yerleştirilmiş *in situ* alt öğütme taşı ve etrafında el taşları bulunmuştur. Bu seki üzerinde hasır altlık üzerinde öğütme faaliyeti gerçekleştiriliyor olmalıydı. Ayrıca sekinin güney tarafına doğru taban seviyesinden yükseltilmiş *in situ* alt öğütme taşlarının bulunduğu alan yer almaktadır. Yine sekinin etrafında besin üretim etkinliğini kanıtlayan oval ve dörtgen formlu alt öğütme taşları da dolgu içerisinde bulunmuştur.

Şekil 3.16
Sektör 1, Gülpınar II, A Yapısı Oda 1'in kuzeybatı köşesinde yer alan taş döşemeli Seki 1 *(© GKP)*.

Duvar	Uzunluk	Genişlik	Yükseklik	Mak. Taş Sırası Yük.	Mak. Taş Sırası Gen.	Denizden Yükseklik
Duvar 3	3,2 m	0,5 m	0,5 m	3	2	+58,10
Duvar 4	3,6 m	0,55 m	0,46 m	4	2	+58,32
Duvar 5	4,1 m	0,45 m	0,41 m	3	2	+58,03
Duvar 8	9,75 m	0,4/0,45 m	0,35 m	2	2	+58,30
Duvar 9	4,5 m	0,5 m	0,35 m	2	2	+58,01

Tablo 3.12 Oda 1'i çevreleyen duvarların bilgileri.

Dar ve uzun bir dikdörtgen plana sahip Oda 2 ise 13 m^2 büyüklüğündedir (Tab.3.13). Oda 1 ile ilişkili olan Oda 2 besin hazırlama alanından muhtemel girişin sağlandığı, doğuya ve batıya doğru dar ve uzun bu mekân da büyük depolama kap parçalarının yoğun ele geçmesinden dolayı depo amacıyla kullanıldığı düşünülmektedir. Oda 2 içerisinde herhangi bir mekân içi döşem bulunmamıştır.

Duvar	Uzunluk	Genişlik	Yükseklik	Mak. Taş Sırası Yük.	Mak. Taş Sırası Gen.	Denizden Yükseklik
Duvar 1	2,9 m	0,6 m	0,35 m	2	3	+57,95
Duvar 2	1,7 m	0,65 m	0,46 m	4	2	+58,32
Duvar 3	3,35 m	0,5 m	0,5 m	3	2	+58,10
Duvar 4	3,6 m	0,55 m	0,46 m	4	2	+58,32
Duvar 5	1,25 m	0,45/0,5 m	0,41	3	2	+58,03
Duvar 9	2 m	0,6 m	0,35 m	2	2	+58,01

Tablo 3.13 Oda 2'yi çevreleyen duvarların bilgileri.

Oda içerisinde dönemin karakteristik formu olan pencere ayaklı bir kâse Oda 1 içerisinde bulunmuştur. Bu mekânın gerek mimari döşemlerinden gerekse mekân içi buluntu gruplarından temel ekonomik etkinliklerin gerçekleştirildiği evsel mekân olarak kullanıldığı anlaşılmaktadır.

Öğütme taşlarının *in situ* olarak ele geçtiği Oda 1' de yer alan seki 1 ve oval formlu ocak 1 bulunurken, ayrıca damı desteklemek amacıyla kullanılan ahşap direk altığı 1 bulunur. Oda 1'de görülen bir başka önemli mimari döşem ise girişlerdir. Oda 1'de bulunan oldukça iyi korunagelmiş olan giriş 1, Oda 2 ile iletişimini sağlamaktadır. Oda 2'de herhangi bir mimari döşem bulunmamıştır.

Oda 1'de 7 adet öğütme taşı, 2 adet el taşı, 3 adet perdah taşı, 1 adet havaneli, 4 adet balta, 1 adet keser, 5 adet mablak, 5 adet bız, 2 adet delgeç, 1 adet spatula/raspa, 1 adet kemik sap ve 1 adet tam kap; Oda 2'de 1 adet öğütme taşı, 1 adet balta, 1 adet perdah taşı, 1 adet bız gibi farklı amaçlar için kullanılan materyal kültür öğeleri bulunmuştur (Tab.3.14).

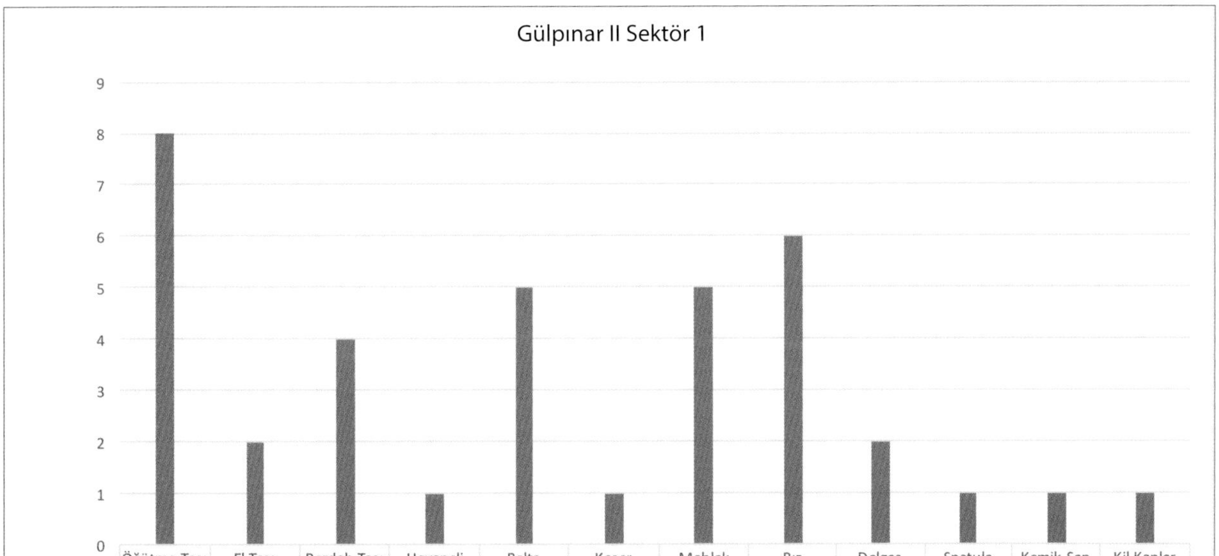

	Öğütme Taşı	El Taşı	Perdah Taşı	Havaneli	Balta	Keser	Mablak	Bız	Delgeç	Spatula	Kemik Sap	Kil Kaplar
■ A Yapısı	8	2	4	1	5	1	5	6	2	1	1	1
%	21,6%	5,4%	10,8%	2,7%	13,5%	2,7%	13,5%	16,2%	5,4%	2,7%	2,7%	2,7%

Tablo 3.14 A Yapısı mekân içi buluntuları.

A Yapısı içindeki mimari döşemlerinden ve materyal kültür öğelerinin analiz edilmesinden yola çıkılarak, bu mekânların kullanımına ilişkin önerilerde bulunulmuştur. Birbiri ile ilişkisi kurulan iki mekândan oluşan A Yapısının, Oda 1'inin güneyinde günlük aktivitelerin gerçekleştirildiği bir yaşam alanına, kuzeyinde ise iç döşemi ve küçük buluntusu ile en az iki bireyin aynı anda üretim faaliyeti gerçekleştirmesine imkân tanıyan bir işlik alanına sahiptir. Oda 2 ise bu hanede ürünlerin öğütmeden önce ham maddelerinin depolanması ihtiyacını karşılayabilecek potansiyeli olan bir depo odasına sahiptir. Tohumların kabuklu halde depolanması, prehistorik dönemden günümüze kadar devam eden bir gelenektir. Ürünleri kabuklu bir şekilde muhafaza etme, ürünlerin saklama süresini artırmaktadır. Etnografik örneklerde tahılların kabuklu bir şekilde bozulmadan en az 2 yıl boyunca saklanabileceğini göstermektedir (Nesbitt ve Samuel 1996; Bamyacı 2017). Prehistorik dönemde daha çok ürünlerin tüketileceği zaman günlük ihtiyaca kadar öğütmesidir.

Günlük aktivitelerin yaşandığı düşünülen Oda 1'in güneyinde yemek hazırlama, pişirme, yemek yeme gibi eylemlerin yanı sıra hane bireylerinin kendi arasında veya komşu hane bireylerinin bir araya gelip sosyalleştiği de düşünülebilir. Bu mekânda yatma uyuma faaliyetleri ocağın etrafındaki boş alanlarda, duvar kenarlarında gerçekleştirilmiş olmalıdır. Mekânda herhangi bir platform veya hasır izine rastlanmamıştır. Ancak yerleşimde hasırın bilindiği hatta çanak çömlek yapım sürecinde dahi kullanıldığı (Özdemir 2010; Özdemir ve Özdemir 2021) düşünülürse uyuma faaliyetlerinin de hasır üzerinde gerçekleştirildiği önerilebilir.

İşlik alanı olarak öngörülen Oda 1'in kuzeyinde ise hane halkının günlük ihtiyacına yönelik faaliyetlerin gerçekleştirildiği ve bu hazırlık süreci boyunca bireyler arasında sosyal faaliyetlerin de devam ettiği düşünülmelidir. Özellikle bu işlik alanda artı üretimden ziyade, domestik araç gereçlerle yapılan, günlük-kişisel ihtiyaca yönelik bir üretim gerçekleştirilmektedir.

Deneysel etnoarkeolojik çalışmalarda anlaşıldığı üzere, bireylerin günlük besin tüketimi için öğütme işlerine ayırdığı süre ortalama iki saattir. Bu iki saatte (bir yetişkin) yaklaşık 4,5 kilo tahıl öğütmekte ve bundan elde edilen unla da sekiz yetişkin bireyin iki öğünlük yemeği çıkmaktadır. Bu iki saatte (bir çocuk ve kadın) yaklaşık 3 kilo tahıl öğütmekte ve bundan elde edilen unla da çocuk ve kadın toplam yedi bireyin iki öğünlük yemeği çıkmaktadır. (Menasanch; Risch ve Soldevilla 2002; Samuel 1994; 1999) Bir birey günde iki saatlik bir tahıl üretimi gerçekleştirdiğinde, bir günlük yemeğini çıkardığı anlaşılmaktadır.

Bu işlik alanında yer alan Seki 1'in üzerindeki öğütme faaliyeti hasır bir altlık üzerinde gerçekleştiriliyor olmalıydı. Gülpınar II yerleşiminde hasır altlıkların kullanımı çanak çömlek kaideleri üzerindeki negatif izlerden bilinmektedir (Özdemir 2010; 2012; Özdemir ve Özdemir 2021). Ayrıca mekânın kuzey bölümünde uyuma faaliyeti ihtiyaç halinde veya mevsimin izin verdiği ölçüde mümkün olabilir. Ancak bunların haricinde ateş yeri veya ocağın olmaması nedeniyle bu alanın sadece işlik olarak kullanılması gerekir.

A Yapısı ile ilgili olarak düşünülmesi gereken bir başka husus, yerleşimin bu evresinde diğer yapılardaki (tespit edildiği kadarıyla) işlik alanlarının yetersizliği ile ilgilidir. Yerleşimin genelinde işlik alanlarının yetersizliği, mekânın içinde birden fazla bireyin birlikte faaliyet gösterebilmesi, Oda 1'de yaşayan bireylerin aynı mekânda üretim gerçekleştirebilmesi, mekânının hane içi günlük ihtiyacına yönelik bir üretim hizmeti veren bir atölye de olabileceği fikrini düşündürmektedir. Bu mekânın içinde yer alan öğütme taşlarının tipolojik çalışmalarına bakılarak (Bamyacı 2017), bu mekânda tahıl öğütüldüğü düşünülmektedir. Ancak toprak örneklerine uygulanan yüzdürme işlemlerinde tahıla rastlanmamıştır. Sonuç olarak iki odadan oluşan Oda 1 ve 2 ile ilgili olarak günlük yaşamsal faaliyetlerin gerçekleştirildiği ayrıca tahılların depolandığı ve günlük ihtiyaca göre öğütüldüğü bir yapı olduğu düşünülmektedir.

3.1.1.2. B Yapısı (Oda 3 ve Oda 10; Besin Hazırlama Alanı 1)

Sektör 1'de (Şek.3.11), L11(q3-q4)-L12, M11(q3-q4)-M12(q1-q2,q4) ve K12(q2) karelajlarında yer alır. B Yapısı dörtgen planlı Oda 3 (avlu), dikdörtgen planlı Oda 4, Yamuk planlı Oda 5, dikdörtgen planlı Oda 6, belirsiz planı olan Oda 7, dörtgen planlı Oda 8, belirsiz planı olan Oda 9, yamuk planlı Oda 10'dan ve Besin Hazırlama Alanı 1'den oluşmaktadır (Şek.3.17). Bu mekânların bazıları tek odalı, bazıları ise iki odalı plan tipindedir. Mekânların toplamı yaklaşık 105,5 m² boyutlarındadır.

Şekil 3.17
Sektör 1, Gülpınar II, B Yapısı planı ve buluntuların mekân içi dağılımı *(© GKP)*.

Şekil 3.18
Sektör 1, Gülpınar II, B Yapısı tabanı taş döşemeli Avlu (Oda 3) *(© GKP)*.

Şekil 3.19
Sektör 1, Gülpınar II, B Yapısı tabanı taş döşemeli Avlu'nun (Oda 3) güneydoğu köşesindeki Seki 3 üzerinde yer alan toplu öğütme taşları *(© GKP)*.

Mekânlar kuzeydoğu-güneybatı doğrultusunda uzanmaktadır. Oda 3'ün (avlu) tabanı tamamen taşlarla kaplanmış ve çamurla sıvanarak düzgün bir yüzey oluşturulmuştur. Diğer mekânların tabanı sıkıştırılmış toprak tabandır. Mekânların duvarları çift sıra taştan kuru duvar tekniğinde örülmüştür. Duvarların temel seviyelerinin oldukça iyi korunageldiği, bazı duvarların ise 0,8 m yüksekliğe kadar korunduğu tespit edilmiştir. B Yapısına ait Oda 3 ve Oda 4, çevre hanelerle ile iletişimini mekânın doğusunda bulunan Besin Hazırlama Alanı 1'den sağlarken, diğer odaların iletişimini sağlayacak herhangi bir giriş yeri bulunmamıştır. Besin hazırlama alanından bu mekânlara geçiş Oda 4'ün doğu duvarı üzerindeki Giriş 2'den sağlanmaktadır. Oda 3'e geçiş ise kuzeyindeki Giriş 3 ile sağlanır. Bu mekânlar;

Şekil 3.20
Sektör 1, Gülpınar II, B Yapısı Oda 4 *(© GKP)*.

Dörtgen bir plana sahip tabanı taş döşeli Oda 3 (avlu) yaklaşık olarak 19 m^2 boyutlarındadır (Tab.3.15; Şek.3.18). Bu mekâna Oda 4'ten geçiş, kuzey duvarındaki (Duvar 13 ve Duvar 14) 0,8 m genişliğinde Giriş 3'den sağlanır. Avlu olarak kullanılan mekânın tabanı tamamen düzensiz şekilli, büyük ve orta boyutlardaki taşlarla kaplanmış ve çamurla sıvanarak düzgün bir yüzey oluşturulmuştur. Tabanı taş döşeli bu avlunun güney duvarına (Duvar 16) bitişik olarak yapılan, 0,78 x 0,55 m boyutlarında tabandan yükseltilmiş taş döşeli Seki 3 bulunur (Şek.3.19). Bu sekinin üzerinde çok sayıda öğütme taşları yer aldığından öğütme sekisi diye de adlandırılabilir. Seki, besin hazırlığı aşamalarından buğdayın öğütme işlemi için kullanılmıştır. Bu seki düzgün bir yüzeye sahip değildir. Öğütme faaliyetlerinin yapıldığı bu sekilerin yüzeyleri kil ile sıvanarak düzgün bir yüzey oluşturdukları düşünülmektedir. Ayrıca avlunun merkezinde adak çukuru olarak kullanıldığı düşünülen iki tane çukur yer almaktadır. Avlunun kuzeydoğu köşesinden dönemin karakteristik formu olan dört ayaklı boynuz kulplu ve dış yüzeyi kazıma bezemeli bütün bir kâse ele geçirilmiştir. Avlunun (Oda 3), çevresine odaların yerleştirilmesi, avlunun merkezi bir konumda olduğu ve ortak kullanıma hizmet ettiği görüşünü destekler.

Dikdörtgen plana sahip 6 m^2 boyutlarındaki Oda 4'e ise Besin Hazırlama Alanı 1 üzerinden erişilmektedir (Tab.3.16; Şek.3.20). Oda 4'e geçiş, doğu duvarının (Duvar 12) güneyinde yer alan 0,6 m genişliğe sahip Giriş 2'den sağlanır. Oda 4, Oda 3'ün kuzey bitişiğinde yer alır. Oda 3 ile geçişin sağlandığı Giriş 3'ün tam karşısında, mekânın kuzeydoğu köşesinde, taban seviyesinde, küçük ve orta boyutlu taşların döşenmesiyle oluşturulan ve korunan ölçüleri 0,85 x 0,75 m boyutlarında Seki 2 bulunmaktadır. Tahrip olmuş bir şekilde tespit edilen bu sekinin, kuzey duvarına (Duvar 8) bitişik halde, batı duvarına (Duvar 11) kadar devam ettiği, ele geçen seyrek taş gruplarından anlaşılmaktadır. Sekinin muhtemel boyutları 2x0,75 m'dir. Bu sekinin uyuma eylemi için kullanıldığı tahmin edilmektedir. Mekânın orta ile güneybatı köşesi arasında bir konumda Direk Altlığı 2 bulunmaktadır. Bu direk altlığı 0,45 m genişliğindeki taşlardan oluşturulmuş ve üzerine damı desteklemek amacıyla bir ahşap direk yerleştirilmiş olmalıdır. Bu ahşap direk altığı, ortada büyük bir taş ve bunu desteklemek için çevresindeki üç orta boyutlu taştan meydana getirilmiştir. Bu destek taşlarından bir tanesi ise Evre I'e ait öğütme taşıdır.

Duvar	Uzunluk	Genişlik	Yükseklik	Mak. Taş Sırası Yük.	Mak. Taş Sırası Gen.	Denizden Yükseklik
Duvar 13	1,4 m	0,50 m	0,36 m	3	2	+58,22
Duvar 14	2,5 m	0,4/0,45 m	0,39 m	3	2	+58,42
Duvar 15	4 m	0,5 m	0,27 m	2	2	+58,30
Duvar 16	4,7 m	0,4/0,45 m	0,37 m	4	2	+58,42
Duvar 17	4 m	0,5 m	0,37 m	3	2	+58,29

Tablo 3.15 Oda 3'ü (avlu) çevreleyen duvarların bilgileri.

Duvar	Uzunluk	Genişlik	Yükseklik	Mak. Taş Sırası Yük.	Mak. Taş Sırası Gen.	Denizden Yükseklik
Duvar 8	2 m	0,45 m	0,35 m	3	2	+58,30
Duvar 11	3,2 m	0,45 m	0,3 m	2	2	+58,00
Duvar 12	2,5 m	0,55 m	0,35 m	2	2	+58,20
Duvar 14	1,7 m	0,4/0,45 m	0,37 m	3	2	+58,42

Tablo 3.16 Oda 4'ü çevreleyen duvarların bilgileri.

Oda 3'ün güney (Duvar 16) duvarına bitişik olarak, tabanı taş döşeli Seki 3, Oda 4'ün kuzeydoğu köşesinde taş döşeli Seki 2 ve damı desteklemek amacıyla kullanılan ahşap direk Altığı 2 bulunur. Bu mekânlarda görülen bir başka önemli mimari döşem girişlerdir. Oldukça iyi korunagelmiş Oda 3'ün Oda 4 ile iletişimini sağlayan giriş 3 ile Oda 4'ün faaliyet alanına geçişini sağlayan Giriş 2 bulunmaktadır.

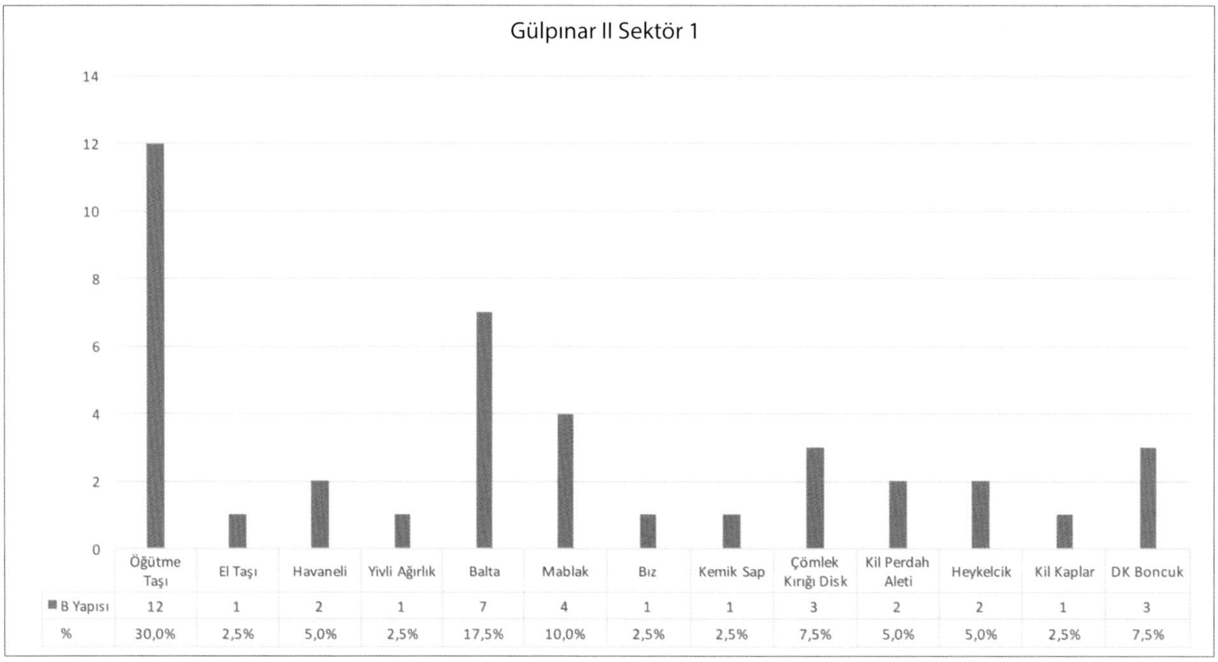

Tablo 3.17 B Yapısı mekân içi buluntuları.

Oda 3'de 6 adet öğütme taşı, 3 adet balta, 1 adet zoomorfik kulp, 3 adet çömlek kırığı disk, 1 adet kil perdah aleti, 1 adet tam kap ve 2 adet deniz kabuğu boncuk bulunmuştur. Oda 4' de sadece bir adet balta bulunmuştur (Tab.3.17).

B Yapısına ait Oda 5 ve Oda 6, Sektör 1'de (Şek.3.17), ve K12(q2) ve L12(q1) karelajlarında yer alır. Birbiri ile ilişkisi kurulan bu iki oda Giriş 4 ile birbirine bağlanır. Yamuk planlı Oda 5 ile dikdörtgen planlı Oda 6 toplam 14 m^2 boyutlarında olup iki odalı plan tipindedir. Bu iki mekân kuzeydoğu-güneybatı doğrultusunda uzanmaktadır. Oda 6'nın tabanının bir kısmı taşlarla kaplanmıştır. Kısmen tespit edilen bu taş döşemenin bir seki mi yoksa taban mı olduğu tahribat yüzünden anlaşılamamıştır. Oda 5'in tabanı ise sıkıştırılmış toprak tabandır. Mekânların duvarları çift sıra taştan kuru duvar tekniğinde örülmüştür. Duvarların temel seviyelerinin oldukça iyi korunageldiği, bazı duvarların ise 0,4 m yüksekliğe kadar korunduğu tespit edilmiştir. Bu iki mekânın diğer mekânlarla ve besin hazırlama alanıyla olan iletişimini sağlayacak herhangi bir giriş yeri tespit edilememiştir.

Yamuk plana sahip 9 m^2 boyutlarındaki Oda 5, Oda 4'ün batısında yer alır (Tab.3.18). Bu mekânın doğusunda yer alan Duvar 11 üzerinde, Oda 4'ten geçişi sağlayacak herhangi bir giriş yeri tespit edilememiştir. Oda 5'in güneyi ile Oda 6'nın kuzeyindeki ortak kullanılan Duvar 21 üzerinde, mekânlar arası geçişi sağlayan 0,8 m genişliğinde Giriş 4 bulunur. Bu giriş tabandan 1 taş sırası yükseltilerek oluşturulmuştur. Bu mekân içerisinde giriş haricinde herhangi bir mekân içi döşem bulunmamıştır.

Dikdörtgen planlı ve 5 m^2 boyutlarındadır olan Oda 6 ise Oda 3'ün kuzeybatısında yer alır (Tab.3.19). Bu mekân Oda 3'ün batı cephesine (Duvar 15'e) bitişik olarak inşa edilmiş ve aynı duvarı kullanmıştır. Duvar 21 üzerinde yer alan giriş 4, Oda 5 ile ortak kullanılır. Bu mekân içerisinde girişin yanı sıra diğer mekân içi döşem ise taş döşemedir. Ancak bu döşemenin yukarıda bahsedildiği üzere seki veya taban olup olmadığı tahribat nedeniyle belirsizdir. Döşemenin mevcut kısmından anlaşıldığı üzere, düzensiz şekilli, büyük boyutlardaki taşlarla kaplandığı ve muhtemelen çamurla sıvanarak düzgün bir yüzey oluşturulduğu düşünülmektedir.

Duvar	Uzunluk	Genişlik	Yükseklik	Mak. Taş Sırası Yük.	Mak. Taş Sırası Gen.	Denizden Yükseklik
Duvar 8	1,7 m	0,55/0,6 m	0,29 m	1	2	+58,01
Duvar 9	2 m	0,45 m	0,22 m	1	2	+57,96
Duvar 11	3,2 m	0,45 m	0,16 m	2	2	+58,00
Duvar 21	3,1 m	0,55 m	0,39 m	3	2	+58,40

Tablo 3.18 Oda 5'i çevreleyen duvarların bilgileri.

Duvar	Uzunluk	Genişlik	Yükseklik	Mak. Taş Sırası Yük.	Mak. Taş Sırası Gen.	Denizden Yükseklik
Duvar 10	1,7 m		0,18 m	1	2	
Duvar 15	1,5 m	0,5 m	0,4 m	3	2	+58,30
Duvar 21	2,7 m	0,5 m	0,4 m	3	2	+58,40
Duvar 22	3,75 m	0,5 m	0,42 m	3	2	+58,62

Tablo 3.19 Oda 6'yı çevreleyen duvarların bilgileri.

Oda 5 ve 6'nın kuzeybatısını sınırlayan kuzeydoğu-güneybatı uzantılı duvarlar (Duvar 9 ve 10), aynı zamanda yerleşimin de çevre duvarını oluşturmaktadır. Bu mekânların tek mimari döşemi her iki mekâna geçişi sağlayan (G-4) giriş ve mekân 6'daki olası taş döşeme taban veya sekidir. Oda 5 ve Oda 6'da içerisinde herhangi bir buluntu bulunmamıştır.

Oda 7, Sektör 1'de (Şek.3.17), ve L11(q2-q3)-12(q1-q2) karelajlarında yer alır. Mekânın batısı sınırlayan Duvar 10'nun tahribatından dolayı planı belirsizdir. Oda 7'nin yaklaşık 15 m^2 boyutlarında ve tek odalı olduğu anlaşılmaktadır. Oda 7, Oda 3 batısında, Oda 8'in kuzeyinde ve bu mekânlara bitişik olarak inşa edilmiştir. Mekânın tabanı sıkıştırılmış toprak tabandır. Mekânı çevreleyen korunmuş duvarlar çift sıra taştan kuru duvar tekniğinde örülmüştür. Duvarların temel seviyelerinin kısmen iyi korunageldiği, kuzcy duvarının (Duvar 22) ise 0,8 m yüksekliğe kadar korunduğu görülmektedir (Tab.3.20). Bu mekânın duvarları üzerinde diğer mekânlarla bağlantıyı, geçişi sağlayan herhangi bir giriş yeri tespit edilememiştir. Oda 7'nin batısını sınırlayan kuzeydoğu-güneybatı uzantılı duvar (Duvar 10) ile Duvar 24'ün uzantısının köşe yaparak birleşmesi gerekir, ancak bu kısım tamamen tahrip olmuştur. Aynı zamanda bu duvarlar yerleşimin çevre duvarını oluşturmaktadır. Oda 7'nin, kuzeydoğu duvarı (Duvar 22) Oda 6 ile, doğu duvarı (Duvar 15) Oda 3 ile, güney duvarı (Duvar 23) Oda 8 ile, ortak (duvarların) kullanılarak bitişik düzende inşa edildiği saptanmıştır. Oda 7 içerisinde herhangi bir mekân içi döşem bulunmamıştır. 1 adet yivli ağırlık, 2 adet balta, 2 adet mablak, 1 adet kil perdah aleti, 1 adet deniz kabuğu boncuk bulunmuştur.

Oda 8, Sektör 1'de (Şek.3.17), ve L11(q3)-12(q2) ve M11(q4)-12(q1) karelajlarında yer alır. Dörtgen plana sahip Oda 8, 16,20 m^2 boyutlarında olup, tek odalıdır. Oda kuzeybatı-güneydoğu doğrultusunda uzanmaktadır. Oda 8, Oda 7'nin güneyinde, Oda 9'un kuzeyinde, Oda 10'un batısında yer alır ve bu mekânlara bitişik olarak inşa edilmiştir. Bu mekânların ortak duvarları paylaştıklarının altı çizilmelidir. Mekânın tabanı sıkıştırılmış toprak tabandır. Mekânı çevreleyen duvarlar çift sıra taştan kuru duvar tekniğinde örülmüştür. Duvarların temel seviyelerinin kısmen iyi korunageldiği, bazı duvarların ise 0,23 m yüksekliğe kadar korunduğu görülmektedir (Tab.3.21). Bu mekânın duvarları üzerinde diğer mekânlara bağlantıyı, geçişi sağlayan herhangi bir giriş yeri tespit edilememiştir. Ayrıca bu mekân içerisinde herhangi bir mekân içi döşem bulunmamıştır. Oda 8'in batısını sınırlayan kuzeybatı-güneydoğu uzantılı duvarı (Duvar 24), aynı zamanda yerleşimin çevre duvarını oluşturmaktadır. Oda 8'in, kuzeyindeki Duvar 23 mekân 7 ile, doğusundaki Duvar 20 mekân 10 ile, güneyindeki Duvar 25 ise mekân 9 ile ortak (duvarların) kullanılarak bitişik düzende inşa edildiği saptanmıştır. Oda 8 içerisinde herhangi bir buluntu ve mekân içi döşem bulunmamıştır.

Belirsiz bir plana sahip Oda 9, korunmuş duvarlardan yola çıkılarak yaklaşık 22 m^2 boyutlarında olup tek odalı olduğu anlaşılmaktadır. Mekânı çevreleyen Duvar 26 ile Duvar 27'nin birleşme kısmı, güney duvarı tahrip olmuştur. Oda 9, Oda 8 ve 10'un güneyinde yer almaktadır ve bu mekânlara bitişik olarak inşa edilmiştir. Bu mekânların ortak duvarları (Duvar 19 ve Duvar 25) paylaştıklarının altı çizilmelidir. Mekânın tabanı sıkıştırılmış toprak tabandır. Mekânı çevreleyen korunmuş duvarlar çift sıra taştan kuru duvar tekniğinde örülmüştür. Duvarların korunmuş temel seviyelerinin kısmen iyi korunduğu görülmektedir (Tab.3.22). Bu mekânın duvarları üzerinde diğer mekânlarla bağlantıyı, geçişi sağlayan herhangi bir giriş yeri tespit edilememiştir. Oda 9'un batısını sınırlayan kuzeybatı-güneydoğu uzantılı duvarı (Duvar 26), aynı zamanda yerleşimin çevre duvarını oluşturmaktadır. Oda 8'in güney duvarı (Duvar 25) ile Oda 10'un güney duvarı (Duvar 19) Oda 9'un kuzeyindeki duvarlarını oluşturmaktadır. Mekânın doğusunda ise Duvar 27 bulunmaktadır. Oda 9 içerisinde herhangi bir mekân içi döşem bulunmamıştır. Ancak, bu mekân içinde 6 adet öğütme taşı, 1 adet el taşı, 2 adet havaneli, 1 adet balta, 2 adet mablak, 1 adet bız, 1 adet kemik sap, 1 adet kil heykelcik başı bulunmuştur. Bunlara ek olarak mekân dışında, Duvar 27'nin doğusunda 2 adet zoomorfik kulp parçası bulunmuştur.

Duvar	Uzunluk	Genişlik	Yükseklik	Maks. Taş Sırası Yük.	Maks. Taş Sırası Gen.	Denizden Yükseklik
Duvar 10	1,70 m	0,5 m	0,38 m	2	2 ?	+58,20
Duvar 15	2 m	0,5 m	0,5 m	3	2	+58,32
Duvar 22	4 m	0,5 m	0,8 m	6	2	+58,62
Duvar 23	4,40 m	0,45/0,4 m	0,18 m	1	2	+58,03

Tablo 3.20 Oda 7'yi çevreleyen korunmuş duvar bilgileri.

Duvar	Uzunluk	Genişlik	Yükseklik	Mak. Taş Sırası Yük.	Mak. Taş Sırası Gen.	Denizden Yükseklik
Duvar 20	3,3 m	0,4 m	0,19 m	1	2	+58,04
Duvar 23	4,8 m	0,4 m	0,18 m	1	2	+58,03
Duvar 24	4,7 m	0,4 m	0,16 m	1	2	+58,01
Duvar 25	3,5 m	0,4 m	0,23 m	2	2	+58,08

Tablo 3.21 Oda 8'i çevreleyen duvarların bilgileri.

Duvar	Uzunluk	Genişlik	Yükseklik	Mak. Taş Sırası Yük.	Mak. Taş Sırası Gen.	Denizden Yükseklik
Duvar 19	3,7 m	0,4 m	0,27 m	2	2	+58,12
Duvar 25	4 m	0,45 m	0,23 m	2	2	+58,08
Duvar 26	4,1 m	0,45 m	0,32 m	3	2	+58,17
Duvar 27	3,7 m	0,45 m	0,24 m	2	2	+58,09

Tablo 3.22 Oda 9'u çevreleyen korunmuş duvar bilgileri.

Yamuk plana sahip Oda 10, 13,30 m^2 boyutlarında olup, tek odalıdır. Oda kuzeydoğu-güneybatı doğrultusunda uzanmaktadır. Mekânın tabanı sıkıştırılmış toprak tabandır. Mekânı çevreleyen duvarlar çift sıra taştan kuru duvar tekniğinde örülmüştür. Duvarların temel seviyelerinin oldukça iyi korunageldiği, bazı duvarların 0,36 m yüksekliğe kadar korunduğu tespit edilmiştir (Tab.3.23). Bu mekânın duvarları üzerinde diğer mekânlarla bağlantıyı, geçişi sağlayan herhangi bir giriş yeri tespit edilememiştir. Ayrıca bu mekân içerisinde herhangi bir mekân içi döşem bulunmamıştır. Oda 10, Oda 3'ün güneyinde yer almakta ve Oda 3'e bitişik olarak inşa edilmiştir. Özellikle Oda 3'ün güney duvarı (Duvar 16) aynı zamanda Oda 10'nun kuzey duvarını oluşturmakta ve bu duvarın her iki yapı tarafından ortak kullanıldığı anlaşılmıştır. Oda 10 içerisinde herhangi bir buluntu ve mekân içi döşem bulunmamıştır.

Duvar	Uzunluk	Genişlik	Yükseklik	Mak. Taş Sırası Yük.	Mak. Taş Sırası Gen.	Denizden Yükseklik
Duvar 16	4,45 m	0,4/0,45 m	0,36 m	4	2	+58,42
Duvar 18	3,5 m	0,4 m	0,36 m	2	2	+58,34
Duvar 19	3,05 m	0,4 m	0,3 m	3	2	+58,12
Duvar 20	3,6 m	0,4 m	0,28 m	1	2	+58,04

Tablo 3.23 Oda 10'u çevreleyen duvarların bilgileri.

Besin Hazırlama Alanı 1: Sektör 1'de Oda 3 ve 4 kuzeydoğusundaki ve doğusundaki ortalama 16,4 m² boyutlarındaki alandır. Aynı zamanda Mekân 1 ile Oda 3 arasında kalan alandır. Mekân 3'ün diğer yapılarla iletişimini sağladığı alandır. Bu faaliyet alanında farklı açık alan aktivitelerinin yapıldığı ortak bir işlik alanıdır. Bu alanda 0,8x0,65 m boyutlarında kil tabanlı Ocak 2 bulunur. Buluntular; 2 adet öğütme taşı, 4 adet perdah taşı, 2 adet keser, 2 adet mablak, 3 adet bız, 1 adet delgeç ve 1 adet kapak şeklindedir (Tab.3.24).

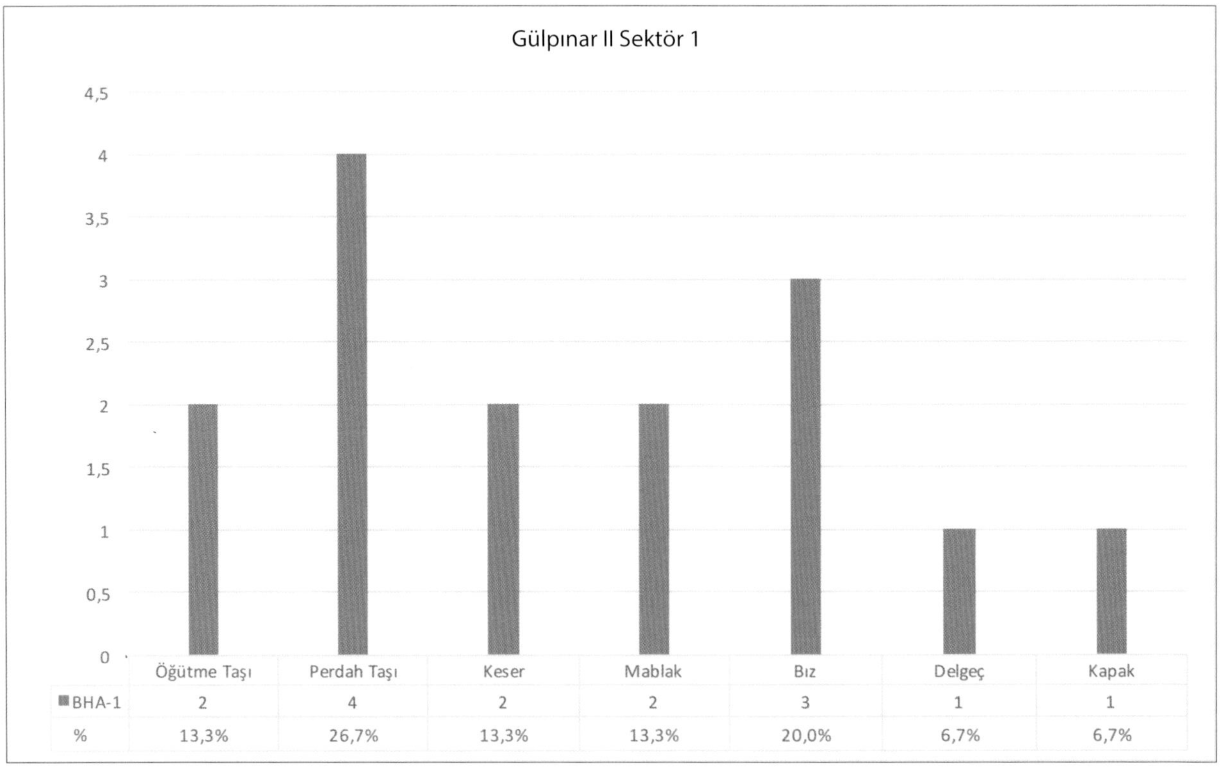

Tablo 3.24 Besin Hazırlama Alanı 1 buluntuları..

B Yapısına ait taş döşeli avlunun (Oda 3) inşa detayları incelendiğinde ilk önce bu mekânın inşa edildiği daha sonra artan nüfus veya ihtiyaca göre çevresine odalar (Oda 4, Oda 5, Oda 6, Oda 7, Oda 8, Oda 9 ve Oda 10) eklendiği anlaşılmaktadır. Bu evrede mekânlar birbirine eklenerek çoğaltılmıştır. Bu duruma zaman içerisinde nüfus artması neden olabilir. Bu evre genelinde odalar birbirine eklenerek çoğaltıldığı için düz yerleşim formasyonu özelliği sergilediği ileri sürülmektedir. Özellikle Gülpınar'daki birbirine eklenerek çoğaltılan odalar için; yerleşmedeki nüfus artışı etkisinin yanı sıra; evlenen bireylerin bir önceki (ebeveynlerinin evi) odanın duvarlarını kullanarak kendi evlerini inşa ettikleri ileri sürülebilir. Yani her yeni yapılacak oda kendinden önce inşa edilmiş odanın duvarlarından birine bitişik olarak yapılmaktadır.

3.1.1.3. K Yapısı (Oda 33-Oda 35; Besin Hazırlama Alanı 8)

Sektör 2'in kuzeyinde (Şek.3.12), ve M15(q3)-M16(q2) ve N15(q4)-N16(q1-q2) karelajlarındaki alanda yer alır. Evre II'nin domestik özellikler gösteren ikinci önemli yapısıdır. K Yapısı dörtgen planlı Oda 33, planı ve boyutları belli olmayan Oda 34, dikdörtgen planlı Oda 35 ve besin hazırlama alanı 8'den oluşmaktadır (Şek.3.21). Mekânlar tek odalı plan tipindedir. Mekânlar toplamı yaklaşık 41,50 m² boyutlarındadır. Bu mekânlar kuzeydoğu-güneybatı doğrultusunda uzanmaktadır. Yapıya giriş kuzey yönünden sağlanmaktadır (Şek.3.22). Mekânın tabanı sıkıştırılmış toprak tabandır. Mekânın tüm duvarları çift sıra taştan kuru duvar tekniğinde örülmüştür. Duvarların temel seviyelerinin oldukça iyi korunageldiği, bazı duvarların (Duvar 95) 0,73 m yüksekliğe kadar korunduğu tespit edilmiştir (Tab.3.25).

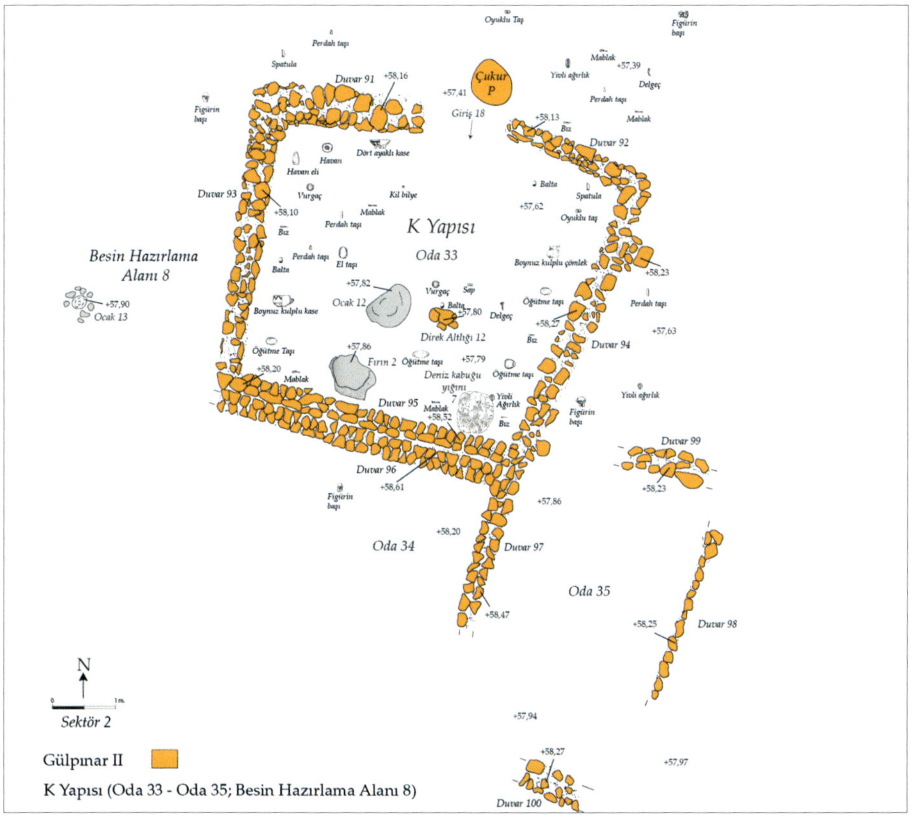

Şekil 3.21
Sektör 2, Gülpınar II, K Yapısı planı ve buluntuların mekân içi dağılımı *(© GKP)*.

Şekil 3.22
Sektör 2, Gülpınar II, K Yapısı Oda 33 *(© GKP)*.

Duvar	Uzunluk	Genişlik	Yükseklik	Mak. Taş Sırası Yük.	Mak. Taş Sırası Gen.	Denizden Yükseklik
Duvar 91	2,35 m	0,6 m	0,54 m	3	2	+58,16
Duvar 92	2,3 m	0,45 m	0,51 m	2	2	+58,13
Duvar 93	4,45 m	0,5 m	0,31 m	2	2	+58,10
Duvar 94	4,85 m	0,5 m	0,65 m	4	2	+58,27
Duvar 95	4,85 m	0,5 m	0,73 m	4	2	+58,52

Tablo 3.25 Oda 33'ü çevreleyen duvarların bilgileri.

Oda 33, çevre hanelerle ile iletişimini mekânın kuzeyinde bulunan Besin Hazırlama Alanı 8'den sağlamaktadır. Besin hazırlama alanına geçiş, mekânın kuzeyindeki duvarların (Duvar 91 ile 92) arasında yer alan 1,45 m genişliğindeki Giriş 18'den sağlanmaktadır. Aynı zamanda girişin hemen önünde bir çukur (Çukur P) yer almaktadır.

Şekil 3.23
Sektör 2, Gülpınar II, K Yapısı Oda 33 içerisindeki Ocak 12 ve Fırın 2'nin detay görünümü *(© GKP)*.

Girişin karşısında ve mekânın ortasında damı desteklemek amacıyla kullanılan ahşap direğin yerleştirildiği, 0,25 m çapında Direk Altlığı 12, taban üzerine oturtulmuştur. Bu direk altlığı düzgün yüzeyli ve yuvarlak formda bir taş olup etrafı küçük taşlarla desteklenmiştir. Girişin karşısında ve mekânın ortasında, yemek pişirme etkinliğini kanıtlayan, 0,83x0,61 m boyutlarında kilden tabana sahip oval formlu Ocak 12 bulunur. Direk altlığının yanında bulunan bu ocağın kil tabanı evsel pişirme etkinliği nedeniyle sertleşmiştir. Oda 33'ün diğer en önemli mimari döşemi ise, girişin karşısındaki güney duvara (Duvar 95) bitişik yapılan Fırın 2'dir (Şek.3.23). Kil tabanlı fırın 0,65x0,65 m boyutlarında ve yuvarlak bir forma sahiptir. Fırının ağzı girişe doğru bakmaktadır. Bu fırının, üst örtüsüne ait olan kil tavan parçaları, fırının tabanı üzerine çökmüş ve etrafına dağılmış bir şekilde tespit edilmiştir. Aynı zamanda mekânın güneydoğu köşesinde 0,75x0,63 m boyutlarındaki bir alanda, dört türe ait depolanmış bir şekilde Deniz Kabuğu Yığını 7 ele geçmiştir.

Bu yığınların hemen yanında ise *in situ* yivli bir ağırlık bulunmuştur. Ocak ve deniz kabuklarının bir arada ele geçmesi, besin hazırlama ve tüketme etkinliklerinin aynı mekânda, birlikte gerçekleştirildiğine dair güzel bir arkeolojik veridir. Bunun yanı sıra mekânların içlerinde ocakların yanında yığın şeklinde bulunan deniz kabukları yerleşimcilerin deniz ürünlerini ile geçim ekonomilerini desteklediklerini göstermektedir. Bu mekânın gerek mimari döşemlerinden gerekse mekân içi buluntularından, temel ekonomik aktivitelerin gerçekleştirildiği evsel mekân olarak kullanıldığı anlaşılmaktadır.

Oda tabanı üzerinde dönemin karakteristik formlarını yansıtan, sağlam iki adet kap ele geçmiştir. Bunlardan biri boynuz kulplu kırmızı boyalı iyi perdahlı çanak, diğeri ise boynuz kulplu şişkin gövdeli boyunlu çömlektir (Şek.2.10.2-3). Mekân 33'ün duvarlarının inşa tekniği diğer bütün yapılardan farklıdır. Mekânın temelini oluşturan birinci taş sırası diğer yapıların aksine, büyük doğal taşların dikine tabana

Şekil 3.24
Sektör 2, Gülpınar II, K Yapısı
Oda 33 güney duvarı (Duvar 95)
(© GKP).

yerleştirilmesiyle oluşturulmuş, ikinci taş sırası ise normal büyüklükte taşların yatay konulmasıyla duvar yükseltilmiştir. Temelde kullanılan büyük taşların bir tanesi I. evreye ait yapılardan birine ait söve taşı olmalıdır (Şek.3.24).

Oda içerisinde oval formlu Ocak 12, yuvarlak formlu Fırın-2 ve damı desteklemek amacıyla kullanılan ahşap Direk Altığı-12 bulunmuştur. Oda 33'de görülen bir başka önemli mimari döşem ise Giriş 18'dir. Oda 33 buluntuları arasında 4 adet öğütme taşı, 1 adet el taşı, 2 adet perdah taşı, 1 adet havaneli, 1 adet havan, 2 adet vurgaç, 1 adet yivli ağırlık, 3 adet balta, 1 adet oyuklu taş, 1 adet taş küre, 3 adet mablak, 3 adet bız, 1 adet delgeç, 1 adet spatula, 1 adet kemik sap, 3 adet sağlam kap gibi farklı amaçlar için kullanılan materyal kültür öğeleri önemli yer tutar (Tab.3.26).

Oda 34'ün planı ve boyutları belirgin değildir. Mekânın sadece kuzey duvarı (Duvar 96) ve doğu duvarının (Duvar 97) bir kısmı ele geçmiştir. Mekânın tabanı hakkında bilgi yoktur ve eldeki duvarları çift sıra taştan kuru duvar tekniğinde örülmüştür. Mekân 34'ün kuzey duvarının (Duvar 96) temel seviyesi oldukça iyi korunageldiği ve duvarın 0,4 m yüksekliğe kadar korunduğu tespit edilmiştir (Tab.3.27).

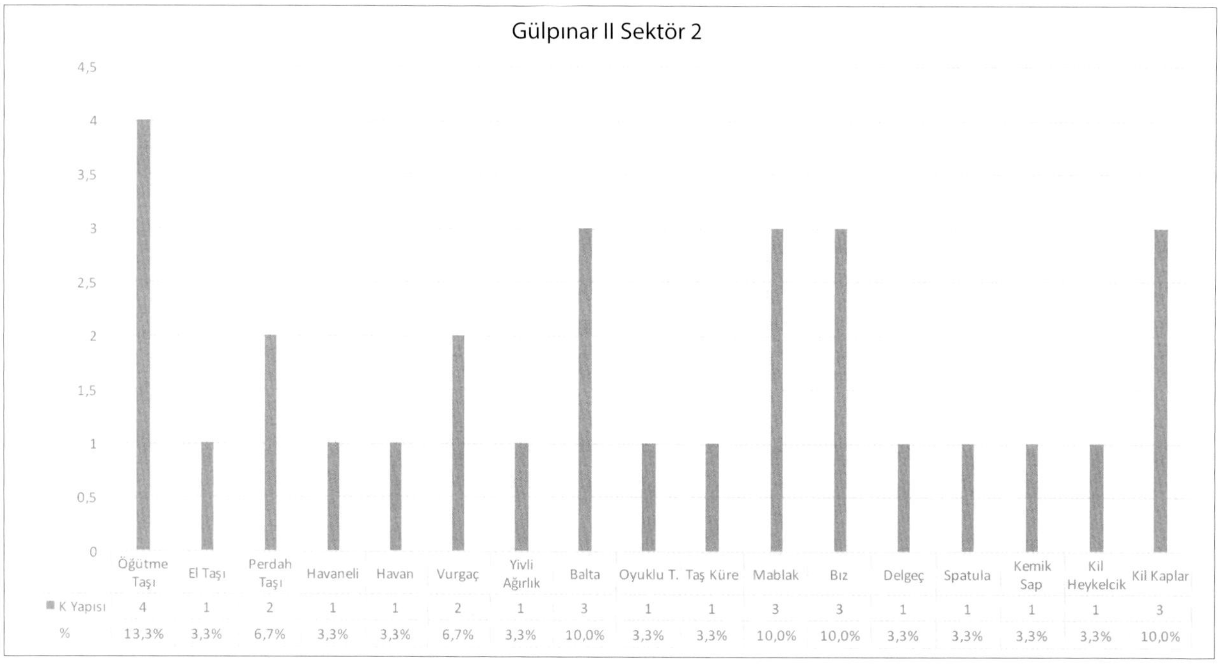

Tablo 3.26 K Yapısı mekân içi buluntuları.

Duvar	Uzunluk	Genişlik	Yükseklik	Mak. Taş Sırası Yük.	Mak. Taş Sırası Gen.	Denizden Yükseklik
Duvar 96	5 m	0,45 m	0,4 m	2	2	+58,61
Duvar 97	2,45 m	0,45 m	0,38 m	2	2	+58,47

Tablo 3.27 Oda 34'ü çevreleyen korunmuş duvar bilgileri.

Oda 33'ün güneyinde yer alan Oda 34'ün kuzey duvarının (Duvar 96) yerleşimin genelinden farklı bir uygulama ile inşa edildiği tespit edilmiştir. Mekânın kuzey duvarı (Duvar 96), mekân 33'ün güney duvarına (Duvar 95) bitişik yapıldığı anlaşılmaktadır. Yerleşimde bütün yapılar aynı ortak duvarı kullanmayı tercih ederken burada Mekân

34 bağımsız kendi duvarını kullanmayı tercih ettiği anlaşılmıştır. Birbirine bitişik iki ayrı duvar yapılmasını, arazinin kuzeydoğuya doğru eğimli olmasından dolayı oluşacak baskıyı azaltmak için bu tür bir uygulamanın tercih edildiği düşünülmektedir. Oda 34 içerisinde herhangi bir mekân içi döşem bulunmamıştır. Oda 34'ün içerisinde sadece 1 adet kil heykelcik başı bulunmuştur.

Dikdörtgen plana sahip Oda 35, korunmuş duvarlardan yola çıkılarak ortalama 15 m^2 boyutlarında olup tek odalı olduğu anlaşılmaktadır. Oda kuzeydoğu-güneybatı doğrultusunda uzanmaktadır. Mekânı çevreleyen duvarlar kısmen korunabilse de mekânın planını vermektedir. Bu mekânın duvarları tahrip olmuş bir şekilde ele geçtiği için geçişi sağlayan herhangi bir giriş yeri tespit edilememiştir. Mekânın tabanı sıkıştırılmış toprak tabandır. Mekânın korunabilen kısımlarından anlaşılabildiği kadarıyla, duvarları çift sıra taştan kuru duvar tekniğinde örülmüştür. Oda 35'ün batı duvarının (Duvar 97) temel seviyesi oldukça iyi korunageldiği ve duvarın 0,61 m yüksekliğe kadar korunduğu tespit edilmiştir (Tab.3.28). Oda 35, Oda 34'ün doğusunda yer almakta ve bu odaya bitişik olarak inşa edilmiştir. Özellikle Oda 34'ün doğu duvarı (Duvar 97) aynı zamanda Oda 35'ün batı duvarını oluşturmakta ve bu duvarın iki yapı tarafından ortak kullanıldığı anlaşılmıştır. Oda 35 içerisinde herhangi bir buluntu ve mekân içi döşem bulunmamıştır.

Duvar	Uzunluk	Genişlik	Yükseklik	Mak. Taş Sırası Yük.	Mak. Taş Sırası Gen.	Denizden Yükseklik
Duvar 97	2,9 m	0,4 m	0,61 m	3	2	+58,47
Duvar 98	3,15 m	0,5 m ?	0,39 m	2	2	+58,25
Duvar 99	1,45 m	0,5 m	0,37 m	2	2	+58,23
Duvar 100	1,1 m	0,5 m	0,41 m	2	2	+58,27

Tablo 3.28 Oda 35'i çevreleyen korunmuş duvar bilgileri.

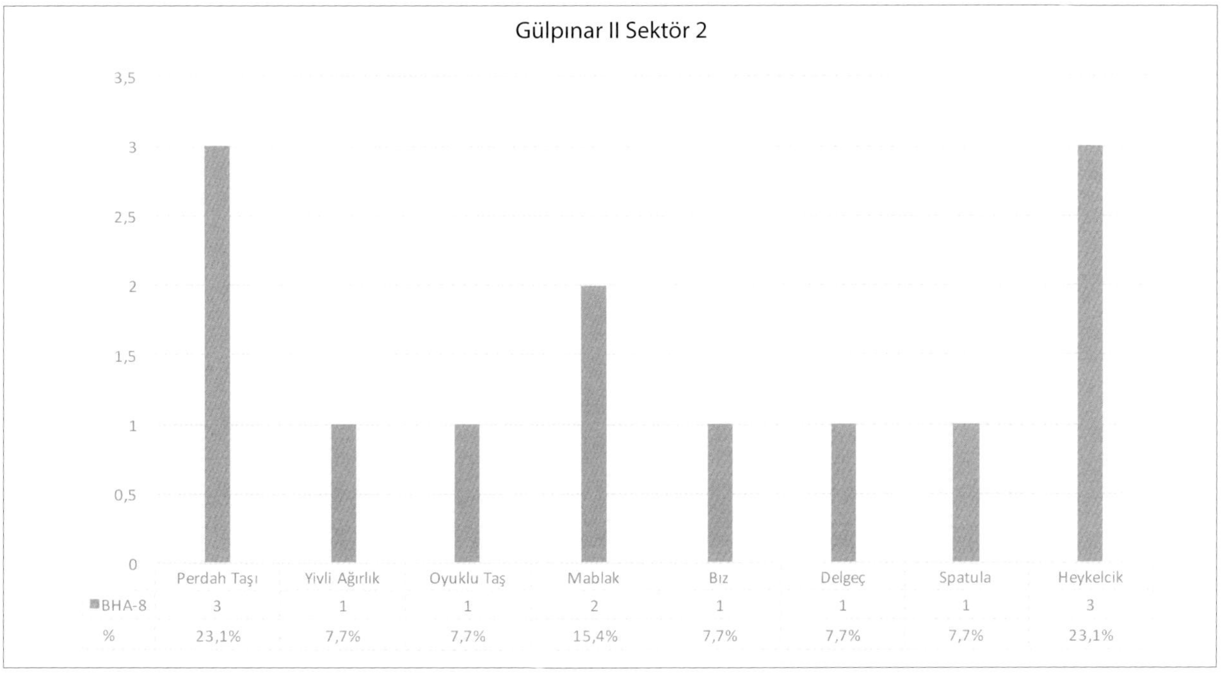

Tablo 3.29 Besin Hazırlama Alanı 8 buluntuları.

Besin Hazırlama Alanı 8: Sektör 2'de Oda 33'ün kuzeyinde ve Oda 34'ün batısında kalan ortalama 23,7 m^2 boyutlarındaki alandır. Burada etrafı taşlarla sınırlandırılmış 0,56x0,53 m boyutlarında Ocak 13 ve Çukur P bulunur. Bu alanda sadece 1 adet kil heykelcik başı bulunmuştur. Bu alanın yoğun geç dönem yapılaşması yüzünden tahrip olduğu tespit edilmiştir. Çukur P'nin çevresindeki alanın buluntuları; 1 adet yivli ağrılık, 3 adet perdah taşı, 1 adet oyuklu taş, 2 adet mablak, 1 adet bız, 1 adet delgeç, 1 adet spatula be 2 adet kil heykelcik başı şeklindedir (Tab.3.29).

3.1.1.4. Oda 11

Sektör 1'de (Şek.3.11), ve L13 (q1-q4) karelajlarındaki alanda yer alır. Belirsiz bir plana sahip Oda 11, yaklaşık 16 m^2 boyutlarında ve tek odalı olduğu düşünülmektedir. Oda, kuzeydoğu-güneybatı doğrultusunda uzanmaktadır. Mekânın tabanı sıkıştırılmış toprak tabandır. Mekânı çevreleyen duvarlar tahrip olmuş bir şekilde ele geçmiştir. Mekânın duvarları çift sıra taştan kuru duvar tekniğinde örüldüğü anlaşılmıştır. Duvarların temel seviyelerinin korunageldiği bazı duvarların 0,43 m yüksekliğe kadar korunduğu tespit edilmiştir (Tab.3.30). Oda 11, Oda 1'in doğusunda yer almaktadır. Oda, mekân 1'e bitişik olarak inşa edilmiştir. Özellikle mekân 1'in doğu duvarı (Duvar 5) aynı zamanda Oda 11'in batı duvarını oluşturmakta ve bu duvarın iki yapı tarafından ortak kullanıldığı anlaşılmıştır. Oda 11 içerisinde herhangi bir mimari döşem bulunmamıştır. Oda 11'in buluntuları arasında 1 adet mablak ve 1 adet deniz kabuğu boncuk bulunmuştur. Oda 11'in kuzeyinde Duvar 2 ile Duvar 30 arasında kalan yerde ise; 1 adet balta ve 1 adet perdah taşı önemli yer tutar.

Duvar	Uzunluk	Genişlik	Yükseklik	Mak. Taş Sırası Yük.	Mak. Taş Sırası Gen.	Denizden Yükseklik
Duvar 5	6,15 m	0,45/0,50 m	0,45 m	3	2	+58,03
Duvar 30	1,9 m	0,60 m	0,25 m	1	2	+57,80
Duvar 31	3,4 m	0,55 m	0,43 m	3	2	+57,94
Duvar 32	2,4 m	0,55 m	0,1 m	1	2	+57,64

Tablo 3.30. Oda 11'i çevreleyen duvarların bilgileri.

3.1.1.5. Oda 12 ve Oda 13

Sektör 1'in doğusunda (Şek.3.11), ve L13(q3)-M13(q4) karelajlarında yer alır. Korunmuş duvarlardan yola çıkılarak dikdörtgen plana sahip olduğu anlaşılan Oda 12 açığa çıkarıldığı kadarıyla yaklaşık 11,2 m^2 boyutlarındadır. Dikdörtgen planlı Oda 13 ise 1,6 m^2 boyutlarında olup, bu iki mekân kuzeybatı-güneydoğu doğrultusunda uzanmaktadır. Birbirine bitişik inşa edilen ve aynı duvarı (Duvar 34) ortak kullanan Oda 12 ile 13'ün birbirleriyle bağlantılı oldukları anlaşılmış fakat geçiş/giriş yeri tahribattan dolayı tespit edilememiştir. Oda 12'nin tabanı sıkıştırılmış toprak tabandır. Mekânı çevreleyen duvarlardan Duvar 33 kısmen tahrip olmuş bir şekilde ele geçmiş olup, Duvar 33 ve 34'ün uzantıları ile mekânın doğusunu sınırlayan duvar muhtemelen kazılmamış kısımda bulunmaktadır. Mekânın duvarları çift sıra taştan kuru duvar tekniğinde örüldüğü anlaşılmıştır. Duvarların korunmuş temel seviyelerinin kısmen iyi korunduğu görülmektedir. Bu mekânın duvarları üzerinde diğer mekânlarla bağlantıyı, geçişi sağlayan herhangi bir giriş yeri tespit edilememiştir. Tabanı sıkıştırılmış toprak taban olan Oda 13, dikdörtgen planlı ve 1,6 m^2 boyutlarındadır. Mekânın duvarları çift sıra taştan kuru duvar tekniğinde örüldüğü anlaşılmıştır. Oda 12'ye bitişik inşa edilen bu mekânın işlevi hakkında net bir veri olmamasına rağmen boyutları itibariyle depo olarak kullanıldığı düşünülmektedir. Bu mekânın taş temel seviyesi korunmuş duvarları üzerinde geçişi sağlayacak herhangi bir giriş yeri tespit edilememiştir. Oda 12'de 1 adet balta, 1 adet topuz başı, 2 adet taş boncuk, 1 adet bız, 1 adet kapak, 2 adet kil perdah aleti, 1 adet kil heykelcik başı bulunurken, Oda 13'de ise sadece 1 adet balta bulunmuştur. Sektör 1'in güneydoğusunda belirgin bir plan vermeyen Oda 12 ve Oda 13'ün güneyinde (Duvar 34 ve Duvar 36'nın güneyinde) kalan alanın buluntuları; 1 adet öğütme taşı, 2 adet perdah taşı, 1 adet zoomorfik kulp ve 1 adet kil heykelcik başı şeklindedir.

3.1.1.6. Besin Hazırlama Alanı 2

Sektör 1'in kuzeybatısında, Oda 5-6 ve 7'nin kuzeybatısında, yerleşimi çevreleyen duvarların dışında kalan ortalama 19,3 m^2 boyutlarındaki üstü açık alandır. Besin hazırlama alanı, farklı açık alan aktivitelerinin yapıldığı ortak bir işlik alanıdır. Bu alanda özellikle Oda 5'in kuzeydoğu-güneybatı uzantılı duvarının (Duvar 9) faaliyet alanına bakan batı yüzünde, duvarın hemen yanında *Ensis ensis* türüne ait Deniz Kabuğu Yığını 2, yaklaşık 0,65x0,60 m boyutlarında bir yığın şeklinde bulunmuştur. Buluntular; 4 adet öğütme taşı, 1 adet el taşı, 1 adet perdah taşı, 9 adet balta, 1 adet keski, 3 adet taş küre, 3 adet mablak, 1 adet bız, 1 adet delgeç, 1 adet spatula, 2 adet zoomorfik kulp, 2 adet ağırşak, 2 adet çömlek kırığı disk, 1 adet tam kap şeklindedir (Tab.3.31).

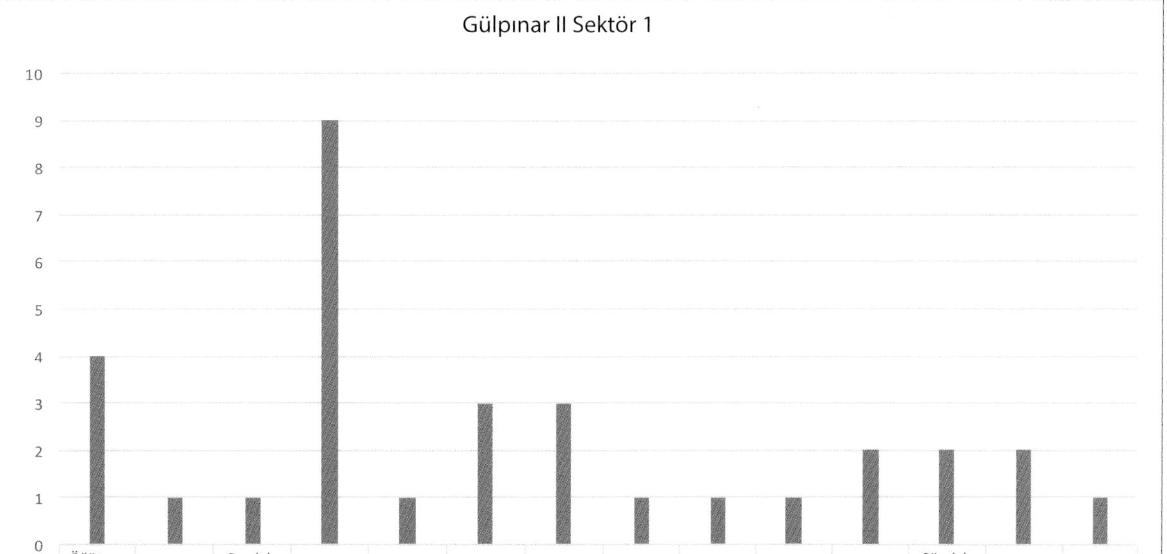

	Öğütme Taşı	El Taşı	Perdah Taşı	Balta	Keski	Taş Küre	Mablak	Bız	Delgeç	Spatula	Ağırşak	Çömlek Kırığı Disk	Heykelcik	Kil Kaplar
■BHA-2	4	1	1	9	1	3	3	1	1	1	2	2	2	1
%	12,5%	3,1%	3,1%	28,1%	3,1%	9,4%	9,4%	3,1%	3,1%	3,1%	6,3%	6,3%	6,3%	3,1%

Tablo 3.31 Besin Hazırlama Alanı 2 buluntuları.

3.1.1.7. Besin Hazırlama Alanı 3

Sektör 1'de A Yapı Kompleksi'ne ait Oda 1 ve 2'nin kuzeyinde kalan ortalama 20,7 m^2 boyutlarındaki üstü açık alanı kapsamaktadır. Burada arka kısmı küçük taşlarla örülerek, yan tarafları ise toprakla sıvanarak yükseltilmiş 1,4x1,2 m boyutlarında Ocak 3 bulunur. Ocağın üzerinde yoğun kül tabakasına ve içinde kömür kalıntılarına rastlanılmıştır. Ayrıca ocağın iç kısmı ve yan duvarları ısıdan dolayı sertleşmiştir. Ocağın hemen 1m doğu kısmında ise yaklaşık 0,65x0,55 m boyutlarında, toplu olarak bir arada *Mytilus galloprovincialis* türüne ait deniz kabuğu tığını 1 bulunmuştur. Besin hazırlama alanı 3 ile A Yapı Kompleksi arasındaki iletişimin, yapının kuzeydoğusundaki (Geç dönem yapıları tarafından tahrip edilmiş) muhtemel girişinden sağlandığı ve hane sakinlerinin diğer hane üyeleriyle bir araya gelip gündelik aktiviteler için bu alanın müşterek kullanıldığı düşülmektedir. Bu alanın buluntuları; 3 adet öğütme taşı, 1 adet balta, 1 adet taş küre, 6 adet mablak, 3 adet bız ve 3 adet kil perdah aletidir (Tab.3.32), (Tab.3.33).

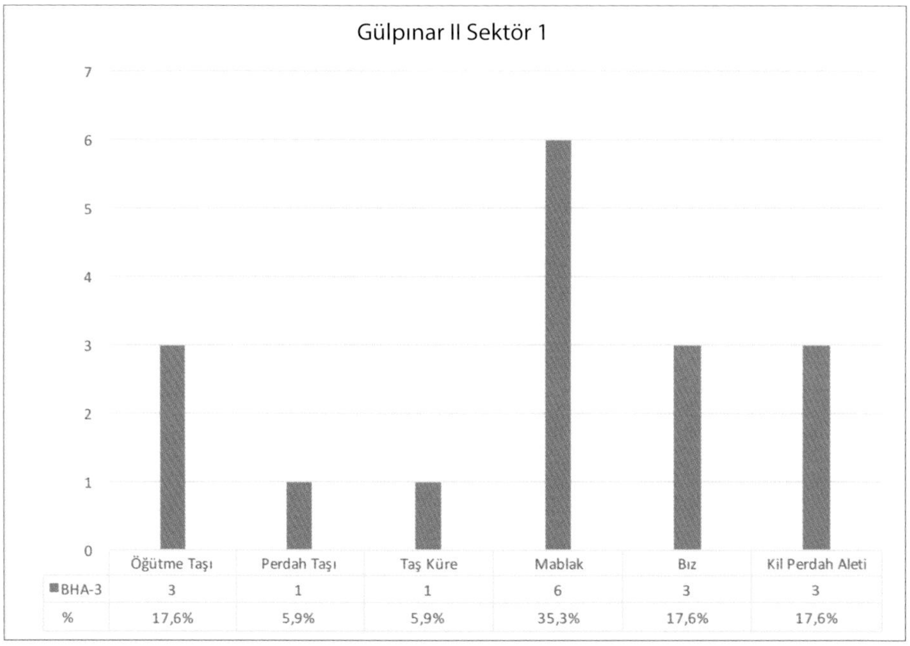

Tablo 3.32 Besin Hazırlama Alanı 3 buluntuları.

Besin Hazırlama Alanı	Sektör	Kültür Katı	Buluntu	Yapı öğesi	Buluntular
Besin Hazırlama Alanı 1	1	II	15	Ocak 2	öğütme taşı (2), perdah taşı (4), keser (2), mablak (2), bız (3), delgeç (1), kapak (1)
Besin Hazırlama Alanı 2	1	II	32	DK-2	öğütme taşı (4), el taşı (1), perdah taşı (1), balta (9), keski (1), taş küre (3), mablak (3), bız (1), delgeç (1), spatula (1), zoomorfik kulp (2), ağırşak (2), çömlek kırığı disk (2), tam kap (1)
Besin Hazırlama Alanı 3	1	II	17	Ocak 3 ve DK-1	öğütme taşı (3), balta (1), taş küre (1), mablak (6), bız (3), kil perdah aleti (3)
Besin Hazırlama Alanı 8	2	II	13	Ocak 13 ve Çukur P	perdah taşı (3), yivli ağırlık (1), oyuklu taş (1), mablak (2), bız (1), delgeç (1), spatula (1), kil heykelcik başı (3)

Tablo 3.33 Gülpınar II Besin Hazırlama Alanı bilgileri.

3.2.2. İç ve Dış Mimari Döşemler

Prehistorik Gülpınar yerleşiminde taşınmaz mekân içi ve dışı döşemleri arasında yer alan giriş, seki, direk altlığı, ocak ve fırın vb. gibi yapı elemanları, yerleşimde yaşayan topluluğun kullanım önceliğine, ihtiyacına göre mekân içerisine veya dışına konumlandırıldığı anlaşılmaktadır. Bir yerleşimde mekân kullanımının arkeolojik yansıması ise mekân içi ve dışında bulunan mimari döşemlerdir.

Sektör 1 ve Sektör 2 de yer alan Gülpınar II evresine tarihlenen iç ve dış mimari döşemler kullanım alanlarına göre incelenmiştir. Bunlar arasında; ocaklar, fırınlar, sekiler, ahşap direk altlıkları, işlik alanları, girişler/kapılar, erzak/çöp çukurları ve depolama birimleri bulunur. Yerleşimde, mekânların içinde veya dışında bulunan mimari döşemler, aynı zamanda hanelerin ekonomik ve ekolojik süreçlerinin doğrudan ifade edildiği sosyal grupları bir araya getiren alanlardır. Hane içi döşemlerden birlikte yaşayıp aynı kaynakları birlikte paylaşan, hane dışı döşemlerden ise yerleşim içi aktivitelere toplu olarak katılan bir insan topluluğundan söz edilebilir.

Gülpınar II evresine ait odaların girişlerinin bulunması, bir ön cephe veya kapı önü boşluğu kavramının olup olmadığı sorusunu akla getirmiştir. Birbirine bitişik nizamlı odalardan meydana gelen Gülpınar II evresinde her yeni yapılacak oda kendinden önce inşa edilmiş odanın duvarlarından birine bitişik olarak yapıldığı için bu gibi kavramların kullanımı tercih edilmemiştir.

Yerleşimin mimarisinin en önemli iç döşemleri arasında yer alan ocakları her mekân içinde ele geçmese de, genellikle yapıların ortasında bulunur. Fırın ise sadece bir mekânda ele geçmiş ve bu mekânın güney duvarına bitişik bir şekilde bulunmaktadır. Mekân içlerinde farklı işlevlerde kullanılan sekiler ise genellikle mekânın duvarlarına bitiştirilmiş şekilde bulunurlar. Direk altlıkları genellikle yapıların ortasında yer alır. İşlik alanları mekân içlerinde yer alabildiği gibi faaliyet alanlarında da bulunmaktadır. Aynı şekilde mekân içindeki odalar depolama amaçlı kullanıldığı gibi yapı dışındaki çukurlarda kullanılmaktadır.

Gülpınar II evresinde görülen iç ve dış mimari döşemler; ocaklar, fırınlar, sekiler, ahşap direk altlıkları, girişler ve erzak/çöp çukurlarından oluşmaktadır.

3.2.2.1. Ocaklar

Gülpınar II evresine ait ocaklar, iki farklı türde ele geçmiştir. Birincisi kil tabanlı ocaklar, ikincisi etrafı taşlarla çevrili toprak tabanlı ocaklardır. Kil tabanlı ocakların tabanı, pişirme faaliyetleri nedeniyle sertleşmiştir. Etrafı taşlarla çevrili ocakların tabanı ise ısıdan dolayı sertleşmiş topraktır. Gülpınar II evresine ait ocaklar üç farklı formda görülür. Bunlar; oval, yuvarlak ve U biçimli ocaklar şeklindedir. Bu ocaklardan sadece "U biçimli" (Ocak 3) ocağın ağız yönü bilinmektedir.

Yerleşimin bu evresine ait ocaklar, mekân içlerinde bulundukları gibi mekânların dışındaki faaliyet alanlarda da bulunmaktadır. Hane içi veya dışındaki ocakların etrafında yaşandığı düşünülen günlük aktivitelerden, besin hazırlama, pişirme ve yemek yeme gibi aktivitelerin yanı sıra, hane bireylerinin kendi arasında veya komşu hane bireylerinin bir araya gelip sosyalleştiği alanlar olarak söz edilebilir. Yerleşimlerde bulunan ocaklar, hane içi veya dışı yemek pişirme gibi günlük faaliyetlerin en önemli göstergesidir. Gülpınar'da ocakların yanında deniz kabuklarının bulunması, besin hazırlama ve tüketme aşamalarının aynı mekânda, birlikte gerçekleştirildiğini göstermektedir.

Hane içindeki ocakların pişirme faaliyetleri dışında bir de mekânların ısıtılmasında kullanıldığı bilinmektedir. Yerleşimde, mekân içlerinde yatma uyuma faaliyetleri genel olarak ocakların etrafındaki boş alanlarda, duvar kenarlarında gerçekleştirilmiş olmalıdır.

Gülpınar II evresinde görülen Ocaklar şu şekilde listelenebilir (Tab.3.34);

Ocak 1: Sektör 1'de, Oda 1'in ortasına yakın bir alanda, 0,8x0,65 m boyutlarında kilden tabana sahip oval formlu bir ocak bulunur.

Ocak 2: Sektör 1'de, Oda 3'ün kuzeydoğu ve doğusundaki besin hazırlama alanı 1'de, 0,80x0,65 m boyutlarında bir kil tabanlı, oval formlu bir ocak bulunur.

Ocak 3: Sektör 1'de, Oda 2'nin kuzeybatısındaki Besin Hazırlama Alanı 3'de, etrafı taşla çevrili 1,4x1,2 m boyutlarında "U biçimli" bir ocak bulunur. Besin hazırlama alanında bulunan ocağın ağzı kuzey yönüne doğru bakmaktadır.

Ocak 12: Sektör 2'de, Oda 33'ün içerisinde girişin karşısında ve mekânın ortasında, 0,83x0,61 m boyutlarında kilden tabana sahip oval formlu bir ocak bulunur.

Ocak 13: Sektör 2'de, Oda 33'ün batısındaki Besin Hazırlama Alanı 8'de etrafı taşlarla sınırlandırılmış 0,56x0,53 m boyutlarında yuvarlak formlu bir ocak bulunur.

Ocak	Sektör	Kültür Katı	Açma	Oda/Alan	Formu	Boyutları	Denizden Yükseklik
Ocak 1	1	II	L13 q1	Oda 1	Oval	0,8x0,65 m	+57,67
Ocak 2	1	II	L13 q1	BHA 1	Oval	0,8x0,65 m	+57,70
Ocak 3	1	II	K12 q4	BHA 3	U biçimli	1,4x1,2 m	+57,78
Ocak 12	2	II	N15 q4	Oda 33	Oval	0,83x0,61 m	+57,82
Ocak 13	2	II	N15 q1	BHA 8	Yuvarlak	0,56x0,53 m	+57,90

Tablo 3.34 Gülpınar II Ocak bilgileri.

3.2.2.2. Fırınlar

Gülpınar II evresinin en önemli mimari döşemleri arasında yer alan fırın, sadece Sektör 2'deki K Yapısına ait Oda 33 içerisinde bulunmuştur. Oda 33'de, girişin karşısındaki güney duvara (Duvar 95) bitişik yapılan fırın, kil tabanlı ve yuvarlak bir forma sahiptir. Kil tabanlı fırının tabanı ve tavanı pişirme faaliyetleri nedeniyle sertleşmiştir. Fırının ağzı girişe doğru bakmaktadır. Bu fırının, üst örtüsüne ait olan kil tavan parçaları, fırının tabanı üzerine çökmüş ve etrafına dağılmış bir şekilde tespit edilmiştir.

Gülpınar II evresi genelinde sadece bir hane içinde, tek fırın bulunmaktadır. Bu hanenin içerisinde en önemli günlük aktivitelerden biri ise ekmek pişirme etkinliğidir. Yerleşimin diğer hanelerinde fırının bulunmayışı, bu hanedeki fırının diğer hanelere de hizmet ettiği düşündürmektedir. Özellikle buradan diğer hane bireylerinin bir araya gelip (fırının başında ekmek pişirme eylemi sırasında) sosyalleştiği bir alan olarak söz edilebilir. Özellikle de bu evsel buluntu, hanenin ve hane içi aktivitelerinin anlaşılmasına yardımcı olmaktadır. Bu tip sosyal alanların etnoarkeolojik örnekleri de görülmektedir. Örneğin günümüz köylerinde halkı bir araya getiren bu gelenekte, köyün içinde bir fırın bulunmakta ve herkese açık olan bu fırın farklı bireyleri sosyalleştirdiği izlenmektedir.

Fırın 2: Sektör 2'de, K Yapısı Oda 33 içerisinde girişin karşısındaki güney duvara bitişik yapılan, 0,65x0,65 m boyutlarında, yuvarlak formlu bir fırın bulunur. Kil tabanlı fırının ağzı girişe doğru bakmaktadır (Tab.3.35).

Fırın	Sektör	Kültür Katı	Açma	Oda	Formu	Boyutları	Denizden Yükseklik
Fırın 2	2	II	N15 q4	Oda 33	Oval	0,65x0,65 m	+57,86

Tablo 3.35 Gülpınar II Fırın bilgileri.

3.2.2.3. Sekiler

Gülpınar II. evresinde farklı işlevlerde kullanılan sekiler bulunmaktadır. Sekilerden bazıları işlik alanı olarak kullanılırken, bazıları depolama amaçlı, bazıları ise uyuma eylemi için kullanıldığı anlaşılmaktadır. Gülpınar II evresine ait sekilerin hepsi bir duvara bitiştirilerek/dayandırılarak inşa edilmiş ve bu sekilerin hepsi taban seviyesinden yükseltilmiş ve çeşitli boylardaki taşların döşenmesiyle oluşturulmuştur. Sekilerin içinde, dış kenar hattı taşların dikine tabana yerleştirilmesiyle sınırlandırılmış örneklerde vardır. Taş döşeme sekilerin üzerleri çamurla sıvanarak düz bir taban oluşturulmakta ve üzerlerine de hasır serildiği düşünülmektedir. Etnoarkeolojik örneklerden yola çıkılarak, Gülpınar sekilerinin de üzerinde hasır bir altlık yer aldığı ve bu öğütme faaliyetlerinin bu hasır altlık üzerinde gerçekleştirildiği düşünülmektedir. Gülpınar II evresine ait sekilerde görülen özellikler üzerinde durulmalıdır.

Gülpınar sekilerin de besin üretiminin gerçekleştirildiğini gösteren en önemli kanıtlar ya üzerlerinde ya da yanlarında öğütme faaliyetlerinde kullanılan alt ve üst öğütme taşları ile el taşlarının birlikte geçmesidir. Bazı sekilerin ise üzerinde çok sayıda depolanmış öğütme taşları bulunmaktadır. Bu durumda bu tür sekilerin, besin hazırlığı aşamalarından buğdayın öğütme işlemi için kullanılan öğütme taşlarının depolandığı alandır. Gülpınar'daki büyük boyutlu olduğu düşünülen sekinin ise üretimden çok hane bireylerinin uyuma eylemi ile ilgilidir. Tabandan yükseltilmiş sekilerin üzerlerine hasır altlık serilerek bu eylemi gerçekleştirdiği düşünülmektedir. Gülpınar duvarlarında görüldüğü gibi bazı sekilerinde taban döşemelerinde Gülpınar I evresine ait alt-öğütme taşlarının kullanıldığı örneklerde vardır.

Bu evreye ait sekiler sadece Sektör 1'de tespit edilmiştir (Tab.3.36).

Seki 1: Sektör 1'de, A Yapısı Oda 1'in kuzey (Duvar 3) duvarına bitişik olarak yapılan, 1,65x1,6 m boyutlarında, yuvarlak planlı taş döşeli bir seki bulunur. Oda 1 içerisinde bulunan Seki 1'in üzerine yerleştirilmiş *in situ* alt öğütme taşı ve etrafındaki el taşları, bu sekinin öğütme faaliyetlerinin gerçekleştirildiği bir işlik alanı olarak kullanıldığını düşündürmektedir. Aynı zamanda bu seki hane içi besin üretiminin gerçekleştirildiği bir alandır.

Seki 2: Sektör 1'de, B Yapısı Oda 4'ün kuzeydoğu köşesinde, taban seviyesinde, küçük ve orta boyutlu taşların döşenmesiyle oluşturulan ve korunan ölçüleri 0,85x0,75 m boyutlarında (muhtemel boyutları 2x0,75 m) bir seki bulunmaktadır.

Seki 3: Sektör 1'de, B Yapısına ait tabanı taş döşeli Oda 3'ün güney duvarına (Duvar 16) bitişik olarak yapılan, 0,78x0,55 m boyutlarında tabandan yükseltilmiş tabanı taş döşeli bir seki bulunur.

Seki	Sektör	Kültür Katı	Açma	Oda/Alan	Formu	Boyutları	Denizden Yükseklik
Seki 1	1	II	K12 q3	Oda 1	Oval	1,65 x1,6 m	+57,91
Seki 2	1	II	L12 q4	Oda 4	Oval ?	0,85x0,7 m ?	+57,70
Seki 3	1	II	L12 q3	Oda 3	Dörtgen	0,78x0,55 m	+58,02

Tablo 3.36 Gülpınar II Seki bilgileri.

3.2.2.4. Ahşap Direk Altlıkları

Gülpınar II evresine ait ahşap direk altlığı olarak kullanılan taşlar, çeşitli boyutlarda ve formda bulunmuştur. Yapılarda, damı desteklemek amacıyla kullanılan ahşap direğin yerleştirildiği taşlar taban üzerine oturtulmuştur. Gülpınar'da genel olarak ahşap direk altlıkları yapıların ortasında ve girişlerin karşısında bulunur. Yerleşimde tek bir taşın altlık olarak kullanıldığı örneklerin yanı sıra tek bir taş ve bunu desteklemek amacıyla çevresine yerleştirilen taşlardan meydana gelen örneklerde bulunmaktadır. Ayrıca az olmakla birlikte mekânın toprak tabanında direk altlığı olarak kullanıldığı bilinmektedir. Bunların yanı sıra yerleşimde ahşap direk altığı olarak kullanılan taşı desteklemek amacıyla kullanılan taşlar arasında Gülpınar I evresine ait öğütme taşı da bulunmaktadır. Aynı zamanda bu mimari döşemler yerleşimdeki yapıların dam örtüsü hakkında dolaylı yoldan bilgi vermektedir. Damı oluşturan ağaç, dal, saz vb. gibi organik olan bu malzemeler ancak taş altıklar gibi materyallerin tespit edilebilmesiyle anlaşılmaktadır.

Gülpınar'daki yapıların içinde herhangi bir ahşap direk kullanılmadan damın yapıların duvarları tarafından taşınabileceği düşünülmektedir. Yapıların uzun zaman kullanımında ve mevsim şartlarının ağırlaşmasıyla, damdaki esnemeleri gidermek ve damı desteklemek için ahşap direklerin topluluk tarafından kullanıldığı anlaşılmaktadır.

Gülpınar II evresinde görülen ahşap direk altlıkları (Tab.3.37);

Direk Altlığı 1: Sektör 1'de, A Yapısı Oda 1'in ortasında ve girişin karşısında, 0,55 m çapında, düzgün yüzeyli ve yuvarlak formda direk altlığı olarak kullanılan taştır.

Direk Altlığı 2: Sektör 1'de, B Yapısı Oda 4'ün içinde, 0,45 m genişliğinde direk altlığı olarak kullanılan taşlar bulunmaktadır.

Direk Altlığı 3: Sektör 2'de, K Yapısı Oda 33 içerisinde, girişin karşısında ve mekânın ortasında, 0,25 m çapında, düzgün yüzeyli ve yuvarlak formdaki taşın, etrafı küçük taşlarla desteklenmiştir.

Direk Altlığı	Sektör	Kültür Katı	Açma	Oda	Formu	Çapı	Denizden Yükseklik
Direk Altlığı 1	1	II	K13 q2	Oda 1	Yuvarlak	0,55 m	+57,80
Direk Altlığı 2	1	II	L12 q4	Oda 4	Yuvarlak	0,45 m	+57,87
Direk Altlığı 3	2	II	N16 q1	Oda 33	Yuvarlak	0,25 m	+57,72

Tablo 3.37 Gülpınar II Ahşap Direk Altığı bilgileri.

3.2.2.5. Girişler

Gülpınar II yerleşimi mimarisinin bir diğer önemli mimari döşemi girişler/kapılardır. Yerleşimde genellikle yapıların ortasında kapı girişi bulunur. Bazı köşelerden bulunan giriş örnekleri de vardır. Oda içlerinde ve yapılar arasında iletişimi sağlayan girişlere, taban seviyesinde veya tabandan bir duvar sırası yükseltilerek eşik oluşturulmuş bir şekilde karşılaşılır. Yerleşimin bu evresinde girişlerde *in situ* söve taşı bulunmamıştır. Fakat Oda 33'ün güney duvarı (Duvar 95) ve Oda 3'ün taban döşemesi içerisinde söve taşlarının devşirme kullanıldıkları görülmektedir (Şek.3.24-26). Bu söve taşlarının, olasılıkla bir önceki kültür katına ait yapılara ait olduğu ve Gülpınar II evresi duvarların ve yapıların inşasında devşirme olarak kullanıldıklarını düşündürmektedir. Bu uygulama Gülpınar'daki öğütme taşlarından da bilinmektedir.

Şekil 3.25
Sektör 1, Gülpınar IIIa, D Yapısı Oda 21 doğu duvarının (Duvar 17) içerisinde söve taşlarının dolgu malzemesi olarak mimaride kullanımı *(© GKP)*.

Şekil 3.26
Sektör 1, Gülpınar II, Oda 3'ün taban döşemesi içerisinde söve taşlarının dolgu malzemesi olarak mimaride kullanımı *(© GKP)*.

Girişler, hanelerin çevre hanelerle ile iletişimini sağladığı en önemli döşemlerden biridir. Gülpınar'ın bu evresinde mekân içi, mekânlar arası ve faaliyet alanına geçişleri sağlayan girişler bulunur. Yerleşimde genel olarak girişi tespit edilen yapılarda bir yön birliği olduğu da anlaşılır. Bu evrede tespit edilen girişlerin büyük çoğunluğu KD-GB ve K-G yönüne bakmakta, ayrıca D-B yönüne bakan örnekleri de bulunmaktadır.

Gülpınar II evresine ait yapılarda tespit edilen girişler şunlardır (Tab.3.38):

Giriş 1: Sektör 1'de, A Yapısı Oda 1'den Oda 2'ye geçiş, kuzeybatı-güneydoğu uzantılı (3 ve 4 Duvar) duvarların ortasındaki 1,3 m genişliğindeki girişten sağlanır.

Giriş 2: Sektör 1'de, B Yapısı Oda 4'ten Besin Hazırlama Alanı 1'e geçiş, doğu duvarının (Duvar 12) güney köşesindeki 0,6 m genişliğindeki girişten sağlanmaktadır.

Giriş 3: Sektör 1'de, B Yapısı Oda 3'ten Oda 4'e geçiş, kuzey duvarlarının (Duvar 13 ve Duvar 14) ortasındaki 0,8 m genişliğindeki girişten sağlanır.

Giriş 4: Sektör 1'de, B Yapısı Oda 5 ile Oda 6'yı birbirine bağlayan, Oda 6'nın kuzeyindeki duvarın (Duvar 21) kuzeydoğu köşesinde 0,8 m genişliğinde giriş bulunur.

Giriş 18: Sektör 2'de, K Yapısı Oda 33'ten Besin Hazırlama Alanı 8'e geçiş, mekânın kuzeyindeki (Duvar 91 ve 92) duvarların ortasındaki 1.45 m genişliğindeki girişten sağlanmaktadır.

Giriş	Sektör	Kültür Katı	Oda	Yönü	Genişlik
Giriş 1	1	II	Oda 1	KD-GB	1,3 m
Giriş 2	1	II	Oda 4	D-B	0,6 m
Giriş 3	1	II	Oda 3	K-G	0,8 m
Giriş 4	1	II	Oda 6	KD-GB	0,8 m
Giriş 18	2	II	Oda 33	K-G	1,45 m

Tablo 3.38 Gülpınar II Giriş bilgileri.

3.2.2.6. Erzak/Çöp Çukurları

Sektör 2'de bulunan Çukurlar Alanı, O15-16 ve P15-16 karelajlarında yer alır (Şek.3.12). Çukurlar Alanı ortalama 156 m² boyutlarındaki bir alanı kapsamaktadır. Bu alanda Gülpınar II evresine tarihlenen, kısmen yapıların önünde ve daha çok besin hazırlama ve saklama işlevinde kullanılan, 17 adet tabana kazılan erzak ve çöp çukuru tespit edilmiştir. Çukurların bazılarının çevresinde ahşap direk izlerinin tespit edilmesi, çevresinin ağaçlarla çevrildiğini ve üstlerinin de kapalı olduğunu göstermektedir. Başlangıçta erzak çukuru olan bu unsurların zamanla çöp çukuruna dönüştürülmüş olması gerekir. Genellikle bu çukurların içlerinin taşlarla doldurulan örneklerin yanı sıra, üzerleri bir taş sırası ile kapatılan örneklerde vardır. Bu çukurlarda alt ve üst öğütme taşları, çanak çömlek parçaları, kemik kalıntıları, midye kabukları ve bitki kalıntıları tespit edilmiştir.

Çukurların birçoğunun içerisinde sağlam ve kırık öğütme taşlarının ve az da olsa bitki kalıntılarının bulunması, bu çukurların tahılların kabuklu bir şekilde uzun süre saklandığı bir depo birimi olduğunu göstermektedir. Çukurların içerisinden ve çevresinden çok sayıda alt ve üst öğütme taşının ele geçmesi, bu alanların aynı zamanda öğütme faaliyetleri içinde kullanıldığını göstermektedir. Çukurlardan ihtiyacı kadar hammaddeyi alıp, hemen yanı başında öğüterek un haline getirme işlevini yaptığı düşünülebilir.

Sektör 2'deki Çukurlar Alanı, Geç dönem yapılarının yoğun yerleşim gördüğü alandır. Çukurlar Alanı, özellikle Geç dönem yapılarının temelleri kazılırken yoğun tahribata uğradığı ve bazı çukurların içlerine dahi müdahale edildiği tespit edilmiştir. Ayrıca Roma dönemine tarihlenen kutsal yol, bu çukurların olduğu alandan geçmektedir. Kutsal yolun taban döşemesinde kullanılan cadde taşları ve sınır taşları yola döşenirken ana toprağın ve dolayısıyla çukurların tahrip edilmesine neden olmuştur (Şek.3.27). Aynı zamanda Prehistorik dönem yapılarının taşlarının Kutsal yolun inşasında kullanıldığı da anlaşılmıştır. Diğer bir tahribat ise geç dönemlerde suyu

Şekil 3.27
Sektör 2, Gülpınar II, Çukurlar alanı, Kutsal yolun altında kalan prehistorik tabakalar ve tahribatın görünümü *(© GKP).*

Şekil 3.28
Sektör 2, Gülpınar II, Çukurlar Alanı, Çukur A, Çukur B, Çukur C ve Çukur D ile etrafındaki ahşap direk izleri *(© GKP).*

depolamak ve dağıtmak amacıyla kullanılan havuzların bu arazide yer almasıdır. Suyun dağıtımında kullanılan künklerin farklı yönlere bir örümcek ağı gibi bu çukurların olduğu araziden geçerek dağıtımı yapıldığı tespit edilmiştir. Özellikle bu çukurların olduğu bölgede künklerin araziye yerleştirilmesi sırasında yer yer yüzeyden yaklaşık 2m derinliğe kadar inildiği ana toprağın kazılarak yerleştirildiği görülmüştür. Bu tahribat sırasında bazı çukurların üzerinden veya yanından bu künklerin geçtiği izlenmiştir (Şek.3.28). Dolayısıyla Geç Dönem yapılaşmalarının olduğu ve künklerinin geçtiği bu çukurlar alanındaki yoğun tahribat, çukur içi malzemelerinin *in situ* olarak ele geçmemesine neden olmuştur. Birkaç çukur dışında da çoğunun iç dolgu malzemesi geç dönem malzemesiyle birlikte ele geçmiştir.

Çukurlar alanı, yerleşimin rakım olarak (+ 59,04) en yüksek kesiminde ve hafif bir düzlük üzerinde, sarımsı renge sahip, ana toprak üzerinde hepsi bir arada görülmektedir. Yerleşimde bu ana toprak yapısı; yüzeye yakın olan yerlerde (yüzeyden -0,5/-1,5 m) hava ve güneş ile teması fazla olduğundan kurumanın etkisiyle sarımtırak renkte, daha derinlerde (yüzeyden -1,5/2,5 m) ise yeşilimsi ve nemli/yaş/ıslak bir halde tespit edilmiştir. Ayrıca bu nemli/yaş/ıslak hali aynı zamanda kilimsi bir özellik göstermekte ve bu evrenin duvarlarında bu yeşilimsi-kilimsi toprak yapısının harç olarak kullanarak taşların örüldüğü anlaşılmıştır. Ayrıca yerleşimde yapılan deneysel çalışmada bu kilimsi toprak yapısını kullanarak örülen duvarların sağlam bir şekilde uzun süre ayakta kaldığını göstermektedir. Yüzeye yakın yerlerde tespit edilen sarımsı ana toprağın yumuşak bir dokusu olduğu ve çukur açılarak uzun süre kullanılmaya müsait olduğu bilinmektedir. Ayrıca bu doku üzerinde uzun süre üzerinde gezildiğinde sıkılaşarak sertleştiği ve yerleşimin yürüme tabanını oluşturduğu anlaşılmıştır.

Şekil 3.29
Sektör 2, Gülpınar II, Çukurlar Alanı, Çukur E, Çukur G ve Çukur R ile birlikte yer alan kanal ve ahşap direk izleri *(© GKP)*.

Çukurlar alanının güneydoğusunda Çukur E, Çukur G ve Çukur R'yi birbirine bağlayan 0,2/0,1 m genişliğinde, 0,2-0,25 m derinliğinde bir kanal tespit edilmiştir (Şek.3.29). Kanalın olduğu bölge geç dönem insanları tarafından yoğun tahribata uğratıldığı ve geç dönemde buradaki çukurlara müdahale edildiği için prehistorik döneme ait bu kanalın işlevi bilinmemektedir. Bu kanalın ve çukurların içerisindeki dolgu toprak, yüzdürülme yöntemi ile incelenmiş ve herhangi bir bitki kalıntısına rastlanmamıştır. Kanalın çukurlar arasındaki bağlantıyı, tahıl gibi katı gıdalardan daha çok, sıvı gıdaların bir şekilde aktarımı için kullanıldığı tahmin edilmektedir. Prehistorik Gülpınar yerleşimindeki ele geçen çanak çömleklerin kaideleri altında negatif asma yaprağına ait izlerin ele geçmesi (Özdemir 2012:146), bu dönemde yerleşimcilerin bu bitkileri bildiğini ve bu kanalın bulunmasıyla da üzümün sıvı olarak da değerlendirdiklerini düşündürmektedir.

Çukurlar Alanı'nda Çukur E, Çukur G ve Çukur R kuzeyinde ve Roma yapıları arasında Çukur H ve Çukur I bulunmaktadır (Şek.3.30). Her iki çukurun da Roma yapılarının temel inşası sırasında tahribata uğradığı gözlemlenmiştir. Bunlardan daha derin olan I Çukuru içinde prehistorik tabakalara ait az sayıda öğütme taşları, çanak çömlek parçaları ve kemik parçaları ele geçmiştir. Çukur H ise Geç döneme ait buluntularla birlikte az sayıda prehistorik tabakalara ait çanak çömlek parçaları bulunmuştur.

Çukurların birçoğunun içerisinde sağlam ve kırık öğütme taşlarının ele geçmesi, özellikle de çukur tabanlarına saklanmış bir şekilde öğütme taşlarının bulunması, bu çukurların tahılların saklanması amacına hizmet eden bir depo olduğunu göstermektedir. Tahılların kabuklu bir şekilde uzun süre dayanarak bu tip çukurlarda saklanabileceği etnografik örneklerden de bilinmektedir (Nesbitt ve Samuel 1996).

Şekil 3.30
Sektör 2, Gülpınar II, Çukurlar Alanı, Roma yapıları arasında kalan Çukur H ve Çukur *(© GKP)*.

Çukurların depolama amacıyla kendi döneminde kullanıldığı anlaşılmaktadır. Bu evredeki çukurlar belirli bir alanda yer alması ve çukurların etrafında tabana açılan ahşap direk izlerinden bu çukurların mevsimine göre üstlerinin kapatıldığının anlaşılması, aslında bu çukurların yerleşimdeki geniş aileler tarafından ortak kullanıma ait bir depolama ve işlik alanı olarak kullanıldığını, öğütme faaliyetinin bu alanlarda gerçekleştirildiğini ve dolayısıyla kolektif hareket eden bir topluluğun olduğunu göstermektedir. Bu bağlamda Gülpınar II'de çekirdek ailelerden daha çok birlikte hareket eden geniş ailelerden oluşan hanelerin varlığından söz edilebilir.

Çukurların kimi zaman üzerleri bir taş sırası ile kapatıldığı, kimi zaman ise bu çukurların içlerinin taşlarla doldurulduğu görülmüştür. Bu tipte çukurlardan, Çukur K'nın üzerinin bir taş sırası ile kapatıldığı ve üstüne ise bir kil heykelcik başı yerleştirildiği anlaşılmıştır (Şek.3.31-32). Bu çukurun içcrisi *in situ* bir şekilde iki tam ve bir kırık toplam üç adet öğütme taşı dışında çok miktarda hayvan kemikleri, deniz kabukları ile doldurulduktan sonra üzerinin iri taşlarla kapatıldığı anlaşılmaktadır (Şek.3.33). Ayrıca çukur toprağının yüzdürülmesi ile az da olsa bitki kalıntılarına rastlanılmıştır. Çukur K içerdiği buluntular ile, sürtme taş buluntuların sembolik kullanımını gösteren en iyi örnektir. Başlangıçta erzak saklama amaçlı kullanılan ancak kullanım fonksiyonu değişime uğrayarak çöp çukuru olarak kullanılmaya başlandığı görülmektedir. Benzer ana toprak üzerine kazılmış çukurların varlığı *Kumtepe 1a* (Korfmann 1996: 50) yerleşimi ve *Tigani I-III* (Felsch 1988: 30) evrelerinde bilinmekte olup erzak/çöp çukuru olarak nitelendirilen örnekler Trakya'da Aşağıpınar (Parzinger ve Özdoğan 1996: 6), Toptepe (Özdoğan vd. 1991: 20), *Makri Evrou* (Efstratiou 1996: 576) yerleşiminde görülmektedir.

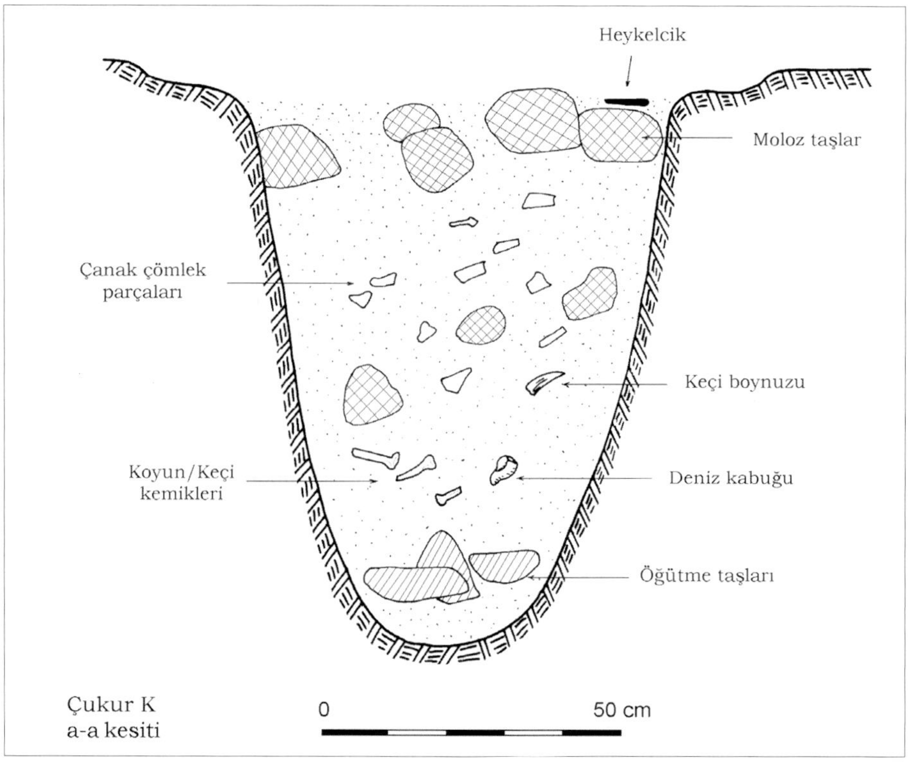

Şekil 3.31
Sektör 2, Gülpınar II'ye ait Çukur K'nın kesiti *(© GKP)*.

Çukur içerisinde tespit edilen öğütme taşlarının Sektör 2'de yer alan domestik yapılarla bağlantılı olması, örneklerin yoğun kullanım görmemiş olması, daire oluşturur bir formasyonda bulunmaları, ikisinin kullanım yüzleri açık pozisyonda bir tanesinin ise yarısından bilinçli kırılarak dik bir konumda gömülmesi bir çeşit ritüel aktivite olarak değerlendirilmektedir (Şek.3.31). Ancak ham madde kaynaklarına

Şekil 3.32
Sektör 2, Gülpınar II, Çukur K üzerinde figürinin bulunma anı *(© GKP)*.

Şekil 3.33
Sektör 2, Gülpınar II, Çukur K in situ öğütme taşları *(© GKP)*.

sınırsız erişim olmasına rağmen, ham madde tedarik akışının sağlanması ve güvenceye alınması, beklenmedik durumlar için depolama amaçlı stok olarak bitmiş aletlerin saklandığı ihtimalide göz ardı edilmemelidir. Takaoğlu'na göre, çukurun kapama taşlarının üzerinde ele geçen bir antropomorfik kırık bir heykelcik başının, bu çukurların kült, sembolik bir amaçla kullanıldıklarının göstergesi olarak yorumlanmaktadır (Takaoğlu 2005d:4). Heykelciklerin çoğunun özel bir tören ya da cenaze ritüeli boyunca kısa bir süreliğine kullanıldığı, kullanıldıktan sonra kırılarak atıldıkları ya da atıldıkları esnada kırıldıkları yönündeki görüşe göre kült çukurlarında ele geçen kırık heykelcik parçalarının, bilinçli olarak kırılarak atılan kült objeler oldukları ileri sürülmektedir (Perlès 2001:263). Heykelciklerde olduğu gibi Çukur K'da ele geçen kırık öğütme taşlarının bilinçli olarak kırılması benzer bir ritüele ait bir davranış olarak değerlendirilmektedir.

Çukurlar Alanı'nın güneybatısında kuzey-güney uzantısında tespit edilen M ve N çukurları yer almaktadır (Şek.3.34). Bu çukurlardan daha az derinliğe sahip M Çukuru'nun Geç Dönem yapılaşması sırasında tahribata uğradığı anlaşılmıştır. N Çukuru ise daha sağlam bir şekilde günümüze ulaşmıştır. Bu çukurun işlevi bittikten sonra üzerine pişmiş toprak kapak yerleştirilerek taşlarla kapatıldığı anlaşılmıştır (Şek.3.35). Ayrıca Çukur N'nn batısından bir adet konik mermer kaba ait parça ele geçmiştir.

Çukurların üzerinin taşlarla kapatılmasının yanı sıra içlerinin de tamamen taşlarla doldurulduğu örneklerde bulunmaktadır. Çukurlar Alanı'nın kuzeyinde bulunan Çukur J'nin içinin tamamen taşlarla doldurulduğu açma kesitinden de görülmektedir (Şek.3.36-37). Çukurun kendi dönemi içerisinde işlevi bittikten sonra taşlarla

Şekil 3.34
Sektör 2, Gülpınar II, Çukur M ve Çukur N *(© GKP)*.

Şekil 3.35
Çukur N'nin üzerine pişmiş toprak kapak yerleştirilerek taşlarla kapatılmış haldeki görüntüsü *(© GKP)*.

doldurulduğu düşünülmektedir. Bu çukur içerisinde ele geçen diğer buluntular arasında kırık ve sağlam öğütme taşları, çanak çömlek parçaları, kemik parçaları, midye kabukları gibi sadece prehistorik döneme tarihlenen buluntulardır. Bu durumda J çukurunun kendi döneminde işlevi bittikten sonra çöp çukuru olarak kullanıldığına işaret etmektedir. Aynı zamanda bazı çukurların da kendi döneminde işlevini tamamladıktan sonra üzerine kil tabanlı ocak (Ocak 14) yapılarak kapatıldığı da görülen örnekler arasındadır. Çukurların üzerinin bir taş sırası ile kapatıldığına diğer bir örnek ise Çukur L'dir (Şek.3.38-39). Ayrıca Çukur L'nin kuzeyinden bir adet konik mermer kaba ait parça ele geçmiştir.

Şekil 3.36
Sektör 2, Gülpınar II, Çukur J'nin içinin taşlarla doldurulması *(© GKP)*.

Şekil 3.37
Çukur J kazı sonrası *(© GKP)*.

Şekil 3.38
Sektör 2, Gülpınar II, Çukur L kazı öncesi üzerinin taşlarla kapatılmış hali *(© GKP).*

Şekil 3.39
Çukur L kazı sonrası *(© GKP).*

Çukurlar Alanı'nın kuzeyinde Çukur O bulunmaktadır (Şek.3.40). Gülpınar'da tek örnekle temsil edilen sıvalı Çukur O, iç kısmının ve çevresinin sarımtırak renkte kil ile sıvanmasıyla, gerek iç yüzeyi gerekse çevresinde düzgün bir yüzey oluşturulmuştur.

Bütün bu yukarıdaki veriler sonucunda Çukurlar Alanı'nın prehistorik dönem yerleşiminin kenarında, ürünleri saklama/depo birimi olarak kullanılmış ve yerleşimin geneline hizmet veren bir özel alan olduğu söylenebilir. Çünkü Gülpınar II evresine ait Oda 2 haricinde herhangi bir depo olabilecek bir yapı tespit edilememiştir. Yerleşimin geniş bir alana yayıldığı hesap edilirse bu tür alanlara yerleşimcilerin ihtiyacının olduğu anlaşılır. Ayrıca bu alandaki gerek Kutsal Yol gerekse geç dönem yapılaşması daha fazla çukurun tespit edilmesini güçleştirmiştir. Geç dönem yerleşimlerinin arasında çalışılan alanlarda sadece 17 adet çukur tespit edilmiş, daha fazlası ise geç dönem yapılaşmalarının altında kaldığı tahmin edilmektedir (Tab.3.39).

Çukurlar Alanı'nda ele geçen tek mimari döşem dikme delikleridir. Çukurlar Alanı buluntuları arasında 2 adet öğütme taşı, 1 adet perdah taşı, 2 adet yivli ve çentikli

Şekil 3.40
Çukur O kazı sonrası *(© GKP).*

ağırlık, 3 adet balta, 4 adet keser, 1 adet keski, 2 adet konik mermer parçası, 4 adet mablak, 2 adet bız, 1 adet delgeç ve 1 adet kil heykelcik başı dikkat çeker (Tab.3.40).

Çukurların haricinde, Sektör 1'de, A Yapısı Oda 1'in kuzeydoğusundaki dar ve uzun Oda 2'nin, depo birimi olarak kullanıldığı ele geçen materyallerden ileri sürülmektedir. Dikdörtgen planlı bu mekânın içerisinde büyük depolama kaplarına ait çok sayıda kırık parçalar bulunmuştur. Bu parçalar üzerinde yapılan restorasyon çalışmaları sonucunda kısmen de olsa tamamlanabilen çömleklerin boyutlarından ve formlarından depolamada kullanılan küpler olduğu anlaşılmıştır. Genel görüş bu tür büyük boyutlu ve hacimli küpler besinlerin depolanması için kullanılır. Bu tipteki küplerin kullanımı Batı Anadolu Neolitik Dönemi'nde görülmezken ilk defa Kalkolitik Dönem'den itibaren görülmeye başlanmıştır. Bu geleneğin daha sonra Tunç Çağı'nda yaygınlaştığı bilinir.

Gülpınar II Çukur Bilgileri ve İçlerinde Ele Geçen Buluntular				
Çukur	Çap	Derinlik	Buluntular	Şekil
Çukur A	1 m	0,43 m	Prehistorik tabakalara ait öğütme taşı ve çanak çömlek parçaları	Şek.3.27-28
Çukur B	0,9 m	0,32 m	Prehistorik tabakalara ait öğütme taşı ve çanak çömlek parçaları	Şek.3.27-28
Çukur C	1,04 m	0,35 m	Prehistorik tabakalara ait öğütme taşı, çanak çömlek parçaları ve kemik parçaları/atıkları	Şek. 3.27-28
Çukur D	1,02 m	0,53 m	Geç döneme ait buluntularla birlikte ele geçen prehistorik çanak çömlek parçaları	Şek.3.27-28
Çukur E	1,1 m	0,75 m	Geç döneme ait buluntularla birlikte ele geçen prehistorik çanak çömlek parçaları	Şek.3.29
Çukur F	0,75 m	0,6 m	Geç döneme ait buluntularla birlikte ele geçen prehistorik çanak çömlek parçaları	
Çukur G	0,81 m	0,73 m	Geç döneme ait buluntularla birlikte ele geçen prehistorik çanak çömlek parçaları	Şek.3.29
Çukur H	1,22 m	0,7 m	Geç döneme ait buluntularla birlikte ele geçen prehistorik çanak çömlek parçaları	Şek.3.30
Çukur I	1 m	0,85 m	Prehistorik tabakalara ait öğütme taşı, Çanak çömlek parçaları ve kemik parçaları	Şek.3.30
Çukur J	0,9 m	0,66 m	Prehistorik tabakalara ait 4 adet kırık ÖT, çanak çömlek parçaları	Şek.3.36-37
Çukur K	0,78 m	0,95 m	Prehistorik tabakalara ait 3 adet öğütme taşı, ağlayan kil heykelcik, kemik parçaları	Şek.3.32-33
Çukur L	1,1 m	0,55 m	Prehistorik tabakalara ait öğütme taşı, çanak çömlek parçaları ve kemik parçaları	Şek.3.38-39
Çukur M	1,37 m	0,35 m	Prehistorik tabakalara ait çanak çömlek parçaları	Şek.3.34
Çukur N	0,9 m	0,8 m	Prehistorik tabakalara ait 2 adet öğütme taşı, çanak çömlek parçaları ve kapak	Şek.3.35
Çukur O	1,1 m	0,9 m	Prehistorik tabakalara ait çanak çömlek parçaları	Şek.3.40
Çukur P	0,75 m	0,82 m	Prehistorik tabakalara ait çanak çömlek parçaları	Şek.3.22
Çukur R	1,08 m	0,85 m	Geç döneme ait buluntular	Şek.3.29

Tablo 3.39 Sektör 2, Gülpınar II, Çukurlar Alanı, çukur bilgileri ve içlerinde ele geçen buluntular.

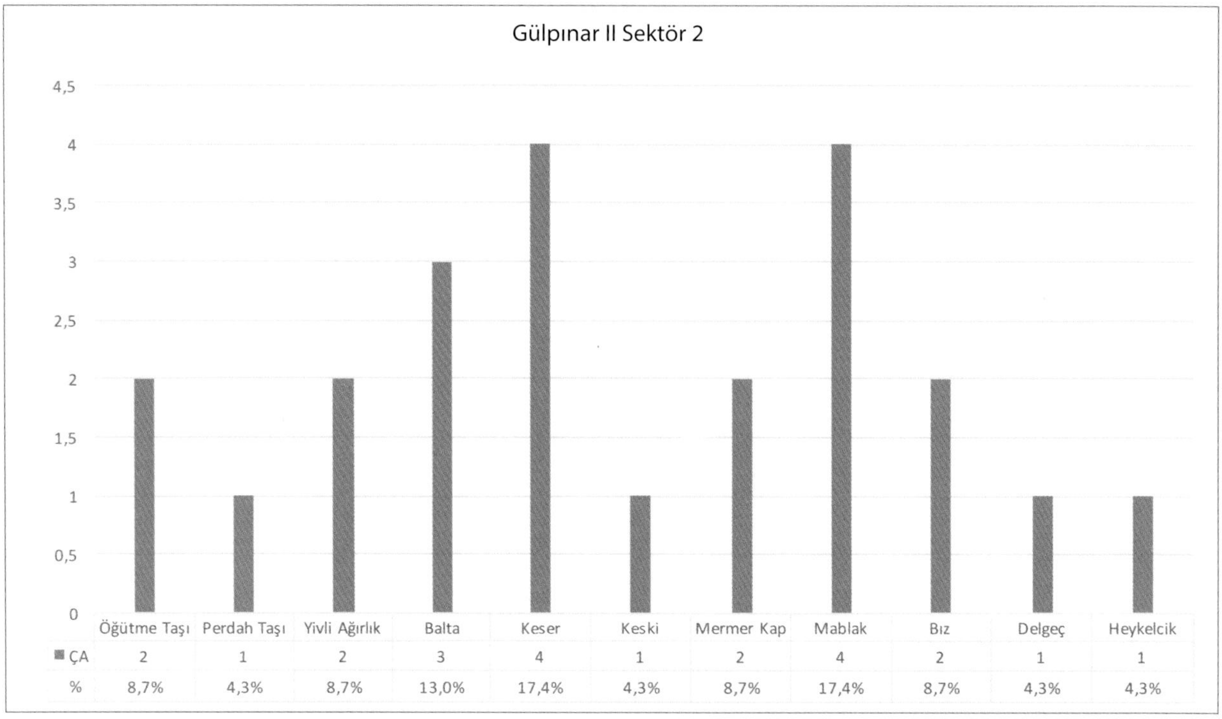

Tablo 3.40 Çukurlar Alanı buluntuları.

Gülpınar II'ye ait Çukurlar Alanı'ndaki 17 adet çukurdan güvenilir kontekste ait olan 9 adet çukur (Çukur A, Çukur B, Çukur C, Çukur J, Çukur K, Çukur M, Çukur N, Çukur O, Çukur P) içindeki ve çevresindeki *in situ* ele geçen materyal kültür öğelerinin analiz edilmesinden ve buna ek olarak diğer yerleşimlerden ele geçen benzer çukur yapılarının fonksiyonlarının karşılaştırılmasından yola çıkılarak, bu çukurların kullanımına ilişkin önerilerde bulunulmaktadır.

Kalkolitik Gülpınar'da ele geçen çukur yapılarının benzerlerine, Kuzey Avrupa'da, Kıta Yunanistan'da Geç Neolitik Dönem I (LN I) Makriyalos yerleşmesinde, Kuzey Yunanistan Makedonya bölgesinde Kremasti-Kiliada Geç Neolitik (LN) dönemde rastlanmaktadır (Pappa vd. 2004; Stroulia ve Chondrou 2013). Kuzeydoğu Ege'de yer alan Gökçeada Uğurlu-Zeytinlik yerleşmesinde de çok sayıda çukur yapısı ele geçmiştir (Erdoğu 2011; 2012; 2014a). Kuzey Avrupa Neolitiğinde ve Levant bölgesinde Natufian'da benzer olarak öğütme taşlarının domestik alanlarda görülen depolama amaçlı çukurların dışında ocak çukurlarının içi ve etrafında, pişirme çukurlarında ya da yerleşime ait yapıların dikme çukurlarında görülmektedir. Diğer yandan bu dönemde, gömü ve mezarlarda görülen çukurlarda ise bilinçli olarak kırılmış örneklerin sayıca çok ele geçmesi ritüel ve sembolik bir aktivite olarak değerlendirilmektedir (Lidström Holmberg 1998; 2004; Rosenberg ve Nadel 2014:794; Graefe vd. 2009:89; Grosman ve Munro 2016:312).

Bamyacı'ya göre; Gülpınar II yerleşiminde ana zemine kazılan çukurlarda depolanmış olarak sürtme taş aletlerin bulunması, bu aletleri kullanım dışına çıkarma metodu olduğu ileri sürülmektedir. Bu çukur yapıları belirli bir amaç için özel olarak hazırlanmış, domestik veya besin hazırlama alanlarına ait bir yapısal eklenti olarak değerlendirilen elemanlardır. Özellikle Kuzey Avrupa'da görülen bu tip çukurların

Kuzey Yunanistan'da Geç Neolitik Dönem'de görülmesi de dikkat çekicidir. Öğütme aktivitelerinde kullanılan öğütme taşlarının domestik yapılarla bağlantılı özel çukurlar içerisinde genellikle eşlenmiş olarak bulunmaktadır. Bulunan örneklerin yoğun kullanım görmemiş olması, daire oluşturur biçimde, kullanım yüzleri toprağa dönük istiflenmiş ve korunan bir pozisyonda bulunması, öğütme taşlarının kullanıma hazır yedekte tutulan ve saklanan örnekler olarak değerlendirilmiş bu yüzden herhangi bir ritüel aktivite ile ilişkilendirilmemektedir. Kalkolitik Gülpınar sürtme taş buluntu topluluğunda sistematik olarak öğütme taşlarının bilinçli olarak kırıldığına dair belirtiler görülmektedir. Bamyacı yaptığı çalışmada, bu belirtileri ele geçen kırık örneklerin tümünün enine eksende olması, parçaların birbirine yakın oransal ölçülerde olması, eksene paralel düzgün bir şekilde kırılma göstermeleri olarak sıralamaktadır. Tamamlanabilir parçaların tespit edilememesi kesin bir yargıya varılmasını güçleştirmekte ancak çukurlarda dik pozisyonda ele geçen kırık parçalardan yola çıkılarak öğütme taşlarının sembolik bir biçimde kullanıldığı düşünülmektedir. Kalkolitik Gülpınar öğütme taşlarının ritüel amaçlı çukurlara bilinçli olarak atılması arkeolojik verilerle desteklenmekte olup bu ritüelin geçmiş yaşamla metaforik bir bağlantısı olarak değerlendirilmektedir. Öğütme taşlarının dahil olduğu bu tür ritüellere ait birçok veri Erken ve Orta Neolitik Dönem Avrupa Prehistoryası'ndan bilinmektedir (Bamyacı 2017).

Kalkolitik Gülpınar II yerleşmesinde görülen çukurların birinci fonksiyonu yerleşimdeki hanelere hizmet eden ve tüm haneler tarafından ortak kullanılan tahıl ürünlerinin depolandığı yapılar olarak değerlendirilmektedir. Bu evre genelinde geniş ailelerin yer aldığı ve birlikte aktivitelerde bulunulan hanelerden oluşan bir toplum yapısı göz önüne alındığında, bu hanelere hizmet eden çukur yapılarının depolanmış tahılların kaynağından alınarak öğütme faaliyetlerinin gerçekleştirildiği alanlar olarak da kullanıldığı düşünülmektedir. Bunun arkeolojik kanıtları çukur yapılarının içlerinden bitki kalıntıları ve çok sayıda öğütme taşlarının ele geçmesidir. Gülpınar II çukur yapılarının ikinci fonksiyonu öğütme taşlarının ritüel amaçlı çukurlara bilinçli olarak atılması arkeolojik verilerle desteklenmekte olup bu ritüelin geçmiş yaşamla metaforik bir bağlantısı olarak değerlendirilmektedir. Ayrıca terk sürecinde kapatılan çukurların üzerinin taşlarla kapatılması ve üzerine kil heykelcik yerleştirilmesi ritüel bir aktivite ile ilişkilendirilmektedir. Gülpınar çukurlarında herhangi bir insan iskeleti ele geçmediği için kült ve ölü gömme geleneğiyle bağlantılı değildir.

3.2. GÜLPINAR III YERLEŞİMİ MİMARİSİ VE MEKÂN KULLANIMI

Gülpınar III yerleşiminden elde edilen radyokarbon tarihlerine göre III. Kültür Katının MÖ 4940'da başladığı ve MÖ 4450'ye kadar devam ettiği anlaşılmıştır. Gülpınar III Kültür Katının mimari açıdan kendi içinde en eskiden en yeniye "IIIa, IIIb ve IIIc" olmak üzere üç alt evreye sahip olduğu anlaşılmıştır. Bu evrede de birbirine bitişik nizamlı odalardan oluşan yapıların olduğu bir yerleşim düzeni görülmektedir. Odalar genellikle dörtgen ve dikdörtgen plan tipine sahiptir. Odaların duvarlarının tümüyle taştan yapıldığı saptanmıştır. Düz yerleşim modelinin görüldüğü Gülpınar III evresine ait mimari kalıntılar üç farklı sektörde ortaya çıkarılmıştır. Gülpınar III (IIIa, IIIb, IIIc), genel olarak Gülpınar II yapıların ve açık alanların üzerine inşa edilmiştir. Yerleşmede ilk olarak IIIa alt evresine ait yapıların inşa edildiği daha sonra sonra artan nüfus ve ihtiyaca göre IIIb ve IIIc alt evrelerinde, IIIa alt evresine ait yapıların cephelerine yeni duvarlar inşa edilerek yeni odalar oluşturulduğu anlaşılmaktadır. IIIa alt evresinde odalar arasındaki besin hazırlama alanı olarak kullanılan alanlar, IIIb alt evresinde yerini yeni odalara bırakmıştır. IIIb alt evresinde yerleşimde artan nüfus, faaliyet alanı kullanımını kısıtlarken oda sayısında artışa neden olmuştur.

Gülpınar IIIa alt evresine ait bazı odalar (örneğin Oda 21), bir önceki evreye ait (Oda 3'ün) duvarları üzerine inşa edilmiştir. Bir kısım odalar da (örneğin Oda 1 ile 20) kısmen bir önceki evredeki duvarların üzerine inşa edilmiştir. Bir önceki evreye ait duvarları, IIIa alt evresi odaları temel olarak kullanılmış, arazi eğimine göre yeni duvarlar eklemek suretiyle yeni odalar inşa edilmiştir. Gülpınar III evresine genellikle dörtgen, dikdörtgen ve düzensiz plan tipi odaların inşasında tercih edilmiştir. Yapılar, iki odalı ve tek odalı yapı tipindedir. Sadece istisna bir örnek ile çok odalı yapı tipi (L

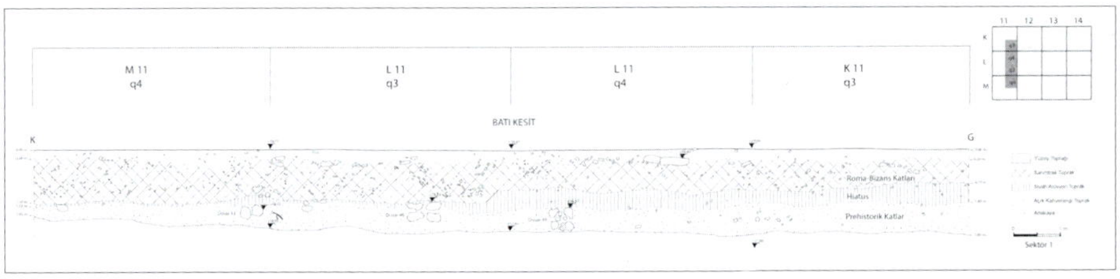

Şekil 3.41
Sektör 1, Gülpınar III, M11, L11 ve K11 karelajları Batı kesiti *(© GKP).*

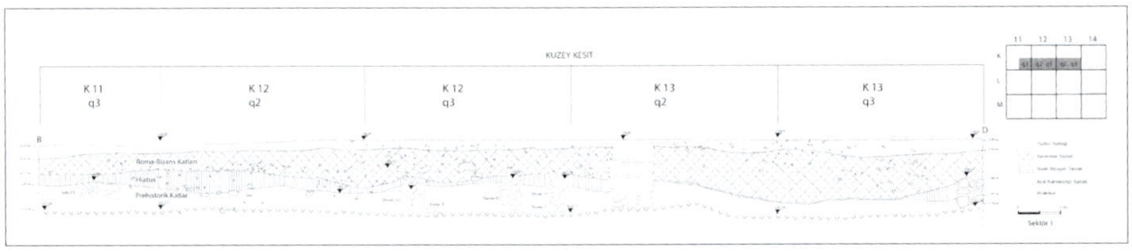

Şekil 3.42
Sektör 1, Gülpınar III, K11, K12 ve K13 karelejları Kuzey kesiti *(© GKP).*

Şekil 3.43
Sektör 1'in batı kesiti görünümü (K11q3 *(© GKP).*

Yapısı) temsil edilmektedir. Tek odalı yapı tipinde aynı biçim ve büyüklükte birkaç oda bulunur. İki odalı yapı tipinde ise farklı biçim ve büyüklükte odalar bulunmaktadır. Bu evrede bir önceki evreye göre iki odalı yapı tipinde bir artış görülmektedir. Gülpınar III mimarisinde görülen en belirgin yenilikler arasında, yerleşimi çevrele-

Şekil 3.44
Sektör 1, Oda 3 kuzeybatı kesiti görünümü (L12q1) *(© GKP)*.

Şekil 3.45
Sektör 1, Gülpınar III Yerleşim Planı *(© GKP)*.

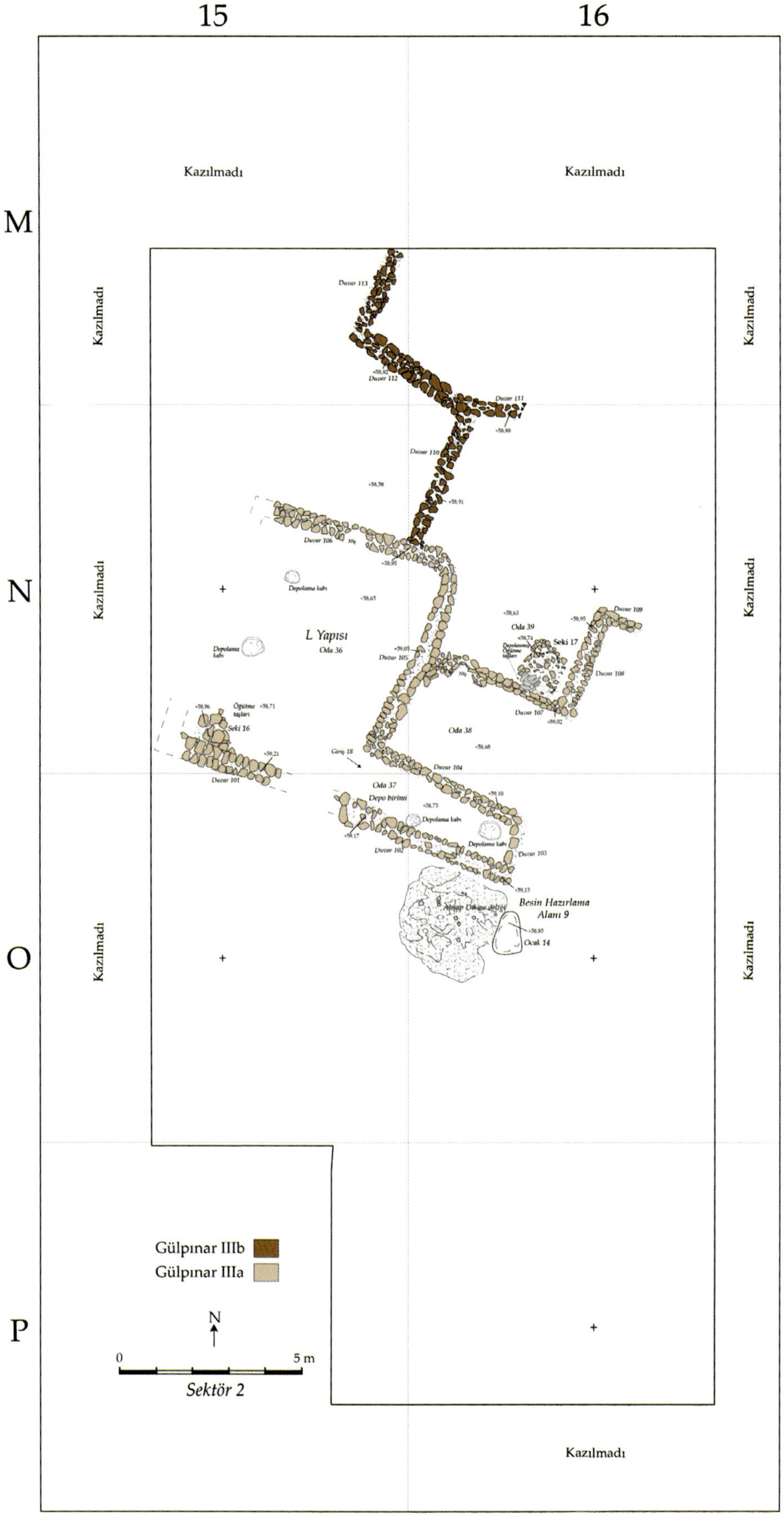

Şekil 3.46
Sektör 2, Gülpınar III Yerleşim Planı *(© GKP)*.

yen payandalı çevre duvarının yer alması, ana giriş kapısının ve bir sokağın olması, sınırları tanımlanan bir avlunun bulunması, odalar içerisinde tabandan yükseltilmiş sekilerin bulunması ve depolama amaçlı kullanılan odaların ayrı bir birim olması gibi sıralanabilir. Özellikle yapı içlerinde depolama (silo) işlevinde kullanılan sekilerin (seki-6-7 ve 10 gibi) bazı tek odalı yapılarda (Oda 25 ve Oda 28 olduğu gibi) yerini ayrı bir depolama birimine bırakmıştır.

Yapılar, içlerindeki taşınmaz mimari döşemlerinden (seki, ocak ve fırın vb.) işlik alanı, besin hazırlama ve tüketme, yatma ve dinlenme gibi farklı işlevlerde kullanıldığı anlaşılmaktadır. Taşınmaz döşemlerin yanı sıra yapıların içlerinde ele geçen taşınır materyal kültür öğeleri de mekânların işlevselliği hakkında bilgi vermektedir. Yerleşmedeki mekân içi taban buluntuların dağılımları, mekânlara göre değişkenlik göstermektedir. Gülpınar III evresine ait mimari kalıntıların ele geçtiği Sektör 1'in batı ve kuzey kesitinden, yerleşmenin IIIc evresinde terk edilmesinden sonraki Roma Dönem'ine kadar olan zaman dilimi içerisinde, yaklaşık dört bin yıllık bir hiatus olduğu kesitlerden izlenmektedir (Şek.3.41-42). Özellikle bu alanın, kesitte görülen siyah alüvyon toprak yapısının görülmesi uzun bir süre yerleşime sahne olmadığını göstermekle birlikte radyokarbon sonuçları ile uyuşmaktadır (Şek.3.43-44).

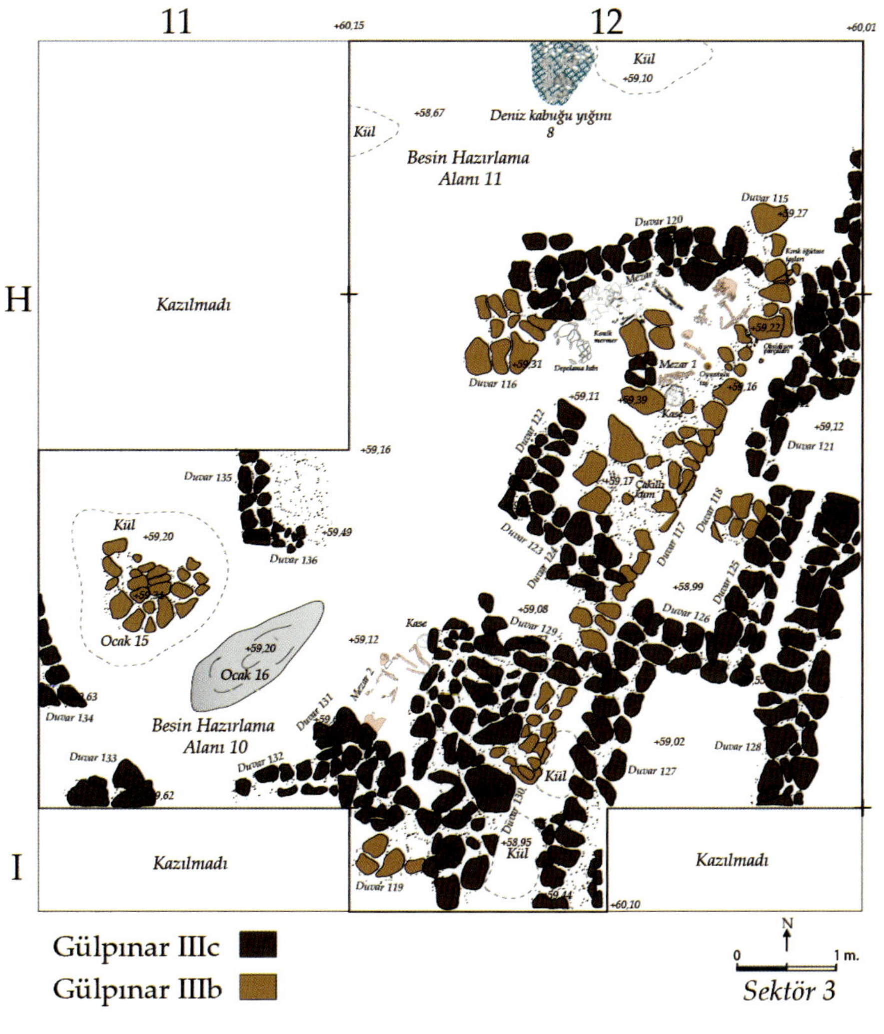

Şekil 3.47
Sektör 3'de, H11 ve H12 karelajlarındaki Gülpınar IIIb ve IIIc'ye ait mimari kalıntıların ve mezarların planı *(© GKP)*.

Gülpınar III yerleşimi mimarisi ve mekân kullanımı değerlendirildiğinde; yapıların tek veya iki odalı olması, daha çok yapı içlerinde ocak, fırın ve sekilerin yer almasıyla besin hazırlama ve tüketme faaliyetlerinin yapı içlerinde gerçekleştirilmesi, Gülpınar III'de çekirdek ailelerden oluşan hane tipi bir topluluğun varlığından söz edilebilir.

Gülpınar III evresine ait mimari kalıntılar üç farklı sektörde ortaya çıkarılmıştır. Sektör 1 genel itibarıyla K11-K12-K13, L11-L12-L13, M11-M12-M13 karelajlarındaki mekânları kapsar (Şek.3.45). Sektör 2 ise M15-M16, N15-16, O15-O16, P15-P16 karelajlarındaki mekânları kapsar (Şek.3.46). Sektör 3 ise G12-13, H11-12-13, I14 karelajlarındaki mimari kalıntıları kapsar (Şek.3.1). Bu sektörün en önemli mimari kalıntıları ve mezarları H11,12 karelajında yer alır (Şek.3.47).

3.2.1. Mekânlar

Gülpınar III yerleşmesi yatay bir genişleme özelliği sergilemektedir. Gülpınar IIIa alt evresinde odalardan oluşan yapılar birbirine bitişik nizamlı olarak inşa edilmiştir. IIIb alt evresinde nüfus artışına ve ihtiyaca göre kendinden bir önceki dönemde (IIIa alt evresinde) inşa edilmiş yapılara ait duvarların cepheleri kullanılarak, yeni odalar/yapılar inşa edilmiştir. Bu durum IIIc için de geçerlidir. Gülpınar III'de yapıların/odaların, dörtgen, dikdörtgen ve düzensiz plan tipinde, yan yana bitişik düzende inşa edilerek yerleştirilmesi ve ayrı bir çevre duvarı ile yerleşimin sınırlandırılması korunaklı bir yerleşme izlenimini vermekle birlikte, Gülpınar topluluğunun dışa kapalı olduğunu göstermektedir.

Gülpınar III mimarisinde görülen en belirgin yeniliklerden biri payandalı çevre duvarının yerleşimi kuzeydoğu-güneybatı doğrultusunda sınırlandırması, bir diğeri yapılar içerisinde tabandan yükseltilmiş sekilerin bulunmasıdır. Neredeyse bütün yapıların içlerinde farklı işlevlerde kullanılan sekiler bulunmaktadır. Bu sekiler farklı biçim ve boyuttadırlar. Bunun yanı sıra yapıların içinde veya ön ve yanlarında depolama amacıyla kullanılmak için ana mekândan ayrı bir birim olarak oluşturulan odalar da bu evrenin yenilikleri arasındadır. Gülpınar III evresinin bir diğer yeniliği yapıların cepheleriyle sınırlandırılmış bir Besin Hazırlama Alanı 5/Avlu'nun bulunmasıdır. Besin Hazırlama Alanı 5'e (Avlu'ya) dışarıdan, yerleşmenin ana giriş kapısını ve sokağı geçtikten sonra ulaşılabilmektedir. Günlük aktivitelerin ortaklaşa birlikte yapıldığı avluda bir ocak ve iki seki bulunur. IIIa alt evresinde mekânların arasında kalan alanların faaliyet alanı olarak kullanıldığı, IIIb alt evresinde bu alanların yerini yeni mekânların aldığı anlaşılmıştır.

Gülpınar III evresinin yapıları genel olarak tek odalı veya iki odalı yapı tipine sahiptir. Bu yapılardan belirgin, tanımlanan ve taşınmaz iç mimari döşemleri bulunan iki odalılara C Yapısı (Oda 14 ve Oda 15), D Yapısı (Oda 21 ve Oda 22), E Yapısı (Oda 25 ve Oda 26) ile G Yapısı (Oda 27 ve Oda 28), tek odalılara ise H Yapısı ve F Yapısı en güzel örnektir. İstisna çok odalıya ise L Yapısı (Oda 36-39) örnek teşkil eder. III. evre genelinde içinde herhangi bir taşınmaz iç mimari döşem barındırmayan tek (Oda 31 ve 32) veya iki odalı (Oda 16/17), ve birbirleri ile bağlantısı kesin olarak kurulamayan diğer mekânlar da bulunmaktadır. Bu mekânların dışında, ortak kullanıma yönelik günlük aktivitelerin sürdürüldüğü besin hazırlama alanları yerleşimin içinde ve dışında olmak üzere iki kategoride değerlendirilmiştir. Bunlara ek olarak yerleşmede işlik alanları da yer almaktadır (Tab.3.41).

Gülpınar III Yapılar/Odalar ve Besin Hazırlama Alanı Bilgileri													
Yapı/Oda	Plan	Tip	Sektör	Kültür Katı	Açma	Toplam Metrekare	Mimari Döşemler					Buluntu	Buluntular
							Ocak	Fırın	Seki	Direk Altlığı	Giriş		
C Yapısı (Oda 14 ve 15)	Dikdörtgen	İki Odalı	1	IIIa	K ve L12-13	42			2	2	2	49	öğütme taşı (8),el taşı (2), perdah taşı (4),balta (10),keski (1),minyatür keser (1), mablak (3), bız (4), delgeç (2), spatula (2), sap (1), ağırşak (1), çömlek kırığı disk (1), kil heykelcik gövdesi (1), tam kap (1), çakmaktaşı çekirdekleri (3), pendant (1), DK boncuk (2), bakır iğne (1)
D Yapısı (Oda 21 ve 22)	Dörtgen	İki Odalı	1	IIIa	K12, L12	25			1	1	2	4	mablak (2), bız (1), kil heykelcik gövdesi (1)
E Yapısı (Oda 25 ve 26)	Dikdörtgen	İki Odalı	1	IIIa	L13, M13	14,6	1				1	16	öğütme taşı (3), vurgaç (1), yivli ağırlık (3), balta (1), oyuklu taş (1), mablak (2), bız (3), spatula (1), kapak (1)
F Yapısı (Oda 29)	Dikdörtgen	Tek Odalı	1	IIIb	L13, M13	20	1	1		3	1	39	öğütme taşı (19), el taşı (2), vurgaç (1), balta (2), oyuklu taş (1), taş boncuk (1), mablak (3), bız (3), delgeç (1), çömlek kırığı disk (1), kapak (1), tam kap (1), çakmaktaşı çekirdek (3)
G Yapısı (Oda 27 ve 28)	Dörtgen	İki Odalı	1	IIIa	L13	11,75	2				2	23	öğütme taşı (6), çentikli ve delikli ağırlık (3), keski (1), mablak (3), bız (5), delgeç (1), spatula (1) kapak (1), DK boncuk (2)
H Yapısı (Oda 20)	Dörtgen	Tek Odalı	1	IIIa	L12, M12	14,3			1	1	1	5	öğütme taşı (2), perdah taşı (1) mablak (1), bız (1)
I Yapısı (Oda 23 ve 24)	Düzensiz	İki Odalı	1	IIIb	L12, L13	21	1		1	2	1	25	topuz başı (1), delikli ağırlık (1), balta (2), keser (3), taş küre (2), taş heykelcik (1), mablak (2), bız (2), delgeç, (1), spatula (1), sap (1), çömlek kırığı disk (1), kapak (2), DK boncuk (5)
J Yapısı (Oda 18 ve 19)	Düzensiz	İki Odalı	1	IIIa	L11-12, M12	35			1		2	12	öğütme taşı (3), balta (1), mablak (3), bız (2), spatula (1), kil heykelcik gövdesi (1), tam kap (1), deniz kabukları
L Yapısı (Oda 36 ve 37)	Dörtgen	İki Odalı	2	IIIa	N15-16, O15-16	34,6			1		1	39	öğütme taşı (6), el taşı (1), perdah taşı (3), yivli taş (1), havaneli (1), havan (1), yivli ağırlık (2), balta (4), minyatür keser (1), keski (1), mermer kap parçası (1), oyuklu taş (1), taş küre (1), mablak (4), bız (4), delgeç (1), spatula (1), sap (1), tam kap (4)
L Yapısı (Oda 38)	Dikdörtgen	Tek Odalı	2	IIIa	N16, O16	13,6						2	vurgaç (1), perdah taşı (1)
L Yapısı (Oda 39)	Dörtgen	Tek Odalı	2	IIIa	N16	9			1			9	öğütme taşı (7), oyuklu taş (1), bakır iğne (1)
Oda 16 ve 17	Düzensiz	İki Odalı	1	IIIb	K12, L12	18					1	10	çentikli-yivli ağırlık (1), balta (1), keser (1), keski (1), taş küre (1) mablak (1), bız (2), kil heykelcik (1), DK boncuk (1)
Oda 30	Dikdörtgen	Tek Odalı	1	IIIb	M12	18					1	25	öğütme taşı (5), el taşı (2), perdah taşı (1), havaneli (2), havan (2), balta (3), taş küre (1), mablak (2), bız (1), çömlek kırığı disk (1), DK boncuk (1), çakmaktaşı çekirdek (3), çakmaktaşı dilgi (1)
Oda 31	Düzensiz	Tek Odalı	1	IIIb	M11						1		
Oda 32	Dikdörtgen	Tek Odalı	1	IIIc	L11, M11	12	1					13	öğütme taşı (6), el taşı (1), perdah taşı (1), vurgaç (1) oyuklu taş (1), mablak (2), bız (1)
BHA-4	Dörtgen	Besin Hazırlama Alanı	1	IIIa/ IIIb	K13, L13	22	1		1		1	35	öğütme taşı (11), el taşı (5), perdah taşı (1), havaneli (1), yivli ağırlık (1), balta (1), keser (1), minyatür keser (1), mermer kap (2), mablak (3), bız (3), tam kap (2), DK perdah aleti (1), DK boncuk (1), çakmaktaşı dilgi (1)
BHA-5		Besin Hazırlama Alanı	1	IIIa	M12-13	68,7	1		2			82	öğütme taşı (12), el taşı (12), perdah taşı (7), vurgaç (1), yivli ve delikli ağırlık (2), balta (4), keser (1), minyatür keser (1), keski (2), oyuklu taş (1), taş küre (3), mablak (8), bız (7), delgeç (3), spatula (2), kemik sap (1), ağırşak (1), çömlek kırığı disk (3), kil perdah aleti (1), tam kap (2), DK boncuk (2), çakmaktaşı çekirdek (6)
BHA-6		Besin Hazırlama Alanı	1	IIIa	M12	14,5			1			6	mablak (1), bız (2), sap (1), kil heykelcik gövdesi (1), sokma başlı kil heykelcik (1)
BHA-7		Besin Hazırlama Alanı	1	IIIa	K11-12, L11	24,6			1			30	öğütme taşı (3), perdah taşı (1), balta (3), minyatür balta (1), keser (1), mablak (3), bız (4), delgeç (1), spatula (1), ağırşak (1), çömlek kırığı disk (1), kil perdah aleti (1), kil heykelcik başı (1), kil heykelcik gövdesi (1), çakmaktaşı çekirdekler (6), bakır iğne (1)
BHA-9		Besin Hazırlama Alanı	2	IIIa	O16	14,2	1						
BHA-10		Besin Hazırlama Alanı	3	IIIb	H11	10,3	2					21	öğütme taşı (12), perdah taşı (1), mablak (3), bız (2), çömlek kırığı disk (2), kil perdah aleti (1)
BHA-11		Besin Hazırlama Alanı	3	IIIb	H12	12						9	öğütme taşı (5), mablak (2), çakmaktaşı çekirdek (2)

Tablo 3.41 Gülpınar III, Yapılar, Odalar ve Besin Hazırlama Alanı bilgileri.

Gülpınar III kültür katı, düz yerleşim özelliği gösterdiğinden yapılara ihtiyaç doğrultusunda eklemeler yapıldığından geleneksel bir yapı tipi ile karşılaşılmaz, bu yüzden yapılar ve odalar farklı boyutlara ve biçimlere sahiptir. Gülpınar III evresinde odalar, üç farklı plan tipi karşımıza çıkar. Bunlar; dörtgen (%33,3), dikdörtgen (%40) ve düzensiz (%26,7) şeklindedirler (Tab.3.42).

Yerleşmede her iki oda tipinde de ocak bulunurken, iki odalı mekânlarda ocak kullanımı daha yaygındır. Fırın sadece tek odalı mekânda bulunur. Her iki oda tipinde de direk altlığı kullanımı mevcutken, iki odalı mekânlarda direk altlığı kullanımı daha yaygındır. Bu evrenin mimari yeniliği olan seki, tek odalı mekânların içlerinde 2 adet ve iki odalı mekânlarda ise 6 adet tespit edilmiştir. Girişler her iki oda tipinde de mevcuttur. Bütün odaların tabanı sıkıştırılmış toprak tabandır. Bu evrede sıvalı veya boyalı bir taban dokusuna rastlanmamıştır.

Gülpınar III Yapı/Oda Plan Tipleri							
Yapı/Oda	Evre	Sektör	Tek Odalı	İki Odalı	Dörtgen	Dikdörtgen	Düzensiz
C Yapısı (Oda 14 ve 15)	IIIa	1		■		■	
D Yapısı (Oda 21 ve 22)	IIIa	1		■	■		
E Yapısı (Oda 25 ve 26)	IIIa	1		■		■	
F Yapısı (Oda 29)	IIIb	1	■			■	
G Yapısı (Oda 27 ve 28)	IIIa	1		■	■		
H Yapısı (Oda 20)	IIIa	1	■		■		
I Yapısı (Oda 23 ve 24)	IIIb	1		■			■
J Yapısı (Oda 18 ve 19)	IIIa	1		■			■
L Yapısı (Oda 36 ve 37)	IIIa	2		■	■		
L Yapısı (Oda 38)	IIIa	2	■			■	
L Yapısı (Oda 39)	IIIa	2	■		■		
Oda 16 ve 17	IIIb	1		■			■
Oda 30	IIIb	1	■			■	
Oda 31	IIIb	1	■				
Oda 32	IIIc	1	■			■	
Toplam			7	8	5	6	4

Tablo 3.42 Gülpınar III, Oda plan tipleri.

Gülpınar III, birbirine bitişik yerleşim düzenine sahip, dörtgen ve dikdörtgen planlı, tam plan veren ve çift sıra taştan kuru duvar tekniğinde örülmüş yapı, avlu, işlik alanı ve besin hazırlama alanlarından oluşmaktadır. Sektör 1' de; sekiz adet yapı ve on dokuz adet oda; Sektör 2'de; bir adet yapı ve dört adet oda olmakla birlikte, yerleşme genelinde toplamda dokuz adet yapı ve yirmi üç adet oda tespit edilmiştir. Yapıların duvarlarının tümüyle taştan yapıldığı saptanmıştır. Sektör 3'de ise IIIb ve IIIc evresine ait belirgin bir plan vermeyen odalar bulunmaktadır.

Prehistorik Gülpınar yerleşiminin Gülpınar III evresine ait sınırları tanımlanan Besin Hazırlama Alanları Sektör 1'de dört adet (BHA-4, BHA-5, BHA-6, BHA-7); Sektör 2'de bir adet (BHA-9) ve Sektör 3'de iki adet (BHA-10, BHA-11) olmak üzere toplamda yedi adet besin hazırlama alanı olabilecek yerler tespit edilmiştir (Tab.3.43-44), (Tab.3.90).

Yerleşimin bu evresindeki besin hazırlama alanlarının iki farklı işlevde kullanıldığı tespit edilmiştir. Birincisi yerleşimin dışında, payandalı çevre duvarının dışında kalan besin hazırlama alanlarıdır. İkincisi, duvarlarla sınırlandırılan ve yapıların arasında kalarak bir tür avlu işlevi kazanan besin hazırlama alanlarıdır. Özellikle yerleşimde yapılar arasında kalan besin hazırlama alanlarından (BHA-5) bir avlu işlevi kazanmıştır.

Besin hazırlama alanlarının işlik ve pişirme alanı olarak işlev gördüğü, ocak, öğütme taşı ve seki gibi uygulamaların bu alanlarda tespit edilmesinden anlaşılmaktadır.

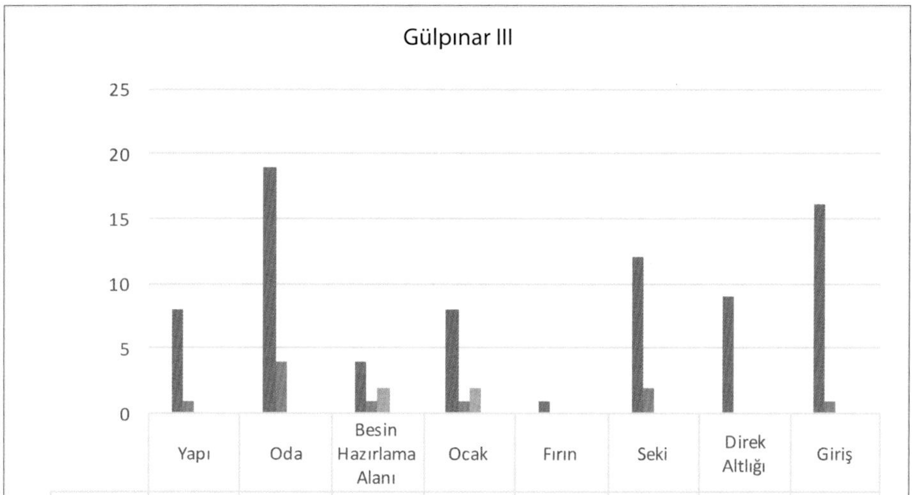

	Yapı	Oda	Besin Hazırlama Alanı	Ocak	Fırın	Seki	Direk Altlığı	Giriş
Sektör 1	8	19	4	8	1	12	9	16
Sektör 2	1	4	1	1		2		1
Sektör 3			2	2				
%	9,9%	25,3%	7,7%	12,1%	1,1%	15,4%	9,9%	18,7%

Tablo 3.43 Gülpınar III mimari ve mimari öğelerin sektörlere göre dağılımı.

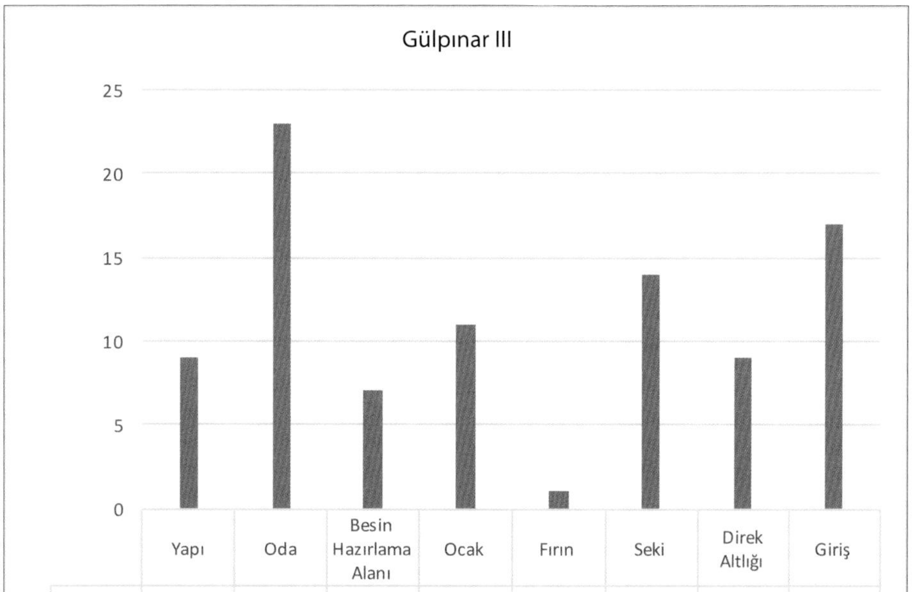

	Yapı	Oda	Besin Hazırlama Alanı	Ocak	Fırın	Seki	Direk Altlığı	Giriş
EVRE III	9	23	7	11	1	14	9	17
%	9,9%	25,3%	7,7%	12,1%	1,1%	15,4%	9,9%	18,7%

Tablo 3.44 Gülpınar III mimari ve mimari öğelerin dağılımı.

Ayrıca kimi faaliyet alanlarında yoğun olarak ele geçen kemik, çakmaktaşı ve seramik atıklarından çöplük olarak da kullanıldığı gözlemlenmektedir. Özellikle kasaplık faaliyetlerinin faaliyet alanlarında yerleşimciler tarafından kolektif bir şekilde yapıldığı, burada ele geçen hayvan kemiklerinin üzerinde yapılan mikroskobik incelemeler sonucunda, kesici aletlere ait izler tespit edilmesi kasaplık faaliyetlerini kanıtlar nitelikte buluntulardandır (Yavşan 2010). Aynı zamanda bu kemiklerle birlikte çok sayıda kesici-delici çakmaktaşı aletlerinde ele geçmesi bunu desteklemektedir.

Deniz Kabuğu Yığını	Sektör	Kültür Katı	Mekân	Tür	Türleri	Şekil
Deniz Kabuğu Yığını 3	1	IIIa	Besin Hazırlama Alanı 4	11	*Ostrea edulis, Ruditapes decussatus, Patella vulgata, patella sp., Ensis ensis /solen sp., Mytilus galloprovincialis, Hexaplex trunculus, Cardium glaucum, Cerithium vulgatum, Thais haemastoma, Ruditapes decussatus*	 Şek. 3.48 Sektör 1, Gülpınar IIIa, Besin Hazırlama Alanı 4'de Duvar 83'ün kuzeyinde bulunan Deniz Kabuğu Yığını 3 *(© GKP).*
Deniz Kabuğu Yığını 4	1	IIIa	Oda 27	5	*Ostrea edulis, Ruditapes decussatus, Patella rustica sp., Ensis ensis, Mytilus galloprovincialis*	
Deniz Kabuğu Yığını 5	1	IIIa	Oda 19	1	*Hexaplex trunculus*	 Şek. 3.49 Sektör 1, Gülpınar IIIa, J Yapısı Oda 19'da bulunan Deniz Kabuğu Yığını 5 *(© GKP).*  Şek. 3.50 Sektör 1, Gülpınar IIIa, Oda 19'daki Deniz Kabuğu Yığını 5'in detayı *(© GKP).*
Deniz Kabuğu Yığını 6	1	IIIa	J 13 q2	1	*Ensis ensis*	 Şek.3.51 Sektör 1, Gülpınar IIIa, J13 q2 açması, Ensis ensis türüne ait Deniz Kabuğu Yığını 6 *(© GKP).*
Deniz Kabuğu Yığını 8	3	IIIb	Besin Hazırlama Alanı 11	4	*Ruditapes decussatus, Ensis ensis, Cerastoderma glaucum, Mytilus galloprovincialis*	 Şek.3.52 Sektör 3, Gülpınar IIIb, Besin Hazırlama Alanı 11'deki Deniz Kabuğu Yığını 8 *(© GKP).*

Tablo 3.45 Gülpınar III Deniz Kabuğu yığını bilgileri.

Gülpınar yerleşiminin III. evresine ait faaliyet alanı olarak kullanılan alanlar, günlük aktivitelerin yoğun olarak gerçekleştiği ve bireylerin bir araya gelerek ortaklaşa hareket ettiği ve iletişim kurdukları yerlerdir. Prehistorik Gülpınar'daki faaliyet alanlarının arkeolojik kayıtları; sekiler, ocaklar, fırınlar, deniz kabuğu yığınları ve üretim artığı işlenmiş deniz kabukları ve besin hazırlama alanlarında toplu bulunan öğütme taşlarıdır. Gülpınar III evresine ait Sektör 1'de ve Sektör 2'de yer alan faaliyet alanların, günlük faaliyetlerin gerçekleştirildiği ve besin hazırlama alanı olarak kullanıldığı ele geçen materyalden tespit edilmiştir. Bunlardan özellikle Sektör 1' deki; dört adet deniz kabuğu yığını (DKY-3, DKY-4, DKY-5 ve DKY-6) ve Sektör 3'te bir adet deniz kabuğu yığını (DKY-8) mekân içi veya dışında besin hazırlama alanı olarak kullanıldığı anlaşılmıştır. Mekân içinde ve dışında özellikle yığın halinde farklı türlere ait deniz kabukları depolanmış bir şekilde bulunmuştur (Tab.3.45).

Gülpınar III'de, tüm yerleşim içerisindeki tek odalıların boyutları 9 ile 20 m^2 arasında değişse de sadece iki oda 14 m^2 boyutlarındadır. İki odalıların boyutları 10 ile 42 m^2 arasında değişse de sadece iki oda 35 m^2 boyutlarındadır. Oda içi ortalama metrekarelere bakıldığında, her iki yapı tipinde de aynı biçim ve boyutta odalara çok az rastlanır. (Tab.3.46). Yerleşmedeki odalar birbirine eklenerek çoğaltıldığı için belirli bir standartlaşmış oda plan tipinden söz etmek mümkün değildir. Bu evre genelinde kazılan alanlarda açığa çıkartıldığı itibariyle besin hazırlama alanlarının ortalama kullanım metrekarelerine bakıldığında, topluluk tarafından kullanılan standartlaşmış bir besin hazırlama alanından söz edilemez (Tab.3.47).

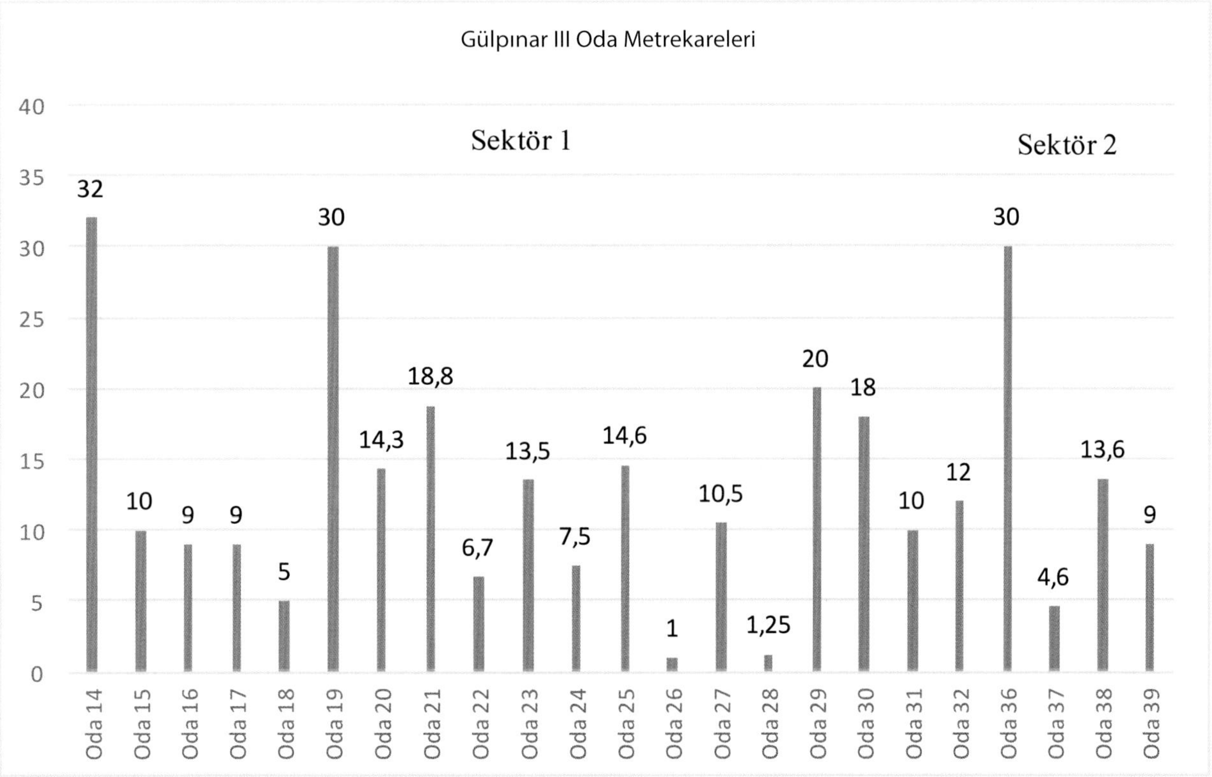

Tablo 3.46 Sektör 1 ve 2, Gülpınar III'e ait Oda metrekareleri.

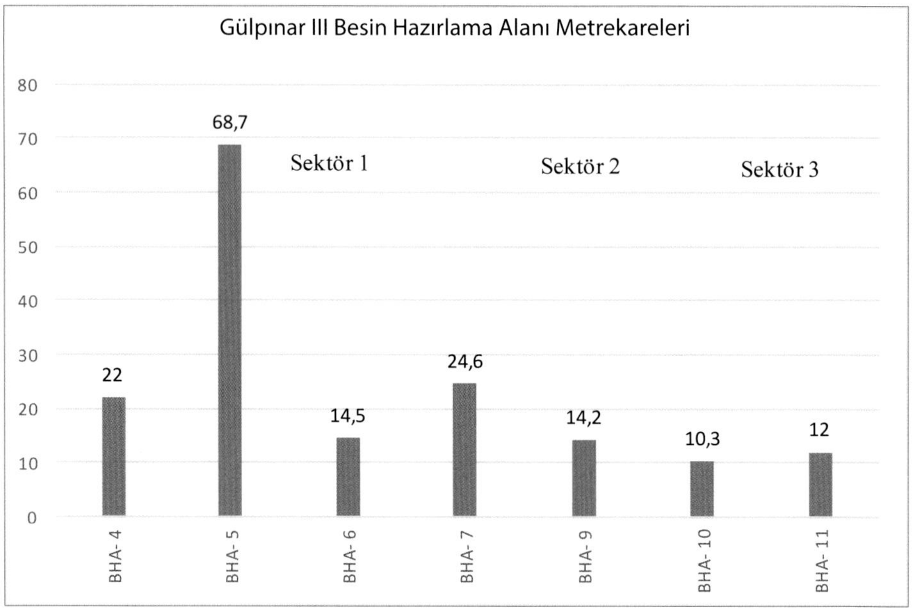

Tablo 3.47 Sektör 1 ve 2, Gülpınar III'e ait Besin Hazırlama Alanı metrekareleri.

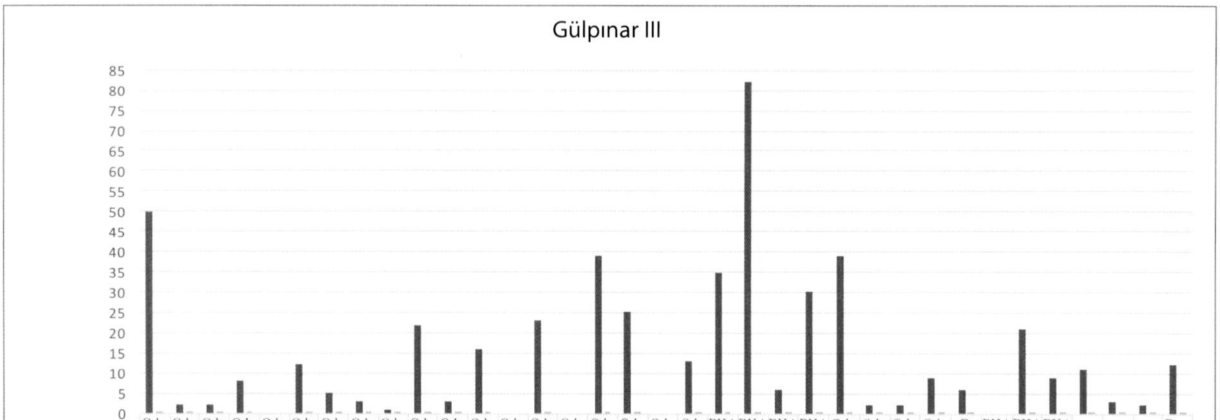

	Oda 14	Oda 15	Oda 16	Oda 17	Oda 18	Oda 19	Oda 20	Oda 21	Oda 22	Oda 23	Oda 24	Oda 25	Oda 26	Oda 27	Oda 28	Oda 29	Oda 30
Buluntu Sayısı	50	2	2	8	0	12	5	3	1	22	3	16	0	23	0	39	25
%	10,1	0,4%	0,4%	1,6%	0,0%	2,4%	1,0%	0,6%	0,2%	4,5%	0,6%	3,2%	0,0%	4,7%	0,0%	7,9%	5,1%

	Oda 31	Oda 32	BHA 4	BHA 5	BHA 6	BHA 7	Oda 36	Oda 37	Oda 38	Oda 39	D 106	BHA 9	BHA 10	BHA 11	M1	M2	M3	Duvarlar
Buluntu Sayısı	0	13	35	82	6	30	39	2	2	9	6	0	21	9	11	3	2	12
%	0,0%	2,6%	7,1%	16,6	1,2%	6,1%	7,9%	0,4%	0,4%	1,8%	1,2%	0,0%	4,3%	1,8%	2,2%	0,6%	0,4%	2,4%

Tablo 3.48 Gülpınar III, Mekânlara düşen buluntu sayıları ve oranları.

Odalara düşen buluntu sayısına bakıldığında (Tab.3.48), en fazla Oda 14'de buluntu olduğu görülür. Bazı mekânlarda hiçbir buluntuya rastlanmaz. Besin hazırlama alanına düşen buluntu sayısında ise en fazla buluntu Besin Hazırlama Alanı 4'de görülür. Bu evre genelinde oda ve besin hazırlama alanı buluntularına ve sayılarına bakıldığında (Tab.3.49), en fazla sürtme taş aletlerden öğütme taşı ele geçtiği görülür. Kemik aletlerden mablak ve bız, oransal olarak ikinci sırada en fazla ele geçen buluntulardandır. Yapı, oda içi ve besin hazırlama alanlarında ele geçen buluntuların metrekareye düşen sayıları birbirleriyle karşılaştırıldığında (Tab.3.50), mekânların içi diğerlerine oranla daha fazla buluntu içerirler.

Gülpınar III'de, çoğunlukla yapı içlerinde olmakla birlikte besin hazırlama alanlarında/avlularda ocak ve sekilerin yer alması, bu alanlarda çok sayıda öğütme taşı, el

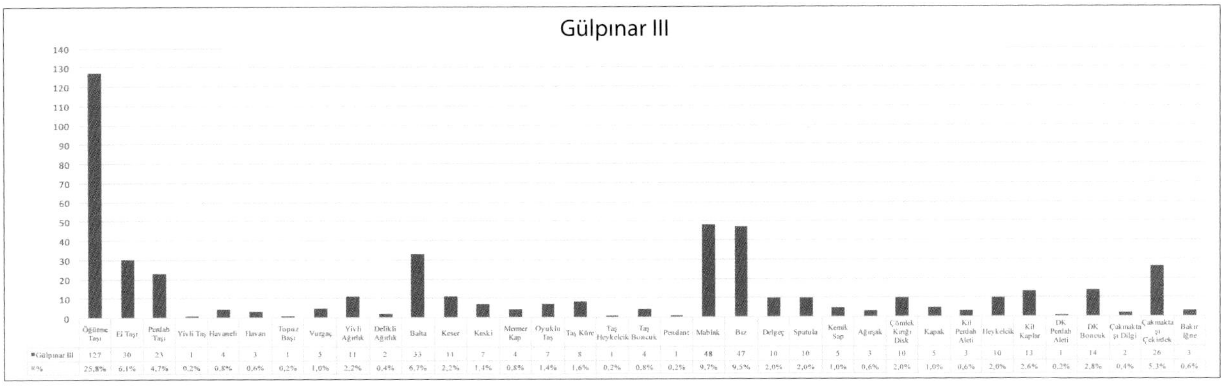

Tablo 3.49 Gülpınar III, Oda ve Besin Hazırlama Alanı buluntu sayıları ve oranları.

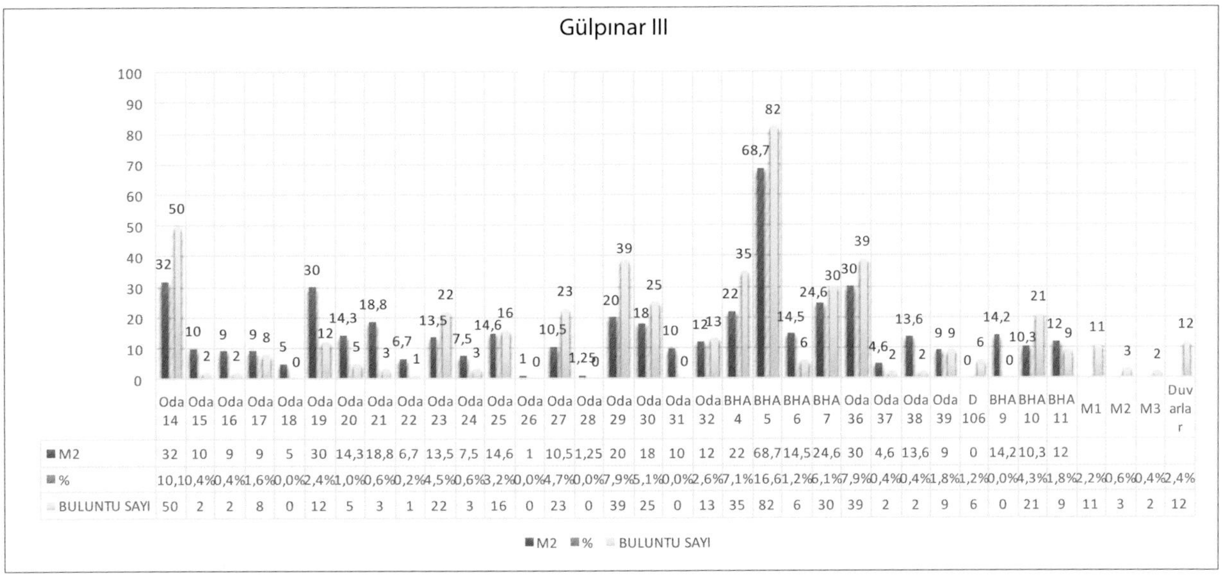

Tablo 3.50 Gülpınar III, Oda ve Besin Hazırlama Alanı metrekareye düşen buluntu sayısı ve oranları.

taşı ve farklı işlevlerde kullanılan materyal kültür öğelerinin bulunması, topluluğun besin gereksinimi ve diğer günlük aktiviteleri için bu alanlarda bir araya geldiği ve birlikte hareket edildiği fikrini akla getirmektedir.

Yerleşmede ocaklar genel olarak odaların köşelerinde yer alırken, odaların ortasında/merkezinde olduğu örnekler de mevcuttur. Aynı zamanda besin hazırlama alanlarında da ocak bulunur. Sekiler çoğunlukla odaların köşelerine yerleştirilmiştir. Direk altlıkları ise genellikle odaların ortalarında bulunur. Odaların girişlerinde söve taşlarının duvarlarda *in situ* bulunması yerleşmede kapıların var olduğunun kanıtıdır. Girişler genellikle oda duvarlarının ortasında yer alır. Kimi girişlerde geçişler taban seviyesinden gerçekleşirken, kimilerinde ise bir sıra taş duvar örülerek eşik oluşturulmuştur.

Gülpınar II evresine ait Oda 1, tek girişi bulunan dışa kapalı bir yapıdır. Diğer hanelere iletişimi faaliyet alandan sağlamaktadır. Diğer mekânlara geçiş bulunmaz. Oda 1 üzerine inşa edilen IIIa alt evresine ait Oda 14 ise iki girişi bulunan dışa açık bir mekândır. Oda 14 diğer hanelerle iletişimini ikinci bir girişten sağlamaktadır. Özellikle besin hazırlama alanı 4'e gidiş-geliş yapabilmekte oradan Oda 27 ile iletişimini sağlamaktadır. Diğer iki mekânla iletişim halindedir. Gülpınar II evresinde daha çok besin hazırlama alanlarında birlikte hareket edilerek gerçekleştirilen etkinlikler, Gülpınar III evresinde yapılar içerisinde yoğunlaşmaya başlamıştır. III. evrede oda sayısındaki artış ile birlikte her "mekân", "ev" kendi geçim ekonomisini kendi düzenleyebilecek seviyededir.

Sektör 3'de H11 ve H12 karelajlarındaki Gülpınar IIIb ve IIIc'ye ait belirli bir plan vermeyen mimari kalıntıların arasında toprağın içerisinde dizleri karına çekilmiş şekilde yatırılmış mezarlardan, Mezar 1 ve Mezar 2' nin kadın bireylere ait olduğu anlaşılmıştır (Tab.3.51).

Gülpınar IIIc İnsan İskeletleri						
Mezar	Tip	Sektör	Kültür Katı	Açma	Buluntu	Buluntular
Mezar 1	Yarı hocker	3	IIIc	H12	7	kâse (1), oyuntulu taş (1), öğütme taşı (5), obsidiyen parçaları
Mezar 2	Yarı hocker	3	IIIc	H12	3	kâse (1), çakmaktaşı dilgi (1), öğütme taşı (1)
Mezar 3	Yarı hocker	3	IIIc	H12	3	Sepet kulplu çanak (1), tek kulplu maşrapa (1), konik mermer kap parçası (1)
Mezar4	?	1	IIIc	L11	-	
Mezar 5	?	1	IIIc	L12	-	
Mezar 6	?	1	IIIc	K11	-	
Mezar 7	?	1	IIIc	K12		

Tablo 3.51 Gülpınar IIIc, İnsan iskeletleri bilgileri.

3.2.1.1. C Yapısı (Oda 14 ve Oda 15; Besin Hazırlama Alanı 4)

Söz konusu bu mekânlar Sektör 1'in kuzeyde ve K12(q3)-K13(q1-3) ve L12(q4)-L13(q1) karelajlarındaki alanda yer alır (Şek.3.45). C Yapısı dikdörtgen planlı Oda 14, dar ve uzun Oda 15 ve Besin Hazırlama Alanı 4'ten oluşmaktadır. İki odalı ve dikdörtgen plan tipindedir. Mekânların toplamı yaklaşık 64 m^2 boyutlarındadır. Bu mekânlar kuzeybatı-güneydoğu doğrultusunda uzanmaktadır (Şek.3.53). Oda 14 ve dar ve uzun Oda 15'ten oluşan yapıya giriş kuzeydoğu yönünden sağlanmaktadır. C Yapısı inşa detayları incelendiğinde Oda 14 ve 15, Evre IIIa alt evresinde batı yönünden küçültülerek (Duvar 38 ve 42 yeni eklenerek) inşa edilmiş, bir önceki evreye ait Oda 1 ve Oda 2'nin duvarları, IIIa alt evresi mekânları için temel olarak kullanmıştır. Gülpınar III evresinin domestik özellikler gösteren en önemli yapılarından biridir. Mekânın odalarının tabanları sıkıştırılmış toprak tabandır. Mekânın bazı duvarları çift sıra, bazı duvarları üç sıra taştan kuru duvar tekniğinde örülmüştür. Duvarların temel seviyelerinin oldukça iyi korunageldiği, batı duvarının (Duvar 42) ise 0,78 m yüksekliğe kadar korunduğu görülmektedir (Tab.3.52). Mekânın kuzeydoğusunda yapıya dışardan giriş olabilecek kısım, Roma yapısı tarafından tahrip edilmiştir. Bu muhtemel girişin doğusunda ve batısında dar ve uzun bir ön oda yer almaktadır. 0,7 m genişliğindeki ikinci bir Giriş 1'den geçtikten sonra Oda 14 yer almaktadır.

Dikdörtgen planlı Oda 14 (Tab.3.53), 32 m^2 büyüklüğündedir. Bu mekâna geçiş mekânın kuzey köşesinde yer alan (Duvar 4 ve Duvar 41'in köşeleri) 0,7 m genişliğinde Giriş 1'den sağlanır. Buna ek olarak mekânın güneydoğusunda Besin Hazırlama alanı 4'e ve diğer mekânlara geçişin sağlandığı 1,8 m genişliğinde Giriş 5 bulunmaktadır.

Bu iki mekânın diğer mekânlarla iletişim halinde olduğu ve mekânlar arası iletişimin sağladığı bu giriş, bir kapı ile kapatılamayacak kadar geniştir. Mekânın ortasında damı desteklemek amacıyla kullanılan ahşap direğin yerleştirildiği, 0,35 m çapındaki Direk Altlığı 3 ve 0,3 m çapındaki Direk Altlığı 4 bulunur. Yuvarlak formdaki bu direk altlıkları, ortası mekânın sıkıştırılmış tabanı olup etrafı küçük taşlarla desteklenmiştir. Mekânın doğusunda ve odaya Giriş 1'in hemen yanında kuzeydoğu duvarına (Duvar 4) bitişik olarak yapılan 1,25x1 m boyutlarında, oval planlı taş döşeli Seki 4 bulunur. Bu sekinin taş döşeli tabanına 0,6x0,45 m boyutlarında yüzeyi düzgün/pürüzsüz büyükçe bir taş duvara bitişik olacak şekilde yerleştirilmiştir. Ayrıca bu sekinin tabanını oluşturan diğer taşlar arasında erken evrelere ait alt-öğütme taşı ve el taşı da bulunmaktadır. Bu sekinin hemen doğusunda, sekiyle duvar (Duvar 4) arasındaki köşede çok sayıda çakmaktaşı çekirdekleri bulunmuştur. Bununla birlikte sekinin üstünde ve etrafındaki dolgudan baltalar ve keski ele geçmiştir. Seki ve buluntuları bir arada değerlendirildiğinde bu sekinin daha çok alet işlemede kullanıldığı düşünülmektedir. Ayrıca Seki 4'ün doğusunda, mekânın (Duvar 4 ve 40 duvarların kesiştiği) doğu köşesinde besin hazırlandığına işaret eden büyükçe bir oval formlu alt öğütme taşı, mekânın sıkıştırılmış tabanına gömülmüş *in situ* bir şekilde bulunmuştur. Bunlara ek olarak mekânın güney duvarına (Duvar 8) bitişik olarak yapılan 0,8x0,8 m boyutlarında, oval planlı taş döşeli ikinci bir Seki 5 bulunur. Bu sekinin de tabanını oluşturan taşlar içinde erken evrelere ait alt-öğütme taşları mevcuttur. Bu sekinin etrafında, mekânın dolgusu içerisinden alt ve üst öğütme taşlarının ele geçmesi, öğütme etkinliklerinin bu alanda da gerçekleştirildiğini düşündürmektedir. Oda 14 içerisinde yemek pişirme etkinliğini kanıtlayan herhangi bir ocak veya fırın bulunmamasına karşın, bu mekânın doğusunda bulunan işlik alanında hane sakinlerinin besin tüketme etkinliklerini gerçekleştirdikleri düşünülmektedir. Bütün bulgular bir arada değerlendirildiğinde, Oda 14'ün gerek mimari döşemlerinden gerekse yoğun buluntularından günlük aktivitelerin gerçekleştirildiği evsel mekân olarak kullanıldığı anlaşılmaktadır.

Dar ve uzun bir dikdörtgen plana sahip Oda 15 Yaklaşık 10 m^2 büyüklüğündedir (Tab.3.54). Kuzeydoğudan muhtemel girişin sağlandığı, doğuya ve batıya doğru dar ve uzun bu mekânın büyük depolama kap parçalarının yoğun ele geçmesinden dolayı her iki evre de depo amacıyla kullanıldığı düşünülmektedir. Oda içerisinde herhangi bir mekân içi döşem bulunmamıştır.

Duvar	Uzunluk	Genişlik	Yükseklik	Mak. Taş Sırası Yük.	Mak. Taş Sırası Gen.	Denizden Yükseklik
Duvar 1	3,40 m	0,6/0,65 m	0,24 m	2	3	+58,26
Duvar 8	7,60 m	0,4 m	0,4 m	3	2	+58,48
Duvar 38	1,90 m	0,5 m	0,35 m	2	3	+58,43
Duvar 39	1,25 m	0,5 m	0,25 m	1	2	+58,30
Duvar 40	2,30 m	0,5 m	0,23 m	2	2	+58,31
Duvar 42	4,60 m	0,45 m	0,78 m	6	2	+58,86
Duvar 90	1,70 m	1,1 m	0,6 m	7	5	+58,30

Tablo 3.52 C Yapısını (Oda 14 ve Oda 15) çevreleyen duvarların bilgileri.

Duvar	Uzunluk	Genişlik	Yükseklik	Mak. Taş Sırası Yük.	Mak. Taş Sırası Gen.	Denizden Yükseklik
Duvar 4	3,40 m	0,55 m	0,24 m	2	3	+57,32
Duvar 8	7,60 m	0,4 m	0,4 m	3	2	+58,48
Duvar 40	2,30 m	0,5 m	0,23 m	2	2	+58,31
Duvar 41	3,10 m	0,5 m	0,25 m	2	2	+58,33
Duvar 42	4,60 m	0,45 m	0,78 m	6	2	+58,86

Tablo 3.53 Oda 14'ü çevreleyen duvarların bilgileri.

Duvar	Uzunluk	Genişlik	Yükseklik	Mak. Taş Sırası Yük.	Mak. Taş Sırası Gen.	Denizden Yükseklik
Duvar 1	2.20 m	65/60 m	24 m	2	3	+58,26
Duvar 4	3.70 m	55 m	24 m	2	3	+57,32
Duvar 38	1.90 m	50 m	35 m	2	3	+58,43
Duvar 39	1.25 m	50 m	25 m	1	2	+58,30
Duvar 41	3 m	50 m	25 m	2	2	+58,33
Duvar 90	1.70 m	1.10 m	60 m	7	5	+58,30

Tablo 3.54 Oda 15'i çevreleyen duvarların bilgileri.

Oda 14 ve Oda 15 mimari döşemleri arasında damı desteklemek amacıyla kullanılan iki adet ahşap direk altığı 4 ve 5, iki adet seki 4 ve 5 ve dışarıyla irtibatı sağlayan giriş 1 ve 5 dikkat çeker. Oda 14 ve 15 buluntuları oldukça zengindir. Oda 14'de 8 adet öğütme taşı, 2 adet el taşı, 4 adet perdah taşı, 8 adet balta, 1 adet keski, 1 adet minyatür keser, 3 adet mablak, 4 adet bız, 2 adet delgeç, 2 adet spatula, 1 adet sap, 1 adet ağırşak, 1 adet çömlek kırığı disk, 1 adet kil heykelcik gövdesi, 1 adet tam kap, 3 adet çakmaktaşı çekirdekleri, 2 adet deniz kabuğu boncuk, 1 adet bakır iğne; Oda 15'de 1 adet balta, 1 adet pendant gibi farklı amaçlar için kullanılan materyal kültür öğeleri bulunmuştur (Tab.3.55).

Oda 14 içerisindeki taşınmaz mimari döşemleri ve taşınır mekân içi buluntularının birlikte analiz edilmesi sonucunda bu mekânın kullanımına ilişkin önerilerde

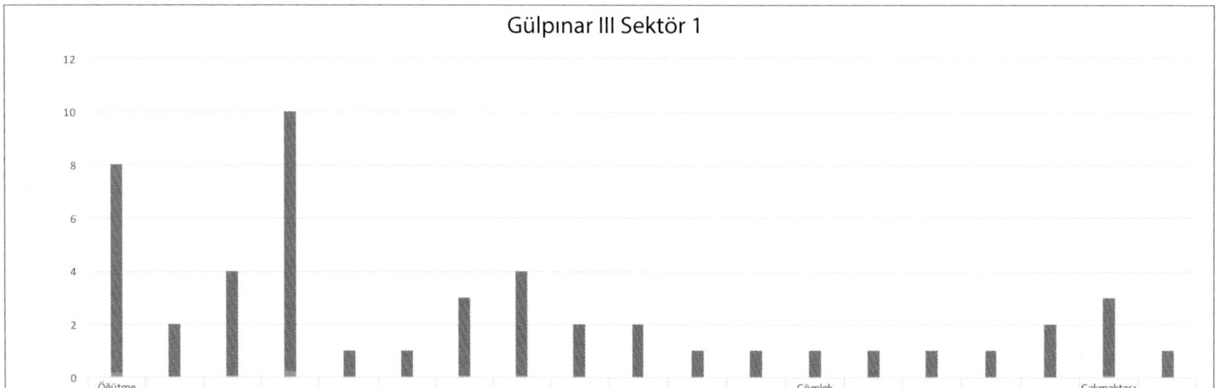

	Öğütme Taşı	El Taşı	Perdah Taşı	Balta	Keser	Keski	Mablak	Bız	Delgeç	Spatula	Kemik Sap	Ağırşak	Çömlek Kırığı Disk	Heykelcik	Kil Kaplar	Pendant	DK Boncuk	Çakmaktaşı Çekirdek	Bakır İğne
C Yapısı	8	2	4	10	1	1	3	4	2	2	1	1	1	1	1	1	2	3	1
%	16,3%	4,1%	8,2%	20,4%	2,0%	2,0%	6,1%	8,2%	4,1%	4,1%	2,0%	2,0%	2,0%	2,0%	2,0%	2,0%	4,1%	6,1%	2,0%

Tablo 3.55 C Yapısı mekân içi buluntuları.

bulunulmaktadır. Oda genelinde 9 adet balta, 1 adet keski ve 1 adet keser bulunması, özellikle de mekânın güneybatısında yoğunlaşması, bu mekânın ahşapla ilişkili faaliyetlerde ön plana çıktığını düşündürmektedir. Aynı zamanda kemik alet buluntu grubunun da mekânın güneybatı kesiminde yoğunlaştığı dikkat çekmektedir. Fakat bu kemik aletlerin işlevleri konusunda net bir bilgimiz yoktur. Bazı kemik aletlerin dokumacılık ve hasırcılıkta kullanıldığı bilinmektedir. Mekânın kuzey kesiminde Duvar 41'in kenarında bulunan ağırşak ve çömlek kırığı diskten, mekânda gerçekleştirilen önemli aktivitelerden birinin de yün eğirmek olduğuna ait önemli bir veridir. Mekânın kuzeydoğu kesiminde, Seki 4'ün doğusunda toplu halde bulunan çakmaktaşı çekirdeklerden, mekânın bu bölümünün çakmaktaşı dilgi üretimiyle ilişkili olduğunu ileri sürebiliriz. Yine mekânın kuzeydoğu köşesine yakın, mekânın sıkıştırılmış tabanına gömülmüş *in situ* bir şekilde bulunan büyükçe bir oval formlu alt öğütme taşı, bu alanın gündelik besin hazırlandığını kanıtlayan önemli bir arkeolojik veridir.

Besin Hazırlama Alanı 4: Sektör 1'de (Şek.3.13), ve K13(q3), L13(q1,q4) karelajlarındaki alanda yer alır. bu alanın mekânlar toplamı 22 m^2 boyutlarındadır. (Şek.3.53). Ayrıca iki mekânın da önünde küçük bir avlu vardır. Bu mekânlar kuzeydoğu-güneybatı doğrultusunda uzanmaktadır. Gülpınar IIIa alt evresinin en önemli domestik

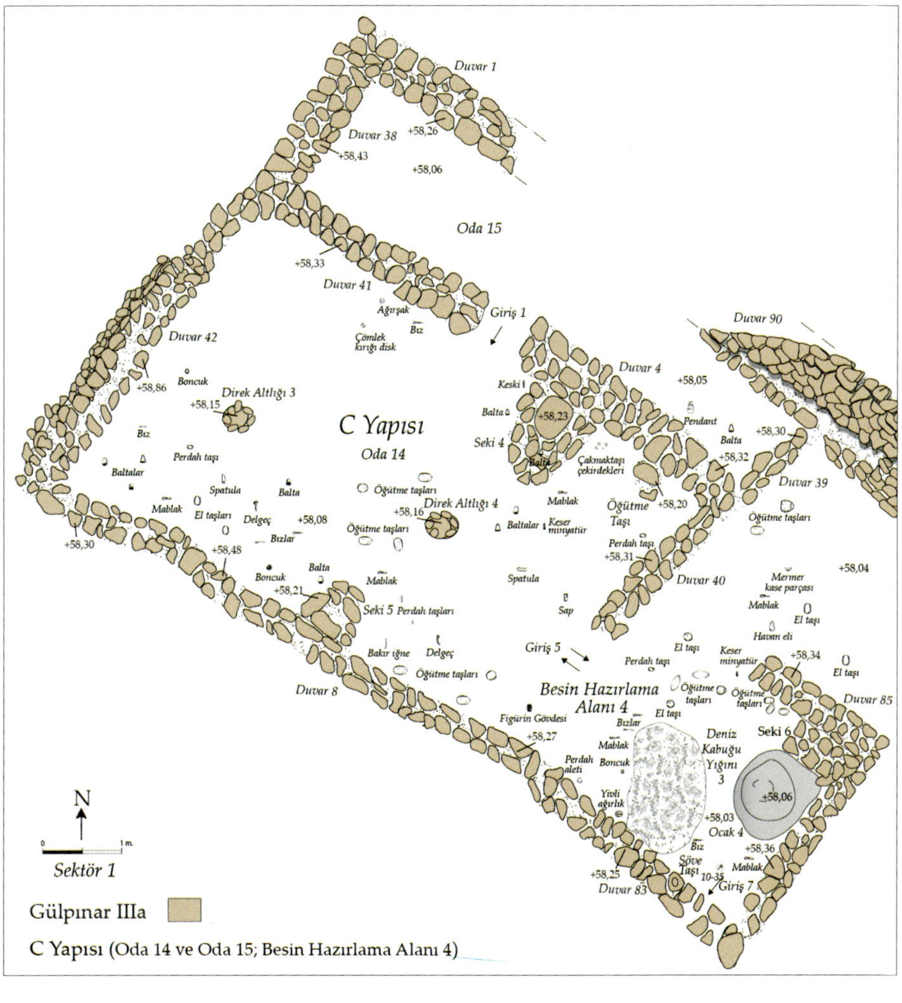

Şekil 3.53
Sektör 1, Gülpınar III, C Yapısı planı ve buluntuların mekân içi dağılımı *(© GKP)*.

özellikler gösteren alanlarından biridir. IIIa alt evresine ait besin hazırlama alanının doğusundaki duvarlar IIIb alt evresinde eklenmiştir. Mekânın tabanı sıkıştırılmış toprak tabandır. Mekânın tüm duvarları çift sıra taştan kuru duvar tekniğinde örülmüştür. Duvarların temel seviyelerinin iyi korunageldiği, kuzey duvarının (Duvar 90) ise 0,61 m yüksekliğe kadar korunduğu görülmektedir (Tab.3.56).

Besin hazırlama alanı 4, Oda 14 ve özellikle diğer hanelerle iletişimini çok yönlü olarak sağlamaktadır. Birincisi; mekânın besin hazırlama alanından geçişini sağladığı asıl girişi, doğusundaki 0,9 m genişliğindeki bir Giriş 6'dan sağlanır. Bu girişte, 0,9 m genişliğinde ve 2 m uzunluğunda küçük bir koridor bulunur. İkincisi; mekânın kuzeybatısında yer alan Oda 14 ile geçişin sağlandığı 1,8 m genişliğinde ikinci bir Giriş 5 bulunmaktadır. Üçüncüsü ise; mekânın güneybatısındaki kuzeybatı-güneydoğu uzantılı duvarında (Duvar 83) bulunan, (Duvar 83 ile Duvar 84'ün kesiştiği) alanda Oda 27'e geçişin sağlandığı 0,85 m genişliğindeki bir Giriş 7'dir. Bu giriş, aynı zamanda Oda 27'in diğer hanelere besin hazırlama alanı aracılığı ile açılacağı tek geçiş yeridir.

Duvar	Uzunluk	Genişlik	Yükseklik	Mak. Taş Sırası Yük.	Mak. Taş Sırası Gen.	Denizden Yükseklik
Duvar 39	1,3 m	0,5 m	0,25 m	1	2	+58,30
Duvar 40	2,65 m	0,5 m	0,28 m	2	2	+58,31
Duvar 83	3,2 m	0,45 m	0,22 m	1	2	+58,25
Duvar 84	2,9 m	0,45 m	0,33 m	2	2	+58,36
Duvar 86	1,05 m	0,45 m	0,34 m	2	2	+58,36
Duvar 88	2,3 m	0,4 m	0,14 m	1	2	+58,16
Duvar 90	4,3 m	1,1 m	0,61 m	7	5	+58,65/35

Tablo 3.56 Besin Hazırlama Alanını çevreleyen duvarların bilgileri.

Bu mekânın asıl geçişini sağladığı Giriş 6 doğudadır. Doğudaki girişten, 2 m^2 boyutlarındaki dar ve uzun bir koridordan geçtikten sonra dörtgen planda ve 7 m^2 boyutlarında avlu bulunur. Bu avlu önünde dörtgen planda bir sundurmayı andıran besin hazırlama alanı ve IIIb alt evresinde eklenmiş dikdörtgen planda bir mekân daha yer almaktadır. Bunlar;

10 m^2 büyüklüğündeki besin hazırlama alanı dörtgen plandadır (Tab.3.57). Bu mekâna geçiş mekânın kuzeyindeki sahanlıktan ve kuzeybatısında yer alan Oda 14 ile geçişin sağlandığı 1,8 m genişliğindeki Giriş 5'den sağlanır. Mekânın kuzeydoğu köşesinde (Duvar 84 ile 85'in kesiştiği) 0,9x0,55 m boyutlarında, dikdörtgen planlı taş döşeli Seki 6 bulunur. Seki, her iki duvara bitişik yapılan seki tabandan yükseltilmiş olup, düzgün yüzeyli taşların döşenmesiyle oluşturulmuştur. Sekinin tabanını oluşturan taşlar içinde erken evrelere ait alt-öğütme taşı da bulunur. Bu sekinin hemen güneyinde mekânın pişirme faaliyetini kanıtlayan, korunmuş ölçüleri 1x1 m olan, kilden tabana sahip, yuvarlak formlu Ocak 4 bulunur. Bu ocağın kil tabanı, pişirme faaliyetleri nedeniyle sertleşmiştir. Ocağın kuzeyinde, çok sayıda farklı tipe ait alt ve üst öğütme taşı mekânın dolgusunda bulunmuştur. Bu ocağın hemen batısında, mekânın güneybatı duvarı (Duvar 83) ve Giriş 7'nin batısından itibaren başlayan ve mekânın ortasına kadar yayılan, 1,5x1 m boyutlarındaki bir alanı kapsayan, depo-

lanmış bir şekilde, on bir farklı türe ait Deniz Kabuğu Yığını 3 bulunmuştur. Deniz kabuklarının güneybatısında ve mekânın güneybatı duvarının (Duvar 83) yanında *in situ* yivli bir ağırlık bulunmuştur. Bu tür bir ağırlığın deniz kabuklarıyla birlikte aynı mekânda ele geçmesi, topluluğun geçim ekonomisini nasıl sağladığı hakkında önemli bir veridir. Deniz kabuğu yığınlarının yanında ele geçen kemik aletlerin, deniz kabuklarını işlemede kullanıldığı düşünülmektedir. Kemik aletlerin (özellikle mablak ve bız) kabukların içlerindeki besinleri tüketmek amacıyla çıkarma işlevinde kullanıldıkları düşünülmektedir. Ayrıca mekânın içerisinde çok fazla deniz kabuğu *Patella sp.* boncuk parçalarına ait üretim artığı parçaları bulunmuştur. Kabukların besin maddesi olarak kullanıldıktan sonra ikincil kullanıma örnek teşkil eden, süs eşyası olarak kullanıldığı, bu mekânda ele geçen üretim artığı *Patella sp.* boncuk parçalarından anlaşılmaktadır (Yavşan 2010: 70-72).

Bu mekânda deniz kabuğundan süs eşyası üretim faaliyeti gerçekleştiğini gösteren; çakmaktaşı, obsidyen, kemik alet ve sürtme taş gibi buluntuların deniz kabukları ile birlikte ele geçmesi, üretimin mekân içerisinde gerçekleştirdiğini kanıtlar. Bu aletler üretimin farklı aşamalarında kullanılmıştır. Boncuk üretim aşamaları; delik açma işleminde kemik aletlerden, yine delme işleminde obsidyen ve çakmaktaşı aletlerden, ve düzeltme işleminde sürtme taş aletlerden yararlanıldığı düşünülmektedir (Yavşan 2010:70-71). Gülpınar'daki topluluğun, doğadaki lifli bitkileri, hasırı, hayvanların derisinden faydalanmayı, koyundan yün elde etmeyi ve bu yünü iğ ile bunu ipe dönüştürmeyi bildiği düşünülürse (Özdemir 2010), deniz kabuğundan üretilen boncuk ve kolye uçlarının ip veya benzeri bir malzeme ucuna geçirilmek suretiyle kullanıldığı ileri sürülebilir (Yavşan 2010:66).

Duvar	Uzunluk	Genişlik	Yükseklik	Mak. Taş Sırası Yük.	Mak. Taş Sırası Gen.	Denizden Yükseklik
Duvar 40	2,65 m	0,5 m	0,28 m	2	2	+58,31
Duvar 83	3,20 m	0,45 m	0,2 m	1	2	+58,25
Duvar 84	2,90 m	0,45 m	0,33 m	2	2	+58,36
Duvar 85	1,75 m	0,45 m	0,3 m	2	2	+58,34

Tablo 3.57 Besin Hazırlama Alanı, Ana Mekânı çevreleyen duvarların bilgileri.

Duvar	Uzunluk	Genişlik	Yükseklik	Mak. Taş Sırası Yük.	Mak. Taş Sırası Gen.	Denizden Yükseklik
Duvar 84	1,20 m	0.45 m	0,33 m	2	2	+58,34
Duvar 86	1,05 m	0.45 m	0,34 m	2	2	+58,36
Duvar 88	2,30 m	0,4 m	0,14 m	1	2	+58,16
Duvar 89	1,60 m	0,55 m	0,32 m	2	2	+58,36

Tablo 3.58 Besin Hazırlama Alanı, Yan Mekânı çevreleyen duvarların bilgileri.

Besin hazırlama alanın doğusunda IIIb alt evresinde yapıya eklenen dikdörtgen plana sahip 3 m^2 boyutlarında bir mekân yer alır (Tab.3.58). Mekân kuzeybatısındaki avluya doğru önü açık bir yapısı vardır. Bu mekân içerisinde herhangi mekân

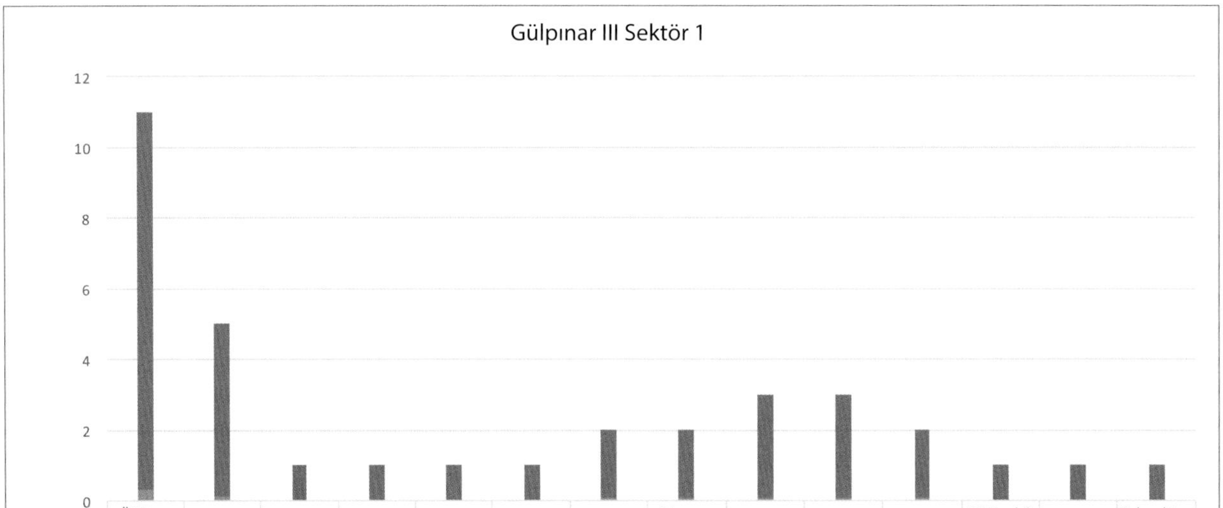

	Öğütme Taşı	El Taşı	Perdah Taşı	Havaneli	Yivli Ağırlık	Balta	Keser	Mermer Kap	Mablak	Bız	Kil Kaplar	DK Perdah Aleti	DK Boncuk	Çakmaktaşı Dilgi
BHA-4	11	5	1	1	1	1	2	2	3	3	2	1	1	1
%	31,4%	14,3%	2,9%	2,9%	2,9%	2,9%	5,7%	5,7%	8,6%	8,6%	5,7%	2,9%	2,9%	2,9%

Tablo 3.59 Besin Hazırlama Alanı 4 buluntuları.

içi döşem bulunmamıştır. Bu mekânın, mevsimine göre besin hazırlama alanının yatma-dinlenme mekânı olarak kullanıldığı düşünülmektedir. Her iki alan içerisinde de damı desteklemek için kullanılan ahşap direk altlığı bulunmamıştır. Alana dışardan geçişi sağlayan bir giriş 6, besin hazırlama alanının kuzeydoğu köşesindeki seki 6, ve bu sekinin önünde yer alan ocak 4 bulunmaktadır. Besin Hazırlama Alanı 4 içinde 6 adet öğütme taşı, 2 adet el taşı, 1 adet minyatür keser, 1 adet yivli ağırlık, 1 adet perdah taşı, 2 adet mermer kap, 2 adet mablak, 3 adet bız, 1 adet deniz kabuğu perdah aleti, 1 adet deniz kabuğu boncuk, 1 adet çakmaktaşı alet bulunmuştur. Doğusundaki mekân da ise 2 adet öğütme taşı, 1 adet el taşı, 1 adet havaneli; Ön Avlu: 2 adet öğütme taşı, 2 adet el taşı, 1 adet balta, 1 adet keser, 1 adet mablak; Sokak: 1 adet öğütme taşı ve 2 adet tam kap gibi farklı amaçlar için kullanılan materyal kültür öğeleri bulunmuştur (Tab.3.59).

3.2.1.2. D Yapısı (Oda 21 ve Oda 22)

Sektör 1'de (Şek.3.45), ve K12(q3) ve L12(q1-4) karelajlarındaki alanda yer alır. D Yapısı dörtgen planlı Oda 21, (Şek.3.54) ve dikdörtgen planlı Oda 22'den oluşmaktadır (Şek.3.18). Bu mekânlar iki odalı plan tipindedir ve toplam 25 m^2 boyutlarındadır. Mekânlar kuzeydoğu-güneybatı doğrultusunda uzanmaktadır. D Yapısı inşa detayları incelendiğinde; Oda 21, bir önceki evredeki Oda 3'ün duvarlarının üzerine inşa edilmiştir. Oda 20'nin kuzey ve doğu duvarları ile Oda 22'nin kuzey, güney ve doğu duvarları bir önceki evreye ait yapıların temellerinin üzerine inşa edilirken, Oda 20'nin güney ve batı duvarları IIIa evresinde, Oda 22'nin batı duvarı ise IIIb evresinde inşa edilmiştir. Oda 21 ve 22'nin tabanları sıkıştırılmış toprak tabandır. Mekânların duvarları çift sıra taştan kuru duvar tekniğinde örülmüştür. Duvarların temel seviyelerinin oldukça iyi korunageldiği, bazı duvarların 0,8 m yüksekliğe kadar

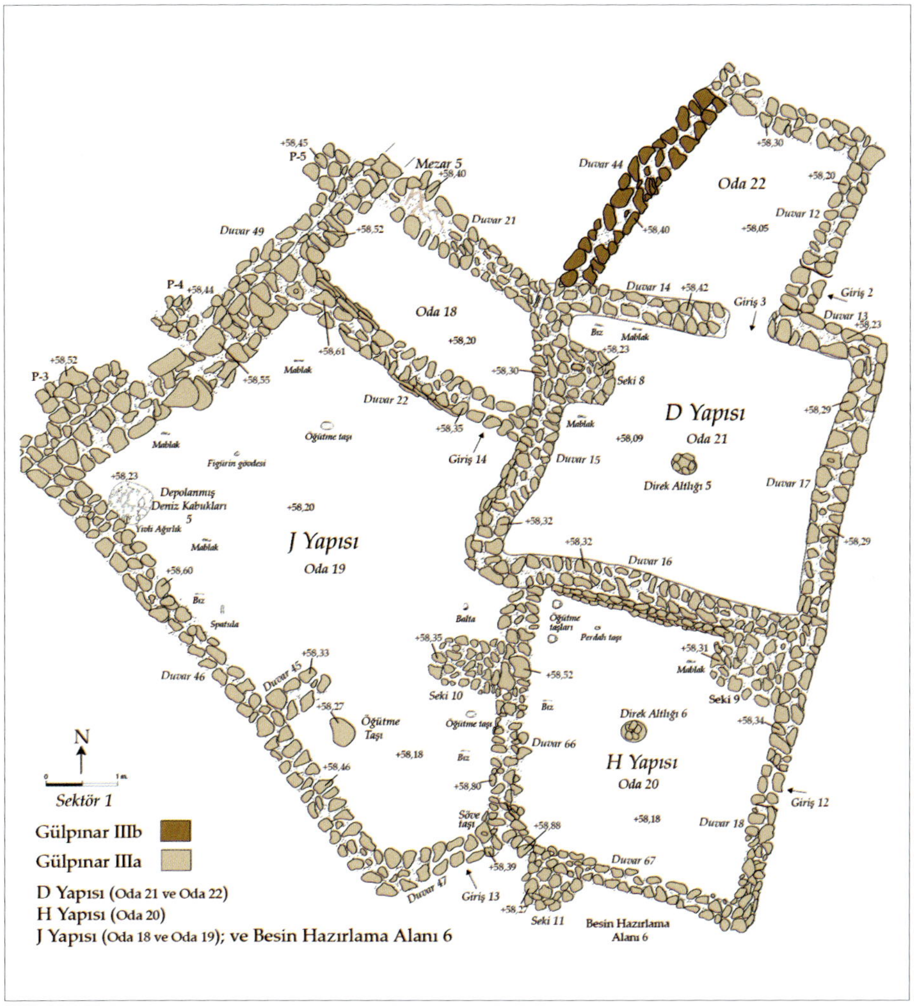

Şekil 3.54
Sektör 1, Gülpınar III, D, H ve J Yapıları planı ve buluntuların mekân içi dağılımı *(© GKP)*.

korunduğu tespit edilmiştir. D Yapısına ait Oda 20 ve 21, I Yapısına ait Oda 23'e, Oda 22'nin doğu duvarı (Duvar 12) üzerinde yer alan 70 m genişliğindeki Giriş 2'den geçiş sağlanmaktadır. IIIa alt evresinde Oda 21, kuzeyindeki açıklıktan giriş 17'yi, Giriş 2 ile de doğusundaki açıklıktan iletişimini sağlamaktadır. IIIb alt evresinde ise bu mekân, çevre hanelerle ile iletişimini mekânın doğusunda bulunan I Yapısına ait Oda 23 ve 24'den geçerek sağladığı düşünülmektedir. Oda 21'in girişi kuzeydedir. Kuzeydeki girişin tam karşısında dikdörtgen plana sahip Oda 22 yer almaktadır.

Dörtgen plana sahip Oda 21 18,8 m^2 boyutlarındadır (Tab.3.60). Bu mekâna, Oda 22'den geçiş, kuzey duvarındaki 0,8 m genişliğinde Giriş 3'ten sağlanır. Mekânın tabanı sıkıştırılmış toprak tabandır. Bu mekânın batı (Duvar 15) duvarına bitişik olarak yapılan, 0,95x0,9 m boyutlarında, tabanı düzgün yüzeyli taşlarla döşeli, oval formlu Seki 8 bulunur. Bu sekinin tabanını oluşturan taşlar içinde Gülpınar II evresine ait alt-öğütme taşı ve mekânın merkezinde damı taşıyan ahşap direklerin yerleştirildiği 0,38 m çapında Direk Altlığı 5 bulunur. Yuvarlak formdaki bu direk altlığı, ortası mekânın sıkıştırılmış taban olup etrafı küçük taşlarla desteklenmiştir. Oda 21'in kuzeyi IIIa alt evresinde açık alan olarak kullanılırken IIIb alt evresinde batı kısma yeni eklenen Duvar 44 ile kapalı bir mekâna dönüştürülmüştür.

Duvar	Uzunluk	Genişlik	Yükseklik	Mak. Taş Sırası Yük.	Mak. Taş Sırası Gen.	Denizden Yükseklik
Duvar 13	1,40 m	0,50 m	0,36 m	3	2	+58,22
Duvar 14	2,50 m	0,40/0,45 m	0,39 m	3	2	+58,42
Duvar 15	4 m	0,5 m	0,27 m	2	2	+58,30
Duvar 16	4,7 m	0,40/0,45 m	0,37 m	4	2	+58,42
Duvar 17	4 m	0,5 m	0,37 m	3	2	+58,29

Tablo 3.60 D Yapısı Oda 21'i çevreleyen duvarların bilgileri.

Duvar	Uzunluk	Genişlik	Yükseklik	Mak. Taş Sırası Yük.	Mak. Taş Sırası Gen.	Denizden Yükseklik
Duvar 8	2 m	0,45 m	0,25 m	2	2	+58,30
Duvar 12	2,5 m	0,55 m	0,15 m	1	2	+58,20
Duvar 14	2,15 m	0,40/0,45 m	0,37 m	3	2	+58,42
Duvar 44	3,5 m	0,5 m	0,35 m	2	2	+58,40

Tablo 3.61 D Yapısı Oda 22'yi çevreleyen duvarların bilgileri.

Oda 22 dikdörtgen plana sahip ve 6,7 m^2 alanı kaplar (Tab.3.61). Bu mekânın batı duvarı (Duvar 44) hariç, diğer duvarları bir önceki evredeki duvarların üzerine inşa edilmiştir. Mekânın doğu duvarının (Duvar 12) ana odanın kuzey duvar (Duvar 13) ile kesiştiği alanda, 0,7 m genişliğinde Giriş 2 yer almaktadır. Bu girişin iki taş sırası Gülpınar II evresi duvarına aittir ve IIIa alt evresi girişi için eşik olarak kullanıldığı anlaşılmıştır. Ayrıca bu giriş ile Oda 22 diğer hanelerle iletişimini sağlamaktadır. Oda 21 içerisinde Giriş 3, mekânın ortasında bulunan Direk Altlığı 5 ve mekânın batı duvarına bitişik yapılan Seki 8'dir. Oda 22 içerisinde ise Giriş 2 bulunmaktadır. Oda 21 ve Oda 22 içerisinde 2 adet mablak, 1 adet bız ve 1 adet kil heykelcik gövdesi bulunmuştur.

Gülpınar'da yerleşmesinde, bazı III. evre mekânları bir önceki evre mekânlarının üzerine, eski mekânın temel olarak kullanılması yoluyla inşa edilmiştir. (Örneğin II. evreye ait Oda 3 ile III. evreye ait Oda 21). Buradan yola çıkılarak, bina sürekliliği olduğu gibi yaşam sürekliliği de olduğu (bazı geleneklerinde devam ettiği) ileri sürülebilir.

3.3.1.3. E Yapısı (Oda 25 ve Oda 26; Besin Hazırlama alanı 5)

Sektör 1'de (Şek.3.45), ve L13(q2) ve M13(q1) karelajlarındaki alanda yer alır. E Yapısı dikdörtgen plana sahip Oda 25 ve Oda 26 ile besin hazırlama alanı 5'ten oluşmaktadır (Şek.3.55-56). E Yapısı 14.6 m^2 boyutlarında olup, iki odalı plan tipindedir. Mekânlar kuzeydoğu-güneybatı doğrultusunda uzanmaktadır. Gülpınar III evresinin domestik özellikler gösteren önemli yapıları arasındadır. Bu mekân ilk defa Gülpınar III evresinde inşa edilmiştir. Gülpınar II yapılarıyla herhangi bağlantısı yoktur. Mekânın tabanı sıkıştırılmış toprak tabandır. Mekânın tüm duvarları çift sıra taştan kuru duvar tekniğinde örülmüştür. Duvarların temel seviyelerinin kısmen iyi korunageldiği, doğu duvarının (Duvar 76) ise 0,32 m yüksekliğe kadar korunduğu görülmektedir (Tab.3.62). E Yapısı çevre hanelerle ile iletişimini mekânın güneyinde ve doğusunda bulunan Besin Hazırlama Alanı 5'den sağlamaktadır.

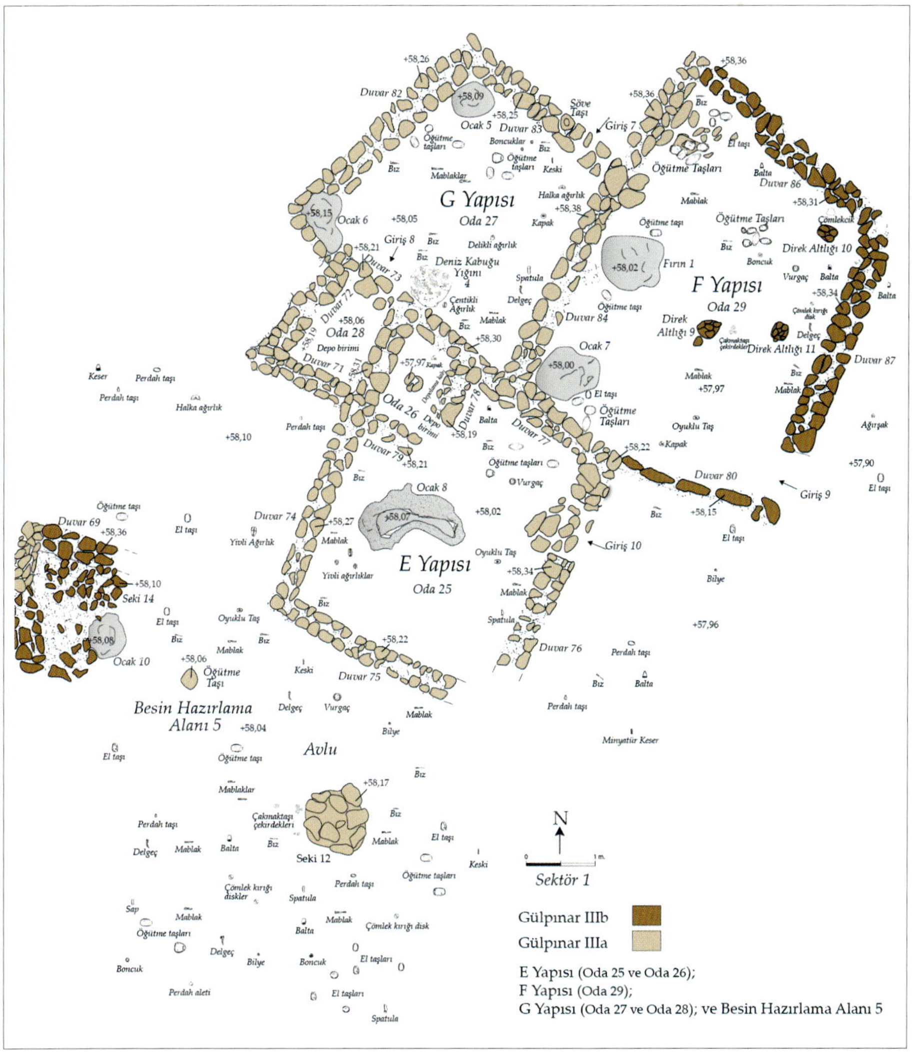

Şekil 3.55
Sektör 1, Gülpınar III, E, F ve G Yapıları planı ve buluntuların mekân içi dağılımı *(© GKP)*.

Şekil 3.56
Sektör 1, Gülpınar IIIa, E Yapısının (Oda 25-26) taş temel kalıntısı *(© GKP)*.

E Yapısının doğusundaki Besin Hazırlama Alanı 5'den geçiş, doğu duvarı (Duvar 76) üzerinde yer alan 0,9 m genişliğindeki Giriş 10'dan sağlanmaktadır. Mekânın girişi, tabandan bir duvar sırası yükseltilerek eşik oluşturulmuş ve kapı eşiğini geçtikten sonra mekân içine doğru düzgün yüzeyli büyük yassı taşlardan hafif eğimli bir rampa oluşturulmuştur. Girişin karşısında ve mekânın ortasında/merkezinde yemek pişirme faaliyetini kanıtlayan, korunmuş ölçüleri 0,9x0,8 m olan, kilden tabana sahip, oval formlu Ocak 8 vardır. Bu ocağın kil tabanı evsel pişirme faaliyetleri nedeniyle sertleşmiştir. Ayrıca bu ocağın hemen güneybatısında toplu halde üç adet *in situ* yivli taş ağırlık bulunmuştur. Bu yivli ağırlıkların balık ağırlığı veya dokuma tezgahı ağırlığı olarak kullanılmış olabileceği düşünülmektedir.

E Yapısının kuzeybatı köşesinde duvarlarla sınırlandırılmış Oda 26 ise 1,35x1 m boyutlarındaki sınırları belirgin depo odası olarak kullanılmıştır. Oda içinde ayrı bir bölüm olarak ayrılması Gülpınar III evresi için önemli bir yeniliktir. Çünkü Oda 26 içinde ortada bir küpe ait kaide ve gövde parçalarının *in situ* olarak ele geçmiştir.

Duvar	Uzunluk	Genişlik	Yükseklik	Mak. Taş Sırası Yük.	Mak. Taş Sırası Gen.	Denizden Yükseklik
Duvar 74	4,75 m	0,45 m	0,25 m	2	2	+58,22
Duvar 75	2,9 m	0,4 m	0,2 m	1	2	+58,27
Duvar 76	3,6 m	0,45 m	0,32 m	2	2	+58,34
Duvar 77	3,4 m	0,45 m	0,2 m	1	2	+58,30

Tablo 3.62 E Yapısını (Oda 25) çevreleyen duvarların bilgileri.

E Yapısı içerisinde herhangi bir direk altlığı bulunmamıştır. Oda 25'in ortasında bulunan Ocak 8 ve hafif bir rampaya sahip olan Giriş 10'dur. Oda 25 buluntuları arasında 3 adet öğütme taşı, 1 adet balta, 3 adet yivli ağırlık, 1 adet vurgaç, 1 adet oyuklu taş, 2 adet mablak, 3 adet bız, 1 adet spatula, 1 adet kapak gibi materyal kültür öğeleri önemli yer tutar (Tab.3.63).

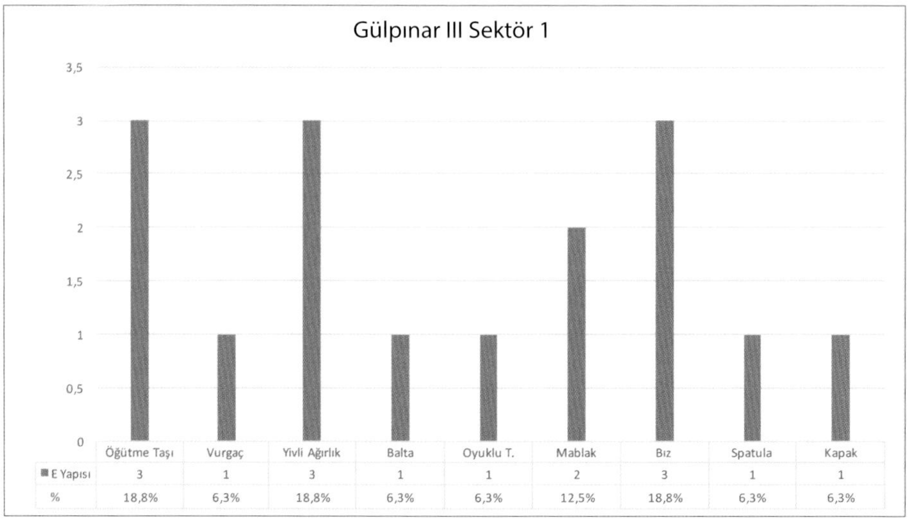

Tablo 3.63 E Yapısı mekân içi buluntuları.

3.3.1.4. F Yapısı (Oda 29)

Sektör 1'de (Şek.3.45), ve L13(q2-4) ve M13(q4) karelajlarındaki alanda yer alır. Dikdörtgen plana sahip F Yapısı (Oda 29), 20 m² boyutlarında olup, tek odalıdır (Şek.3.55;57). Yapı kuzeydoğu-güneybatı doğrultusunda uzanmaktadır. IIIb alt evresinin en önemli domestik özellikler gösteren yapılarından biridir. Bu mekân ilk defa IIIb alt evresinde inşa edilmiştir. II. evre yapılarıyla herhangi bağlantısı yoktur. Oda 29, kendinden önce inşa edilen IIIa alt evresine ait Oda 25'in kuzey, Oda 27 ve besin hazırlama alanı 4'ün doğu cephelerine bitişik ve IIIb alt evresinde yeni duvarlar (Duvar 86 ve Duvar 87) eklemlenerek oluşturulmuştur. Ortak duvar kullanımı her üç mekânda da görülmektedir.

Mekânın tabanı sıkıştırılmış toprak tabandır. Mekânın tüm duvarları çift sıra taştan kuru duvar tekniğinde örülmüştür. Duvarların temel seviyelerinin kısmen iyi korunageldiği, doğu duvarının (Duvar 87) ise 0,37 m yüksekliğe kadar korunduğu görülmektedir (Tab.3.64). Bu mekânın güneyinde bir orta avlu/besin hazırlama alanı 5 bulunmaktadır.

Şekil 3.57
Sektör 1, Gülpınar IIIb, F Yapısının (Oda 29) taş temel kalıntısı *(© GKP)*.

Duvar	Uzunluk	Genişlik	Yükseklik	Mak. Taş Sırası Yük.	Mak. Taş Sırası Gen.	Denizden Yükseklik
Duvar 77	2,2 m	0,45 m	0,25 m	2	2	+58,22
Duvar 80	2,3 m	0,2 m	0,18 m	1	1	+58,15
Duvar 84	5,55 m	0,45 m	0,37 m	2	2	+58,38
Duvar 86	3,8 m	0,45 m	0,34 m	2	2	+58,31
Duvar 87	3,7 m	0,5 m	0,37 m	3	2	+58,34

Tablo 3.64 F Yapısını (Oda 29) çevreleyen duvarların bilgileri.

Bu mekâna doğusundaki besin hazırlama alanı 5'den geçiş, mekânın güneydoğu köşesinde bulunan (Duvar 87 ile 80'nin kesiştiği) doğu duvarı (Duvar 87) üzerinde 0,9 m genişliğindeki Giriş 9'dan sağlanmaktadır. Mekânın girişi taban seviyesinden gerçekleşmektedir. Girişin karşısında ve mekânın batı köşesinde (Duvar 77 ile 84'ün kesiştiği alanda) yemek pişirme faaliyetini kanıtlayan, korunmuş ölçüleri 1x1 m olan, kilden tabana sahip, yuvarlak formlu Ocak 7 bulunur. Bu ocağın kil tabanı evsel pişirme faaliyetleri nedeniyle sertleşmiştir. Ocağın hemen doğusunda öğütme faaliyetlerinde kullanılan çeşitli formlarda alt-öğütme taşları ve el taşı bulunmuştur. Mekânın diğer en önemli iç mimari döşemi, bu ocağın hemen kuzeyinde, mekânın ortasına yakın ve batı duvarı (Duvar 84) yanında kil tabanlı Fırın 1 bulunmuştur. Kil tabanlı fırın 1,1x1 m boyutlarında ve oval bir forma sahiptir. Fırının ağzı güneydoğuya doğru bakmaktadır. Bu fırının, üst örtüsüne ait olan kil tavan parçaları, etrafa dağılmış bir şekilde tespit edilmiştir. En önemlisi fırın tabanının birkaç defa yenileme geçirmesinden uzun süre kullanıldığı anlaşılmıştır.

Mekânın merkezinde damı taşıyan ahşap direklerin yerleştirildiği 0,25 m çapında Direk Altlığı 9 olarak kullanılan taşlar yer almaktadır. Ayrıca mekânın doğusunda, doğu duvarı (Duvar 87) ile aynı doğrultuda iki adet daha Direk Altlığı 10 ve 11 bulunmaktadır. Bu direk altlıklarından, 10 nolu olanı 0,26 m çapında ve 11 nolu olanı 0,23 m çapındadır. Bu mekân ortasında yer alan direk altlığına ek olarak iki tane daha daha direk altlığı bulunması, mekânın dam örtüsünün uzun süre kullanımdan dolayı yaşanan çökmelere karşı desteklendiğini göstermekte olup, bu mekânın uzun süre kullanıldığı düşündürmektedir. Ayrıca fırın tabanında yenilenme izlerinin görülmesi de bu tespiti güçlendirmektedir.

Bu mekânın kuzey köşesinde (Duvar 84 ve 87'nin kesiştiği alanda) tabanında *in situ* halinde çok sayıda büyük ve küçük, çeşitli formlarda alt ve üst öğütme taşları ile el taşları toplu olarak bulunmuştur. Bu alanda çok sayıda depolanmış öğütme taşlarının bulunması, mekân içinde bir fırın ve ocağın da bulunduğu göz önüne alındığında (öğütme faaliyetinin gerçekleştirildiği) önemli bir işlik alanı olarak kullanıldığının kanıtıdır. Buna ek olarak, fırının kuzeydoğusunda, mekânın tabanında *in situ* halinde altı adet depolanmış bir şekilde alt ve üst öğütme taşlarının da bulunması bu durumu desteklemektedir.

Ayrıca, mekânın ortasındaki direk altığının hemen doğusunda, sıkıştırılmış toprak taban üzerinde *in situ* halinde, küçük boyutlardaki üç adet çakmaktaşı çekirdek ve yongalamayı işaret eden çok sayıda çakmaktaşı buluntular bu alanın bir tür işlik olarak kullanıldığının bir diğer kanıtıdır. Oda içerisinde çakmaktaşı çekirdek ve yonga artıklarının taban üzerinde *in situ* bulunması, dilgi üretiminin faaliyet alanların dışında, mekân içlerinde de gerçekleştiğinin güzel bir örneğidir. Bu durumda, gündelik faaliyetlerin mekân içlerinde de gerçekleştiği, hane halkının kendi gereksinim duyduğu aleti mekân içinde de yaptığı ele geçen bu tür verilerden bilinmektedir.

F Yapısı, gerek mekân içi besin üretimine ve tüketimine, gerekse mekân içi alet üretiminin olduğunu, mekânın taban üzeri buluntularının analiz edilmesinden tespit edilmiştir. Bunun sonucunda IIIb alt evresinin en önemli domestik faaliyetler gösteren yapısı olduğu anlaşılmıştır.

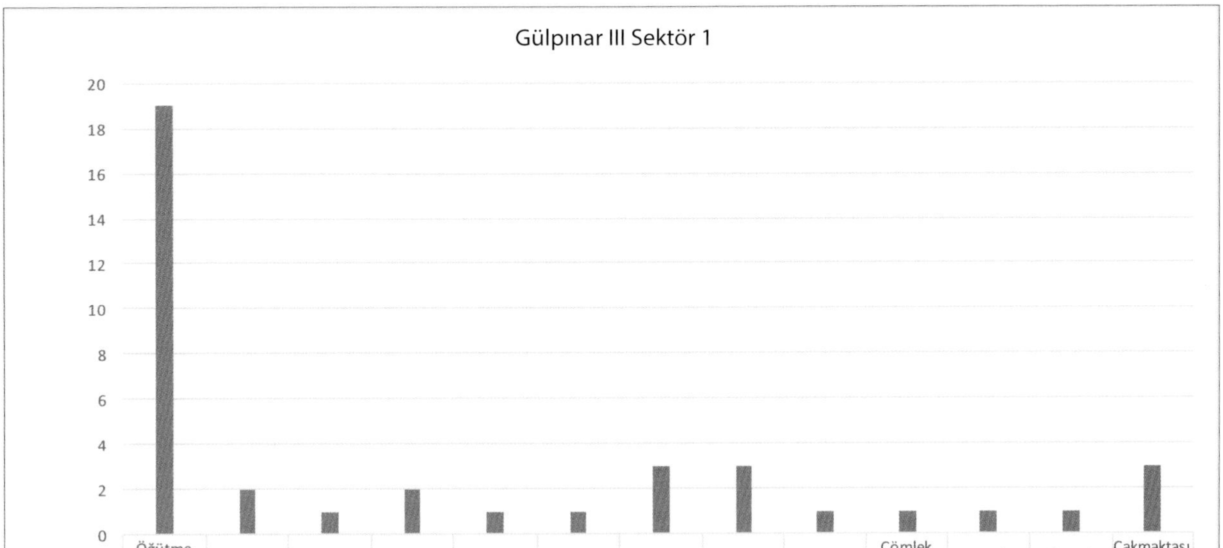

	Öğütme Taşı	El Taşı	Vurgaç	Balta	Oyuklu T.	Taş boncuk	Mablak	Bız	Delgeç	Çömlek Kırığı Disk	Kapak	Kil Kaplar	Çakmaktaşı Çekirdek
■ F Yapısı	19	2	1	2	1	1	3	3	1	1	1	1	3
%	48,7%	5,1%	2,6%	5,1%	2,6%	2,6%	7,7%	7,7%	2,6%	2,6%	2,6%	2,6%	7,7%

Tablo 3.65 F Yapısı mekân içi buluntuları.

IIIb alt evresine ait F Yapısı (Oda 29) mimari olarak, bir önceki evreye ait yapıların duvarların cephelerini kullanarak, bu yapılara bitişik olarak inşa edilmesiyle oluşturulmuştur. Özellikle Oda 29, Oda 25'in kuzeyinde ve Oda 27 ile besin hazırlama alanının doğusunda yer almakta ve bu mekânlara bitişik inşa edilmiştir. Özellikle IIIa alt evresine ait Oda 25'in kuzey duvarı (Duvar 77), Oda 29'un güney duvarını oluşturmakta ve bu duvar her iki mekân tarafından ortak kullanılmıştır. Oda 29'nin batı duvarı (Duvar 84), IIIa'ya ait Oda 27'nin ve besin hazırlama alanının doğu duvarını oluşturmakta ve bu duvar her üç yapı tarafından ortak kullanıldığının altı çizilmelidir.

F Yapısının mimari döşemleri arasında mekânın ortasındaki Direk Altlığı 9 ile doğusunda yer alan iki adet Direk Altlığı 10 ve 11, girişin karşısındaki Ocak 7, ocağın kuzeyindeki Fırın 1 ve mekânın diğer hanelerle iletişimini sağladığı Giriş 9 önemli yer tutar. F Yapısının buluntuları ise oldukça zengindir. Burada 19 adet öğütme taşı, 2 adet el taşı, 1 adet vurgaç, 2 adet balta, 1 adet oyuklu taş, 1 adet taş boncuk, 3 adet mablak, 3 adet bız, 1 adet delgeç, 1 adet çömlek kırığı disk, 1 adet kapak, 1 adet kap ve 3 adet çakmaktaşı çekirdek gibi farklı amaçlar için kullanılan materyal kültür öğeleri bulunmuştur (Tab.3.65).

3.3.1.5. G Yapısı (Oda 27 ve Oda 28)

Sektör 1'de (Şek.3.45), ve L13(q1-2) karelajlarındaki alanda yer alır. G Yapısı dörtgen planlı Oda 27 ve dikdörtgen planlı Oda 28'den oluşmaktadır. İki odalı plan tipindeki yapı 11.75 m^2 boyutlarındadır (Şek.3.55). Mekânlar kuzeydoğu-güneybatı doğrultusunda uzanmaktadır. Evre IIIa'nın en önemli domestik özellikler gösteren yapılarından biridir. Bu yapı ilk defa IIIa evresinde inşa edilmiştir. Mekânın tabanı sıkıştırılmış toprak tabandır. Mekânın tüm duvarları çift sıra taştan kuru duvar tekniğinde örülmüştür.

Duvarların temel seviyelerinin kısmen iyi korunageldiği, doğu duvarının (Duvar 84) ise 0,33 m yüksekliğe kadar korunduğu görülmektedir (Tab.3.66).

Bu mekân diğer hanelerle, avlu ve açık alanlarla iletişimini kuzeyindeki besin hazırlama alanı 4'ten sağlamaktadır. Mekânın kuzeyindeki kuzeybatı-güneydoğu uzantılı duvarında (Duvar 83) bulunan (Duvar 83 ile 84'ün kesiştiği) alanda besin hazırlama alanına geçiş 0,85 m genişliğindeki Giriş 7'den sağlanmaktadır. Mekânın girişi, tabandan bir duvar sırası yükseltilerek eşik oluşturulmuş ve bu giriş üzerinde duvara yerleştirilmiş *in situ* bir söve taşı bulunur. Ayrıca mekânın güneybatısındaki (Duvar 73) duvar üzerindeki Giriş 8'den Oda 28'a (depo birimine) geçiş sağlanmaktadır.

Duvar	Uzunluk	Genişlik	Yükseklik	Mak. Taş Sırası Yük.	Mak. Taş Sırası Gen.	Denizden Yükseklik
Duvar 73	1,7 m	0,45 m	0,16 m	1	2	+58,22
Duvar 77	2 m	0,45 m	0,25 m	1	2	+58,30
Duvar 82	3,3 m	0,5 m	0,21 m	1	2	+58,15
Duvar 83	2,9 m	0,45 m	0,2 m	1	2	+58,38
Duvar 84	3,35 m	0,45 m	0,33 m	2	2	+58,31

Tablo 3.66 G Yapısı (Oda 27 ve 28) çevreleyen duvarların bilgileri.

10,5 m² boyutlarındaki Oda 27 kuzey köşesinde (Duvar 82 ile 83'ün kesiştiği alanda) yemek pişirme etkinliğini kanıtlayan, korunmuş ölçüleri 0,5x0,4 m olan, kilden tabana sahip, oval formlu Ocak 5 bulunur. Mekânın sıkıştırılmış toprak tabanı üzerine yapılmış bu ocağın kil tabanı, evsel pişirme faaliyetleri nedeniyle sertleşmiştir. Bu ocağın yakınında 6 adet çeşitli formlarda alt ve üst öğütme taşı mekânın dolgusu içerisinden ele geçmiştir. +58,05 seviyesindeki bu ocağın işlevi bittikten sonra taban yenileme sırasında üstünün kapatıldığı ve mekân içinde +58,09 seviyede yeni bir ocağın inşa edilerek kullanıldığı tespit edilmiştir. Mekânın batı köşesinde (Duvar 73 ile Duvar 82'nin kesiştiği alanda) korunmuş ölçüleri 0,8x0,7 m olan, kilden tabana sahip oval formlu Ocak 6 bulunmaktadır. Duvarın iç köşesine yerleştirilen bu ocağın, tabanı ise düz bir taban oluşturmak için düz-yassı taşların döşenmesiyle ve üstünün kille sıvanmasıyla oluşturulmuştur. Bu ocağın kil tabanı, pişirme faaliyetleri nedeniyle sertleşmiştir. Bu ocağın doğusunda, mekânın güneybatı duvarının (Duvar 73) hemen yanında depolanmış bir şekilde beş farklı türe ait deniz kabuğu yığını 4 bulunmuştur. Bu deniz kabuklarının hemen yanında, çentikli ağırlık bulunmuştur. Bunun yanı sıra mekân içerisinde iki tane daha halka ve delikli ağırlık bulunur. Bu tür ağırlıkların deniz kabuklarıyla birlikte ele geçmesi topluluğun geçim ekonomisini nasıl sağladığı hakkında veriler sağlaması açısından oldukça önemlidir.

G Yapısının (Oda 27) güneybatısındaki 1,25 m² boyutlarındaki Oda 28 mekânına geçiş, 0,8 m genişliğinde Giriş 8'den sağlanır. Bu girişin, tabandan bir duvar sırası yükseltilerek büyük yassı taşlarla bir eşik oluşturulduğu anlaşılmıştır. Çok sayıda depolama kabı/küpe ait parçaların ele geçtiği sınırları belirgin bu depo birimi, bir mekân yanına ayrı bir bölüm olarak sınırlandırılması ve depo amaçlı kullanılması, Gülpınar III için önemli bir yeniliktir. Bu tür küçük boyutlu odaların gerek mekân

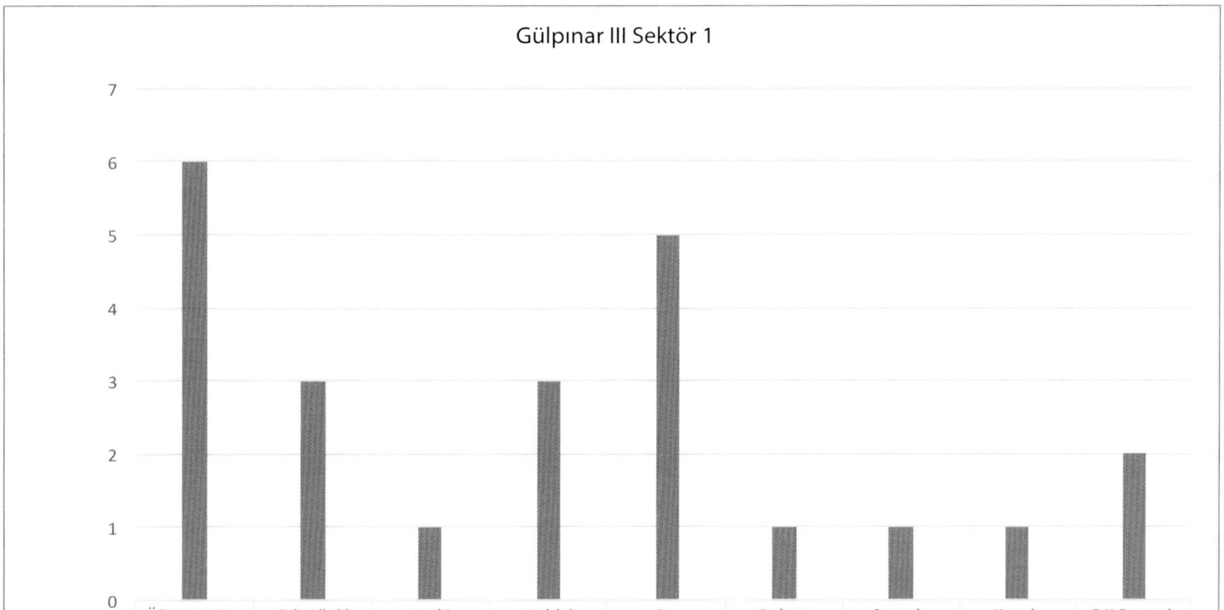

	Öğütme Taşı	Yivli Ağırlık	Keski	Mablak	Bız	Delgeç	Spatula	Kapak	DK Boncuk
■G Yapısı	6	3	1	3	5	1	1	1	2
%	26,1%	13,0%	4,3%	13,0%	21,7%	4,3%	4,3%	4,3%	8,7%

Tablo 3.67 G Yapısı mekân içi buluntuları.

içinde gerekse mekâna bitişik bir şekilde depo olarak kullanılması Gülpınar III için yenidir. Bu mekân içerisinde herhangi bir direk altlığı bulunmamıştır. Mekânın kuzey köşesindeki Ocak 5, güneybatı köşesindeki Ocak 6, mekâna besin hazırlama alanından Oda 27'e geçişi sağlayan Giriş 7 ve Oda 28'a geçişi sağlayan Giriş 8 bulunur. G Yapısının buluntuları arasında 6 adet öğütme taşı, 3 adet çentikli ve delikli ağırlık, 1 adet keski, 3 adet mablak, 5 adet bız, 1 adet delgeç, 1 adet spatula, 1 adet kapak, 2 adet deniz kabuğu boncuk dikkat çeker (Tab.3.67).

Besin Hazırlama Alanı 5: Sektör 1'in merkezinde, yapıların (Oda 25, Oda 29 ve Oda 30) cepheleriyle sınırlandırılmış ortalama 68,7 m^2 boyutlarındaki alanı kapsamaktadır. Aynı zamanda Avlu işlevi gören besin hazırlama alanı dışarıyla bağlantısını batısında yer alan ana giriş kapısından sağlamaktadır. Ana giriş kapısından güneydoğu yönünde uzanan sokağın bitiminde besin hazırlama alanı 6'dan sonra yapıların çevrelediği avlu ve besin hazırlama alanı 5 yer alır. Avlunun merkezinde 1 m çapında yuvarlak formlu ve büyük-düzensiz taşlarla döşeli Seki 12 bulunur. Sekinin üzeri çamurla sıvanarak düzgün bir yüzey oluşturduğu düşünülmektedir. Bu sekinin ve avlunun kuzey batısında, besin hazırlama alanı 6'nın doğu sınırını oluşturan Duvar 68 ile Duvar 69'un kesiştiği köşede küçük boyutlu taşların sıkıştırılmış toprak tabana gömülmesiyle oluşturulmuş, 1,85x1,4 m boyutlarında Seki 14 ve hemen önünde, 0,7x0,6 m boyutlarında kil tabanlı Ocak 10 bulunmaktadır. Ocağın doğusunda sıkıştırılmış toprak tabana gömülmüş bir şekilde bir alt-öğütme taşı *in situ* olarak bulunur. Ocağın bulunduğu çevrenin dolgu toprağı içerisinden kül ve çok sayıda hayvan kemiği artığı bulunmuştur. Ocağın ortak kullanım alanında yer alması ve etrafında yemek pişirme faaliyetlerinin gerçekleştiğine dair besin atıklarının bulunması, öğütme

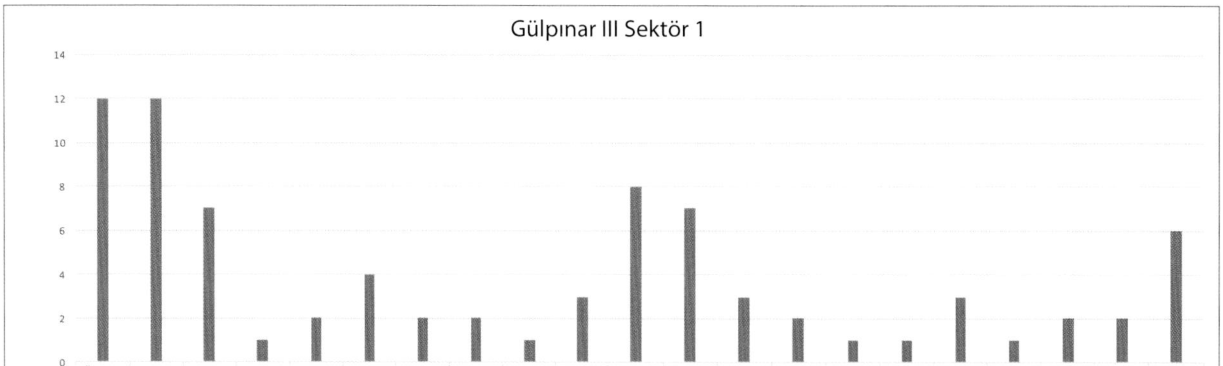

	Öğütme Taşı	El Taşı	Perdah Taşı	Vurgaç	Yivli Ağırlık	Balta	Keser	Keski	Oyuklu T.	Taş Küre	Mablak	Bız	Delgeç	Spatula	Kemik Sap	Ağırşak	Çömlek Kırığı Disk	Kil Perdah Aleti	Kil Kaplar	DK Boncuk	Çakmaktaşı Çekirdek
BHA-5	12	12	7	1	2	4	2	2	1	3	8	7	3	2	1	1	3	1	2	2	6
%	14,6%	14,6%	8,5%	1,2%	2,4%	4,9%	2,4%	2,4%	1,2%	3,7%	9,8%	8,5%	3,7%	2,4%	1,2%	1,2%	3,7%	1,2%	2,4%	2,4%	7,3%

Tablo 3.68 Besin Hazırlama Alanı 5 buluntuları.

faaliyetlerinin gerçekleştiği, bireylerin bir araya gelerek sosyalleştiği bir alan olduğu düşüncesi, bu verilerden yola çıkılarak ileri sürülebilir. Ayrıca avlunun ortasında yer alan Seki 12'nin üzerinde ve çevresinde çakmaktaşı çekirdek parçaları ve çok sayıda üretim artığı parçaları bulunmuştur. Bunun yanı sıra hayvan kemiklerine ait kalıntılar da bu sekinin etrafında yoğun ele geçmiştir. Bu sekinin daha çok üretim faaliyetlerinin gerçekleştiği bir işlik alanı olarak kullanıldığı düşünülmektedir.

Avlu'da ele geçen hayvan kemiklerinin üzerinde yapılan mikroskobik incelemeler sonucunda, kesici aletlere ait izler tespit edilmesi kasaplık faaliyetlerini kanıtlar nitelikte buluntulardandır. Özellikle kasaplık faaliyetlerinin faaliyet alanlarda yerleşimciler tarafından bir araya gelinerek kolektif bir şekilde yapıldığı ileri sürülebilir. Ayrıca buna ek olarak, avluda gerek *in situ* öğütme taşının tabanda yer alması gerekse toprak dolgusu içerisinde çok sayıda öğütme ve el taşı bulunması, öğütme faaliyetlerinin de besin hazırlama alanında gerçekleştiği göstermektedir. Bütün bunların yanı sıra, avlunun mimari döşemlerinden ve buluntularından yola çıkılarak, farklı faaliyet alan aktivitelerinin yapıldığı ortak bir işlik alanı olduğu ileri sürülebilir.

Bu alanın buluntuları arasında 12 adet öğütme taşı, 12 adet el taşı, 7 adet perdah taşı, 1 adet vurgaç, 2 adet yivli ve delikli ağırlık, 4 adet balta, 1 adet keser, 1 adet minyatür keser, 2 adet keski, 1 adet oyuklu taş, 3 adet taş küre, 8 adet mablak, 7 adet bız, 3 adet delgeç, 2 adet spatula, 1 adet kemik sap, 1 adet ağırşak, 3 adet çömlek kırığı disk, 1 adet kil perdah aleti, 2 adet tam kap, 2 adet deniz kabuğu boncuk ve 6 adet çakmaktaşı çekirdek dikkat çeker (Tab.3.68).

3.2.1.6. H Yapısı (Oda 20)

Sektör 1'de (Şek.3.45), ve L12 (q2-q3) ve M12 (q1,q4) karelajlarındaki alanda yer alır. Dörtgen plana sahip H Yapısı (Oda 20), 14.30 m^2 boyutlarında olup, tek odalıdır (Şek.3.54). Yapı kuzeydoğu-güneybatı doğrultusunda uzanmaktadır. Yapı, kısmen bir önceki evredeki Oda 10'nun duvarlarının üzerine inşa edilmiştir. Oda 10'un boyutu genişletilerek kuzey (Duvar 16) ve doğu (Duvar 18) duvarları ise korunarak Evre IIIa'daki Oda 20'nin temellerinde kullanılmış, batı (Duvar 66) ve güney (Duvar 67) duvarları ise yeniden inşa edilmiştir. Mekânın tabanı sıkıştırılmış toprak tabandır.

Mekânı çevreleyen duvarlar çift sıra taştan kuru duvar tekniğinde örülmüştür. Duvarların temel seviyelerinin oldukça iyi korunageldiği, güney duvarının (Duvar 67), 0,7 m yüksekliğe kadar korunduğu tespit edilmiştir (Tab.3.69). Bu mekânın doğu duvarının (Duvar 18) orta kısmında mekâna geçişi sağlayan 0,6 m genişliğinde Giriş 12 tespit edilmiştir. Mekânın kuzeydoğu köşesinde duvarlara bitişik olarak yapılan, 1,1x1 m boyutlarında, tabanı taşlarla döşeli, dörtgen formlu Seki 9 bulunur. Ayrıca mekânın merkezinde damı taşıyan ahşap direklerin yerleştirildiği 0,35 m çapında Direk Altlığı 6 olarak kullanılan taşlar yer almaktadır. Bu mekânın batı (Duvar 66) duvarı içine yerleştirilmiş Gülpınar II evresine ait büyük boyutlu bir oval alt öğütme taşı bulunur.

Duvar	Uzunluk	Genişlik	Yükseklik	Mak. Taş Sırası Yük.	Mak. Taş Sırası Gen.	Denizden Yükseklik
Duvar 16	3,85 m	0,40/0,45 m	0,24 m	2	2	+58,42
Duvar 18	4,1 m	0,45 m	0,16 m	1	2	+58,34
Duvar 66	3,75 m	0,45/0,50 m	0,34 m	2	2	+58,12
Duvar 67	3,3 m	0,7 m	0,28 m	5	2	+58,04

Tablo 3.69 H Yapısını (Oda 20) çevreleyen duvarların bilgileri.

H Yapısı (Oda 20), D Yapısına ait Oda 21'in güneyinde yer almaktadır. Bu mekân, Oda 21'e bitişik olarak inşa edilmiştir. Özellikle Oda 21'in güney duvarı (Duvar 16) aynı zamanda Oda 20'nin kuzey duvarını oluşturmakta ve bu duvarın her iki evrede de iki yapı tarafından ortak kullanıldığı anlaşılmıştır. Oda 20'nin mimari döşemleri arasında Giriş 12, mekânın ortasında bulunan Direk Altlığı 6 ve mekânın kuzeydoğu köşesinde yer alan Seki 9 dikkat çeker. H Yapısının buluntuları arasında ise 2 adet öğütme taşı, 1 adet perdah taşı ve 1 adet mablak ve 1 adet bız önemli yer tutar.

3.2.1.7. I Yapısı (Oda 23 ve Oda 24)

Sektör 1'de (Şek.3.45), ve L12(q3-4), L13(q1-2) karelajlarındaki alanda yer alır. Düzensiz planlı Oda 23 ve dörtgen planlı Oda 24'den oluşmaktadır. Bu mekânlar iki odalı plan tipindedir ve toplam 21 m^2 boyutlarındadır. Mekânlar kuzey-güney doğrultusunda uzanmaktadır. Bu mekânlar yerleşimdeki artan nüfus sonucunda ortaya çıkan mekân ihtiyacına göre, bir önceki evredeki duvarların üzerine ve yeni eklenen duvarlarla birlikte IIIb alt evresinde inşa edilmiştir.

Mekânları iki odaya ayıran bölme duvarı (Duvar 81) ve güneyini sınırlandıran duvar (Duvar 70) ilk defa IIIb alt evresinde inşa edilmiştir. Bu mekân IIIb alt evresinin önemli domestik özellikler gösteren yapılarından biridir. Birbirine bitişik düzende inşa edilen bu mekânın, düzensiz bir plana sahip olmasının nedeni, artan nüfus ve ihtiyaca göre yeni mekânlara duyulan gereksinimden, eldeki var olan (bir önceki evrenin) duvarların kullanılarak, hem işgücü hem de yapı malzemesinden tasarruf edilmek düşüncesiyle yapılmış olmasıdır. Mekânın odalarının tabanı sıkıştırılmış toprak tabandır. Mekânın duvarları çift sıra taştan kuru duvar tekniğinde örülmüştür. Duvarların temel seviyelerinin kısmen iyi korunageldiği, kuzey duvarının (Duvar 8) ise 0,44 m yüksekliğe kadar korunduğu görülmektedir (Tab.3.70).

Duvar	Uzunluk	Genişlik	Yükseklik	Mak. Taş Sırası Yük.	Mak. Taş Sırası Gen.	Denizden Yükseklik
Duvar 8	5,7 m	0,40/0,45 m	0,44 m	3	2	+58,48
Duvar 12	2,4 m	0,55 m	0,16 m	1	2	+58,20
Duvar 13	1,4 m	0,5 m	0,19 m	2	2	+58,22
Duvar 17	4,7 m	0,5 m	0,25 m	2	2	+58,29
Duvar 70	2,4 m	0,4 m	0,18 m	1	2	+58,86
Duvar 72	2,2 m	0,5 m	0,14 m	1	2	+58,30
Duvar 82	3,2 m	0,5 m	0,21 m	1	2	+58,15

Tablo 3.70 I Yapısını (Oda 23 ve 24) çevreleyen duvarların bilgileri.

Bu mekânın diğer hanelerle bağlantısını sağladığı giriş yeri tespit edilememiştir. Mekânın muhtemel giriş yerinin, Oda 14 ile ortak kullanılan duvardan (Duvar 8) sağlandığı ve bu geçişle her iki mekândan dışarıyla bağlantısını sağladığı düşünülmektedir. Girişin, mekânın doğu köşesinde (Duvar 8 ve 82'nin kesiştiği köşede) bulunabileceği ve diğer hanelerle irtibatın buradan sağlanabileceği düşünülmektedir.

Tam belirgin bir plana sahip olmayan Oda 23, 13,5 m² büyüklüğündedir (Tab.3.71). Bu mekânın batısında bulunan Oda 22'deki Giriş 2'den geçiş sağlanarak, Oda 21 ile iletişim sağlandığı anlaşılmaktadır. Bu girişin haricinde mekânın dışarıyla bağlantısını sağladığı herhangi bir giriş yeri tespit edilememiştir. Mekânın güneyinde bulunan ve bir bölme duvarı (Duvar 81) ile ayrılan yan odasına, 0,9 m genişliğinde Giriş 11'den geçiş sağlanmaktadır. Mekânın merkezinde damı taşıyan ahşap direklerin yerleştirildiği 0,3 m çapında Direk Altlığı 7 olarak kullanılan taşlar yer almaktadır. Ayrıca mekânın kuzeybatısında 0,33 m çapında Direk Altlığı 8 bulunmaktadır.

Düzensiz plana sahip Oda 24, 7,5 m² boyutlarındadır (Tab.3.72). Oda 23'ün güneyinde yer alır. Bu mekâna giriş taban seviyesinden gerçekleşmektedir. Giriş 11'in karşısında ve mekânın güneybatı köşesinde (Duvar 17 ile 70'in kesiştiği alanda) yemek pişirme faaliyetini kanıtlayan, korunmuş ölçüleri 1x1 m olan, kilden tabana sahip, yuvarlak formlu Ocak 9 bulunur. Bu ocağın kil tabanı pişirme faaliyetleri nedeniyle sertleşmiştir. Ocağın hemen doğusunda, mekânın güneydoğu köşesinde (Duvar 70 ile 72'nin kesiştiği alanda) 1,3x1,1 m boyutlarında, dörtgen planlı taş döşeli Seki 7 bulunur. Seki, her iki duvara bitişik yapılmış ve mekânın tabanından yükseltilerek oluşturulmuştur.

Duvar	Uzunluk	Genişlik	Yükseklik	Mak. Taş Sırası Yük.	Mak. Taş Sırası Gen.	Denizden Yükseklik
Duvar 8	5,7 m	0,40/0,45 m	0,44 m	3	2	+58,48
Duvar 12	2,4 m	0,55 m	0,16 m	1	2	+58,20
Duvar 13	1,4 m	0,5 m	0,19 m	2	2	+58,22
Duvar 17	4,7 m	0,5 m	0,25 m	2	2	+58,29
Duvar 81	1,7 m	0,4 m	0,21 m	2	2	+58,30
Duvar 82	3,2 m	0,5 m	0,21 m	1	2	+58,15

Tablo 3.71 Oda 23'ü çevreleyen duvarların bilgileri.

Duvar	Uzunluk	Genişlik	Yükseklik	Mak. Taş Sırası Yük.	Mak. Taş Sırası Gen.	Denizden Yükseklik
Duvar 17	4,7 m	0,5 m	0,25 m	2	2	+58,29
Duvar 70	2,4 m	0,4 m	0,18 m	1	2	+58,86
Duvar 72	2,2 m	0,5 m	0,14 m	1	2	+58,30
Duvar 81	1,7 m	0,4 m	0,21 m	2	2	+58,30

Tablo 3.72 Oda 24'ü çevreleyen duvarların bilgileri.

I Yapısına ait Oda 23'ün ortasında iki adet Direk Altlığı 7 ve 8, Oda 24'e geçişi sağlayan Giriş 11 bulunmakta, Oda 24'ün ise güneybatı köşesinde Ocak 9 ve güneydoğu köşesindeki Seki 7 bulunmaktadır. I Yapısına ait Oda 23'de 1 adet topuz başı, 1 adet delikli ağırlık, 2 adet balta, 1 adet keser, 2 adet taş küre, 1 adet taş kil heykelcik, 1 adet mablak, 2 adet bız, 1 adet delgeç, 1 adet spatula, 1 adet kemik sap, 1 adet çömlek kırığı disk, 2 adet kapak, 5 adet deniz kabuğu boncuk ve Oda 24'de 2 adet keser ve 1 adet mablak gibi farklı amaçlar için kullanılan materyal kültür öğeleri bulunmuştur (Tab.3.73).

Oda 23 ve Oda 24 içerisinde günlük yaşama ait en önemli arkeolojik veri ocağın bulunmasıdır. Aynı zamanda ocağın yanında işlevi tam bilinmeyen bir de seki yer almaktadır. Oda içerisinde öğütme faaliyetlerini kanıtlayacak herhangi bir alet ele geçmemesi, bu tür faaliyetlerin bu mekân içerisinde yapılmadığını göstermektedir. Buna karşın pişirme eylemini kanıtlayan bir ocak yer almaktadır. Dam örtüsü kapalı olan bu mekân içerisinde farklı amaçlar için kullanılan sayıca az ama tür bakımından fazla materyal öğelerinin ele geçmesi de ayrıca ilgi çekicidir. Aynı zamanda haneler arası iletişime açık bir yapıya sahiptir. Oda 21 ile iletişimi bunu kanıtlamaktadır. Her ne kadar dışa açılan bir giriş yeri tespit edilemese de, diğer mekânların arasında kalan ve dışarıyla bağlantısını ancak komşu mekânları kullanarak gerçekleştirmek durumdadır.

	Topuz Başı	Delikli Ağırlık	Balta	Keser	Taş Küre	Taş Heykelcik	Mablak	Bız	Delgeç	Spatula	Kemik Sap	Çömlek Kırığı Disk	Kapak	DK Boncuk
■ I Yapısı	1	1	2	3	2	1	2	2	1	1	1	1	2	5
%	4,0%	4,0%	8,0%	12,0%	8,0%	4,0%	8,0%	8,0%	4,0%	4,0%	4,0%	4,0%	8,0%	20,0%

Tablo 3.73 I Yapısı mekân içi buluntuları.

3.2.1.8. J Yapısı (Oda 18 ve Oda 19)

Sektör 1'de (Şek.3.45) ve L11(q3-4)-12(q1-2) ve M12(q1) karelajlarındaki alanda yer alır. J Yapısı dikdörtgen planlı Oda 18, düzensiz planlı Oda 19 oluşmaktadır (Şek.3.54). Bu mekânlar iki odalı plan tipindedir ve toplam 35 m^2 boyutlarındadır. Mekânlar kuzeybatı-güneydoğu doğrultusunda uzanmaktadır. D Yapısının inşa detayları incelendiğinde bir önceki evreye ait yapıların temelleri üzerine veya tesviye edilerek bu evrede ilk defa inşa edildikleri görülür. Örneğin Gülpınar II evresine ait Oda 8 üzerine oturan Oda 19, bir önceki evrede inşa edilen Oda 8'in duvarları üzerine inşa edilmemiştir. Oda 19'un tüm duvarları yeniden inşa edilmiştir. Fakat Oda 18, Gülpınar II evresindeki Oda 6'nın duvarları üzerine inşa edilmiştir. Oda 6'nın boyutu olduğu gibi korunmuş, kuzey (Duvar 21), güney (Duvar 22) ve doğu (Duvar 15) duvarları korunarak Oda 18'in yapısının temellerinde kullanılmış, batı (Duvar 49) çevre duvarı ise yeniden inşa edilmiştir. Mekânların tabanı sıkıştırılmış toprak tabandır. Mekânları çevreleyen duvarlar çift sıra ve üç sıra taştan kuru duvar tekniğinde örülmüştür. Duvarların temel seviyelerinin iyi korunageldiği, güneybatısını sınırlandıran duvarın (Duvar 46) 0,4 m yüksekliğe kadar korunduğu görülmektedir (Tab.3.74). Özellikle Gülpınar II evresindeki Oda 6'nın güney duvarının (Duvar 22) olduğu gibi korunduğu, üzerine yan mekânın duvarının inşa edildiği ve her iki evrede ortak kullanılan bu duvarın korunmuş yüksekliğinin 0,8 m olduğu tespit edilmiştir.

Duvar	Uzunluk	Genişlik	Yükseklik	Mak. Taş Sırası Yük.	Mak. Taş Sırası Gen.	Denizden Yükseklik
Duvar 15	4,15 m	0,5 m	0,15 m	1	2	+58,32
Duvar 21	2,95 m	0,55 m	0,2 m	2	3	+58,40
Duvar 45	1 m	0,5 m	0,17 m	1	2	+58,33
Duvar 46	7,9 m	0,55 m	0,4 m	3	2	+58,60
Duvar 47	1,65 m	0,5 m	0,16 m	1	2	+58,39
Duvar 49	6,25 m	0,65 m	0,35 m	3	2	+58,55
Duvar 66	3,75 m	0,45/0,50 m	0,34 m	2	2	+58,80/52

Tablo 3.74 J Yapısını (Oda 18 ve Oda 19) çevreleyen duvarların bilgileri.

Oda 18 ve Oda 19'un kuzeybatısını sınırlayan 3 taş sırası genişlikteki kuzeydoğu-güneybatı uzantılı (Duvar 49) duvarı aynı zamanda yerleşimi sınırlayan, payandalarla güçlendirilen, "Payandalı Çevre Duvarı" 'dır. Bu duvarın kuzeybatı yüzünde, duvarı desteklemek amacıyla yapılan dört adet payanda (P2-P5) bulunur. Oda 19'un kuzeybatı dış köşesi (P 2) payandayla güçlendirilmiş ve ana giriş kapısının doğu sınır duvarıdır. Oda 19'un güneybatısını sınırlayan kuzeybatı-güneydoğu uzantılı Duvar 46, aynı zamanda yerleşimin ana giriş kapısından geçişin sağlandığı, sokağın doğu sınır cephesini oluşturan duvarıdır.

Oda 18 ve Oda 19, Oda 20 ve Oda 21'in batısında yer almaktadır. Bu mekânlar, Oda 20 ve 21'e bitişik olarak inşa edilmiştir. Özellikle mekân 21'in batı duvarı (Duvar 15) ve Oda 20'nin batı duvarı (Duvar 66) aynı zamanda Oda 18 ve 19'un doğu duvar hattını oluşturmakta ve bu duvarların üç yapı tarafından ortak kullanıldığının altı çizilmelidir.

Dikdörtgen plana sahip 5 m^2 boyutlarındaki Oda 18, Oda 19'un kuzeydoğusunda yer alır (Tab.3.75). Mekânın güney duvarının (Duvar 22) Oda 21'in batı duvarı (Duvar 15) ile birleştiği alanda, Oda 19'a geçişi sağlayan 0,9 m genişliğinde Giriş 14 bulunur. Bu girişin iki taş sırası yüksekliği Gülpınar II evresi duvarıdır ve Gülpınar III girişinde eşik olarak kullanılmıştır. Oda 18 içerisinde herhangi bir buluntu ve mekân içi döşem bulunmamıştır. Bu mekânın, mevsimine göre yatma-dinlenme mekânı olarak kullanıldığı düşünülmektedir. Ayrıca bu mekânın kuzey duvarı (Duvar 21) üzerinde Mezar 5 bulunmuştur. Bu mezarın sadece gövdenin alt kısmı korunmuş olup yerleşimin terk sonrası sürecine ait olduğu düşünülmektedir.

Duvar	Uzunluk	Genişlik	Yükseklik	Mak. Taş Sırası Yük.	Mak. Taş Sırası Gen.	Denizden Yükseklik
Duvar 15	1,5 m	0,5 m	0,4 m	3	2	+58,30
Duvar 21	2,7 m	0,5 m	0,4 m	3	2	+58,40
Duvar 22	3,75 m	0,5 m	0,42 m	3	2	+58,61
Duvar 49	1,35 m	0,5 m	0,32 m	3	2	+58,52

Tablo 3.75 Oda 18'i çevreleyen duvarların bilgileri.

Duvar	Uzunluk	Genişlik	Yükseklik	Mak. Taş Sırası Yük.	Mak. Taş Sırası Gen.	Denizden Yükseklik
Duvar 15	2,1 m	0,5 m	0,15 m	1	2	+58,32
Duvar 22	4 m	0,5 m	0,41 m	2	2	+58,61
Duvar 46	7,9 m	0,55 m	0,4 m	3	2	+58,60
Duvar 47	1,65 m	0,5 m	0,16 m	1	2	+58,39
Duvar 49	4,1 m	0,65 m	0,35 m	3	2	+58,55
Duvar 66	3,75 m	0,45/0,50 m	0,34 m	2	2	+58,80/52

Tablo 3.76 Oda 19'u çevreleyen duvarların bilgileri.

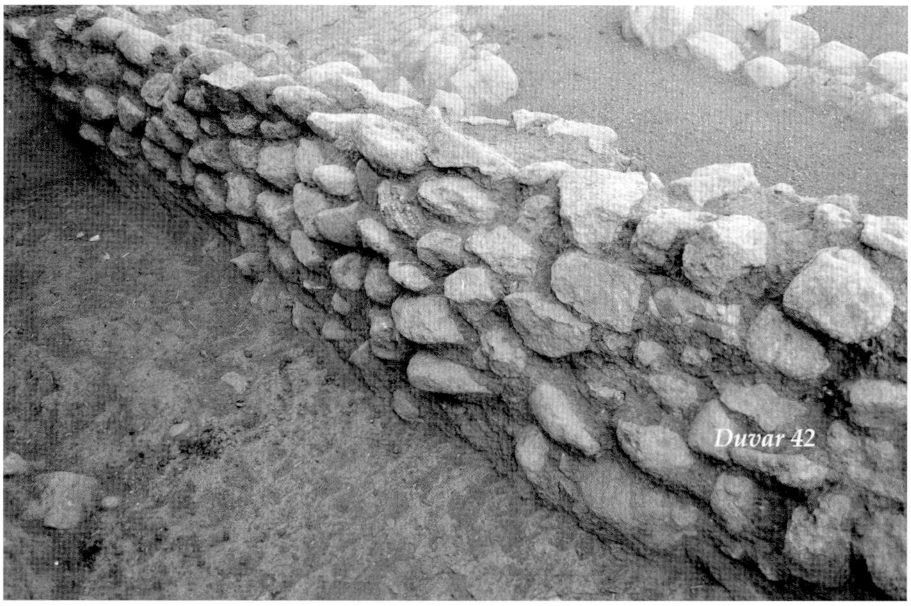

Şekil 3.58
Kuru duvar inşa tekniği detayı Sektör 1, Gülpınar IIIa evresi, Oda 14 kuzeybatı duvarı Duvar 42 *(© GKP)*.

Bitişiğinde yer alan Oda 19 ise düzensiz bir plana sahiptir ve 30 m^2 boyutlarında bir alan kaplar (Tab.3.76). Bu mekâna güneydoğusundaki besin hazırlama alanı 6'dan geçiş, güney duvarı (Duvar 47) üzerindeki 0,75 m genişliğindeki Giriş 13'den sağlanır. Girişi oluşturan Duvar 47'nin doğusunda, duvara yerleştirilmiş *in situ* bir söve taşı bulunur (Şek.3.58). Oda 19, besin hazırlama alanı 6'dan diğer hanelerle iletişimi sağlamaktadır. Mekânın tabanı sıkıştırılmış toprak tabandır. Bu mekânın Oda 20 ile ortak kullanılan doğu (Duvar 66) duvarının batı yüzüne bitişik olarak yapılan, 1,1x0,8 m boyutlarında, tabanı düzgün yüzeyli taşlarla döşeli, oval formlu Seki 10 bulunur. Bu sekinin tabanını oluşturan taşlar içinde erken evrelere ait çok sayıda öğütme taşı ve el taşı da bulunur. Bu mekânın (Duvar 46 ve 49'un kesiştiği) kuzeybatı köşesine 1 m uzaklıkta, (Duvar 46) duvarın hemen bitişiğinde, tabanı taş döşenerek tabandan yükseltilmiş kalın cidarlı bir kap içerisinde toplu halde tek bir *Hexaplex trunculus* türene ait 50'den fazla deniz kabuğu yığını 5 ve bir adet yivli ağırlık *in situ* halinde ele geçmiştir (Şek.3.49-50). Gülpınar topluluğunun deniz kabuklarını yivli ağırlıklarla elde ettiği ve yerleşimde depoladıklarına dair güzel bir örnektir. Aynı zamanda yivli ağırlıkların işlevi hakkında da bilgi vermektedir. Mekânın güneybatısını sınırlandıran duvarın (Duvar 56) doğu yüzüne bitişik yapılan 1 m uzunluğunda ve 0,5 m genişliğindeki bölme duvarı (Duvar 55), mekân içerisinde öğütme faaliyetlerinin gerçekleştirildiği alanı sınırlandırmış ve tanımlı bir alan haline getirmiştir. Bu alanda sıkıştırılmış toprak tabana gömülü 0,48x0,36 m boyutlarında *in situ* büyük bir oval alt öğütme taşı bulunmuştur. Bu duvarın, bireyin öğütme eylemini yerine getirdiği sırada, arkasını, ayaklarını bu duvara doğru dayayarak, duvardan destek aldığı amacıyla kullanıldığı düşünülmektedir.

Gülpınar III yerleşiminde metrekareye düşen buluntusu en az olan mekândır. Geniş bir yapı olmasına karşın, bu mekân içerisinde herhangi bir direk altlığı bulun-

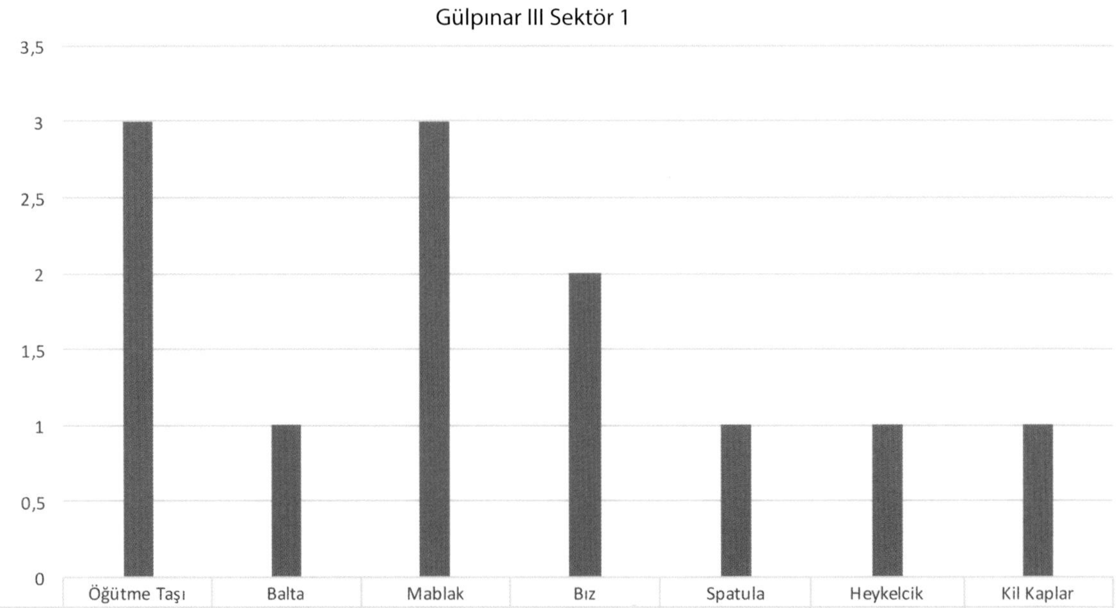

	Öğütme Taşı	Balta	Mablak	Bız	Spatula	Heykelcik	Kil Kaplar
■ J Yapısı	3	1	3	2	1	1	1
%	25,0%	8,3%	25,0%	16,7%	8,3%	8,3%	8,3%

Tablo 3.77 J Yapısı mekân içi buluntuları.

mamıştır. Bu mekânın üzerinin açık veya kapalı olduğu bilinmemektedir. Oda 18 ve 19'un mimari döşemleri şu şekildedir: Oda 19'un doğusundaki duvara (Duvar 66) bitişik olarak yapılan tabanı taş döşeli Seki 10, güney duvarı (Duvar 47) üzerinde *in situ* söve taşı bulunan Giriş 13 ve Oda 18'e geçişi sağlayan Giriş 14'dür. J Yapısına ait Oda 18 ve 19'un buluntuları arasında ise Oda 19'da 3 adet öğütme taşı, 1 adet balta, 3 adet mablak, 2 adet bız, 1 adet spatula, 1 adet kil heykelcik gövdesi, 1 adet tam kap ve deniz kabukları bulunmuştur (Tab.3.77).

3.2.1.9. L Yapısı (Oda 36 - Oda 39; Besin Hazırlama 9)

Sektör 2'de (Şek.3.46), ve N15(q2-4),N16(q1-2) ve O15(q4),O16(q1) karelajlarındaki alanda yer alır. L Yapısı, dörtgen planlı Oda 36, dikdörtgen planlı Oda 37 ve Oda 38, dörtgen planlı Oda 39 ve besin hazırlama alanı 9'dan oluşmaktadır (Şek.3.59). Bu mekânlar, tek odalı ve iki odalı plan tipindedir. Mekânlar toplamı yaklaşık 57,2 m² boyutlarındadır. Gülpınar IIIa alt evresine tarihlenen yapı kuzeydoğu-güneybatı doğrultusunda uzanmaktadır. Mekânın batısını sınırlayan Oda 36'nın batı duvarı Geç Dönem yapıları tarafından tahrip edilmiştir. Mekânın tabanı sıkıştırılmış toprak tabandır. Mekânların duvarları çift sıra taştan kuru duvar tekniğinde örülmüştür. Duvarların temel seviyelerinin kısmen korunageldiği anlaşılmaktadır (Tab.3.78).

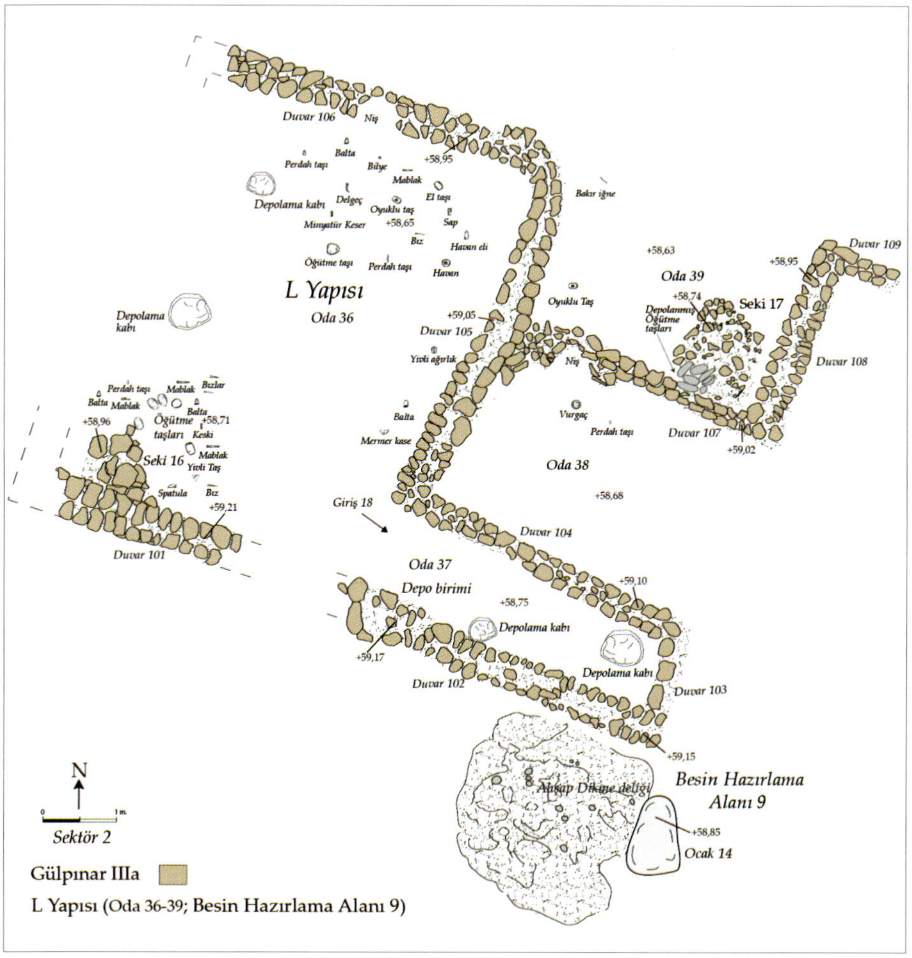

Şekil 3.59
Sektör 2, Gülpınar III, L Yapısı planı ve buluntuların mekân içi dağılımı *(© GKP)*.

Duvar	Uzunluk	Genişlik	Yükseklik	Mak. Taş Sırası Yük.	Mak. Taş Sırası Gen.	Denizden Yükseklik
Duvar 106	4,7 m	0,5 m	0,3 m	2	2	+58,95
Duvar 105	5,18 m	0,55 m	0,4 m	2	2	+59,05
Duvar 104	4,53 m	0,4 m	0,43 m	2	2	+59,10
Duvar 103	1,1 m	0,4 m	0,39 m	2	2	+59,15
Duvar 102	4,62 m	0,5 m	0,42 m	2	2	+59,17
Duvar 101	2,75 m	0,55 m	0,5 m	3	2	+59,21

Tablo 3.78 L Yapısını (Oda 36 ve Oda 37) çevreleyen duvarların bilgileri.

Dörtgen bir plana sahip Oda 36 korunan ölçüleri ile yaklaşık 30 m^2 boyutlarındadır. Mekânın ortasında kuzeybatı-güneydoğu uzantılı geç döneme tarihlenen kireç harçlı bir duvar bulunmakta ve mekânın batısını sınırlayan duvarın bu yapılaşma sırasında tahrip edildiği anlaşılmıştır. Ayrıca mekânın doğusu ve depo yapısını olduğu alan, taş döşeli kutsal yolun geçtiği güzergahtır. Mekânın geç dönem duvarlarının arasında kalan veya kutsal yolun taşlarının altında kalan alanlar ise korunmuş, güvenilir bir tabakadır. Bu mekâna giriş yeri tespit edilememiştir. Mekânın tabanı sıkıştırılmış toprak tabandır. Mekânın kuzeyini sınırlayan duvarın (Duvar 106) üzerinde 0,6x0,45 m boyutlarında yuvarlak formlu bir niş yer almaktadır.

Oda 36'nın içine doğru bakan nişin tabanı sıkıştırılmış toprak tabanlıdır. Gülpınar IIIa alt evresini mimari yenilikleri arasında yerini alan bu nişin işlevi konusunda yeterli bilgi elde edilememiştir. Oda 36'nın güneybatı köşesi işlik alanı olarak kullanılmıştır. Bu alanda; mekânın güney duvarı (Duvar 101) üzerinde, 1x0,85 m boyutlarında, tabanı büyük, düzgün ve yassı yüzeyli taşlarla döşeli, oval formlu Seki 16 bulunur. Bu sekinin hemen kuzeyinde, mekânın sıkıştırılmış toprak tabanında beş adet *in situ*

Şekil 3.60
Sektör 2, Gülpınar IIIa, Roma yapıları içerisinde kalmış L Yapısı Oda 36'nın güneybatı köşesindeki işlik alanı *(© GKP)*.

öğütme taşı bulunmuştur (Şek.3.60-61). Oda taban buluntuları ve dağılımları, mekânın ve bu mekâna ait mimari döşemlerin işlevleri hakkında bilgi vermektedir. Bu sekinin önünde bulunmuş *in situ* taban buluntuları da, mekânın öğütme faaliyetlerinin bu seki üzerinde gerçekleştirildiğinin kanıtıdır. Ayrıca mekânın geç dönem yapı duvarları arasında kalan alanlarda, sıkıştırılmış toprak tabanına gömülü bir şekilde büyük iki adet depolama kabına ait kaide ve gövde parçaları *in situ* halinde bulunmuştur. Aynı mekânda hem depolama kaplarının bulunması hem de öğütme faaliyetlerinin gerçekleştirilmesi, Gülpınar topluluğunun mekân içi gündelik yaşamı hakkında bilgi verir. Bunun yanı sıra mekân korunmuş alanlarında pişirme etkinliğini kanıtlayacak bir ocak veya fırın tespit edilememiştir. Besin üretimini kanıtlayan verilerin bulunduğu bir alanda, tüketimi gösteren ocak veya fırın gibi verilerin de olması gerektiği düşünülmektedir. Bu mekân içerisinde ocak veya fırın tespit edilememesi geç dönem tahribatına bağlanmaktadır.

Oda 36'in güneydoğusunda yer alan Oda 37 ise dikdörtgen plana sahip 4,6 m^2 boyutlarındaki dar ve uzun mekândır. Bu mekâna geçiş 1,15 m genişliğindeki Giriş 19'dan sağlanmakta ve giriş taban seviyesinden gerçekleşmektedir. Dar ve uzun bu mekânın içerisinde, sıkıştırılmış toprak tabanına gömülü bir şekilde büyük boyutlu iki adet küpe ait kaide ve gövde parçaları *in situ* halinde bulunmuştur (Şek.3.62). Mekânın dolgu toprağı içerisinden küp parçaları haricinde de herhangi buluntu bulunmamıştır. Bu mekânın tabanına gömülen *in situ* küplerin, ana odaya hizmet eden bir depo birimi olduğu anlaşılmıştır. Ancak mekânın dolgu toprak örneklerine uygulanan yüzdürme işlemlerinde bitki kalıntısına rastlanmamıştır. Sonuç olarak Oda 36 ve 37 ile ilgili olarak günlük evsel faaliyetlerin gerçekleştirildiği bir ana mekân, ayrıca yan odasında tahılların depolandığı ve günlük ihtiyaca göre ana odada öğütüldüğü bir yapı olduğu düşünülmektedir. Oda 36'da mimari döşem olarak, mekânın güney duvarına

Şekil 3.61
Sektör 2, Gülpınar IIIa, Oda 36'daki işlik alanı, Seki 16 ve Geç dönem çukuru *(© GKP)*.

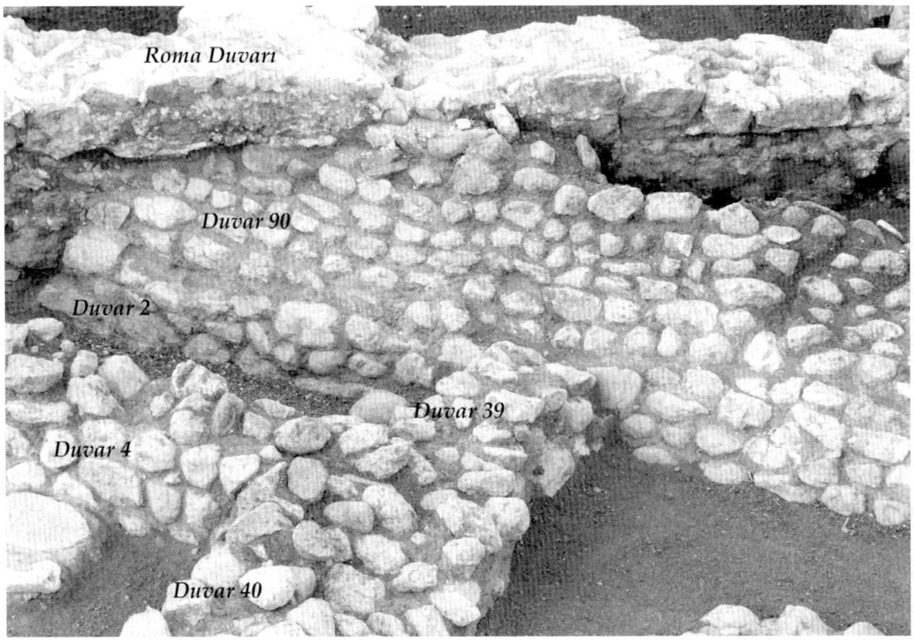

Şekil 3.62
Sektör 1, Gülpınar II Duvar 2 (altta) detayı ve, Gülpınar IIIa, Kuzey Çevre Duvarı detayı (Duvar 90 üstte *(© GKP)*.

bitişik yapılan Seki 16 ve kuzey duvarı üzerinde bir niş bulunmaktadır. Ayrıca depoyla ilişkinin sağlandığı Giriş 19 bulunur.

Oda 36'da 6 adet öğütme taşı, 1 adet el taşı, 3 adet perdah taşı, 1 adet yivli taş, 1 adet havaneli, 1 adet havan, 1 adet yivli ağırlık, 4 adet balta, 1 adet minyatür keser, 1 adet keski, 1 adet mermer kap parçası, 1 adet oyuklu taş, 1 adet taş küre, 4 adet mablak, 4 adet bız, 1 adet delgeç, 1 adet spatula, 1 adet kemik sap, 2 adet kap; Oda 37'da 2 adet kap gibi farklı amaçlar için kullanılan materyal kültür öğeleri bulunmuştur. Ayrıca Oda 36'nın yakınında, Duvar 106'nın batısında 1 adet yivli ağırlık, 1 adet kil heykelcik gövdesi ve Duvar 106'nın kuzeyinde 1 adet zoomorfik kapak, 1 adet öğütme taşı, 2 adet perdah taşı yer alır.

Dikdörtgen bir plana sahip Oda 38'in, korunan ölçüleri yaklaşık 13,6 m^2 boyutlarında olup, tek odalı olduğu düşünülmektedir (Şek.3.59). Evre IIIa'ya tarihlenen Oda 38 kuzeybatı-güneydoğu doğrultusunda uzanmaktadır. Mekânın güneydoğusunu sınırlayan güneydoğu duvarı Geç Dönem yapıları tarafından tahrip edildiği anlaşılmıştır. Ayrıca mekânın üzerinden kuzeybatı-güneydoğu uzantılı Roma Dönemi'ne ait bir su kanalı (künk) geçmektedir. Tahribatın dışında kalan alanlar güvenilir tabakadır. Mekânın tabanı sıkıştırılmış toprak tabandır. Mekânın duvarları çift sıra taştan kuru duvar tekniğinde örülmüştür. Duvarların temel seviyelerinin kısmen korunageldiği anlaşılmaktadır (Tab.3.79). Bu mekâna giriş yeri tespit edilememiştir. Mekânın kuzeyini sınırlayan duvarın (Duvar 107) üzerinde 0,6x0,4 m boyutlarında oval formlu bir niş yer almaktadır. Oda içine doğru bakan nişin tabanı sıkıştırılmış toprak tabanlıdır. Bu nişin işlevi konusunda yeterli bilgi elde edilememiştir. Oda 38, Oda 36'nın doğusunda ve Oda 39'un güneyinde yer almaktadır. Bu oda, L Yapısına ait olduğu için diğer odalara bitişik inşa edilmiş ve duvarlar her üç mekân tarafından ortak kullanılmıştır. Oda 38 içinde mimari döşem olarak sadece kuzey duvarı üzerinde bir nişten bahsedilebilir. Oda 38 buluntuları ise 1 adet perdah taşı ve 1 adet vurgaç dikkat çeker.

Duvar	Uzunluk	Genişlik	Yükseklik	Mak. Taş Sırası Yük.	Mak. Taş Sırası Gen.	Denizden Yükseklik
Duvar 104	4,25 m	0,45 m	0,26 m	1	2	+59,10
Duvar 105	2,5 m	0,55 m	0,37 m	2	2	+59,05
Duvar 107	4,1 m	0,35 m	0,34 m	1	2	+59,02

Tablo 3.79 Oda 38'i çevreleyen duvarların bilgileri.

Duvar	Uzunluk	Genişlik	Yükseklik	Mak. Taş Sırası Yük.	Mak. Taş Sırası Gen.	Denizden Yükseklik
Duvar 105	2,4 m	0,5 m	0,38 m	2	2	+59,05
Duvar 107	3,5 m	0,35 m	0,35 m	1	2	+59,02
Duvar 108	2,8 m	0,5 m	0,32 m	1	2	+58,95

Tablo 3.80 Oda 39'u çevreleyen duvarların bilgileri.

Dörtgen bir plana sahip olduğu anlaşılan Oda 39, korunan ölçüleri yaklaşık 9 m^2 boyutlarında olup, tek odalı olduğu düşünülmektedir (Şek.3.59). Gülpınar IIIa alt evresine tarihlenen Oda 39 kuzeydoğu-güneybatı doğrultusunda uzanmaktadır. Mekânın kuzeyini sınırlayan kuzey duvarı Geç Dönem yapıları tarafından tahrip edilmiştir. Oda 39, bir önceki evreye ait Oda 35'in yıkıntılarının tesviye edilmesi sonrasında kısmen üzerine inşa edilmiştir. Mekânın tabanı sıkıştırılmış toprak tabandır. Mekânın duvarları çift sıra taştan kuru duvar tekniğinde örülmüştür. Duvarların temel seviyelerinin kısmen korunageldiği anlaşılmaktadır (Tab.3.80). Bu mekâna giriş yeri tespit edilememiştir. Mekânın güney köşesindeki duvarların (Duvar 107 ve Duvar 108) kesiştiği alanda 1,4x1,2 m boyutlarında, tabandan yükseltilmiş, düzensiz küçük boyutlu taşlarla döşeli, dikdörtgen formlu Seki 17 bulunur. Taş döşeli bu sekinin üzerinde in situ halde 4 adet eliptik formlu alt-öğütme taşı, 1 adet oval formlu alt-öğütme taşı, 1 adet kare formlu alt-öğütme taşı ve 1 adet oval formlu üst-öğütme taşı olmak üzere toplam 7 adet öğütme taşı depolanmış bir şekilde bulunmuştur (Şek.3.63-64). Öğütme taşlarının depolanmış bir şekilde seki üzerinde in situ halde bulunması, sekilerin aynı zamanda depolama işlevinde de kullanıldıklarını göstermektedir. Genelde öğütme

Şekil 3.63
Sektör 2, Gülpınar IIIa, L Yapısı Oda 39'in güneydoğu köşesinde yer alan Seki 17 üzerinde depolanmış bir şekilde in situ halinde ele geçen öğütme taşları (© GKP).

faaliyetlerinin üzerinde gerçekleştiği sekilerin, farklı işlevlerinin de olduğu seki tabanı üzerindeki buluntularından anlaşılmaktadır. Kaldı ki toplulukların yaşam faaliyetlerini anlamak adına mekânların taban buluntularının oluşum süreci incelendiğinde mekânlar arasındaki farklılaşmalar dahi anlaşılmaktadır. Gülpınar IIIa alt evresinde görülen diğer bütün sekilerin içerisinde, öğütme taşlarının depolandığını gösteren en önemli arkeolojik veri, Oda 39 içerisinde yer alan bu Seki 17'den elde edilmiştir.

L Yapısına ait Oda 36, Oda 37, Oda 38 ve Oda 39 birbirine bitişik inşa edilmiştir. Oda 39, Oda 36'nın doğusunda ve Oda 38'nin kuzeyinde yer almaktadır. Oda 36'nın doğu duvarı (Duvar 105), Oda 39'in batı duvarını oluşturmakta ve bu duvar her

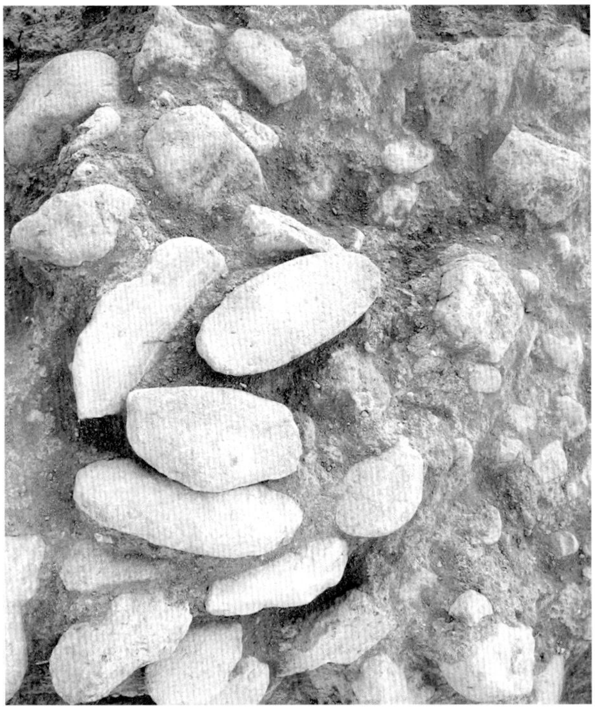

Şekil 3.64
Sektör 2, Gülpınar IIIa, L Yapısı Oda 39 Seki 17 detayı *(© GKP)*.

	Öğütme Taşı	El Taşı	Perdah Taşı	Havaneli	Havan	Yivli Taş	Vurgaç	Yivli Ağırlık	Balta	Keser	Keski	Mermer Kap	Oyuklu T.	Taş Küre	Mablak	Bız	Delgeç	Spatula	Kemik Sap	Kil Kaplar	Bakır İğne
■ L Yapısı	13	1	4	1	1	1	1	2	4	1	1	1	2	1	4	4	1	1	1	4	1
%	26,0%	2,0%	8,0%	2,0%	2,0%	2,0%	2,0%	4,0%	8,0%	2,0%	2,0%	2,0%	4,0%	2,0%	8,0%	8,0%	2,0%	2,0%	2,0%	8,0%	2,0%

Tablo 3.81 L Yapısı mekân içi buluntuları.

iki mekân tarafından ortak kullanılmıştır. Oda 38'un kuzey duvarı (Duvar 107) ise Oda 39'in güney duvarını oluşturmakta ve bu duvar da her iki yapı tarafından ortak kullanılmıştır. Oda 39 mimari olarak, birbirine bitişik inşa edilen ve ortak duvar kullanımını gösteren mekânlar arasında yer alır. Oda 39'un mimari döşem olarak sadece mekânın güney köşesinde seki 17 bulunmaktadır. Oda 39 buluntuları arasında ise 7 adet öğütme taşı, 1 adet oyuklu taş ve 1 adet bakır iğne yer alır (Tab.3.81).

Besin Hazırlama alanı 9: Sektör 2'de, Oda 37'nin güneyinde kalan ortalama 14.2 m^2 boyutlarındaki alandır. Burada, ana topraktan 0,1/0,15 m arasında yükseltilmiş bir kilimsi özellikte toprak dolgusu ve üzeri çamurla sıvalı, 27,5x2,6 m boyutlarında

Şekil 3.65
Sektör 2, Gülpınar IIIa, Besin Hazırlama Alanı 9'daki işlik alanı ahşap direk izleri detay *(© GKP)*.

Şekil 3.66
Sektör 2, Gülpınar IIIa, Besin Hazırlama Alanı 9'da bulunan işlik alanı ve Ocak 14 *(© GKP)*.

sınırları belirtilmiş bir alan bulunmaktadır. Taban üzerinde çok sayıda ahşap direklerin yerleştirildiği direk yerleri tespit edilmiştir (Şek.3.65). Bu alanın doğusunda, kil tabanlı, 0,8x0,65 m boyutlarında oval formlu Ocak 14 bulunur (Şek.3.66). Bu faaliyet alanın mevsimine göre üstü basitçe kapatıldığı düşünülmektedir. Sınırları belirgin bu faaliyet alanda pişirme eyleminin gerçekleştiği ocağın yer alması, günlük faaliyetlerin burada yapıldığına işaret etmektedir (Tab.3.90).

L Yapısına ait Oda 36'nın hemen kuzeyinde, Gülpınar IIIb alt evresine ait planı belirgin olmayan duvarlar (Duvar 110,Duvar 111, Duvar 112 ve Duvar 113) yer almaktadır. Bu alanın buluntuları ise 1 adet öğütme taşı, 2 adet perdah taşı, 1 adet zoomorfik kapaktır.

3.2.1.10. Oda 16 ve Oda 17

Sektör 1'de (Şek.3.45), ve K12(q2-4) ve L12(q1) karelajlarındaki alanda yer alır. Yamuk planlı Oda 16 ve Oda 17, yaklaşık 18 m² boyutlarında olup iki odalı plan tipindedir. Bu iki mekân kuzeydoğu-güneybatı doğrultusunda uzanmaktadır. Oda 17, IIIb alt evresinde bir önceki evreye ait yapıların cepheleri kullanılarak ve yeni duvarlar eklenerek (Duvar 43 ve Duvar 44) inşa edilmiştir. Mekânın tabanı sıkıştırılmış toprak tabandır. Mekânı çevreleyen duvarlardan; kuzeyindeki, kuzeydoğu-güneybatı uzantılı payandalı çevre duvarı çift/üç sıra taştan, güneyindeki duvarlar ise çift sıra taştan olup, her ikisi de kuru duvar tekniğinde örülmüştür. Duvarların temel seviyelerinin oldukça iyi korunageldiği, doğu duvarının (Duvar 42) ise 0,8 m yüksekliğe kadar korunduğu görülmektedir (Tab.3.82). Oda 16 ve Oda 17, kuzeydoğu-güneybatı uzantılı payandalı çevre duvarı (Duvar 50) ile Oda 22 ve Oda 14 duvarları arasında kalan uzun ve kuzeydoğuya doğru daralan bir mekândır. Mekânın kuzeydoğusundaki en dar alanda girişi bulunur. Bu mekânlar;

Duvar	Uzunluk	Genişlik	Yükseklik	Mak. Taş Sırası Yük.	Mak. Taş Sırası Gen.	Denizden Yükseklik
Duvar 21	3 m	0,6 m	0,27 m	2	2	+58,40
Duvar 38/42	7,05 m	0,5 m	0,8 m	6	2	+58,86
Duvar 43	0,9 m	0,6 m	0,28 m	2	2	+58,41
Duvar 44	3,70 m	0,5, m	0,27 m	2	2	+58,40
Duvar 50	9,40 m	0,55 m	0,34 m	2/4	2/3	+58,48

Tablo 3.82 Oda 16 ve 17'yi çevreleyen duvarların bilgileri.

Yamuk plana sahip 9 m² boyutlarındaki Oda 16, Oda 17'nin kuzeydoğusunda yer alır. Uzun ve kuzeydoğuya doğru daralan bu mekâna geçiş, kuzeydoğu-güneybatı uzantılı payandalı çevre duvarı (Duvar 50) ile Oda 15'in kuzey köşesinin (Duvar 1'in) kesiştiği en dar alandaki, 0,7 m genişliğindeki Giriş 17'den sağlanır. Mekânın girişi, tabandan bir duvar (Duvar 51) sırası yükseltilerek eşik oluşturulmuştur. Bu mekânın içerisinde giriş haricinde herhangi bir mimari döşem bulunmamıştır. Yine yamuk bir plana sahip olan Oda 17 ise 9 m² büyüklüğündedir. Bu mekâna geçiş, Oda 16 ile arasına sonradan eklenmiş kısa bir bölme duvarı (Duvar 43) ile daraltılmış alandan sağlanır. Bu mekânın içerisinde herhangi bir mimari döşem bulunmamıştır. Bu mekânlarda Giriş 17 dışında herhangi bir mimari döşem yoktur. Oda 16'da 1 adet keski ve 1 adet taş küre; Oda 17'da 1 adet çentikli-yivli ağırlık, 1 adet balta, 1 adet keser, 1 adet mablak, 2 adet bız, 1 adet kil heykelcik, 1 adet boncuk bulunmuştur.

Oda 16 ve Oda 17'nın mimari yapısının ve materyal kültür öğelerinin analiz edilmesinden yola çıkılarak, bu mekânların kullanımına ilişkin önerilerde bulunulmuştur. İlk önce mimari yapısı itibariyle Oda 16 ve Oda 17, dar ve uzun bir plana sahip olması, payandalı çevre duvarı duvarı ile yapıların arasında kalan kısımda yer alması ve kapı girişinin dar olması, konut/ev/mekândan ziyade hayvanların tutulduğu bir yer olarak kullanıldığını düşündürmektedir. Yerleşimin konut, ev, işlik alanı gibi yapılarının genel yapı planına bakıldığında dörtgen ve dikdörtgen planlı bir yapılaşma görüntüsü ortaya çıkar. Bu bakımdan da Oda 16 ve Oda 17 planı itibariyle konut/ev/mekân veya işlik olabilirliği tartışma konusudur.

Son yıllarda arkeoloji biliminde gelişen mekân analiz yöntemleri arasında mikromorfoloji ve toprak kimyası analiz yöntemleri, mekân dolgu toprağında hayvan gübresi olup olmadığını ortaya koymaktadır. Bu analiz sonuçlarına dayanarak, bir yerleşimde hayvan tutulan yerler olduğu ileri sürülebilmektedir. Prehistorik Gülpınar yerleşimi arkeolojik dolguları için bu türden bir analiz yapılmamıştır. Yerleşimde ele geçen hayvan kemiklerinden özellikle keçi ve koyun türüne ait kemiklerdeki morfolojik değişimler incelenmiş ve Evangelia Pişkin tarafından bir ön rapor sunulmuştur. Prehistorik Gülpınar yerleşimi hayvan kemikleri üzerine yapılan çalışma sonucunda, keçi ve koyun türünün hem evcil hem de yabani oranı diğer türlerin oranından daha fazla olduğu ortaya konulmuştur. İncelenen kemikleri içerisinde evcil keçi/koyun % 31.96, keçi 3.06, koyun % 4.74 gibi yüksek bir oranda evcil türlerin tespit edilmiştir. Bunun yanı sıra yeni doğmuş hayvan kemikleri içerisinde 12 tane koyun/keçiye, 10 tane koyuna ait kemiklerin bulunması evcil hayvan yetiştiriciliğine işaret etmektedir. Ayrıca hayvanların yaş analizi çalışmaları devam etmektedir. Gülpınar III. evresine ait; evcil hayvan kemiklerinin sayıca fazla olması, yeni doğan hayvan kemiklerinin bulunması, yaşların genç olması gibi güçlü arkeolojik verilerden yola çıkılarak hayvanların yerleşme içinde tutulmuş olma görüşü tartışmaya açık olmakla birlikte, bu görüş tarafımızdan değerlendirilmektedir. Mimari olarak da bu tür verilerle örtüşen Oda 16 ve 17, yapısı itibariyle bu görüşü desteklemektedir. Mimari açıdan küçük baş hayvan tutulan etnografik örnekler incelendiğinde odaların uygun olduğu da ayrıca düşünülmektedir.

3.2.1.11. Oda 30

Sektör 1'in güneyinde (Şek.3.45), ve M12(q2-3) karelajlarındaki alanda yer alır. Gülpınar IIIb alt evresine ait dikdörtgen bir plana sahip olduğu anlaşılan Oda 30, korunan ölçüleri yaklaşık 18 m^2 boyutlarında olup, tek odalıdır. Oda doğu-batı doğrultusunda uzanmaktadır. Oda IIIb alt evresinde inşa edilmiştir. Mekânın büyük bir kısmı açığa çıkarılmış, güney-güneybatı kısımları kazılmamış alan altında kalmıştır. Mekânın işlevi bittikten sonra, güney duvarının, güneyindeki bir sonraki IIIc alt evresine ait kuzeydoğu-güneybatı uzantılı duvar (Duvar 65) tarafından tahrip edildiği anlaşılmıştır. Mekânın tabanı sıkıştırılmış toprak tabandır. Mekânın duvarları çift sıra taştan kuru duvar tekniğinde örülmüştür. Duvarların temel seviyelerinin kısmen korunageldiği, kuzey duvarının (Duvar 63) 0,35 m yüksekliğe kadar korunduğu tespit edilmiştir (Tab.3.83).

Duvar	Uzunluk	Genişlik	Yükseklik	Mak. Taş Sırası Yük.	Mak. Taş Sırası Gen.	Denizden Yükseklik
Duvar 62	0,45 m	0,4 m	0,12 m	1	2	+58,33
Duvar 62	0,6 m	0,4 m	0,15 m	1	2	+58,36
Duvar 63	5,4 m	0,4 m	0,35 m	3	2	+58,56
Duvar 64	3,4 m	0,4 m	0,3 m	2	2	+58,51
Duvar 65	2,7 m	0,5 m	0,15 m	1	2	+58,36

Tablo 3.83 Oda 30'u çevreleyen duvarların bilgileri.

Mekâna geçiş, besin hazırlama alanı 6'dan güneybatıya doğru uzanan dar bir alandan geçilerek, mekânın kısa kenarında bulunan, 1 m genişliğinde Giriş 16'dan sağlanmaktadır. Mekânın girişi batıdan sağlanmakta ve taban seviyesinden gerçekleşmektedir. Oda korunmuş boyutlarından ve açığa çıkartılan alanlarından anlaşıldığı üzere tek odalıdır. Mekânın işlevi hakkında yeterli veri olmamasının nedenleri arasında, tamamının kazılmamış olması ve güneyinin IIIc alt evresine ait duvar (Duvar 65) tarafında tahrip edilmesi sayılabilir. Ayrıca mekânın içerisinde, yapıyı tanımlayıcı herhangi bir öğesi yoktur. Fakat mekânın tabanı ve taban üzeri dolgusundan çok sayıda farklı materyal kültür öğelerinin ele geçmesi, buranın işlik alanı olarak kullanıldığını düşündürmektedir. Bununla birlikte herhangi bir mimari döşem ele geçmemesi de unutulmamalıdır. Mekâna ait Giriş 16 dışında herhangi bir mimari döşem yoktur. Oda 30 buluntuları arasında 5 adet öğütme taşı, 2 adet el taşı, 1 adet perdah taşı, 2 adet havaneli, 2 adet havan, 3 adet balta, 1 adet taş küre, 2 adet mablak, 1 adet bız, 1 adet seramik disk, 1 adet boncuk, 3 adet çakmaktaşı çekirdek ve 1 adet çakmaktaşı yer alır (Tab.3.84).

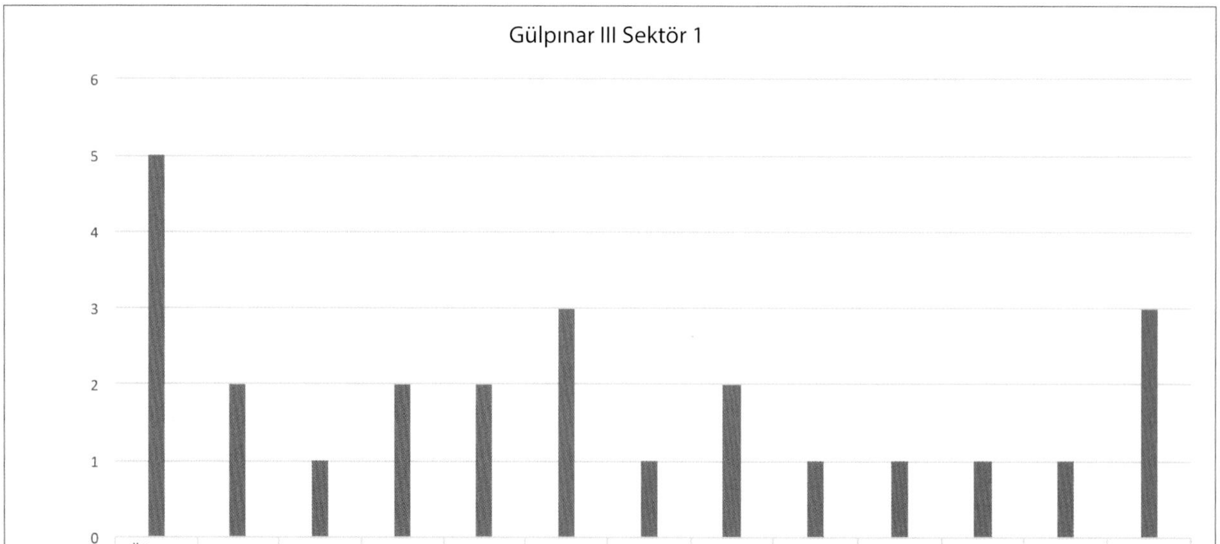

	Öğütme Taşı	El Taşı	Perdah Taşı	Havaneli	Havan	Balta	Taş Küre	Mablak	Bız	Çömlek Kırığı Disk	DK Boncuk	Çakmaktaşı Dilgi	Çakmaktaşı Çekirdek
■ Oda 30	5	2	1	2	2	3	1	2	1	1	1	1	3
%	20,0%	8,0%	4,0%	8,0%	8,0%	12,0%	4,0%	8,0%	4,0%	4,0%	4,0%	4,0%	12,0%

Tablo 3.84 Oda 30 mekân içi buluntuları.

3.2.1.12. Oda 31

Sektör 1'de (Şek.3.45), ve M11(q3-4) ve M12(q1) karelajlarındaki alanda yer alır. Düzensiz planlı Oda 31, yaklaşık 10 m^2 boyutlarında olup, tek odalıdır. Oda, kuzeybatı-güneydoğu doğrultusunda uzanmaktadır. Oda 31, sokağa ait duvarı (Duvar 53) kullanarak ve yeni duvarlar eklenerek IIIb alt evresinde inşa edilmiştir. IIIa yapılardan daha sonra var olan duvarlara bitişik olarak inşa edilen Oda 31, IIIc alt evresinde tahrip edildiği ve yerine Oda 30'un inşa edildiği anlaşılmaktadır. Mekânın tabanı sıkıştırılmış toprak tabandır. Mekânın duvarları çift sıra taştan kuru duvar tekniğinde örülmüştür. Duvarların temel seviyelerinin kısmen korunageldiği, kuzey (Duvar 53) duvarının 0,42 m yüksekliğe kadar korunduğu tespit edilmiştir (Tab.3.85).

Duvar	Uzunluk	Genişlik	Yükseklik	Mak. Taş Sırası Yük.	Mak. Taş Sırası Gen.	Denizden Yükseklik
Duvar 53	5,40 m	0,5 m	0,42 m	2	2	+58,64
Duvar 56	4,70 m	0,4 m	0,35 m	3	2	+58,59
Duvar 58	2,10 m	0,5 m	0,3 m	3	2	+58,52
Duvar 59	3,35 m	0,5 m	0,25 m	2	2	+58,47
Duvar 60	0,5 m	0,4 m	0,2 m	1	2	+58,42

Tablo 3.85 Oda 31'i çevreleyen duvarların bilgileri.

Mekâna geçiş, besin hazırlama alanı 6'dan güneybatıya doğru uzanan dar bir alandan geçilerek, mekânın kısa kenarında bulunan, 1,20 m genişliğindeki Giriş 18'den sağlanmaktadır. Mekânın girişi güneydoğudan sağlanmakta ve taban seviyesinden gerçekleşmektedir. Mekânın kuzeydoğusunda ve güneybatısındaki karşılıklı uzun duvarların her iki tarafından da kısa duvarlarla giriş oluşturulmuştur. Girişin güneybatısında bulunan kısa duvarı tahrip olmuş iken, kuzeydoğusundaki (Duvar 60) duvar korunmuş olup, bu duvarın üzerine yerleştirilmiş *in situ* bir söve taşı bulunur (Şek.3.67). Kapıya ait

Şekil 3.67
Kuru duvar inşa tekniği detayı
Sektör 1, Gülpınar IIIa, Duvar 50
(© GKP).

ahşap bir direğin yerleştirildiği bu söve taşı yerleşimdeki kapıların varlığının arkeolojik kanıtıdır. Mekânın girişinde bir ön oda yer almakta ve bölme duvarıyla daraltılmış bir geçişten sonra ana odanın gelmesi gerekmektedir, fakat IIIc alt evresinde Oda 32'nin aynı alanı kullanmasından kaynaklanan tahribatından dolayı mekânın diğer kısımları hakkında bilgimiz yoktur. Mekânın işlevi hakkında yeterli veri yoktur. Mekânın ara bölme duvarıyla ayrılmış odası dışında tanımlayıcı bir öğesi yoktur. Oda 31, Oda 32'nin doğusunda ve sokağın güneyinde bulunmaktadır. Sokağın kuzeybatı-güneydoğu uzantılı duvarı (Duvar 53) aynı zamanda Oda 31'in kuzeyini sınırlayan duvardır. Mekâna ait giriş dışında herhangi bir mimari döşem ve buluntu yoktur.

3.2.1.13. Oda 32

Sektör 1'in batısında (Şek.3.45), ve L11(q2-3), M11(q1,q4) karelajlarındaki alanda yer alır. Gülpınar IIIc alt evresine ait, dikdörtgen planlı *Oda 32*, korunan ölçülerine göre 12 m^2 boyutlarında olup, tek odalıdır (Şek.3.68-69). Oda kuzey-güney doğrultusunda uzanmaktadır. Mekânın büyük bir kısmı açığa çıkarılmış, devamı ise kazılmamış alan altında kalmıştır. Oda, yerleşimin ana kapısına yakın ve sokağın batı duvarını (Duvar 53) tahrip ederek inşa edilmiştir. Mekânın tabanı sıkıştırılmış toprak tabandır. Mekânın açığa çıkartılan duvarları çift sıra taştan kuru duvar tekniğinde örülmüştür. Duvarların temel seviyelerinin oldukça iyi korunageldiği, doğu duvarının (Duvar 56) 0,54 m yüksekliğe kadar korunduğu tespit edilmiştir (Tab.3.86). Mekânın muhtemel girişi kuzeydeki açıklıktan sağlanmış olmalıdır. Kuzey duvarının (Duvar 54) batı ucu mekâna doğru, güneye doğru doksan derecelik bir açıyla dönmektedir.

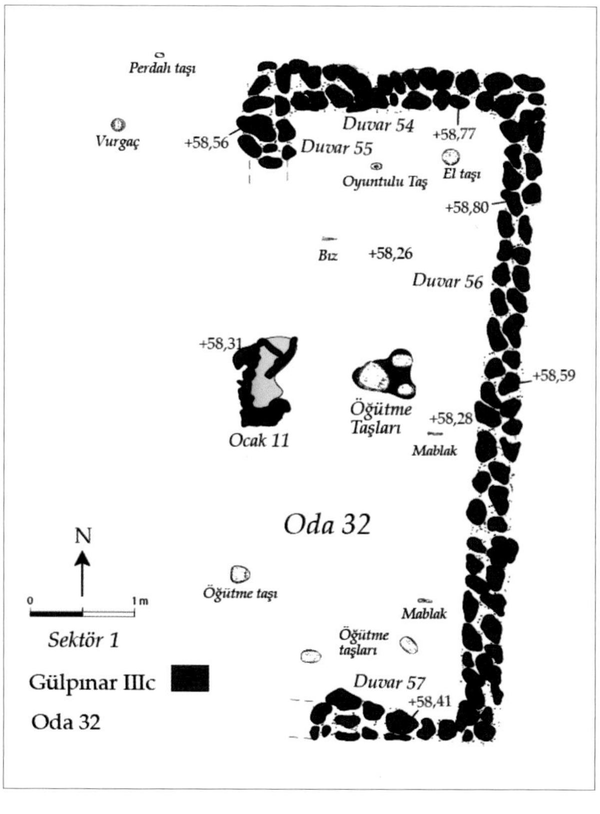

Şekil 3.68
Sektör 1, Gülpınar III, Oda 32 planı ve buluntuların mekân içi dağılımı *(© GKP)*.

Şekil 3.69
Kuru duvar inşa tekniği detayı
Sektör 2, Gülpınar II, K Yapısı
Oda 33 doğu duvarı Duvar 94
(© GKP).

0,6 m uzunluğundaki kısa duvar (Duvar 55), mekân içine doğru keskin bir köşe yapmaktadır. Mekânın kuzeyindeki L şeklindeki duvarların (Duvar 54 ve 55) olası bir karşılığı kazılmamış alanda kalmıştır.

Duvar	Uzunluk	Genişlik	Yükseklik	Mak. Taş Sırası Yük.	Mak. Taş Sırası Gen.	Denizden Yükseklik
Duvar 54	2 m	0,4 m	0,51 m	4	2	+58,77
Duvar 55	0,6 m	0,55 m	0,3 m	2	2	+58,56
Duvar 56	6 m	0,4 m	0,54 m	3	2	+58,59
Duvar 57	1,40 m	0,55 m	0,15 m	1	2	+58,41

Tablo 3.86 Oda 32'yi çevreleyen duvarların bilgileri.

Mekânın açığa çıkarıldığı itibariyle ortasında/merkezinde yemek pişirme faaliyetlerini kanıtlayan 0,85 x 0,5 m boyutlarında kilden yapılmış ve sıvalı, dörtgen Ocak 11 bulunur (Şek.3.70). Diğer ocaklardan farklı olarak, üç tarafı (güneyi, batısı, ve kuzeyi) tabandan yaklaşık 0,1 m yükseltilerek ve tüm yüzeyi kil ile sıvanarak yapılmış olup ve pişirme faaliyetleri nedeniyle sertleşmiştir. Ocağın ağzı doğuya doğru bakmaktadır. Ocağın taba-

Şekil 3.70
Sektör 1, Gülpınar IIIc, Oda 32'deki Ocak 11 *(© GKP)*.

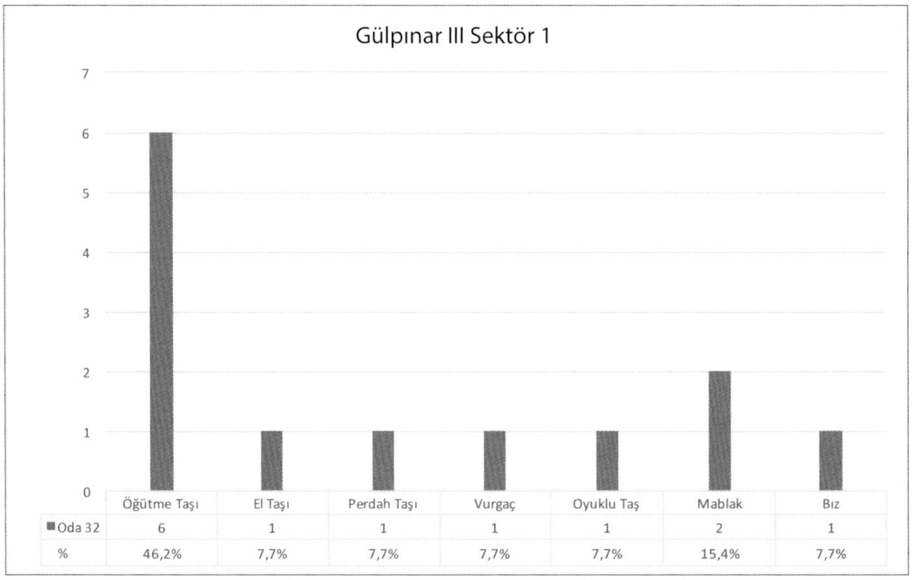

Tablo 3.87 Oda 32 mekân içi buluntuları.

nında ve etrafında yoğun kül ve kömür kalıntıları tespit edilmiştir. Bu ocağın doğusunda, ocak ile doğu duvarı arasında kalan alanda, mekânın tabanı üzerinde üç adet öğütme taşı tespit edilmiştir. Öğütme faaliyetlerinin ocağın hemen önünde gerçekleştirildiğine dair güzel bir örnektir. Mekânın taban üzeri buluntu dağılımından yola çıkılarak, bu mekânın günlük aktiviteleri hakkında bilgi edinilmektedir. Bu tür arkeolojik veriler aynı zamanda bir mekânın gündelik yaşamı hakkında bilgi vermektedir. Mekânda ocak haricinde herhangi bir mimari döşem bulunmamıştır. Mekânın ortasında yer alan Ocak 11'dir. Oda 32 buluntuları arasında 6 adet öğütme taşı, 1 adet el taşı, 1 adet perdah taşı, 1 adet vurgaç, 1 adet oyuklu taş, 2 ad1et mablak ve 1 adet bız yer alır (Tab.3.87).

3.2.1.14. Besin Hazırlama Alanı 6

Sektör 1'de (BHA-5) avlunun batısındaki odaların (Oda 20 ve Oda 30) cepheleriyle sınırlandırılmış ortalama 14,50 m² boyutlarındaki alanı kapsamaktadır. Ana giriş kapısından güneydoğuya doğru daralarak uzanan sokağın (en dar yeri 1 m genişliğinde) açıldığı, doğusundaki duvarla (Duvar 68), orta avluya geçişin sınırlandırıldığı alandır. Doğusundaki duvarla (Duvar 68) daraltılan açıklık 1,7 m genişliğindedir. Ayrıca bu alandan güneye doğru 0,9 m genişliğindeki dar bir geçişten Oda 30 ve 31 ile iletişim sağlanmaktadır. Ön avlunun kuzeyindeki, Oda 20'nin güney duvarına (Duvar 67) bitişik olarak yapılan, 0,9x0,65 m boyutlarında, oval formlu ve düzgün yüzeyli taşlarla döşeli Seki 11 bulunur. Buluntular arasında 1 adet mablak, 2 adet bız 1 adet sap, 1 adet kil heykelcik gövdesi ve 1 adet sokma başlı kil heykelcik yer alır.

3.2.1.15. Besin Hazırlama Alanı 7

Sektör 1'in kuzeybatısında kalan ortalama 24,6 m² boyutlarındaki alandır. Yerleşimi çevreleyen, kuzeydoğu-güneybatı uzantılı payandalı çevre duvarının (Duvar 49 ve Duvar 50'nin) kuzeybatısında kalan ve çevre duvarı boyunca uzanan besin hazırlama alanını kapsamaktadır. Bu alanda 1 m çapında yuvarlak formlu ve büyük-düzensiz taşlarla döşeli Seki 13 bulunur. Ayrıca bu mekânda tahrip olmuş bir şekilde bireylerin sadece bacaklarının bir kısmı korunmuş olarak bulunan üç adet mezar (Mezar 4, Mezar 6 ve Mezar 7) bulunmaktadır. Farklı faaliyet alan aktivitelerinin yapıldığı ortak bir işlik alanıdır (Tab.4.90). Buluntular 3 adet öğütme taşı, 1 adet perdah taşı, 3 adet balta, 1 adet minyatür balta, 1 adet keser, 3 adet mablak, 4 adet bız, 1 adet delgeç, 1 adet spatula, 1 adet ağırşak, 1 adet çömlek kırığı disk, 1 adet kil perdah aleti, 1 adet kil heykelcik başı, 1 adet kil heykelcik gövdesi, 6 adet çakmaktaşı çekirdek ve 1 adet bakır iğne şeklindedir (Tab.3.88).

3.2.1.16. Besin Hazırlama Alanı 10

Sektör 3'de yer alan besin hazırlama alanı 10, ortalama 10,3 m^2 boyutlarındaki alanı kapsamaktadır. Bu mekânın güneybatısında tabanı taşlarla döşeli korunmuş ölçüleri 1,1x1 m boyutlarında yuvarlak formlu Ocak 15 bulunur. Ayrıca Ocak 15'in güneydoğusunda toprak tabanlı korunmuş ölçüleri 1x0,7 m boyutlarında oval formlu Ocak 16 bulunmaktadır (Tab.3.90). Bu ocakların bulunduğu alanda yoğun bir kül tabakası tespit edilmiştir. Ayrıca mekânın doğusunda kısmen korunmuş Mezar 2 bulunmaktadır. Buluntular; 12 adet öğütme taşı, 1 adet perdah taşı, 3 adet mablak, 2 adet bız, 2 adet çömlek kırığı disk, 1 adet kil perdah aleti şeklindedir (Tab.3.89).

3.2.1.17. Besin Hazırlama Alanı 11

Sektör 3'de yer alan üstü açık besin hazırlama alanı 11, ortalama 12 m^2 boyutlarında olup, doğu-batı uzantılı Duvar 116'nın kuzeyi ile kuzey açma kesiti arasındaki alanı kapsamaktadır. Bir kısmı açma kesitinde kalmış dört türe ait deniz kabuğu yığını depolanmış bir şekilde bulunmuştur. *Ruditapes decussatus, Ensis ensis, Cerastoderma*

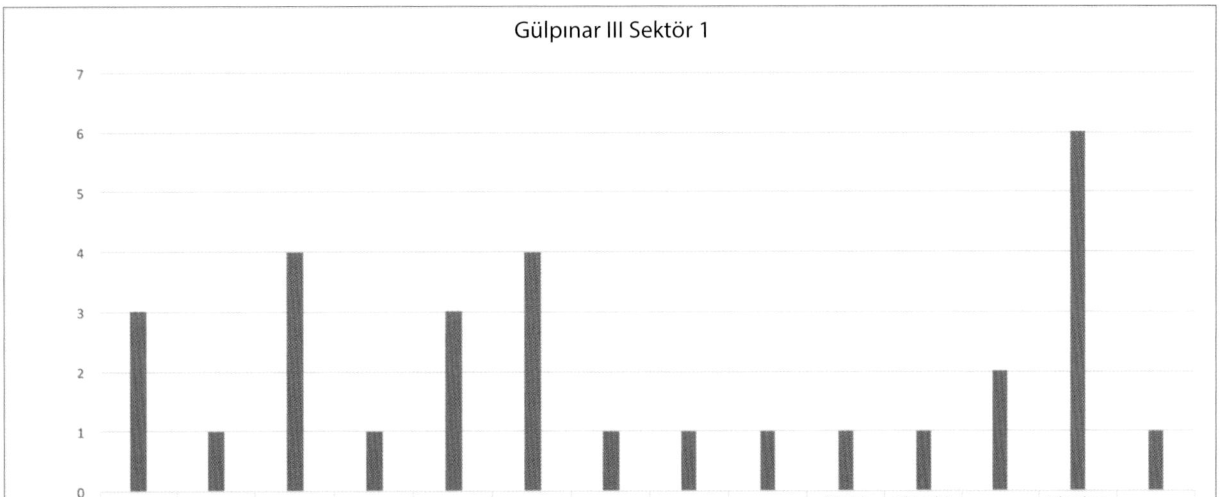

	Öğütme Taşı	Perdah Taşı	Balta	Keser	Mablak	Bız	Delgeç	Spatula	Ağırşak	Çömlek Kırığı Disk	Kil Perdah Aleti	Heykelcik	Çakmaktaşı Çekirdek	Bakır İğne
BHA-7	3	1	4	1	3	4	1	1	1	1	1	2	6	1
%	10,0%	3,3%	13,3%	3,3%	10,0%	13,3%	3,3%	3,3%	3,3%	3,3%	3,3%	6,7%	20,0%	3,3%

Tablo 3.88 Besin Hazırlama Alanı 7 buluntuları.

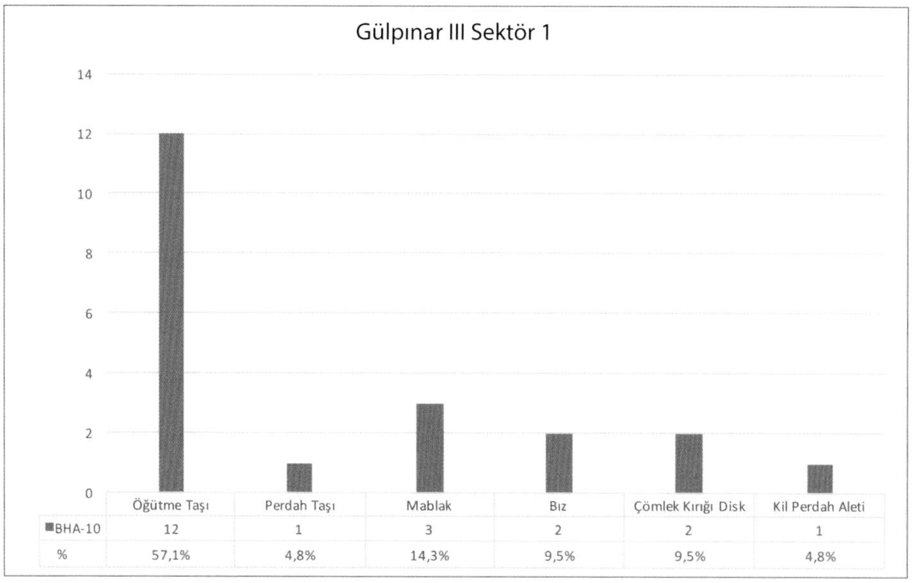

Tablo 3.89 Besin Hazırlama Alanı 10 buluntuları.

glaucum, Mytilus galloprovincialis türleri ait Deniz Kabuğu Yığını 8 (Şek.3.52), açığa çıkartıldığı itibariyle 0,6x0,57 m bir alanı kapsar (Tab.3.90). Deniz kabuklarının kuzey açma kesiti içerisine bir tabaka halinde doğu-batı uzantılı devam ettiği anlaşılmıştır. Ayrıca bu mekânın kuzeyinde, deniz kabuğu yığını 8'in doğusunda ve batısında ateş izi ve yoğun bir kül tabakası tespit edilmiştir. Buluntular; 5 adet öğütme taşı, 2 adet mablak ve 2 adet çakmaktaşı çekirdek şeklindedir.

Besin Hazırlama Alanı	Sektör	Kültür Katı	Buluntu	Yapı öğesi	Buluntular
Besin Hazırlama Alanı 4	1	IIIa	35	Ocak 4, Seki 6 ve Giriş 5	öğütme taşı (11), el taşı (5), perdah taşı (1), havaneli (1), yivli ağırlık (1), balta (1), keser (1), minyatür keser (1), mermer kap (2), mablak (3), bız (3), kil perdah aleti (1), tam kap (2), DK perdah aleti (1), DK boncuk (2), çakmaktaşı dilgi (1)
Besin Hazırlama Alanı 5	1	IIIa	82	Ocak 10, Seki 12 ve Seki 14	öğütme taşı (12), el taşı (12), perdah taşı (7), vurgaç (1), ağırlık (2), balta (4), keser (1), minyatür keser (1), keski (2), oyuklu taş (1), taş küre (3), mablak (8), bız (7), delgeç (3), spatula (2) kemik sap (1), ağırşak (1), çömlek kırığı disk (3), kil perdah aleti (1), tam kap (2), DK boncuk (2), çakmaktaşı çekirdek (6)
Besin Hazırlama Alanı 6	1	IIIa	6	Seki 11	mablak (1), bız (2), sap (1), kil heykelcik gövdesi (1), akrolitik kil heykelcik (1)
Besin Hazırlama Alanı 7	1	IIIa	30	Seki 13	öğütme taşı (3), perdah taşı (1), balta (3), minyatür balta (1), keser (1), mablak (3), bız (4), delgeç (1), spatula (1), ağırşak (1), çömlek kırığı disk (1), kil perdah aleti (1), kil heykelcik başı (1), kil heykelcik gövdesi (1), çakmaktaşı çekirdek (6), bakır iğne (1)
Besin Hazırlama Alanı 9	2	IIIa		Ocak 14	
Besin Hazırlama Alanı 10	3	IIIb	21	Ocak 15 ve Ocak 16	öğütme taşı (12), perdah taşı (1), mablak (3), bız (2), çömlek kırığı disk (2), kil perdah aleti (1)
Besin Hazırlama Alanı 11	3	IIIb	9		Öğütme taşı (5), mablak (2), çakmaktaşı çekirdek (3)

Tablo 3.90 Gülpınar III Besin Hazırlama Alanı bilgileri.

3.2.2. İç ve Dış Mimari Döşemler

Gülpınar III genelinde taşınmaz mekân içi ve dışı döşemleri arasında yer alan giriş, seki, direk altlığı, ocak ve fırın gibi yapı elemanları, yerleşimde yaşayan topluluğun kullanım önceliğine, ihtiyacına göre mekân içerisine veya dışına konumlandırıldığı anlaşılmaktadır. Bir yerleşimde mekân kullanımının ön önemli arkeolojik yansıması mekân içi ve dışında bulunan mimari döşemler ve bunları anlamlandıran materyal kültür öğeleridir.

Sektör 1, 2 ve 3'de yer alan Gülpınar III evresine tarihlenen iç ve dış mimari döşemler kullanım alanlarına göre incelecektir. Bunlar arasında; ocaklar, fırınlar, sekiler, ahşap direk altlıkları, işlik alanları, girişler, erzak/depolama birimleri bulunur. Yerleşimde, yapıların içinde veya dışında bulunan mimari döşemler, aynı zamanda hanelerin ekonomik ve ekolojik süreçlerinin doğrudan ifade edildiği sosyal grupları bir araya getiren alanlardır. Gülpınar III evresinde hane içi döşemlerden birlikte yaşayıp aynı kaynakları birlikte paylaşan, hane dışı döşemlerden ise yerleşim içi aktivitelere toplu olarak katılan bir insan topluluğundan söz edilebilir.

Gülpınar IIIa ve IIIb alt evrelerine ait yapıların bir çoğunda giriş yerleri tespit edilmiştir. IIIc alt evresine ait yapılar tam plan vermedikleri için giriş yeri tespit edilememiştir. Girişlerin bulunması IIIa ve IIIb alt evrelerinde bir ön cephe veya kapı önü boşluğu kavramının olup olmadığı sorusunu akla getirmiştir. Birbirine bitişik nizamlı yapılardan meydana gelen IIIa ve IIIb alt evresinde, her yeni yapılacak yapı kendinden önce inşa edilmiş mekânın duvarlarından birine bitişik olarak inşa edildiği için bu gibi kavramların kullanımı çok fazla tercih edilmemiştir. Az sayıda örnek ile temsil edilse de bu evre de (örneğin Oda 19) girişin önünde bir ön avlu niteliği gösteren bir mekânın olduğu düşünülmektedir.

Yerleşim mimarisinin en önemli iç döşemleri arasında yer alan ocaklar, Gülpınar III. evre genelinde her mekân içinde ele geçmese de, genellikle yapıların köşesinde bulunur. Fırın ise sadece bir yapı içerisinde bulunmaktadır. Hemen her mekân içinde tespit edilen sekiler farklı işlevlerde kullanıldığı anlaşılmıştır. Bu sekiler genellikle yapıların duvarlarına bitiştirilmiş şekilde bulunurken, duvarlardan bağımsız sekilerde bulunmaktadır. Direk altlıkları genellikle yapıların ortasında yer alır. İşlik alanları mekân içlerinde yer alabildiği gibi faaliyet alanlarında da bulunmaktadır. Ayrıca bu evre de yapıların ön veya yan odaları depolama amaçlı kullanılmaktadır. Gülpınar IIIa ve IIIb alt evresinde görülen iç ve dış mimari döşemler:

3.2.2.1. Ocaklar

Gülpınar yerleşimi III evresine ait ocakların hepsi kil tabanlı ocaklardır. Bunlardan sadece bir tanesi IIIc tabakasına ait ocağın kilden yükseltilmiş olup ve etrafı sıvalı olarak ele geçmiştir. Diğer bütün ocaklar düz ve kil tabanlı olup, tabanı pişirme faaliyetleri nedeniyle sertleşmiştir. IIIa ve IIIb alt evrelerine ait ocaklar iki farklı formda görülür. Bunlar; oval ve yuvarlak formlu ocaklar şeklindedir. IIIc alt evresine ait ocak ise dörtgen formludur. Bu ocaklardan sadece "dörtgen biçimli" Ocak 11'in ağız yönü bilinmektedir. Gülpınar III evresi genelinde bulunan ocaklar çoğunlukla yapıların içinde bulunurlar. Avlu ve faaliyet alanlarda da tespit edilen ocaklar bulunmaktadır. Ocaklar; yemek hazırlama, pişirme ve yemek yeme gibi günlük aktivitelerin gerçekleştiği, hane bireylerinin kendi arasında veya komşu hane bireylerinin bir araya gelip sosyalleştiği alanlardır. Gülpınar III yerleşmesinde bulunan ocaklar, mekân içi veya dışında yemek pişirme faaliyetlerinin en önemli kanıtıdır. Özellikle IIIa tabakasın ait yapıların içindeki ocakların yanında deniz kabuklarının bulunması, besin hazırlama ve tüketme aşamalarının aynı mekânda, birlikte gerçekleştirildiğinin en önemli göstergesidir. Ayrıca mekânların içerisinde özellikle de ocakların yanında yığın şeklinde ele geçen deniz kabukları yerleşimde yaşayanların deniz ürünleri ile geçim ekonomilerini desteklediklerini göstermektedir. Bunun yanı sıra yapıların içindeki ocakların pişirme faaliyetleri dışında bir de mekânların ısıtılmasında kullanıldığı bilinmektedir. Yerleşimde, mekân içlerinde yatma uyuma faaliyetleri genel olarak ocakların etrafındaki boş alanlarda, duvar kenarlarında gerçekleştirilmiş olmalıdır.

Gülpınar III evresinde görülen Ocaklar (Tab.3.91);

Ocak 4: Sektör 1'de, besin hazırlama alanı 4'ün kuzeydoğu kısmında, korunmuş ölçüleri 1x1 m olan, kilden tabana sahip, yuvarlak formlu ocak bulunur (Şek.3.71).

Ocak 5: Sektör 1'de, E Yapısına ait Oda 27'in kuzeyinde, korunmuş ölçüleri 0,5x0,4 m olan, kilden tabana sahip, oval formlu ocak bulunur.

Ocak 6: Sektör 1'de, E Yapısına ait Oda 27'in batı köşesinde (Duvar 73 ile 82'nin kesiştiği alanda) korunmuş ölçüleri 0,8x0,7 m olan, kilden tabana sahip oval formlu ocak bulunmaktadır (Şek.3.72).

Ocak 7: Sektör 1'de, Oda 29'de, girişin karşısında ve mekânın batı köşesinde (Duvar 77 ile Duvar 84 duvarın kesiştiği alanda) korunmuş ölçüleri 1x1 m olan, kilden tabana sahip, yuvarlak formlu ocak bulunur (Şek.3.73).

Ocak 8: Sektör 1'de, E Yapısına ait Oda 25'de, girişin karşısında ve mekânın ortasında, korunmuş ölçüleri 0,9x0,8 m olan, kilden tabana sahip, oval formlu ocak vardır.

Ocak 9: Sektör 1'de, Oda 24'de, giriş karşısında ve mekânın güneybatı köşesinde (Duvar 17 ile 70'un kesiştiği alanda), korunmuş ölçüleri 1x1 m olan, kilden tabana sahip, yuvarlak formlu ocak bulunur (Şek.3.74).

Ocak 10: Sektör 1'de, Besin Hazırlama Alanı 5'in kuzeybatısındaki Seki 14'ün hemen önünde, korunmuş ölçüleri 0,7x0,6 m boyutlarında olan, kil tabanlı ocak bulunmaktadır.

Ocak 11: Sektör 1'de, Oda 32'nin merkezinde, 0,85x0,5 m boyutlarında kilden yapılmış ve sıvalı, dörtgen ocak bulunur. Ocağın ağzı doğuya doğru bakmaktadır (Şek.3.70).

Ocak 14: Sektör 2'de, Besin Hazırlama Alanı 9'un doğusunda, kil tabanlı, korunmuş ölçüleri 0,8x0,65 m boyutlarında olan oval formlu ocak bulunur.

Ocak 15: Sektör 3'de, Besin Hazırlama Alanı 10'da, tabanı taşlarla döşeli korunmuş ölçüleri 1,1x1 m boyutlarında yuvarlak formlu ocak bulunur.

Ocak 16: Sektör 3'de, Besin Hazırlama Alanı 10'da, toprak tabanlı korunmuş ölçüleri 1x0,7 m boyutlarında oval formlu ocak bulunur.

Şekil 3.71
Sektör 1, Gülpınar IIIa, Besin Hazırlama Alanı 4'de yer alan Ocak 4 *(© GKP)*.

Şekil 3.72
Sektör 1, Gülpınar IIIa, G Yapısı Oda 27'deki Ocak 6 *(© GKP)*.

Şekil 3.73
Sektör 1, Gülpınar IIIb, F Yapısındaki (Oda 29) Ocak 7 (arkada) ve Fırın 1 (önde) *(© GKP)*.

Şekil 3.74
Sektör 1, Gülpınar IIIb, I Yapısı Oda 24'deki Ocak 9 *(© GKP)*.

Ocak	Sektör	Kültür Katı	Açma	Oda/Alan	Formu	Boyutları	Denizden Yükseklik
Ocak 4	1	IIIa	L13 q4	BHA-4	Yuvarlak	1x1 m	+58,06
Ocak 5	1	IIIa	L13 q1	Oda 27	Oval	0,5x0,4 m	+58,09
Ocak 6	1	IIIa	L13 q2	Oda 27	Oval	0,8x0,7 m	+58,15
Ocak 7	1	IIIb	L13 q2	Oda 29	Yuvarlak	1x1 m	+58,00
Ocak 8	1	IIIa	M13 q1	Oda 25	Oval	0,9x0,8 m	+58,07
Ocak 9	1	IIIb	L12 q2	Oda 24	Yuvarlak	1x1 m	+58,05
Ocak 10	1	IIIb	M12 q4	BHA-5	?	0,7x0,6 m	+58,08
Ocak 11	1	IIIc	M11 q1	Oda 32	Dörtgen	0,85x0,5 m	+58,31
Ocak 14	2	IIIa	O16 q1	BHA-9	Oval	0,8x0,65 m	+58,85
Ocak 15	3	IIIb	H11 q3	BHA-10	Yuvarlak	1,1x1 m	+59,34
Ocak 16	3	IIIb	H11 q3	BHA-10	Oval	1x0,7 m	+59,20

Tablo 3.91 Gülpınar III Ocak bilgileri.

3.2.2.2. Fırınlar

Gülpınar III evresinde sadece bir örnekle temsil edilen fırın, yerleşmenin en önemli mimari döşemler arasında yerini almaktadır. Fırın 1, Sektör 1'deki IIIa alt evresine tarihlenen açık alan olarak kullanılan ve daha sonra IIIb alt evresinde Oda 29 içinde kalan alanda bulunur. Oda 27'nin doğu duvarının (Duvar 84) doğu yüzüne yakın yapılan fırın, kil tabanlı ve oval bir forma sahiptir. Kil tabanlı fırının tabanı pişirme faaliyetleri nedeniyle sertleşmiştir. Fırının ağzı güneydoğuya doğru bakmaktadır. Bu fırının, üst örtüsüne ait olan kil tavan parçaları, fırının tabanı üzerine çökmüş ve etrafına dağılmış bir şekilde tespit edilmiştir. Fırın tabanın iki yenileme evresi geçirdiği anlaşılmıştır. İkinci yenileme evresine ait tabanın yaklaşık 0,23 m kalınlığında olduğu tespit edilmiştir.

Gülpınar III evresi genelinde sadece bir fırın tespit edilebilmiştir. Bireylerin günlük besin ihtiyacını karşılayabildiği ekmek pişirme eylemi, aynı zamanda topluluğun

Şekil 3.75
Sektör 1, Gülpınar IIIb, F Yapısındaki Fırın 1 tabanı detayı *(© GKP)*.

da en önemli günlük aktivitelerinden birisidir. Yerleşimin diğer hanelerinde fırının bulunamayışı, bu alandaki fırının diğer hanelere de hizmet ettiği düşündürmektedir. Özellikle buradan, bireylerin bir araya gelip (fırının başında ekmek pişirme eylemi sırasında) sosyalleştiği bir alan olarak söz edilebilir. Özellikle de bu buluntu, hane dışı aktivitelerinde anlaşılmasına da yardımcı olmaktadır.

Gülpınar III evresinde sadece bir adet fırın tespit edilmiştir (Tab.3.92).

Fırın	Sektör	Kültür Katı	Açma	Oda	Formu	Boyutları	Denizden Yükseklik
Fırın 1	1	IIIb	L13 q3	Oda 29	Oval	1,1x1 m	+58,02

Tablo 3.92 Gülpınar III Fırın bilgileri.

Fırın 1: Sektör 2'de, F Yapısı (Oda 29) içerisinde mekânın ortasına yakın ve batı duvarı (Duvar 92) yanında kil tabanlı, 1,1 x 1 m boyutlarında, oval formlu fırın bulunmuştur. Fırının ağzı güneydoğuya doğru bakmaktadır (Şek.3.73;75).

3.2.2.3. Sekiler

Gülpınar III evresinin en önemli mimari yeniliği, mekân içlerinde veya faaliyet alanlarda ortaya çıkan taş döşemeli sekilerdir. Gülpınar III evresine ait on dört seki bulunur ve bu sekiler dört farklı formda ele geçmiştir. Bunlar; yuvarlak, oval, dörtgen ve dikdörtgen formunda tespit edilmiştir. Bu evreye ait sekilerin büyük çoğunluğu, duvara bitiştirilerek/dayandırılarak inşa edilmiştir. Sekilerin hepsi taban seviyesinden yükseltilmiş ve çeşitli boylardaki taşların döşenmesiyle oluşturulmuştur. Bunların yanı sıra besin hazırlama alanlarında duvardan bağımsız olarak bulunan sekilerde vardır. Gülpınar yerleşmesinde mekân içinde veya dışında bulunan taş döşeme sekilerin farklı işlevlerde kullanıldıkları tespit edilmiştir:

En önemli işlevi, iki odalı yapılarda (Örn. Oda 36 ve 37) depo odasına sahip mekânların içlerinde yer alan taş döşeli sekilerin, mekânların taban buluntularının dağılımından yola çıkılarak öğütme faaliyetlerinde kullanıldığı düşünülmektedir. Sekilerin yakınlarında bulunan öğütme taşlarının öğütme eyleminde kullanıldıklarına dair bilinen arkeolojik örnekleri de bulunmaktadır (Koşay 1976:4). Evre III'e ait sekilerin, ya üzerlerinde ya da yanlarında öğütme faaliyetlerinde kullanılan alt ve üst öğütme taşları ile el taşlarının birlikte ele geçmesi, bu alanlarda besin üretiminin gerçekleştirildiğinin en önemli arkeolojik kanıtıdır. Sekilerin bir diğer işlevi ise, besin hazırlığı aşamalarından buğdayın öğütme işlemi için kullanılan öğütme taşlarının depolandığı alanlardır. Örneğin Oda 39'da Seki 17'nin üzerinde çok sayıda depolanmış öğütme taşları bulunmaktadır.

Bunların yanı sıra, tek odalı mekânların içlerindeki taş döşeme sekilerin etrafında tanımlayıcı herhangi bir buluntu ele geçmemesi, (örneğin Oda 20) bu sekilerin silo olarak kullanıldığını düşündürmektedir. Oda içlerinde depolama işlevinde kullanılan sekilerin bazı tek odalı yapılarda (Oda 25 ve 27 olduğu gibi) yerini ayrı bir depolama birimine bırakmıştır. Bu durumda bazı sekilerin silo olarak kullanıldığını desteklemektedir. Ayrıca avlu da yer alan Seki 12 ile Oda 14 içindeki Seki 4'ün etrafında çakmaktaşı çekirdekler ve çok sayıda üretim artığı çakmaktaşı parçaların bulunması, bu sekilerin alet üretiminin yapıldığı işlik alanı olarak kullanıldığını göstermektedir.

Gülpınar III sekilerinde, hem öğütme hem de alet üretimi gibi topluluk için önemli faaliyetlerin gerçekleştiği işlik alanı olarak kullanıldığı mekânların taban buluntularının dağılımlarından anlaşılmaktadır. Gülpınar yerleşiminde gelenek haline gelen bir önceki evreye ait öğütme taşlarının duvarda kullanımı III. evrede de görülmektedir. Bunun yanı sıra bazı sekilerin taban döşemelerinde bir önceki evreye ait ait alt-öğütme taşlarının kullanıldığı örneklerde bulunmaktadır.

Bu evreye ait sekiler Sektör 1 ve 2'de tespit edilmiştir (Tab.3.93). Bunlar;

Seki 4: Sektör 1'de, C Yapısı Oda 14'ün doğusunda ve odaya geçişin sağlandığı Giriş 1'in batısında, kuzeydoğu duvarına (Duvar 4) bitişik olarak yapılan 1,25x1 m boyutlarında, oval planlı taş döşeli seki bulunur (Şek.3.76).

Seki 5: Sektör 1'de, Oda 14'ün güney duvarına (Duvar 8) bitişik olarak yapılan 0,8x0,8 m boyutlarında, oval planlı taş döşeli seki bulunur.

Şekil 3.76
Sektör 1, Gülpınar IIIa, C Yapısı Oda 14'deki Seki 4 *(© GKP)*.

Şekil 3.77
Sektör 1, Gülpınar IIIa, D Yapısı Oda 21'deki Seki 8 üzerindeki öğütme taşlarının mimaride dolgu malzemesi olarak kullanımı *(© GKP)*.

Seki 6: Sektör 1'de, Besin Hazırlama Alanı 4'ün kuzeydoğu köşesinde (Duvar 84 ile 85'in kesiştiği) 0,9x0,55 m boyutlarında, dikdörtgen planlı taş döşeli seki bulunur.

Seki 7: Sektör 1'de, Oda 24'ün güneydoğu köşesinde (Duvar 70 ile 72'in kesiştiği alanda) 1,3x1,1 m boyutlarında, dörtgen planlı taş döşeli seki bulunur.

Seki 8: Sektör 1'de, D Yapısı Oda 21'in batı duvarına (Duvar 15) bitişik olarak yapılan, 0,95x0,9 m boyutlarında, tabanı düzgün yüzeyli taşlarla döşeli, oval formlu seki bulunur (Şek.3.77).

Seki 9: Sektör 1'de, D Yapısı Oda 20'nin kuzeydoğu köşesinde duvarlara bitişik, 1,1x1 m boyutlarında, tabanı taşlarla döşeli, dörtgen formlu seki bulunur (Şek.3.78).

Seki 10: Sektör 1'de, D Yapısı Oda 19'a ait, Oda 20 ile ortak kullanılan doğu duvarının (Duvar 66) batı yüzüne bitişik, 1,1x0,8 m boyutlarında, tabanı düzgün yüzeyli taşlarla döşeli, oval formlu seki bulunur (Şek.3.79).

Seki 11: Sektör 1'de, Besin Hazırlama Alanı 6'nın kuzeyindeki, Oda 20'nin güney duvarına (Duvar 67) bitişik, 0,9x0,65 m boyutlarında, oval formlu ve düzgün yüzeyli taşlarla döşeli seki bulunur.

Seki 12: Sektör 1'de, Avlu/Besin Hazırlama Alanı 5'in merkezinde 1 m çapında yuvarlak formlu ve büyük-düzensiz taşlarla döşeli seki bulunur.

Seki 13: Sektör 1'de, Besin Hazırlama Alanı 7'de, 1 m çapında yuvarlak formlu ve büyük-düzensiz taşlarla döşeli seki bulunur.

Seki 14: Sektör 1'de, Besin Hazırlama Alanı 5'nın kuzey batısında, Duvar 68 ile Duvar 69'un kesiştiği köşede küçük boyutlu taşların sıkıştırılmış toprak tabana gömülmesiyle oluşturulmuş, 1,85x1,4 m boyutlarında dikdörtgen formunda seki bulunur.

Seki 15: Sektör 1'de, Ana Giriş Kapısı'ndan yerleşime doğru girişte ve sokağın batı köşesinde (Duvar 46 ve 49'un kesiştiği alanda), 1,6x1,25 m boyutlarında, dikdörtgen formunda taş döşeli seki bulunmaktadır.

Seki 16: Sektör 2'de, L Yapısı Oda 36'nın güney duvarı (Duvar 101) üzerinde, 1x0,85 m boyutlarında, tabanı büyük, düzgün ve yassı yüzeyli taşlarla döşeli, oval formlu seki bulunur.

Şekil 3.78
Sektör 1, Gülpınar IIIa, H Yapısı Oda 20'deki Seki 9 *(© GKP)*.

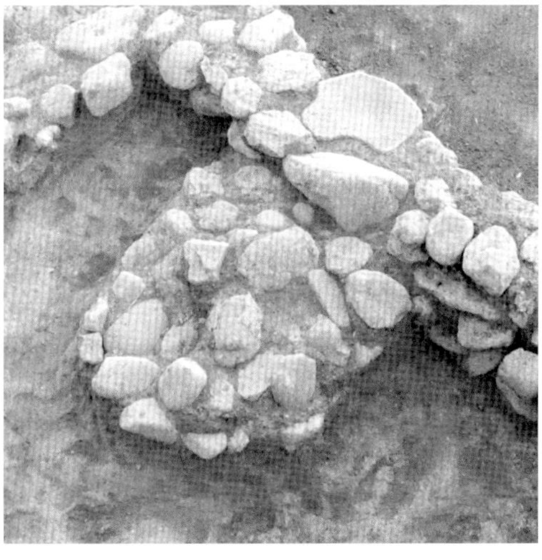

Şekil 3.79
Sektör 1, Gülpınar IIIa, J Yapısı Oda 19'daki Seki 10 üzerindeki öğütme taşlarının mimaride dolgu malzemesi olarak kullanımı *(© GKP)*.

Seki 17: Sektör 2'de, L Yapısı Oda 39'un güney köşesindeki (Duvar 107 ve 108) duvarların kesiştiği alanda 1,4x1,2 m boyutlarında, tabandan yükseltilmiş, düzensiz küçük boyutlu taşlarla döşeli, dikdörtgen formlu seki bulunur (Şek.3.63-64).

Seki	Sektör	Kültür Katı	Açma	Oda/Alan	Formu	Boyutları	Denizden Yükseklik
Seki 4	1	IIIa	K13q2	Oda 14	Oval	1,25x1 m	+58,23
Seki 5	1	IIIa	L12q4	Oda 14	Oval	0,8x0,8 m	+58,21
Seki 6	1	IIIa	L13q4	BHA-4	Dikdörtgen	0,9x0,55 m	+58,25
Seki 7	1	IIIb	L12q3	Oda 24	Dörtgen	1,3x1,1 m	+58,14
Seki 8	1	IIIa	L12q1	Oda 21	Oval	0,95x0,9 m	+58,23
Seki 9	1	IIIa	L12q3	Oda 20	Dörtgen	1,1x1 m	+58,31
Seki 10	1	IIIa	L12q2	Oda 19	Oval	1,1x0,8 m	+58,35
Seki 11	1	IIIa	M12q1	BHA-6	Oval	0,9x0,65 m	+58,27
Seki 12	1	IIIa	M13q3	BHA-5	Yuvarlak	1x1 m	+58,17
Seki 13	1	IIIa	K11q3	BHA-7	Yuvarlak	1x1 m	+58,44
Seki 14	1	IIIb	M12q4	BHA-5	Dikdörtgen	1,85x1,4 m	+58,10
Seki 15	1	IIIb	L11q3	Sokak	Dikdörtgen	1,6x1,25 m	+58,36
Seki 16	2	IIIa	N15q1	Oda 36	Oval	1x0,85 m	+58,96
Seki 17	2	IIIa	N16q2	Oda 39	Dikdörtgen	1,4x1,2 m	+58,74

Tablo 3.93 Gülpınar III Seki bilgileri.

3.2.2.4. Ahşap Direk Altlıkları

Gülpınar IIIa ve IIIb alt evrelerine ait ahşap direk altlığı olarak kullanılan taşlar çeşitli boyutlarda ve formda bulunmuştur. Gülpınar yapılarında dam örtüsünü desteklemek amacıyla kullanılan ahşap direkler, ya mekânın toprak tabanı üzerine konulmuş ve etrafına taşlarla desteklenmiştir, ya da taban üzerine yerleştirilmiş taşların üzerine direklerin konulduğu arkeolojik kanıtlardan anlaşılmaktadır. Ahşap direk altlıkları, yerleşimde geniş boyutlu iki odalı yapılarda görüldüğü gibi tek odalı yapılarda da görülmektedir. Gülpınar'da genel olarak ahşap direk altlıkları yapıların ortasında bulunur. Yapıların dam örtüsünü oluşturan ağaç, dal ve hasır örtüler organik malzemeler olduğu için yangın geçirip karbonlaşmadığı sürece günümüze ulaşması mümkün değildir. Ancak bu mimari döşemlerin mekân tabanlarından bulunmasıyla yerleşmedeki yapıların dam örtüsü hakkında dolaylı yoldan bilgi edinilmektedir. IIIa alt evresine ait tek odalı yapıların boyutlarından yola çıkılarak, dam örtüsünü taşıyan ahşap kirişlerin, herhangi bir ahşap direk kullanmadan, yapıların duvarları tarafından taşınabileceği düşünülmektedir. Gülpınar III evresindeki odaların/yapıların içinde bulunan ahşap direk altlıklarının, mevsim şartlarının ağırlaşması ve yapıların uzun süre kullanımından kaynaklı damdaki esnemeleri gidermek ve damı desteklemek için, Gülpınar insanları tarafından kullanıldığı anlaşılmaktadır.

Gülpınar IIIa ve IIIb tabakalarında görülen ahşap direk altlıkları (Tab.3.94);

Direk Altlığı 3: Sektör 1'de, C Yapısı Oda 14'ün kuzeybatısında, 0,35 m çapında, yuvarlak formda bir direk altlığı bulunur. Bu direk altlığının ortası mekânın sıkıştırılmış toprak tabanı olup etrafı küçük taşlarla desteklenmiştir.

Direk Altlığı 4: Sektör 1'de, C Yapısı Oda 14'ün güneydoğusunda, 0,3 m çapında, yuvarlak formda bir direk altlığı bulunur. Direk altlığının ortası mekânın sıkıştırılmış toprak tabanı olup etrafı küçük taşlarla desteklenmiştir.

Direk Altlığı 5: Sektör 1'de, D Yapısı Oda 21'in ortasında 0,38 m çapında, yuvarlak formda bir direk altlığı bulunur. Direk altlığının ortası mekânın sıkıştırılmış toprak tabanı olup etrafı küçük taşlarla desteklenmiştir.

Direk Altlığı 6: Sektör 1'de, H Yapısının (Oda 20) ortasında 0,35 m çapında, yuvarlak formda bir direk altlığı bulunur. Bu ahşap direk altlığı birkaç küçük boyutlu taşın, mekânın sıkıştırılmış toprak tabanı üzerine yerleştirilmesiyle oluşturulmuştur.

Direk Altlığı 7: Sektör 1'de, I Yapısı Oda 23'ün ortasında 0,3 m çapında bir direk altlığı bulunur. Bu ahşap direk altlığı birkaç küçük boyutlu taşın, mekânın sıkıştırılmış toprak tabanı üzerine yerleştirilmesiyle oluşturulmuştur.

Direk Altlığı 8: Sektör 1'de, I Yapısı Oda 23'ün kuzeybatısında 0,33 m çapında direk altlığı bulunur. Bu ahşap direk altlığı birkaç küçük boyutlu taşın, mekânın sıkıştırılmış toprak tabanı üzerine yerleştirilmesiyle oluşturulmuştur.

Direk Altlığı 9: Sektör 1'de, F Yapısının (Oda 29) ortasında 0,26 m boyutlarında, dörtgen formlu bir direk altlığı bulunur. Bu ahşap direk altlığı birkaç küçük boyutlu taşın, mekânın sıkıştırılmış toprak tabanı üzerine yerleştirilmesiyle oluşturulmuştur.

Direk Altlığı 10: Sektör 1'de, F Yapısının (Oda 29) ortasında 0,23 m çapında yuvarlak formlu bir direk altlığı bulunur. Bu ahşap direk altlığı birkaç küçük boyutlu taşın, mekânın sıkıştırılmış toprak tabanı üzerine yerleştirilmesiyle oluşturulmuştur.

Direk Altlığı 11: Sektör 1'de, F Yapısının (Oda 29) ortasında 0,25 m çapında yuvarlak formlu bir direk altlığı bulunur. Bu ahşap direk altlığı birkaç küçük boyutlu taşın, mekânın sıkıştırılmış toprak tabanı üzerine yerleştirilmesiyle oluşturulmuştur.

Direk Altlığı	Sektör	Kültür Katı	Açma	Oda	Formu	Çapı	Denizden Yükseklik
Direk Altlığı 3	1	IIIa	K13q2	Oda 14	Yuvarlak	0,35 m	+58,15
Direk Altlığı 4	1	IIIa	L12q4	Oda 14	Yuvarlak	0,30 m	+58,16
Direk Altlığı 5	1	IIIa	L12q1	Oda 21	Yuvarlak	0,38 m	+58,11
Direk Altlığı 6	1	IIIa	L12q2	Oda 20	Yuvarlak	0,35 m	+58,28
Direk Altlığı 7	1	IIIb	L12q4	Oda 23	Yuvarlak	0,30 m	+58,14
Direk Altlığı 8	1	IIIb	L12q4	Oda 23	Yuvarlak	0,33m	+58,12
Direk Altlığı 9	1	IIIb	L13q3	Oda 29	Dörtgen	0,26 m	+58,12
Direk Altlığı 10	1	IIIb	L13q3	Oda 29	Yuvarlak	0,23 m	+58,10
Direk Altlığı 11	1	IIIb	L13q3	Oda 29	Yuvarlak	0,25 m	+58,08

Tablo 3.94 Gülpınar III Ahşap Direk Altığı bilgileri.

3.2.2.5. Girişler

Gülpınar III evresinin bir diğer önemli mimari döşemi girişlerdir. Özellikle bazı yapıların girişlerinde *in situ* söve taşları da bulunmuştur. Yerleşimde genellikle yapıların ortasında giriş bulunur. Yapıların köşelerinde bulunan giriş örnekleri de vardır. Oda içlerinde ve yapılar arasında iletişimi sağlayan girişlere, taban seviyesinde veya tabandan bir duvar sırası yükseltilerek eşik oluşturulmuş bir şekilde karşılaşılır. Yerleşimin bu evresine ait yalnızca üç yapı girişinde *in situ* söve taşı bulunmuştur. Bunlar; Oda 19'un girişinde Duvar 47 üzerinde, Oda 27'in girişinde Duvar 83 üzerinde ve sokağın batı duvarını oluşturan Duvar 53 üzerinde tespit edilmiştir. Bu *in situ* söve taşları haricinde bir adet söve taşının Gülpınar IIIa, Oda 21'in doğu duvarının (Duvar 17) içerisinde devşirme malzeme olarak kullanıldığı görülmektedir. Bu söve taşının, olasılıkla bir önceki kültür katına ait yapılardan birine ait olduğu ve IIIa alt evresinin duvarların ve yapıların inşasında devşirme olarak kullanıldıklarını düşündürmektedir. Bu uygulama Gülpınar'daki öğütme taşlarından da bilinmektedir.

Gülpınar III evresine ait mekân içi, mekânlar arası ve avlu/besin hazırlama alanlarına geçişleri sağlayan girişi tespit edilen yapılarda, herhangi bir yön birliği yoktur. Bu evrede tespit edilen girişlerin büyük çoğunluğu KB-GD yönüne (7 örnek) ve KD-GB yönüne (5 örnek) bakmaktadır. Ayrıca az sayıda da olsa D-B yönüne (3 örnek) bakan ve K-G yönüne (2 örnek) bakan örnekleri de bulunmaktadır. Gülpınar III evresinde yapılara geçişlerin sağlandığı girişlerin daraltıldığı tespit edilmiştir. Her iki evre girişleri arasındaki farklardan biri girişlerin daraltılması, ikincisi ise söve taşlarının *in situ* bulunmasıdır.

Gülpınar III evresine ait yapılarda tespit edilen girişler (Tab.3.95);

Giriş 1: Sektör 1'de, C Yapısı Oda 14'e geçiş, kuzeybatı-güneydoğu uzantılı duvarların (Duvar 4 ve 41) ortasındaki 0,7 m genişliğindeki girişten sağlanır.

Giriş 2: Sektör 1'de, D Yapısı Oda 22'nin doğu duvarının (Duvar 12) Oda 21'in kuzey duvarı (Duvar 13) ile kesiştiği alanda, 0,7 m genişliğinde giriş bulunmaktadır.

Giriş 3: Sektör 1'de, D Yapısı Oda 21'in kuzeyinde, kuzey duvarlarının (Duvar 13 ve 14) ortasındaki 0,8 m genişliğinde giriş bulunur.

Giriş 5: Sektör 1'de, C Yapısının Oda 14'ün güneydoğusundaki besin hazırlama alanı 4'e ve diğer mekânlara geçişin sağlandığı 1,8 m genişliğinde giriş bulunmaktadır.

Giriş 6: Sektör 1'de, Besin Hazırlama Alanı 4'ün doğusunda, diğer mekânlara geçişin sağladığı 0,9 m genişliğinde giriş bulunur.

Giriş 7: Sektör 1'de, G Yapısı Oda 27'nin kuzeyindeki kuzeybatı-güneydoğu uzantılı Duvar 83 üzerinde (Duvar 83 ile 84'ün kesiştiği) 0,85 m genişliğindeki giriş bulunur.

Giriş 8: Sektör 1'de, G Yapısı Oda 27'nin güneybatısındaki duvar (Duvar 73) üzerinde Oda 28'e geçiş için 0,8 m genişliğinde giriş bulunur.

Giriş 9: Sektör 1'de, F Yapısının (Oda 29) güneydoğu köşesinde bulunan (Duvar 80 ile 87'in kesiştiği) doğu duvarı (Duvar 80) üzerinde 0,9 m genişliğinde giriş bulunur.

Giriş 10: Sektör 1'de, E Yapısı Oda 25'nin doğu duvarı (Duvar 76) üzerinde yer alan 0,9 m genişliğinde giriş bulunur.

Giriş 11: Sektör 1'de, I Yapısı Oda 23'ün güneyinde bulunan ve bir bölme duvarı (Duvar 81) ile ayrılan Oda 24'e, 0,9 m genişliğindeki girişten geçiş sağlanmaktadır.

Giriş 12: Sektör 1'de, H Yapısının (Oda 20) doğu duvarının (Duvar 18) orta kısmında, mekâna geçişi sağlayan 0,6 m genişliğinde giriş bulunur.

Giriş 13: Sektör 1'de, J Yapısı Oda 19'un güney duvarı (Duvar 47) üzerinde 0,75 m genişliğinde giriş bulunur.

Giriş 14: Sektör 1'de, J Yapısı Oda 18'in güney duvarının (Duvar 22) Oda 21'in batı duvarı (Duvar 15) ile birleştiği alanda, iki oda arasında geçişi sağlayan 0,9 m genişliğinde giriş bulunur.

Giriş 15: Sektör 1'de, Oda 31'in doğusunda 1,2 m genişliğinde giriş bulunur.

Giriş 16: Sektör 1'de, Oda 30'un batısındaki duvar (Duvar 62) üzerinde 1 m genişliğinde giriş bulunur.

Giriş 17: Sektör 1'de, Oda 16'ya geçişin sağlandığı 0,7 m genişliğinde giriş bulunur.

Giriş 18: Sektör 2'de, L Yapısı Oda 37'ya geçiş 1,15 m genişliğindeki girişten sağlanır.

Giriş	Sektör	Kültür Katı	Oda/Alan	Yönü	Genişlik
Giriş 1	1	IIIa	Oda 14	KD-GB	0,7 m
Giriş 2	1	IIIa	Oda 22	D-B	0,7 m
Giriş 3	1	IIIa	Oda 21	K-G	0,8 m
Giriş 5	1	IIIa	Oda 14	KB-GD	1,8 m
Giriş 6	1	IIIa	BHA-4	KB-GD	0,9 m
Giriş 7	1	IIIa	Oda 27	KD-GB	0,85 m
Giriş 8	1	IIIa	Oda 28	KD-GB	0,8 m
Giriş 9	1	IIIb	Oda 29	KB-GD	0,9 m
Giriş 10	1	IIIa	Oda 25	KB-GD	0,9 m
Giriş 11	1	IIIb	Oda 23	K-G	0,9 m
Giriş 12	1	IIIa	Oda 20	D-B	0,6 m
Giriş 13	1	IIIa	Oda 19	KB-GD	0,75 m
Giriş 14	1	IIIa	Oda 18	KD-GB	0,9 m
Giriş 15	1	IIIb	Oda 31	KB-GD	1,2 m
Giriş 16	1	IIIb	Oda 30	D-B	1 m
Giriş 17	1	IIIb	Oda 16	KD-GB	0,7 m
Giriş 18	2	IIIa	Oda 37	KB-GD	1,15 m

Tablo 3.95 Gülpınar III Giriş bilgileri.

3.2.2.6. Depo Birimleri

Gülpınar III evresinde depo birimleri olarak kullanılan alanlar daha çok özel olarak sınırlandırılmış odalardan ibarettir. Depo birimlerinin, yapıların içinde ayrı bir bölüm olarak oluşturulması, aynı zamanda bir odanın yanına ayrı bir bölüm olarak eklenmesi, Gülpınar III mimarisinin önemli yenilikleri arasındadır. Bu odalar içerisinde ise küpler bulunmaktadır. Yerleşimin II. evresinde depo birimi olarak kullanılan çukurlara bu evrede rastlanmaz. Gülpınar II evresinde Sektör 1 ve Sektör 2'de depo birimi olarak kullanıldığı anlaşılan alanlar tespit edilmiştir.

Sektör 1'de üç adet, Sektör 2'de bir adet depo birimi olarak kullanıldığı tespit edilen alanlar vardır. Birincisi C Yapısı ait Oda 14; ait dar ve uzun bu oda, yaklaşık 10 m^2 büyüklüğünde ve dikdörtgen planlıdır. Doğu-batı doğrultulu bu mekânın tabanı üzerinde küplere ait çok sayıda parçalar ele geçmiştir. İkincisi E Yapısına ait Oda 26; Oda 25'in kuzeybatı köşesinde duvarlarla sınırlandırılmış dikdörtgen planlı bu oda yaklaşık 1 m^2 boyutlarındadır. Bu oda içerisinde bir küpe ait kaide ve gövde parçaları *in situ* olarak ele geçmiştir (Şek.3.80). Üçüncüsü G Yapısına ait Oda 28; Oda 27'ye ait ve bu mekânın güneybatısında ayrı bir bölüm olarak eklenen dörtgen planlı bu oda, 1,25 m^2 boyutlarındadır. Oda 27'den bu odaya geçiş, 80 m genişliğinde Giriş 8'den sağlanır. Mekânın tabanı üstünde bir küpe ait parçalar ele geçmiştir (Şek.3.80).

Sektör 2'de ise sadece L Yapısına ait Oda 37'nin depo birimi olarak kullanıldığı tespit edilmiştir. L Yapısı Oda 36'ya ait dikdörtgen planlı dar ve uzun bu oda 4,6 m^2 boyutlarındadır. Oda 36'in güneydoğusunda yer alan bu odaya geçişler Giriş 19'dan sağlanmaktadır. Oda 37 içerisinde, sıkıştırılmış toprak tabanına gömülü bir şekilde büyük boyutlu iki adet küpe ait kaide ve gövde parçaları *in situ* halinde bulunmuştur (Şek.3.81).

Şekil 3.80
Sektör 1, Gülpınar IIIa, E Yapısı Oda 26 içerisindeki in situ depolama kabı kaidesi ve Oda 28 *(© GKP)*.

Şekil 3.81
Sektör 2, Gülpınar IIIa, L Yapısı Oda 37 içerisindeki in situ depolama kabı *(© GKP)*.

3.2.3. Çevre Duvarı

Gülpınar II evresinde yerleşimi çevreleyen özel bir duvar inşa edilmemiş bunun yerine mevcut yapıların duvarları aynı zamanda yerleşimi sınırlayan çevre duvarı olarak kullanılmıştır. Yapıların, genellikle dörtgen ve dikdörtgen plan tipinde yan yana bitişik düzende inşa edilerek yerleştirilmesi ve duvarlarının aynı zamanda çevre duvarı işlevi görmesi, Gülpınar topluluğun dışa kapalı olduğunu ve korunaklı bir yerleşme izlenimini verdiği göstermektedir. Sektör 1'de, Gülpınar II evresine ait yerleşimin kuzeydoğusunda yer alan A Yapısına ait Oda 1 ve 2'yi çevreleyen kuzeybatı-güneydoğu uzantılı Duvar 1 ve Duvar 2, aynı zamanda yerleşimin kuzeydoğusunu sınırlayan çevre duvarını oluşturmaktadır. Oda 2'nin kuzeybatı-güneydoğu uzantılı Duvar 1'in korunmuş uzunluğu 3,4 m'dir. Duvar 2'nin ise korunmuş uzunluğu 6,35 m'dir (Şek.3.82;62). Yerleşimin kuzeydoğu çevre duvarının ele geçen toplam uzunluğu, Duvar 1 ve 2 arasındaki 3,65 m tahrip olan alanla birlikte 13,40 m'dir. Duvar 1, 0,6/0,65 m genişlikte ve 3 taş taş sırası genişliğinde, 0,35 m yüksekliğinde ele geçmiştir. Duvar 2'nin ise üzerine Gülpınar III evresine ait 1,1 m genişliğinde Duvar 90 inşa edildiğinden dolayı boyutları hakkında bilgimiz sınırlıdır.

Sektör 1'de yerleşimin kuzeybatısında yer alan Oda 1, Oda 2, Oda 5, Oda 6 ve Oda 7'yi çevreleyen kuzeydoğu-güneybatı uzantılı Duvar 9 ve Duvar 10, aynı zamanda yerleşimin kuzeybatısını sınırlayan çevre duvarını oluşturmaktadır. Oda 1, Oda 2 ve Oda 5'i çevreleyen Duvar 9'un korunmuş uzunluğu 10,1 m'dir (Şek.3.83-85). Oda 6 ve Oda 7'yi çevreleyen Duvar 10'nun korunmuş uzunluğu 4,30 m'dir. Bu iki duvar arasında 2 m'lik alanın tahrip olduğu gözlenmektedir. Yerleşimin kuzeybatı sınırını oluşturan Duvar 9 ve Duvar 10 toplam 16,40 m uzunluğundadır.

Sektör 1'de, yerleşimin güneybatısında yer alan B Yapısına ait Oda 8 ve Oda 9'u çevreleyen kuzeybatı-güneydoğu uzantılı Duvar 24 ve Duvar 26, aynı zamanda yer-

Şekil 3.82
Sektör 1, Gülpınar II Duvar 2 (altta) ve, Gülpınar IIIa, Kuzey Çevre Duvarı (Duvar 90 üstte *(© GKP)*.

Şekil 3.83-84
Sektör 1, Gülpınar II, Oda 1, Oda 2 ve Oda 5'i sınırlayan Duvar 9 (altta) ve Gülpınar IIIa, Payandalı Çevre Duvarı (Duvar 50 üstte) *(© GKP)*.

leşimin güneybatısını sınırlayan çevre duvarını oluşturmaktadır. Oda 8'e ait Duvar 24'ün uzunluğu 4,70 m'dir. Oda 9'a ait Duvar 26'nın korunmuş uzunluğu ise 4,10 m'dir. Yerleşimin güneybatısını çevreleyen korunmuş duvarların (Duvar 24 ve Duvar 26) toplam uzunluğu 8,8 m'dir.

Şekil 3.85
Sektör 1, Gülpınar II Duvar 9 (altta) detayı ve Gülpınar IIIa, Payandalı Çevre Duvarı detayı (Duvar 50 üstte) *(© GKP)*.

Şekil 3.86
Sektör 1, Gülpınar IIIa, Payandalı Çevre Duvarı (Duvar 50) *(© GKP)*.

Şekil 3.87
Sektör 1, Gülpınar IIIa, Payandalı Çevre Duvarı (Duvar 50) güneyden görünümü *(© GKP)*.

Sektör 1, Gülpınar 'de yerleşimin güney ve doğu kısımlarındaki tahribattan dolayı çevre duvarı hakkında yeterli bilgi yoktur. Ayrıca Sektör 2'de tespit edilen Gülpınar II evresi yapılarını çevreleyen veya sınırlayan herhangi bir çevre duvarına ait bir ize, geç dönem yapılarının yoğun tahribatından dolayı rastlanmamıştır. Gülpınar III evresindeki yapıların, dörtgen ve dikdörtgen plan tipinde, yan yana bitişik düzende inşa edilerek yerleştirilmesi ve ayrı bir payandalı çevre duvarı ile yerleşimin sınırlandırılması korunaklı bir yerleşme izlenimini vermekle birlikte, Gülpınar topluluğunun dışa kapalı olduğunu göstermektedir. Gülpınar III evresinin en önemli yeniliği, yerleşimin kuzeybatısının kuzeydoğu-güneybatı uzantılı "Payandalı Çevre Duvarı" ile sınırlandırılmış olması ve bu duvar üzerinde yerleşimin Ana Giriş Kapısının yer almasıdır.

Sektör 1'de yerleşimin kuzeybatısını çevreleyen "Payandalı Çevre Duvarı", Duvar 49 ve Duvar 50'den oluşmaktadır. Duvar 49, 8 m uzunluğunda, iki taş sırası 0,65 m genişliğindedir. Duvar 50 ise 15,5 m uzunluğunda ve iki taş sırası 0,55 m/üç taş sırası 0,75 m genişliğindedir (Şek.3.83-87). Her iki duvarda kuru duvar tekniğiyle örülmüştür. Kuzeydoğu-güneybatı uzantılı çevre duvarı payandalar ile birlikte ortalama genişliği 1,2 m ile 1,4 m arası değişmektedir. Bu iki duvar arasında (P 5 ile P 7 arası) kalan 2,1 m'lik alan tahrip olmuştur. Yerleşimin kuzeybatı sınırını oluşturan *payandalı çevre duvarı* (Duvar 49 ve Duvar 50) toplam 25,6 m uzunluğundadır.

Duvar / Payanda	Uzunluk	Genişlik	Yükseklik	Mak. Taş Sırası Yük.	Mak. Taş Sırası Gen.	Denizden Yükseklik
Duvar 48 Payanda 1	0,85 m	1,05 m	0,35 m	2	4/5	+58,58
Duvar 49 Payanda 2	0,9 m	1,2 m	0,3 m	3	5/6	+58,65
Duvar 49 Payanda 3	0,85 m	0,8 m	0,26 m	2	3	+58,52
Duvar 49 Payanda 4	0,9 m	0,75 m	0,2 m	1	2	+58,44
Duvar 49 Payanda 5	0,7 m	0,8 m	0,22 m	1	3	+58,45
Duvar 50 Payanda 6	0,4 m	0,65 m	0,2 m	1	3	+58,40
Duvar 50 Payanda 7	0,8 m	0,8 m	0,18 m	1	3	+58,40
Duvar 50 Payanda 8	0,8 m	0,8 m	0,2 m	1	3	+58,50
Duvar 50 Payanda 9	0,55 m	0,7 m	0,21 m	1	2/3	+58,51
Duvar 50 Payanda 10	0,65 m	1,05 m	0,6 m	3	3	+58,90
Duvar 50 Payanda 11	0,6 m	0,8 m	0,55 m	3	4	+58,87
Duvar 50 Payanda 12	0,7 m	0,85 m	0,5 m	3	4	+58,82
Duvar 50 Payanda 13	0,75 m	0,8 m	0,37 m	2	3/4	+58,69
Duvar 50 Payanda 14	0,7 m	0,5 m	0,37 m	3	2/3	+58,69
Duvar 50 Payanda 15	0,65 m	0,65 m	0,45 m	4	2/3	+58,87
Duvar 50 Payanda 16	0,7 m	0,65 m	0,4 m	2	2/3	+58,84
Duvar 50 Payanda 17	0,65 m	0,75 m	0,45 m	2	3	+58,84
Duvar 50 Payanda 18	0,63 m	0,9 m	0,35 m	1	4	+58,70

Tablo 3.96 Sektör 1, Gülpınar III, Payandalı çevre duvarı üzerindeki payanda bilgileri.

Yerleşimin kuzeydoğu-güneybatı uzantılı çevre duvarını desteklemek için duvar üzerinde toplam 18 adet payanda (P1-P18) tespit edilmiştir (Tab.3.96). Bunlardan 3 tanesi tahrip olmuş bir şekilde günümüze ulaşmıştır. Bu payandalardan 1,2 m genişliğindeki Ana Giriş Kapısının doğusunda (P1) 1,2x1 m ve batısında (P2) 1,4x1,2 m boyutlarında diğerlerine oranla daha büyük iki adet kapı payandası bulunmaktadır. Yerleşime Ana Kapıdan giriş yapıldıktan itibaren içe doğru daralan 10.5 m uzunluğunda Sokak bulunmaktadır. Ana Kapıdan giriş yapıldıktan sonra hemen batısında yer alan Seki 15, girişi 0,45 m daha daralttığı gözlemlenmiştir (Şek.3.88-89). Kapı aralığı dışta 1,2 m içe doğru 0,75 m genişliğindedir. Çevre duvarının korunan yükseklik ölçüleri 0,2 m ile 0,75 m arasında değişmekte ve (Duvar 50'ın) 7 taş sırası yüksekliğe kadar korunduğu gözlenmektedir.

Şekil 3.88
Sektör 1, Gülpınar IIIa, Ana Giriş Kapısı ve Sokak *(© GKP).*

Şekil 3.89
Sektör 1, Gülpınar IIIa, Ana Giriş Kapısı ve Seki 15 *(© GKP).*

Sektör 1'de yerleşimin kuzeydoğusunda bulunan Duvar 90'ın (Şek.3.90) 1,1 m genişliğinde olması oldukça dikkat çekmektedir (Şek.3.82;62). Yerleşimin her iki evresinde de şimdiye kadar bu genişlikte bir duvara rastlanmamıştır. Duvar 90'ın büyük bir kısmı açığa çıkarılmıştır, fakat kuzeybatısının Roma dönemine ait bir yapı tarafından tahrip edilmesi, güneydoğusunun ise kazılmamış alan altında kalması, bu duvarın çevre duvarı olup olmadığı konusu netlik kazanmamıştır.

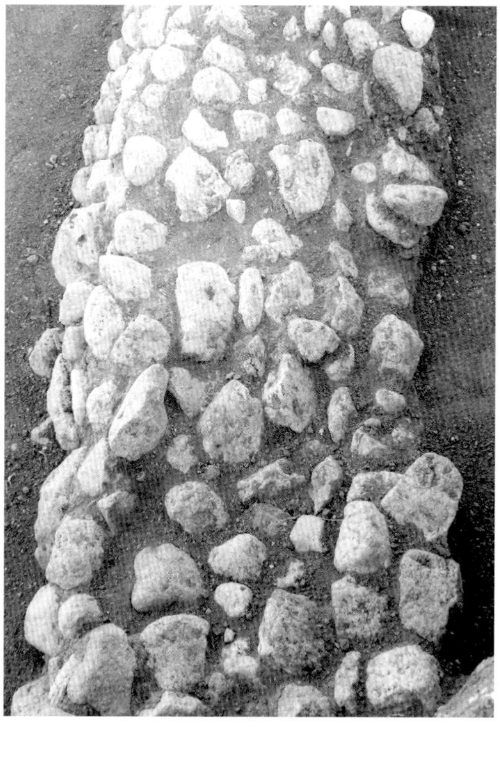

Şekil 3.90
Kuru duvar inşa tekniği detayı Sektör 1, Gülpınar IIIa, Duvar 90 *(© GKP).*

Gülpınar III insanları yerleşimin sınırlarını belirtmek veya korunmak için özellikle inşa ettiği çevre duvarı, sadece yerleşimin kuzeybatısında "Payandalı Çevre Duvarı" yer almaktadır. Sektör 1'in güneybatısı, güneyi ve doğusu, Sektör 2'nin ise tüm çevresi Geç dönem yapılarının inşası sırasında yoğun bir tahribata uğradığı için yerleşimin bu kısımlarını çevreleyen bir duvarın varlığı hakkında elde yeterli veri yoktur.

3.2.4. Ana Giriş Kapısı ve Sokak

Prehistorik Gülpınar yerleşmesinin II. evresine ait tüm sektörlerin korunmuş yapı kalıntıları incelendiğinde yerleşmesinin "Ana Giriş Kapısı" olabilecek herhangi bir kalıntı bulunmamıştır. Sektör 1'deki II. evre yapılarının duvarları aynı zamanda bir çevre duvarı işlevini görmesi, yerleşmenin dışa kapalı olduğu izlenimi vermekte, bundan dolayıdır ki bu sektörde bir ana giriş kapısının varlığı sorgulanmış, fakat yapılan kazılar sonucunda korunmuş duvarların üzerinde yerleşimin herhangi bir giriş kapısı olabilecek bir alan tespit edilememiştir. II. evre yerleşmesinin bir giriş kapısı var mıydı sorusu cevaplanmayı bekleyen sorunlar arasında yer almaktadır. Buna rağmen Gülpınar III evresinde Sektör 1'in kuzeybatısında yer alan "Payandalı Çevre Duvarı" üzerinde "Ana Giriş Kapısı" tespit edilmiştir.

Sektör 1'de Gülpınar III yerleşmesinin kuzeybatısının çevreleyen kuzeydoğu-güneybatı uzantılı payandalı çevre duvarı üzerinde yer alan Ana Giriş Kapısı'nın her iki tarafında iki adet kapı destek payandası yer almaktadır. Giriş Kapısı'nın batısındaki Duvar 48 üzerinde yer alan payanda (P-1) ile doğusundaki Duvar 49 üzerinde yer alan payandanın (P-2) diğerlerine oranla daha büyük ve daha özenli yapıldığı anlaşılmıştır. Girişin Kapısı'nın doğusundaki payanda (P1) 1,2x1 m ve batısındaki payanda (P2) 1,4x1,2 m boyutlarındadır (Tab.3.97).

Duvar / Payanda	Uzunluk	Genişlik	Yükseklik	Mak. Taş Sırası Yük.	Mak. Taş Sırası Gen.	Denizden Yükseklik
Duvar 48 Payanda 1	85 m	1,05 m	0,35 m	2	4/5	+58,58
Duvar 49 Payanda 2	90 m	1,2 m	0,3 m	3	5/6	+58,65

Tablo 3.97 Sektör 1, Gülpınar III, Ana Giriş Kapısı payandalarının bilgileri.

Duvar	Uzunluk	Genişlik	Yükseklik	Mak. Taş Sırası Yük.	Mak. Taş Sırası Gen.	Denizden Yükseklik
Duvar 46	7,9 m	0,55 m	0,4 m	3	2	+58,60
Duvar 53	10,5 m	0,5 m	0,42 m	2	2	+58,64

Tablo 3.98 Sektör 1, Gülpınar III, Sokak duvarlarının bilgileri.

Giriş Kapısı 1.20 m genişliğindedir. Giriş Kapısının yerleşime doğru güneybatısında, Duvar 46 ile Duvar 49'un kesiştiği köşede Seki 15 yer almaktadır. Bu seki IIIb alt evresinde inşa edilerek giriş kapısını 0,45 m daha daralttığı gözlemlenmiştir (Şek.3.91;88-89). Giriş Kapısı aralığı dışta 1,2 m iken, içe doğru 0,75 m genişliğin-

Şekil 3.91
Sektör 1, Gülpınar IIIa, Ana Giriş Kapısı ve IIIc Oda 32 (*© GKP*).

dedir. IIIb alt evresinde nüfusun artmasına paralel ortaya çıkan güvenlik kaygısından dolayı girişin daraltıldığı düşünülmektedir (Şek.3.89).

Gülpınar III mimarisinin dikkat çeken en önemli diğer bir yeniliği ise Sokak kavramının bulunmasıdır. Sektör 1'de yer alan Ana Giriş Kapısı'ndan yerleşime giriş yapıldıktan itibaren içe doğru daralan 10,5 m uzunluğunda "Sokak" bulunmaktadır. Sokağın doğu ve batı cephesini sınırlayan Duvar 46 ve Duvar 53 bulunmaktadır (Tab.3.98). Her iki duvarda kuru duvar tekniğiyle örülmüştür. Bu duvarlardan doğu cephesindeki 7,9 m uzunluğundaki kuzeybatı-güneydoğu uzantılı Duvar 46 aynı zamanda D Yapısına ait Oda 19'un güneybatı duvarını oluşturmaktadır. Oda 19'un duvarı aynı zamanda sokağın doğu cephe duvarını oluşturmaktadır. Gülpınar topluluğun yerleşmenin genelinde yaygın olarak kullandığı ortak duvar kullanımının altın da yatan nedenin, malzeme ve iş gücünden tasarruf etme düşüncesi olduğun altı çizilmelidir. Sokağın batı sınır cephesini oluşturan 10.5 m uzunluğundaki kuzeybatı-güneydoğu uzantılı Duvar 53 ise IIIa alt evresinde herhangi bir yapı ile bağlantısı bulunmamaktadır. Sokağın batı sınır cephesini oluşturan Duvar 53'ün IIIa alt evresinde sokak cephe duvarı için özel olarak inşa edildiği tespit edilmiştir. Bunun akabinde Duvar 53'ün güneyine, IIIb alt evrede Oda 31 eklenerek ortak duvarlardan mekân oluşturulurken, IIIc alt evrede kuzeyine eklenen Oda 32'nin tahrip ettiği gözlemlenmiştir.

Gülpınar II yerleşmesi Geç dönem yapılarının inşası sırasında yoğun bir tahribata uğradığı için yerleşimin ana giriş kapısı veya herhangi bir sokağın varlığı hakkında elde yeterli veri yoktur. Gülpınar III'e ait ise bir ana giriş kapısı ve sokağın bulunmuş olması, Kalkolitik Dönem'de yaşayan toplulukların mimarisi hakkında ve dolaylı olarak da insan-mekân hakkında bilgi vermektedir. Gülpınar topluluğun nasıl bir mimari anlayışa sahip olduğu ve asıl arka plandaki yerleşimi inşa eden insanın düşünce ve yaşam tarzını göstermesi açısından oldukça önemlidir.

3.3. DUVAR TEKNİĞİ VE YAPI MALZEMELERİ

Gülpınar II ve Gülpınar III evrelerinde, birbirine bitişik nizamlı inşa edilmiş dörtgen ve dikdörtgen planlı odalar doğrudan zemin üzerine inşa edilmiştir. Odaların konum, plan tipi ve büyüklüklerine bakıldığında, bunların birbirlerine eklenerek inşa edildikleri anlaşılmaktadır. Odalarda görülen dörtgen ve dikdörtgen plan tipi, birbirine eklenerek genişlemeyi daha rahat sağlar. Eldeki verilerden odaların düz damlı oldukları düşünülmektedir. Prehistorik Gülpınar kazıları sırasında bulunan duvarlar 0,5 m ile 0,8 m yüksekliği arasında değişmektedir. Her iki evrede de dam seviyesine kadar bulunmuş bir yapı/oda olmasa da, odaların tavan yüksekliklerinin 1,5-1,8 m civarında olduğu tahmin edilmektedir. Kuru duvar tekniğinde örülen II. evre duvar genişlikleri ortalama 0,4-0,6 m arasında (Tab.3.99), Gülpınar III evresi duvar genişlikleri ise ortalama 0,5-0,65 m arasında değişmektedir (Tab.3.100).

Gülpınar toplumunun yapı malzemesi tercihinde çevre ve iklimin yanı sıra bölgedeki doğal kaynakların varlığı da mekânların inşa sürecinde etkili olmuştur. Prehistorik Gülpınar yerleşiminin en erken evrelerinden itibaren ana yapı malzemesi taştır. Yerleşmedeki yapıların sadece taştan inşa edildiği saptanmıştır. Çünkü taş, hem inorganik bir madde hem de sert, güçlü ve dayanıklıdır. Taş yapıların en büyük avantajı kışları yağmur, kar ve rüzgar gibi doğal süreçlerden dolayı kolay kolay etkilenmez ve sıklıkla onarım ve yenilenme gerektirmez. Troas bölgesinin kuzeybatısında yer alan Gülpınar ve çevresi, volkanik bir temel üzerinde yer almaktadır. Bu yüzden yüzeyde bile bolca kaya parçaları bulmak mümkündür. Coğrafyanın yapıların inşasına etkili olduğu anlaşılmıştır. Çünkü yerleşmede yerel malzemelerden kireç taşı, andezit, bazalt, tüf ve iri çay taşlarının kullanımı tercih edilmiştir.

Gülpınar II Duvarları	Uzunluk	Genişlik	Yükseklik	Mak. Taş Sırası Yük.	Mak. Taş Sırası Gen.
En Az	1,1 m	0,4 m	0,16 m	1	2
En Fazla	6,15 m	0,65 m	0,73 m	4	3

Tablo 3.99 Gülpınar II, duvarların genel boyutları.

Gülpınar III Duvarları	Uzunluk	Genişlik	Yükseklik	Mak. Taş Sırası Yük.	Mak. Taş Sırası Gen.
En Az	0,5 m	0,45 m	0,18 m	1	2
En Fazla	15,5 m	1,10 m	0,78 m	7	5

Tablo 3.100 Gülpınar III, duvarların genel boyutları.

Gülpınar'daki taş duvarlar, kuru duvar tekniğinde inşa edilmiştir. Kuru duvar, taşların arasına bağlayıcı madde olarak çamur harç kullanılarak örülen bir duvar tekniğidir. Yerleşmedeki her taş sırasının arasında kullanılan çamur harç aynı zamanda duvarların dayanıklılığını artırır ve uzun süre ayakta kalmasını sağlamaktadır. Gülpınar'da kuru duvar tekniğiyle örülen iki farklı tipte duvar örgüsü bulunur. Birincisi, doğrudan zemin üzerine yerleştirilen dikine büyük boyutlu taşların üzerine yatay çift sıra taşların örülmesiyle oluşturan duvar tipi (Şek.3.69;92-93), ikincisi ise, doğrudan zemin üzerine çift sıra taşların örülmesiyle oluşturulan duvar tipidir (Şek.3.94-97). Yerleşmede birinci tip duvar örgüsü sadece Oda 33'ün inşasında kullanılırken, diğer bütün yapıların inşasında ikinci tip duvar örgüsü kullanılmıştır (Şek.3.58;67). Bu iki tip haricinde istisna olarak, Sektör 1'de payandalı çevre duvarında (Duvar 50) (Şek.3.86), yatay üç sıra ve yerleşimin kuzeydoğusunda bulunan Duvar 90'da (Şek.3.90), ortalama yatay beş sıra taşların örülmesiyle oluşturulan duvarlarda görülmektedir.

Yerleşmedeki yapıların duvarlarında kullanılan çamur harcın; daha çok yerleşimin etrafından geçtiği düşünülen dere kenarındaki dinlenmiş kilimsi yapıdaki çamurdan ve yerleşmenin yeşilimsi yapıdaki ana toprağından (özellikle çukurlar alanındaki) temin

Şekil 3.92
Kuru duvar inşa tekniği detayı
Oda 33 güney duvarı Duvar 95
(© GKP).

Şekil 3.93
Kuru duvar inşa tekniği detayı
Oda 33 güney duvarı Duvar 95
(© GKP).

Şekil 3.94
Kuru duvar inşa tekniği detayı
Sektör 1, Gülpınar IIIb, Duvar 81
(© GKP).

Şekil 3.95
Kuru duvar inşa tekniği detayı
Sektör 1, Gülpınar IIIa, Duvar 82
(© GKP).

edildiği düşünülmektedir. Yerleşimdeki ana toprak yapısı; yüzeye yakın olan yerlerde (yüzeyden -0,5/-1,5 m) hava ve güneş ile teması fazla olduğundan kurumanın etkisiyle sarımtırak renkte, daha derinlerde (yüzeyden -1,5/2,5 m) ise yeşilimsi ve nemli/yaş/ıslak bir halde tespit edilmiştir. Ayrıca bu nemli/yaş/ıslak hali aynı zamanda kilimsi bir özellik göstermekte ve bu evrenin duvarlarında bu yeşilimsi-kilimsi toprak yapısının harç olarak kullanarak taşların örüldüğü anlaşılmıştır. Yaptığımız deneysel çalışmada bu kilimsi toprak yapısının kullanarak örülen duvarların sağlam bir şekilde uzun süre ayakta kaldığını göstermektedir.

Şekil 3.96
Kuru duvar inşa tekniği detayı
Sektör 1, Gülpınar IIIa, Duvar 53
(© GKP).

Şekil 3.97
Kuru duvar inşa tekniği detayı
Sektör 2, Gülpınar IIIa, Duvar 101
(© GKP).

Gülpınar II ve Gülpınar III evrelerinin inşa sürecinde bir önceki evreye ait yıkılan yapılardan sökülen taşlar da kullanılmıştır. Aynı zamanda bir önceki evreye ait söve taşı (Şek.3.25-26) ve öğütme taşlarının da yeni yapıların inşasında kullanıldığını gösteren çok sayıda örnek bulunmaktadır (Şek.3.98-100). Gülpınar'da taşın kullanımı yapılar dışında, sekilerde, kapı girişlerinde (söve taşı) ve ahşap direklerin yerleştirildiği altlıklarda karşımıza çıkar. Gülpınar I evresinden itibaren yapılarda taşın mimari öğe olarak kullanılması, bunun bir tür gelenek olduğunun göstergesidir. Yerleşimde kerpiç izine rastlanmamıştır. Gülpınar insanları, Neolitik Dönem'den itibaren yapı malzemesi olarak kullanılan kerpici yapıların inşasında kullanmayı ya bilmiyorlardı ya da denememişlerdir.

Ahşap, yerleşme etrafından rahatça temin edilebilecek ağaçlardan elde edilen organik bir madde olup, herhangi bir yangın geçirip kömürleşmediği veya balçıkla kaplanmadığı müddetçe kazılarda bulunması oldukça zor bir materyaldir. Ahşap, yapıların üstlerini/damlarını kapatmak ve dam örtüsünü desteklemek/taşımak için ve ayrıca kapılarda kullanılması gerekli bir yapı malzemesidir. Gülpınar yerleşiminde herhangi bir yangın izine rastlanmadığından dolayı ahşap kalıntısı ele geçmemiştir. Bu bağlamda yapıların üst/dam örtüsü sağlam bir şekilde çözümlenememiştir. Yerleşmede dam örtüsünü desteklemek/taşımak için kullanılan ahşap direklerin yerleştirildiği taş altıkların bazı odaların tabanında *in situ* olarak ele geçmesi, yapıların düz damlı olabileceğini düşündürmektedir. Bazı odaların büyüklükleri baz alındığında ahşap direğe ihtiyaç duyulmaksızın dam örtüsünün taşınabileceği boyutlardadır. Yerleşmenin her iki evresinde de ahşabın kullanımı dam örtüsü dışında, dam örtüsünü destekleyen/taşıyan direk ve kapılarda söve taşlarının yerleştirildiği direk olarak kullanıldığı arkeolojik kanıtlardan bilinmektedir. Bunlara ek olarak, Sektör 2 de Gülpınar II evresindeki Çukurlar Alanı'nda ve Gülpınar III evresindeki Besin Hazırlama Alanı 9'da

Şekil 3.98
Sektör 1, Gülpınar IIIa, J Yapısı Oda 19 güney duvarı (Duvar 47) ve Oda 20 güney duvarı (Duvar 67) üzerindeki öğütme taşlarının mimaride dolgu malzemesi olarak kullanımı *(© GKP)*.

tespit edilen ahşap direk izleri tespit edilmiştir. Bu her iki tanımlı ve sınırları belirgin alanın, çevresinin ve üstlerinin kapalı olduğu anlaşılmaktadır.

Prehistorik Gülpınar'da hasır kullanımı dolaylı olarak çanak çömleklerin altındaki negatif izlerden bilinmektedir (Özdemir 2010; Özdemir ve Özdemir 2021). Hasır, çanak çömlek yapım aşamasında ve ilkel bir çark gibi kullanılmasının yanı sıra, damı kapatmak için ahşapla birlikte kullanılan bir yapı malzemesi olarak da kullanıldığı düşünülmektedir. Aynı zamanda mekânların tabanında ve sekilerin üstlerinde bir yaygı olarak da kullanılmış olmalıdırlar. Buna ek olarak, mekân içlerindeki odalar arası geçişleri sağlayan girişlerde kapı örtüsü olarak da kullanıldığı düşünülmektedir.

Şekil 3.99
Sektör 1, Gülpınar IIIa, D Yapısı Oda 21'in güney duvarı (Duvar 16) üzerindeki öğütme taşının mimaride dolgu malzemesi olarak kullanımı *(© GKP)*.

Şekil 3.100
H Yapısı Oda 20'nin batı duvarı (Duvar 66) üzerindeki öğütme taşının mimaride dolgu malzemesi olarak kullanımı *(© GKP)*.

3.4. BÖLÜM SONU DEĞERLENDİRMESİ

Kalkolitik Gülpınar II ve Gülpınar III evrelerinde kazısı yapılan toplam 1400 m^2 bir alan içinde ortaya çıkarılmıştır. Kalkolitik Dönem Gülpınar insanlarının bu alana uzun bir süre yerleşmiş olması, mimari evrelerin her yerde üst üste gelmemesi, yerleşim yerinin artan nüfus karşısında yerleşimin yatay olarak genişlediğini göstermektedir. Her iki ana Kalkolitik Dönem evresinde Gülpınar'da birbirine bitişik nizamlı dörtgen ve dikdörtgen planlı yapılardan oluşan bir yerleşme planı görülmektedir. Kalkolitik Dönem'de Batı Anadolu Bölgesi'nde, düzensiz ve dağınık yapıların birbirine bitiştirilmesini, yerleşimde yaşanan yoğunluk sonucunda, yaşanan ısı kaybını azaltmak ve savunma amaçlı gibi nedenlerle açıklanabilir. MÖ 6. binyılın ikinci çeyreği – 4. binyılın başında Kalkolitik Dönem'deki yerleşimlerde mimaride daha çok kerpiç, taş temel üzeri kerpiç kullanımı yaygınken, Gülpınar'da taşın mimaride ustalıkla kullanıldığı görülmektedir.

Her iki evre de ortak kullanılan odalar dahil tam plan veren on iki yapı, otuz dokuz oda ve yerleşim dışında üstü açık etrafı çevrili olmayan veya içinde üstü kapalı sınırları belirgin on bir adet besin hazırlama alanı tespit edilmiştir. Erken Kalkolitik 2 dönemine ait Gülpınar II evresine ait olan çukurlar alanında toplam on yedi adet çukur tespit edilmiştir. Orta Kalkolitik Dönemi'ne tarihlenen Gülpınar IIIc alt evresine ait toplam yedi adet basit toprak mezar tespit edilmiştir. Bunlardan Sektör 1 de yer alan dört adet mezarın (Mezar 4-7) kendi döneminde yoğun tahribata uğradığı anlaşılmış ve sadece bireylerin belirli kemikleri ele geçmiştir. Sektör 3'de ele geçen üç adet mezar (Mezar 1-3) ise bize Orta Kalkolitik Gülpınar'ın ölü gömme gelenekleri hakkında bilgi vermektedir.

Gülpınar II ve Gülpınar III evreleri arasındaki mimari farklılıklar şu şekilde özetlenebilir: 1) Gülpınar II evresinde çok odalı yapı plan tipi görülürken, Gülpınar III evrede ise tek ve iki odalı yapı plan tipi yaygındır. 2) Gülpınar II evresinde dörtgen ve dikdörtgen oda tipine ek olarak yamuk ve belirsiz oda tipi görülürken, Gülpınar III evresinde daha çok düzensiz oda tipi görülür. 3) Gülpınar II evresinde ortak kullanıma yönelik açık alan, besin hazırlama alanı kullanımı daha fazla iken, Gülpınar III evresinde nüfusun artmasına bağlı olarak mekân sayısında artış olduğu görülmekte ve buna bağlı olarak da açık alan kullanımına ek olarak bireyselleşmenin belirtisi mekân içi kullanımda da artış olduğu gözlemlenmektedir. 4) Gülpınar II evresinde depolama amacıyla daha çok çukurlar tercih edilirken, III. evrede mekân içlerinde özel olarak ayrılmış depolama alanları görülmektedir. 5) Gülpınar II evresinde yapıların dış duvarları aynı zamanda çevre duvarı işlevi de görürken, Gülpınar III evresinde payandalı çevre duvarının ilk kez ortaya çıktığı görülmektedir. 6) Gülpınar II evresinde yapıların genelde giriş kapılarının kuzey-kuzeydoğu yönünde açıldığı gözlemlenmiştir. Gülpınar III evresinde ise yapıların giriş kapılarında herhangi bir yön birliği yoktur. 7) Gülpınar II evresinde yerleşime giriş yeri tespit edilemezken, Gülpınar III evresinde yerleşim alanının ana giriş kapısı ve sokak tespit edilmiştir. 8) Gülpınar II evresinde dam örtüsünü taşıyan ahşap direk altlığı çok fazla tercih edilmezken III. evrede oldukça yaygın olduğu görülmektedir. 9) Gülpınar III evresinde duvara bitişik seki uygulamasının mekân içlerine eklendiği görülmektedir. 10) Gülpınar II evresinde günlük aktiviteler mekân içlerinden ziyade geniş aileler tarafından ortak kullanılan avlu ve besin hazırlama alanlarında yoğunlaşmaktadır. Gülpınar III. evresinde ise günlük aktivitelerin besin hazırlama alanlarına ek olarak mekân içlerinde de bir artış gösterdiği nüfus artışı ve çekirdek aile tipinin yaygınlaşması ile ilgili olduğu ileri sürülebilir. Hem mekân içinde hem de besin hazırlama alanında günlük yaşam faaliyetlerinin bir arada yürütüldüğü anlaşılmaktadır.

Gülpınar II ve Gülpınar III evreleri arasındaki mimari benzerlikler ise şu şekilde özetlenebilir: 1) Birbirine bitişik nizamlı yerleşim yapısına sahip olması, 2) odaların birbirine eklenerek çoğaltılması, 3) dörtgen ve dikdörtgen plan tipinde odaların kullanılması, 4) odaların duvarlarının kuru duvar tekniğinde örülmesi ve mimaride taşın kullanılması, 5) ortak duvar kullanımı, dam örtüsünü taşıyan direk altıklarının olması, 6) yürüme tabanlarının sıkıştırılmış toprak taban olması, 7) mekân içlerinde kilden pişmiş toprak tabanlı ocak ve fırın kullanılması, 8) depolanmış deniz kabuğu yığınlarının tespit edilmesi.

Gülpınar III yerleşmesinin mimari detayları incelendiğinde; kimi alanlarda bir önceki (II) evre odasının üzerine değişmeden yapılan ve eski odanın temel olarak varlığını devam ettirmesiyle, kimi alanlarda bir önceki evre odası daraltılarak yapılan ve eski odanın bazı kısımları temel olarak varlığını devam ettirmesiyle, kimi alanların ise tesviye edilerek bu alanların düzeltilmesinden sonra yeni mekânların inşa edilmesiyle oluşturulması bir mekân sürekliliği olduğunu göstermektedir (Tab.3.101). Gülpınar'da mekân değişimi az da olsa II. evrede oda olarak kullanılan bazı kapalı mekânların açık alan olarak besin hazırlama alanlarına dönüştürülmesiyle karşımıza çıkmaktadır. Genel itibariyle Kalkolitik Gülpınar II ve III yerleşim yapısı seçimi ve II. evre yapıların duvarları III. evre yapılarının temellerini oluşturması bir mekân sürekliliğinin olduğu bir yerleşme özelliği sergilemektedir.

Sektör	Mekân Değişimi	Gülpınar II	Gülpınar III
1	Değişim yok	Oda 1	Oda 14
1	Değişim yok	Oda 2	Oda 15
1	Değişim yok	Oda 3	Oda 21
1	Değişim yok	Oda 4	Oda 22
1	Değişim yok	Oda 5	Oda 17
1	Değişim yok	Oda 6	Oda 18
1	Değişim yok	Oda 7	Oda 19
1	Oda-Besin Hazırlama Alanı	Oda 9	BHA-6
1	Değişim yok	Oda 10	Oda 20
1	Oda- Besin Hazırlama Alanı	Oda 11	BHA-4
1	Değişim yok	Oda 12	Oda 29
1	Oda-Besin Hazırlama Alanı	Oda 13	BHA-5
1	Değişim yok	BHA-2	BHA-7
1	Besin Hazırlama Alanı-Oda	BHA-1	Oda 23
2	Değişim yok	Oda 35	Oda 39

Tablo 3.101 Kalkolitik Gülpınar mekânlarının değişim tablosu.

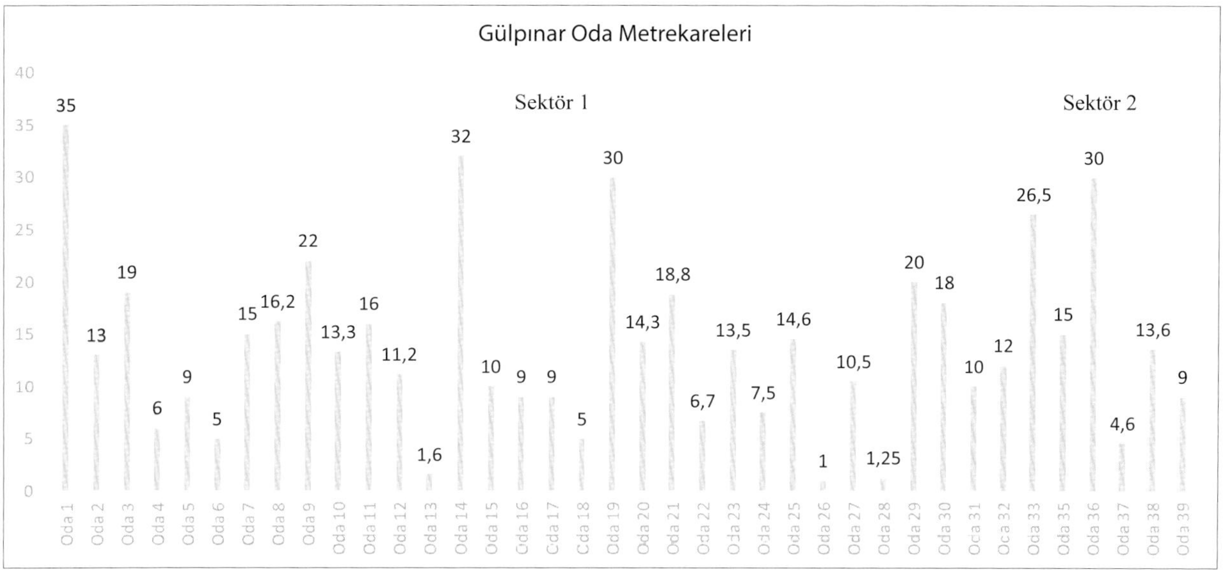

Tablo 3.102 Kalkolitik Gülpınar, Odaların ortalama metrekareleri.

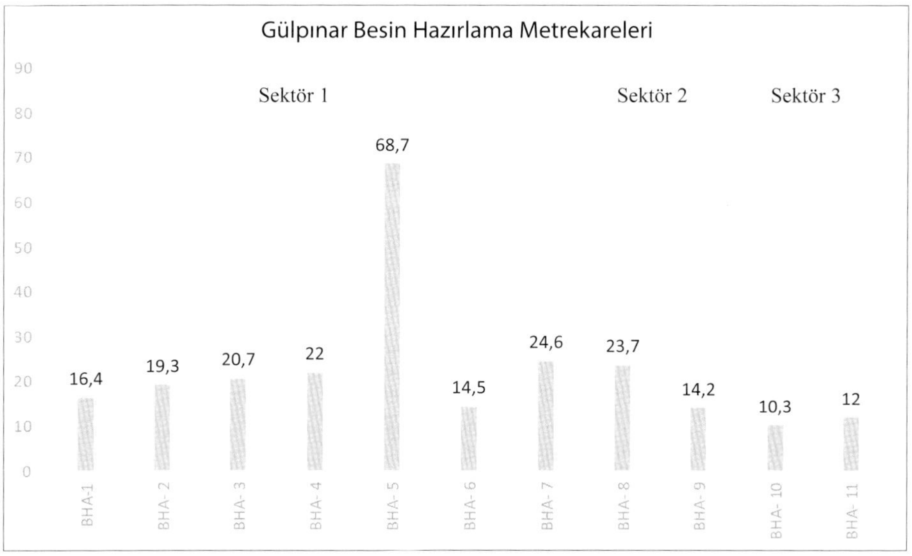

Tablo 3.103 Kalkolitik Gülpınar, Besin Hazırlama Alanı ortalama metrekareleri.

Prehistorik Gülpınar yerleşimi genelinde tespit edilen mekânların ortalama metrekarelerine bakıldığında, birbirinden farklı genişliğe sahip mekânların olduğu ve belirli bir standart mekân genişliğinden söz etmenin mümkün olmadığı açıkça görülmektedir. (Tab.3.102). Gülpınar yerleşiminin her iki evrede tespit edilen besin hazırlama alanı ortalama metrekareleri birbirine yakın gibi görünse de, çoğunun kazılmamış kısımlarının bulunduğu ve tahrip edilenlerinin de olduğu göz önünde bulundurulduğunda, standart bir besin hazırlama alanı genişliğinden bahsetmek mümkün değildir (Tab.3.103).

Kalkolitik Gülpınar besin hazırlama alanlarının yemek hazırlama, pişirme ve işlik alanı olarak işlev gördüğü, ocak, öğütme taşı ve seki gibi uygulamaların bu alanlarda tespit edilmesinden anlaşılmaktadır. Ayrıca kimi besin hazırlama alanında yoğun olarak ele geçen kemik, çakmaktaşı ve seramik atıklarından çöplük olarak da kullanıldığı gözlemlenmektedir. Özellikle kasaplık faaliyetlerinin besin hazırlama alanlarında yerleşimciler tarafından ortak bir şekilde yapıldığı, burada ele geçen hayvan kemiklerinin üzerinde yapılan mikroskobik incelemeler sonucunda, kesici aletlere ait izler tespit edilmesi kasaplık faaliyetlerini kanıtlar nitelikte buluntulardandır. Bu mekânlarda kemiklerle birlikte çok sayıda kesici-delici çakmaktaşı aletlerinde ele geçmesi bu durumu desteklemektedir. Besin hazırlama alanlarında ortaklaşa yapılan diğer bir faaliyet ise hane üyelerinin bir araya gelmesinin sağlandığı ve birlikte hareket etme fikrinin gerçekleştiği öğütme faaliyetlerinin bu mekânlarda yapılmasıdır. Hane üyelerinin ortaklaşa hareket etme fikri daha çok II. evrede karşılaşılan bu durum iken, III. evrede nüfusun artmasına bağlı olarak hane üyelerinin mekân içlerinde besin ürünlerini saklama bilincinin ortaya çıkmasıyla birlikte bireysel hareket etmeye bıraktığı (bireyselleşme) görülmektedir.

Prehistorik Gülpınar yerleşimcilerinin, yerleşim seçimi ve yapısı, geçim ekonomisi gibi bazı yönlerden erken yerleşimcilerinden etkilenildiğini ve bazı geleneklerini devam ettirdiği gözlemlenmektedir. Bunun mimariye en güzel yansıması yapıların temellerinde bilinçli olarak öğütme taşı kullanılmasıdır. Erken Kalkolitik 2 Dönem'e tarihlenen Gülpınar II mimarisinde, evlerin temellerinde ve duvarlarında görülen öğütme taşları erken dönemlerin (Geç Neolitik Dönem) buradaki varlığının hem bir kanıtı hem de erken dönemlerin bir yansımasıdır. Gülpınar'daki mimaride görülen bu uygulamalar bir devamlılığın olduğunu ve topluluğun geçmişten edindiği geleneklerini devam ettirdiklerini göstermektedir.

DEĞERLENDİRME VE SONUÇ

Bu çalışma, Batı Anadolu'da yer alan ve MÖ 6. binyılın son çeyreği ile 5. binyılın ortaları arası iskan gören Kalkolitik Gülpınar yerleşimi mimarisi ve mekân kullanımı genel hatlarıyla ele alınmaktadır. Erken Kalkolitik 2 Dönemi'ne ait Gülpınar II ve Orta Kalkolitik Dönem'e ait Gülpınar III evrelerinde benimsenen yapıların kurgulanışı, yapım teknikleri, bu mekânlar ile bu mekânlar içinde bulunan nesneler arasındaki bağlantı, insan ve mekân ilişkisi, günlük yaşamsal faaliyetler gibi konulara özel önem verilmiştir. Bu bilgiler Batı Anadolu'da Erken Kalkolitik 2 ve Orta Kalkolitik dönemlerin daha iyi anlaşılmasına imkân vermektedir.

Anadolu'da Kalkolitik Dönem, bölgelere göre çok farklı kültürel özellikler göstermektedir. Batı Anadolu Bölgesi'nde MÖ 5700/5600-3200 yılları arasındaki Kalkolitik süreç Anadolu'nun diğer bölgelerinden hem zaman olarak, hem de kültür olarak farklılık göstermektedir. Batı Anadolu'da MÖ 5700/5600 yıllarında bir kültürel değişimin görüldüğü ve Geç Neolitik Dönem'i karakterize eden maddi kültür öğelerinin aniden yok olduğu ve MÖ 5650-5500 civarlarında yeni bir kültürün, Erken Kalkolitik Dönem'in ortaya çıktığı ve ilk yarısı Erken Kalkolitik 1 (MÖ 5700/5600-5300) hakkında yalnızca radyokarbon tarihlemeleri bulunan Ulucak III (MÖ 5670-5470) ve Uğurlu III (MÖ 5500-5300) evrelerinden, ikinci yarısı Erken Kalkolitik 2 (MÖ 5300-4900) hakkında öncelikle Gülpınar II ve Uğurlu II yerleşimlerin yanı sıra Kumtepe IA ve Yassıtepe III ile de bazı değerlendirmeler yapmak mümkündür. Bu kültürün ilk bakışta Trakya-Balkan coğrafyasından başlayıp Orta Karadeniz ve Orta Anadolu bölgelerine kadar uzanan geniş bir alanı kapsayan bir kültürel oluşum bölgesine ait olduğu rahatlıkla söylenebilir.

Batı Anadolu ve Ege dünyasında MÖ 5300 yıllarından itibaren kültürel bir kırılmanın görüldüğü ve MÖ 4900 yıllarından itibaren ise yeni yerleşmelerin ortaya çıktığı ve sayısında yoğun bir artışın görüldüğü Orta Kalkolitik Dönem'i temsil eden en önemli yerleşmeler arasında Gülpınar ve Uğurlu II yerleşimlerinin yanı sıra Limantepe VIII, Yeşilova II, Beşik-Sivritepe ve Çine Tepecik IV' de bulunmaktadır. Bu dönemde mimarinin en iyi korunarak günümüze kadar ulaştığı Gülpınar ve Uğurlu yerleşimlerinde taşın yapıların inşasında tercih edildiği dikkati çeker. Bu yerleşimlerin dışındaki tüm yerleşmelerde mimari tek sıra taş temel, tek sıra taş temel üstü kerpiç, pise ve çukurlar gibi belirgin olmayan öğelerden oluştuğu gözlemlenmektedir.

Batı Anadolu'da MÖ 4300 civarında Orta Kalkolitik Dönem'i karakterize eden maddi kültür öğelerinin ortadan kalktığı ve yaklaşık 600 yıllık bir Hiatus'tan sonra, MÖ 3600 civarında yerini tümüyle farklı bileşenlere sahip kültürel bir düzlemin aldığı görülür. Bu dönemi temsil eden yerleşmeler arasında Kumtepe IB, Baklatepe V, Limantepe VII, Efes-Çukuriçi VI-VII, Prehistorik Aphrodisias, Beycesultan XL-XX, Bağbaşı ve Kuruçay 6A-3 bulunmaktadır. Batı Anadolu bölgesindeki Geç Kalkolitik Dönem'e tarihlendirilen bu yerleşimler incelendiğinde tutarlı bir mimari izlenmemektedir. Her bölge kendine özgü mimari farklılıklar içermektedir. Kuzeybatı Anadolu'da yer alan Kumtepe IB'de taş temelli dörtgen planlı yapıların inşa edildiği anlaşılmıştır. Orta Batı Anadolu'da Baklatepe V ve Efes-Çukuriçi VII tabakalarında birbirinden bağımsız dal örgü tekniğinde inşa edilen apsisli yapılar dikkat çekmektedir. Güneybatı Anadolu bölgesinin en önemli yerleşmelerinden olan Beycesultan XL-XX yapı katlarının, birbirine bitişik dörtgen planlı yapıların taş temelsiz kerpiçten inşa edildiği görülmektedir. Kuruçay 6A-3 tabakalarında ise birbirinden bağımsız dörtgen planlı taş temel üstü kerpiç yapıların inşa edildiği anlaşılmıştır. Batı Anadolu'da bu döneme tarihlenen yerleşimler incelendiğinde; gerek yapı plan tiplerinde, gerek yerleşim yapılarında, gerekse yapıların inşasında kullanılan malzemelerde farklılıklar olduğu anlaşılmaktadır.

Batı Anadolu arkeolojisi özelinde bakıldığında Geç Neolitik Dönem'in sona erdiği MÖ 5700/5600 tarihleri ardından ortaya çıkan ve yaklaşık MÖ 4900 tarihine kadar sürdüğü kabul edilebilecek Erken Kalkolitik Dönem'in ilk yarısına ait Erken Kalkolitik 1 (MÖ 5700/5600-5300) hakkında Gülpınar kazıları bu aşamada ciddi arkeolojik veriler sunmamaktadır. Bu konuda yalnızca Ulucak III (MÖ 5670-5470) ve Uğurlu III (MÖ 5500-5300) evrelerinde bazı bilgilere sahibiz. Fakat Gülpınar II evresi ile birlikte Erken Kalkolitik 2 (MÖ 5300-4900) hakkında bazı değerlendirmeler yapmak mümkündür. Orta Kalkolitik Dönem'e ait Gülpınar III yerleşmesi ise materyal kültür öğeleri açısından daha çok Ege dünyası ile iç içe geçmiş durumdadır. Benzerlikler özellikle çanak çömlek açısından çok belirgindir. MÖ 4900 civarı yaşanan bir kültürel kırılma ile Batı Anadolu Orta Kalkolitik toplumlarının bir nevi yüzünü Ege dünyasına dönmeye başladığı, belki de iletişim ağları gelişerek ticareti artırma yoluna gitmeye başladığı düşünülebilir. Batı Anadolu'da son on yıla kadar tabakalanması güvenilir olan ve materyal kültür öğeleri arasındaki çok yakın benzerlikler dikkate alınan kazılardan Uğurlu II (MÖ 4500-4350), Limantepe VIII (MÖ 4600-4200) yerleşimlerindeki güvenilir radyokarbon tarihleri özellikle Gülpınar IIIc alt evresi radyokarbon tarihleri ile uyuşmaktadır. Gülpınar III yerleşmesinin en önemli özelliği bu bağlamda Orta Kalkolitik Dönem'de yerleşim mantığı, mimari ve mekân kullanımı konusunda ilk kez kapsamlı bilgiler sunması ve kendisinden önce gelen Erken Kalkolitik Dönem ile olan bağlantıların boyutlarını göstermesidir.

Bu çalışma, MÖ 5320 ile 4450 arasına tarihlenen Kalkolitik Gülpınar yerleşimi insanlarının mimarisi ve mekân kullanımı üzerine yoğunlaşarak mekân ve insan arasındaki davranışsal ilişki konusunda yeni düşünceler ve veriler ortaya koymayı amaçlar. Bugüne kadar yapılan çalışmalarda toplam 3 kültür katmanı belirlenebilen Prehistorik Gülpınar kazılarında Gülpınar II ve Gülpınar III Kalkolitik Dönem'e aittir ve bu çalışmanın konusunu oluşturur. Bu çalışmada, bu iki evreden radyokarbon tarihlemesine göre MÖ 5320-4940 tarihleri arası iskân gördüğü anlaşılan Gülpınar II evresinin Erken Kalkolitik 2 dönemine atfedilmesi gerektiği anlaşılmıştır. Yaklaşık olarak MÖ 5700/5600 tarihleri civarı başladığı ve MÖ 5300 civarında sona eren ve Gülpınar II evresinin öncüsü olarak kabul edilebilecek Erken Kalkolitik 1 döneme ait Gülpınar da şimdilik herhangi bir arkeolojik veriye ulaşılmış değildir. Gülpınar II kültür katmanının düzleştirilmesi sonucu hemen onun üzerine kurulan ve Orta Kalkolitik Dönem'e ait Gülpınar III yerleşiminin ise yine radyokarbon tarihlemesine göre MÖ 4930-4450 arasında iskân edilmiş olduğu anlaşılmaktadır. Gülpınar II ve Gülpınar III evreleri arasında çok keskin bir kültürel değişim olmamasına rağmen bazı konularda her iki dönem yerleşimi arasında bir kırılma yaşandığı söylenebilir. Yeniden bir yerleşim organizasyonuna gidildiği Gülpınar III evresinde burada yaşayan toplum kendi içinde yeniden bir yapılanmaya gittiği söylenebilir. Gülpınar II ve Gülpınar III evreleri arasında mimari, çanak çömlek ve küçük buluntular açısından bazı kesintiler gözlemlenmesine rağmen bazı öğelerde bir devamlılık gözlemlenmektedir. Bu iki ana yerleşim arasında kronolojik açıdan bir zaman boşluğunun olduğunu söylemek zordur. Gülpınar III evresi bile kendi içinde IIIa, IIIb ve IIIc olmak üzere üç yapı evresi ile temsil edilir. Gülpınar IIIc yapı evresi boyunca yerleşimin bazı terk edilmiş bölümlerinin mezarlık alanına dönüştürüldüğü görülmektedir. Kutsal alandaki Yunan Çağı kalıntıları prehistorik yerleşimlerin direk üzerine oturduğu ve Yunan Çağı'na ait olan söz konusu kültür katı ile ilgili olarak Apollon Smintheus Kutsal Alanı bünyesinde bugüne kadar yapılan kazılarda ele geçen en erken tarihli veriler MÖ 6. yüzyıla aittir. Kutsal alan bünyesinde yapılan bazı sondaj çalışmaları Gülpınar II ve Gülpınar III evresine ait kalıntıların bazen Hellenistik, bazen Roma bazen de Erken-Orta Bizans Dönem'i kalıntıları altında ele geçtiğini göstermiştir. Kutsal alanın diğer bir kültür katı Roma Çağı iskânına aittir. Kapladığı alan itibarıyla en geniş yerleşim alanına Roma Dönemi'nde ulaşan kutsal alan bu dönemde çok yoğun imar faaliyetlerine tanık olmuştur. En son kültür katmanı ise Erken Bizans - Orta Bizans dönemlerine tarihlendirilebilir. Yapılan arkeolojik kazılar MS 13. yüzyılda kutsal alanın artık tamamen kaderine terk edilmeye başladığını göstermektedir.

Gülpınar II ve Gülpınar III evrelerinde birbirine bitişik nizamlı, ortak duvar kullanılan yapılardan oluşan bir yerleşim düzeni görülmektedir. Yapılar, genellikle dörtgen ve dikdörtgen plan tipine sahiptir ve tek odalı, iki odalı ve çok odalı yapı tipindedir. Yapıların/odaların duvarlarının tümüyle taştan yapıldığı saptanmıştır. Her iki evre genelinde de odalar birbirine eklenerek çoğaltıldığı için düz yerleşim modeli özelliği göstermektedir. Özellikle Gülpınar'daki birbirine eklenerek çoğaltılan odalar için; yerleşmedeki nüfus artışı etkisinin yanı sıra; evlenen bireylerin bir önceki (ebeveynlerinin evi) odanın duvarlarını kullanarak kendi evlerini inşa ettikleri ileri sürülebilir. Bu bağlamda Gülpınar II ve Gülpınar III evrelerinde yapılara ihtiyaç doğrultusunda yeni eklemeler yapıldığından geleneksel bir yapı ve oda tipi ile karşılaşılmaz, bu yüzden farklı boyutlarda ve biçimlerde odalar bulunmaktadır. Her iki evrede de odaların yan yana bitişik düzende inşa edilerek yerleştirilmesi duvarlarının aynı zamanda çevre duvarı işlevi görmesinin yanı sıra ek çevre duvarı ile yerleşimin sınırlandırılması, Gülpınar topluluğun dışa kapalı olduğunu ve korunaklı bir yerleşme izlenimini verdiği göstermektedir.

Gülpınar II ve Gülpınar III evreleri yerleşimleri arasındaki (bazı) çanak çömlek formlarında, mimarisinde, geçim ekonomisi stratejilerinde ve diğer buluntularında önemli bir değişikliğin görülmemesi, her iki evre arasında istikrarlı bir sürecin devam ettiğini göstermektedir. Her iki evre topluluğunun aynı alanın yerleşim yeri seçiminde; su kenarı ve özellikle kaynak suyuna yakında yer alması, tarıma elverişli verimli topraklara ve denize yakın olması, yerleşiminin etrafının dağlık bir bölge olması, ve de yerleşimin vadi içerisinde yer alması etkili olmuştur. Her iki evrenin de geçim ekonomilerinin benzer olduğu, tarım, avcılık, midye istiridye gibi deniz ürünleri toplayıcılığı aktivitelerinin yoğun yaşandığı bilinmektedir.

Her iki evre arasında yerleşmedeki mekân içi ve mekân dışı kullanımlarında benzerlikler bulunmaktadır. Yerleşimcilerin, mekân içlerinde temel ihtiyaçların karşılanmasına yönelik besin hazırlama, pişirme ve yemek yeme gibi günlük aktivitelerini yerine getirmelerinin yanı sıra, hane bireylerinin kendi arasında veya komşu hane bireylerinin bir araya gelip sosyalleştiğinden de söz edilebilir. Yapı içi aktivitelere karşılık besin hazırlama alanlarında yapılan incelemeler sonucunda hayvan kesme ve parçalama gibi kasaplık faaliyetlerinin yapıldığının kanıtları da bulunmaktadır. Yerleşmedeki yapılar arasında kalan açık alanlar zamanla yerini yeni eklenen odalara bıraktığı anlaşılmaktadır. Her iki evrede de kutsal sayılabilecek özel amaçlı bir mekân veya tören alanı gibi kutlamaların yapıldığı bir alan tespit edilememiştir. Yine yönetici sınıfa ait olabilecek herhangi bir mekân tespit edilemediği gibi, bu dönemde bütün bulgular değerlendirildiğinde Gülpınar topluluğunu yönetecek bir sınıfın varlığından da söz etmek şimdilik mümkün değildir.

Her iki evrenin de bazı besin hazırlama alanının (Gülpınar II evresinde Sektör 2 Çukurlar Alanı ve Gülpınar III evresinde Sektör 2 Besin Hazırlama Alanı 9) çevresinde ahşap direk izlerinin tespit edilmesi, bu açık alanların çevresinin sınırlandırıldığı ve üstlerinin mevsimine göre geçici olarak kapatıldığını düşündürmektedir.

Batı Anadolu'da MÖ 5.binin ilk çeyreğinden itibaren belirgin bir nüfus artışı olduğu ve buna bağlı olarak yerleşme sayılarında bir artış olduğu Gülpınar III yerleşme dokusundan da takip edilebilmektedir. IIIa alt evresinde besin hazırlama alanı olarak kullanılan açık alanların üzerine IIIb alt evresinde yeni oda inşa edilmesi ve buna bağlı olarak da yapı ve oda sayılarındaki artış, yapıların içlerinde depolama birimlerinin yer alması veya ayrı bir mekân olarak inşa edilerek içlerine küplerin yerleştirilmesi ile kendine yetecek kadar ürünü depolayan çekirdek aile tipinin yaygınlaşması, yerleşimi koruma amaçlı çevreleyen bir payandalı çevre duvarı inşa edilmesi, çanak çömlek formundaki çeşitlilik ve evre genelinde depolama amaçlı kullanılan kapların sayıca artması nüfus artışının en önemli belirtileridir. Buna karşılık her iki evre arasında odaların yapım tekniklerinde ve büyüklüklerinde belirgin farklar olmasa da, mekân içi döşemlerde ortaya çıkan sekilerle birlikte mekân içi kullanımında az da olsa farklar görülmektedir.

Gülpınar II yerleşmesi, Gülpınar I evresinin tesviye edilip alanın düzeltilmesinden sonra aynı alana inşa edilmiştir. Tesviye sırasında erken evrenin yapılarından sökülen taşların II. evre yapılarının inşasında kullanıldığı bilinmektedir. Gülpınar III yerleşmesi ise, kimi alanlarda bir önceki evre odasının üzerine değişmeden yapılan (Örneğin; Oda 3 üzerine Oda 21, Oda 6 üzerine Oda 18 gibi) ve eski odanın temel olarak varlığını devam ettirmesiyle, kimi alanlarda bir önceki evre odası daraltılarak yapılan (Örneğin Oda 1 ve 2 üzerine Oda 14 ve 15) ve eski odanın bazı kısımları temel olarak varlığını devam ettirmesiyle, kimi alanların ise tesviye edilerek bu alanların düzeltilmesinden sonra yeni mekânların inşa edilmesiyle oluşturulmuştur. Bu bağlamda bir mekân sürekliliği olduğu görülmektedir. Mimarideki bu süreklilik, materyal kültür öğelerinde de devam etmektedir. Özellikle bazı formlar ve bezemeler dışında (kazıma bezemeli, perdah bezemeli) çanak çömlek formlarında (günlük kullanım ve pişirme kaplarında) bir devamlılık görülmektedir.

Her iki evredeki yapılarda, tek veya iki odalı olup, içlerinde günlük faaliyetlere işaret eden taş döşeli seki, ocak ve fırın gibi yapı döşemleri bulunduğu konut tarzı yapılardır. Bu konutların birbirleriyle iletişiminin sağlandığı girişler zemin seviyesinden veya bir taş sırası yükseklikten sağlanmaktadır.

Gülpınar II yerleşmesindeki yapılarda zamanla oda sayısındaki artış nüfusun artışı ile doğru orantılıdır. Gülpınar III yerleşmesinde ise, açık alanların azalması, oda sayısındaki artış ve buna bağlı olarak yerleşme dokusundaki sıkılaşma nüfus artışıyla ilişkili olmasının yanı sıra (yerleşmenin) mekânların bireyselleştiğinin ve çekirdek ailelerin ortaya çıktığının da bir göstergesi olduğu ileri sürülebilir. Gülpınar II evresinde daha çok besin hazırlama alanlarında birlikte hareket edilerek geniş/büyük aileler tarafından gerçekleştirilen eylemler, Gülpınar III evresinde mekânlar içerisinde yoğunlaşmaya başlamıştır. Gülpınar III evresinde oda sayısındaki artış ile birlikte her "mekân", "ev" kendi geçim ekonomisini kendi düzenleyebilecek seviyededir.

Gülpınar II'ye ait Sektör 2'deki Çukurlar Alanı belirli bir alanda yer alması ve bu alandaki çukurların etrafında tabana açılan ahşap direk izlerinden bu çukurların üstlerinin mevsimine göre kapatıldığının anlaşılması, aslında bu çukurların yerleşimciler tarafından ortak kullanıma ait depolama alanı olarak kullanıldığını, öğütme faaliyetinin topluluk tarafından birlikte bu alanlarda gerçekleştirildiğini ve dolayısıyla kolektif hareket edilen bir topluluğun olduğunu göstermektedir. Bu bağlamda Gülpınar II'deki birbiri ile ilişkili çok odalı yapıların bulunması ve bu yapıların önünde veya yanında ortak kullanıma ait besin hazırlama alanlarının da bulunması, çekirdek ailelerden daha çok birlikte hareket eden geniş/büyük ailelerden oluşan hanelerin varlığından söz edilebilmektedir. Bunun yanı sıra Gülpınar III'de, yapıların tek veya iki odalı olması, daha çok yapı içlerinde ocak, fırın ve sekilerin yer almasıyla kendine yeteceği kadar besin hazırlama ve tüketme faaliyetlerinin yapı içlerinde gerçekleştirilmesi, bu evrede çekirdek ailelerden oluşan hane tipi bir topluluğun varlığından söz edilebilmektedir.

Gülpınar III evresinde mekân içi ve mekân dışı buluntu sayılarında bir artış gözlemlenir. Aynı zamanda III. evre mekân içi öğelere bakıldığında II. evreye oranla belirgin bir artış olduğu görülür. Gülpınar II'de günlük aktiviteler besin hazırlama alanlarından ziyade yapı içlerinde yoğunlaşmaktadır. Gülpınar III'de ise günlük aktivitelerin besin hazırlama alanlarında bir artış gösterdiği nüfus artışı ile ilgili olduğu ileri sürülebilir. Hem mekân içinde hem de besin hazırlama alanında gündelik yaşamsal faaliyetlerin bir arada yürütüldüğü anlaşılmaktadır.

Gülpınar kazıları sırasında mekân içi veya dışında *in situ* veya dolgular arasında bulunan materyal kültür öğeleri, yerleşmenin ekonomik faaliyetleri, uzmanlık alanları ve zanaatları hakkında bilgi vermektedir. Oda içlerinde ve besin hazırlama alanlarında ele geçen ağırşak ve çömlek kırığı disklerden, yünün eğrilerek ip haline getirildiği ve tekstil üretiminin bu mekânlarda gerçekleştirildiği anlaşılmıştır. Aynı zamanda topluluğun hasırcılık ve sepetçilik konusunda oldukça ileri düzeyde olduğu çanak çömleklerin kaideleri altında ele geçen negatif tekstil, hasır ve sepet izlerinden bilinmektedir. Çanak çömlek üretiminde ileri düzeyde uzmanlaştıkları, çömlekçi ustaları tarafından ilkel bir çark olarak hasır altlıkların kullanılmasından anlaşılmıştır. Yerleşmede çeşitli formlarda sürtme taş aletlerin, kemik aletlerin ve kil nesnelerin görülmesi farklı uzmanlık alanları olduğunun açıkça göstergeleridir.

Gülpınar I ve Gülpınar II evrelerine ait herhangi bir mezar veya mezarlık alanı tespit edilemediğinden bu dönemlerin ölü gömme gelenekleri bilinmemektedir. Bununla birlikte Gülpınar IIIc alt evresine ait yedi adet basit toprak mezar tespit edilmiştir. Bunlardan Sektör 1'de yer alan 4 adet mezar, özellikle Sektör 3'de yer alan 3 adet gömü hediyeleriyle birlikte ele geçen Mezar 1, Mezar 2 ve Mezar 3 Gülpınar III topluluğunun ölü gömme gelenekleri hakkında bilgi vermektedir. Ayrıca her iki evrede de mekân içi gömüye rastlanmamıştır. Çoğunlukla Gülpınar II ve Gülpınar III evresinde de kullanım dışı kalan duvarların ve mekânların üzerine bireylerin gömüldüğü ve bu mezarları daha çok yerleşimin terk süreciyle ilişkili olduğu anlaşılmıştır.

Her iki evrede de yangın izine rastlanılmamıştır. Mekânların yangın geçirmediği ve bilinçli bir terk süreci yaşadıkları anlaşılmıştır. Yerleşimin her üç evresinde de kerpiç izine rastlanmamıştır. Aynı zamanda kireç taban, boyalı taban, sıvalı duvar gibi mimari unsurlara da rastlanmaz.

Batı Anadolu Bölgesi'nde Erken ve Orta Kalkolitik Dönem'e tarihlenen aynı materyal kültür öğelerinin görüldüğü yerleşimlerin mimari kalıntıları Gülpınar haricinde yok denecek kadar azdır. Bu yüzden Gülpınar'ın mimarisinin bölgeler arası karşılaştırması yapılamamıştır. Bundan sonraki süreçte bu döneme ait yeni yerler keşfedilir ve mimarisi ortaya çıkarılırsa bir karşılaştırma yapmak söz konusu olacaktır. Gülpınar toplumu ileri düzeyde çanak çömlek yapım teknolojisiyle ve kendine has mimari tarzıyla Batı Anadolu Kalkolitik kültürünü tanımlaması açısından yenilikçi bir topluluktur. Bu çalışmamız ileri yıllarda kazısı yapılacak olan yerleşmelere öncülük etmesi bakımından kilit bir yerleşmedir.

KAYNAKÇA

Arsebük, Güven. "Biyokültürel Açıdan İnsan ("Sığınağı" ve "Barınağı")", *Kulübeden Konuta: Mimarlıkta İlkler, HABITAT* II, 1996, 15-18.

Aslan, Rüstem; Fecri Polat. *Bozköy-Hanaytepe ve Çevresi Prehistorik Dönem Araştırmaları*, Studies in the Troad 2, Troia Vakfı Yayınları, Çanakkale 2012.

Bamyacı, A. Onur. *Prehistorik Gülpınar (Smintheion) Yerleşimi Sürtme Taş Alet ve Objeler: Tipolojik, Teknolojik ve Fonksiyonel Bir Yaklaşım* (Yayınlanmamış Doktora Tezi), 2017, Çanakkale Onsekiz Mart Üniversitesi, Çanakkale.

Bamyacı, A. Onur. "Kalkolitik Gülpınar Taş Ağırlıklarının İşlevine Yönelik Öneriler", *TÜBA-AR* 23, 2018, 11-28.

Bamyacı, A. Onur. "Residue Analysis of Grinding Stones From Chalcolithic Gülpınar", *Elektronik Sosyal Bilimler Dergisi* 18:69, 2019, 90-104.

Bertram, J. K.; Necmi Karul. "Anmerkungen zur Stratigraphie des Kumtepe, Die Ergebnisse der Grabungen in den Jahren 1994 und 1995", *Troia 1987-2012: Grabungen und Forschungen I Forschungsgeschichte, Methoden und Landschaft Teil 2, Studia Troica, Monographien* 5, E. Pernicka, C. B. Rose; P. Jablonka (eds.), Bonn 2014, 1058-1084.

Blum, W. E. Stephan; Mariana Thater; Diane Thumm Doğruyan. "Die Besiedlung der Troas vom Neolithikum bis zum Beginn der mittleren Bronzezeit: Chronologische Sequenz und Siedlungsstruktur", *Troia 1987-2012: Grabungen und Forschungen I Forschungsgeschichte, Methoden und Landschaft Teil 2, Studia Troica, Monographien* 5, E. Pernicka, C. B. Rose; P. Jablonka (eds.), Bonn 2014, 770-863.

Caymaz, Tayfun. Yeni Buluntuların Işığında Orta Batı Anadolu Kalkolitik Dönem Kültürü, (Yayınlanmamış Doktora Tezi), 2010, Ege Üniversitesi, İzmir.

Childe, V. Gordon. *The Most Ancient East*, Routledge, London 1928.

Childe, V. Gordon. *Man Makes Himself.* London, Routledge, London 1936.

Çayır-Böyükulusoy, Ümit. Batı Anadolu Bölgesi'ndeki Kalkolitik Çağ Bezemeli Seramik Geleneği, (Yayınlanmamış Doktora Tezi), 2010, Hacettepe Üniversitesi, Ankara.

Çevik, Özlem; "What follows the Late Neolithic occupation in Central-Western Anatolia? A view from Ulucak", *in Communities in Transition: The Circum-Aegean Later Neolithic Stage* (ca. 5000/4800-3200/3000 BC), S. Dietz, F. Mavridis, Z. Tankosic; T. Takaoğlu (eds.), Athens, 2018, 506-512.

Çevik, Özlem; Osman Vuruşkan. "Ulucak Höyük 2012-2013 Yılı Kazı Çalışmaları", *36. Kazı Sonuçları Toplantısı I*, Ankara 2015, 583-600.

Çilingiroğlu, Altan; Zafer Derin; Eşref Abay; Haluk Sağlamtimur; İlhan Kayan. *Ulucak Höyük: Excavations Conducted Between 1995 and 2002*, Ancient Near Eastern Studies, Supplement 15, Louvain 2004.

Çilingiroğlu, Altan; Özlem Çevik; Çiler Çilingiroğlu. "Ulucak Höyük Towards Understanding the Early Farming Communities of Middle West Anatolia: The Contribution of Ulucak", *The Neolithic in Turkey New Excavations & New Research Western Turkey, Vol* 4, M. Özdoğan, N. Başgelen; P. Kuniholm (eds.), Arkeoloji ve Sanat Yayınları, İstanbul 2012a, 139-175.

Çilingiroğlu, Altan; Özlem Çevik; Çiler Çilingiroğlu. "Ulucak Höyük", *Ege Üniversitesi Arkeoloji Kazıları*, A. Çilingiroğlu, Z. Mercangöz; G. Polat, (eds.), Ege Üniversitesi, İzmir 2012b, 157-168.

Derin, Zafer. "İzmir'den İki Yeni Prehistorik Yerleşim Yeri: Yassıtepe Höyüğü, Çakallar Tepesi Höyüğü", *Arkeoloji Dergisi* VII, 2006, 1-15.

Derin, Zafer. "Yeşilova Höyük", *The Neolithic in Turkey New Excavations & New Research Western Turkey, Vol* 4, M. Özdoğan, N. Başgelen; P. Kuniholm (eds.), Arkeoloji ve Sanat Yayınları, İstanbul 2012a, 177-195.

Derin, Zafer. "Yeşilova Höyüğü", *Ege Üniversitesi Arkeoloji Kazıları,* A. Çilingiroğlu, Z. Mercangöz; G. Polat, (eds.), Ege Üniversitesi Edebiyat Fakültesi, İzmir 2012b, 169-180.

Derin, Zafer; Filiz Ay; Tayfun Caymaz. "İzmir'in Prehistorik Yerleşimi-Yeşilova Höyüğü 2005-2006 yılı Çalışmaları", *Arkeoloji Dergisi,* XIII (1), 2009, 7-58.

Duru, Refik. "Were the Earliest Cultures at Hacılar Really Aceramic?", *Anatolia and Ancient Near East. Studies in Honor of Tahsin Özgüç,* Ankara 1989, 99-105.

Duru, Refik. *Kuruçay Höyük I. 1978-1988 Kazılarının Sonuçları Neolitik ve Erken Kalkolitik Çağ Yerleşmeleri, (Results of the Excavations 1978-1988. The Neolithic and Early Chalcolithic Periods).* Türk Tarih Kurumu, Ankara 1994.

Duru, Refik. *Kuruçay Höyük II. 1978-1988 Kazılarının Sonuçları Geç Kalkolitik ve İlk Tunç Çağı Yerleşmeleri, (Results of the Excavations 1978-1988. The Late Chalcolithic and Early Bronze Settlements).* Türk Tarih Kurumu, Ankara 1996.

Duru, Refik. *Elli Yıllık Bir Arkeoloji Öyküsü: Hacılar,* Suna – İnan Kıraç Akdeniz Medeniyetleri Araştırma Enstitüsü, İstanbul 2010.

Duru, Refik. *'Tarım'dan 'Yazı'ya Burdur Yöresi ve Yakın Çevresi'nin Altıbin Yılı (MÖ 8000 - MÖ 2000),* Batı Akdeniz Kalkınma Ajansı, Antalya 2016.

Düring, Blade Serge. *Constructing communities: clustered neighbourhood settlements of the Central Anatolian Neolithic ca. 8500-5500 cal. BC.* Nederlands Instituut voor het Nabije Oosten, 2006.

Düring, Blade Serge. *The Prehistory of Asia Minor: From Complex Hunter-Gatherers to Early Urban Societies,* Cambridge University Press, Cambridge 2011a.

Düring, Blade Serge. "Millennia in the Middle? Reconsidering the Chalcolithic of Asia Minor" *The Oxford Handbook of Ancient Anatolia,* S.R. Steadman; G. Mcmahon (eds.), Oxford University Press, Oxford 2011b, 798-812.

Efstratiou, Nikos. "Neolithic households in Greece: The contribution of ethnoarchaeology", *Building Communities. House, Settlement and Society in the Aegean and Beyond,* R. Wastgate, N. Fischer; J. Whitley (eds.), *British School at Athens Studies* 15, London 2007, 29-35.

Erdal, Yılmaz Selim; Turan Takaoğlu. "Mortuary Behavior in Chalcolithic Anatolia: A View from Gülpınar", *Arkeoloji Bilimleri Dergisi* 2021/1, 42-66.

Erdoğu, Burçin. "A Preliminary Report From The 2009 and 2010 Field Seasons at Uğurlu on the Island of Gökçeada", *Anatolica* XXXVII, 2011, 45-65.

Erdoğu, Burçin. "Uğurlu-Zeytinlik: Gökçeada'da Tarih Öncesi Dönemlere Ait Yeni Bir Yerleşme", *Trakya Üniversitesi Edebiyat Fakültesi Dergisi,* Cilt 2, Sayı 4, 2012, 1-16.

Erdoğu, Burçin. "Gökçeada Uğurlu Archaeological Project: A Preliminary Report from the 2011-2013 Field Seasons", *Anatolica* XL, 2014, 157-178.

Erdoğu, Burçin. "2013 Yılı Gökçeada Uğurlu-Zeytinlik Kazı Çalışmaları", *36. Kazı Sonuçları Toplantısı I,* Ankara, 2015, 167-174.

Erdoğu, Burçin. "Neolithic to Chalcolithic Transition in the Island of Gökçeada (Imbros)", *in Communities in Transition: The Circum-Aegean Later Neolithic Stage* (ca. 5000/4800-3200/3000 BC), S. Dietz, F. Mavridis, Z. Tankosic; T. Takaoğlu (eds.), Athens 2018, 367-372.

Erdoğu, Burçin; Özlem Çevik. "Batı Anadolu Kronolojisi ve Terminolojisi: Sorunlar ve Öneriler", *APAD* 1, 2015, 29-45.

Erdoğu, Burçin; Özlem Çevik. "Kıyı Batı Anadolu'nun Kronolojisi ve Terminolojisinin Yeniden Değerlendirilmesi", *ADer, XXV*, 2020, 45-66.

Erkanal, Hayat. "Liman Tepe: New Light on Prehistoric Aegean Cultures", *The Aegean in the Neolithic, Chalcolithic and the Early Bronze Age. Procedings of the International Symposium, Urla 13-19 Ekim 1997,* H. Erkanal, H. Hauptmann, V. Şahoğlu; R. Tuncel (eds.), ANKÜSAM, Publication No.1, Ankara 2008a, 179-190.

Erkanal, Hayat. "Die neuen Forschungen in Bakla Tepe bei İzmir", *The Aegean in the Neolithic, Chalcolithic and the Early Bronze Age. Procedings of the International Symposium, Urla 13-19 Ekim 1997,* H. Erkanal, H. Hauptmann, V.Şahoğlu ve R.Tuncel (eds.), ANKÜSAM, Publication No.1, Ankara 2008b, 165-178.

Erkanal, Hayat; Vasıf Şahoğlu. "Liman Tepe (1992 -)", *DTCF Arkeoloji Bölümü Tarihçesi ve Kazıları (1936-2011)* O. Bingöl, A. Öztan; H. Taşkıran (eds.), Ankara, Anadolu ek, III.2, 2012a, 219-230.

Erkanal, Hayat; Vasıf Şahoğlu. "Bakla Tepe (1995-2001)", *DTCF Arkeoloji Bölümü Tarihçesi ve Kazıları (1936-2011)* O. Bingöl, A. Öztan; H. Taşkıran (eds.), Ankara, Anadolu ek, III.2, 2012b, 91-98.

Eslick, Christine. "Middle Chalcolithic Pottery from Southwestern Anatolia", *American Journal of Archaeology* 84, 1980, 5-14.

Eslick, Christine. *Elmalı-Karataş I. The Neolithic and Chalcolithic Periods: Bağbaşı and the Other Sites,* Bryn Mawr: Bryn Mawr College Archaeological Monographs 1992.

Felsch, Rainer C. S. *Das Kastro Tigani, Die spatneolithische und chalkolithische siedlung, Samos II,* Mainz: R. Habelt 1988.

Fidan, Erkan. "Anadolu Yerleşim Planı Üzerine Yeni Bir Değerlendirme", *Ege Üniversitesi Edebiyat Fakültesi Yayınları Arkeolojisi Dergisi* XVIII, Ege Yayınları, İstanbul 2013, 113-125.

French, David. "Prehistoric Sites in the Nortwest Anatolia I", *Anatolian Studies* 17, 1967, 49-96.

French, David. *Canhasan I: Stratigraphy and Structures,* British Institute of Archaeology, Ankara 1998.

French, David. "Chalcolithic and Early Bronze Age Pottery of Southwest Anatolia", *The Aegean in the Neolithic, Chalcolithic and the Early Bronze Age. Procedings of the International Symposium, Urla 13-19 Ekim 1997,* H. Erkanal, H. Hauptmann, V.Şahoğlu; R. Tuncel (eds.), ANKÜSAM, Publication No.1, Ankara 2008, 197-202.

French, David; G. C. Hillman; S. Payne. "Excavations at Can Hasan III 1969-1970", *Papers in Economic Prehistory,* Vol. 1, E. S.Higgs (ed.), Cambridge University Press, Cambridge, 1972, 181-190.

Furness, Audrey. "Some Early Pottery of Samos, Kalimnos and Chios", *Proceedings of Prehistoric Society* 22, 1956, 173-212.

Gatsov, Ivan. "Some Observation about Bullet Core Technique during 7th/6th Millennium BC", *BYZAS* 2, C. Lichter (ed.), İstanbul 2005, 213-220.

Gabriel, Utta. "Mitteilung zum stand der Neolithikums-forchung in der umgebung von Troia (Kumtepe 1993-1995; Beşik-Sivritepe 1983-1984, 1987, 1998-1999)", *Studia Troica* 10, 2000, 233-238.

Gabriel, Utta. "Die ersten menschlichen Spuren in der Umgebung Troias. Grabungsergebnisse am Kumtepe und Beşik-Sivritepe", *In Troia. Traum und Wirklichkeit,* Stuttgart 2001, 343-346.

Gabriel, Utta. "Ein Blick zurück-Das fünfte Jahrtausend vor Christus in der Troas", *Troia: Archäologie eines Siedlungshügels und seiner Landschaft,* M. Korfmann, (ed.), Mainz 2006, 355-360.

Gabriel, Utta. "Die Keramik der troadischen Fundorte Kumtepe IA, Beşik-Sivritepe und Çıplak Köyü im Kontext ihrer überregionalen Vergleichsfunde" *Troia 1987-2012: Grabungen und Forschungen I Forschungsgeschichte, Methoden und Landschaft Teil 2, Studia Troica, Monographien* 5, E. Pernicka, C.B. Rose; P. Jablonka (eds.), Bonn 2014, 990-1057.

Gabriel Utta; Rüstem Aslan; Stephan Blum. "Alacalıgöl: Eine neuendeckte Siedlung des 5. Jahrtausends v. Chr. in der Troas", *Studia Troica* 14, 2004, 121-133.

Garstang, John. *Prehistoric Mersin, Yumuktepe in Southern Turkey*, Oxford 1953.

Gerritsen, Fokke. "To Build and To Abandon: A Cultural Biography of Late Prehistoric Houses and Farmsteads in the Southern Netherlands", *Archaeological Dialogues* 6 (2), 1999, 78-114.

Graefe, Jan; Caroline Hamon; Cecilia Lidström-Holmberg; Christina Tsoraki; Susan Watts. "Subsistence, social and ritual practices: quern deposits in the neolithic societies of Europe", *Du matériel au spirituel. Réalités archéologiques, historiques et ethnographiques des « dépôts » de la Préhistoire à nos jours. XXIX rencontres internationales d'archéologie et d'histoire d'Antibes,* S. Bonnardin, C. Hamon, M. Lauwers, vd., (eds.), Antibes 2009, 89-98.

Grammenos, Demetrios V. *Recent Research in the Prehistory of the Balkans*, Thessaloniki: Archaeological Institute of Northern Greece 2003.

Greaves, Alan M. "Western Anatolia", *The Oxford Handbook of The Bronze Age Aegean* (ca. 3000-1000), E.H. Cline (ed.), Oxford 2010, 878-889.

Grosman, Leore; Natalie D Munro. "A Natufian Ritual Event", *Current Anthropology*, 57, 3, 2016, 311-331.

Gülçur, Sevil; Celine Fırat. "Spatial Analysıs of Güvercinkayası, A Middle Chalcolithic Hilltop Settlement in Northwestern Cappadocia: A Preliminary Report", *Anatolia Antiqua* XIII, 2005, 41-52.

Günel, Sevinç. "Çine-Tepecik Höyüğü 2005 yılı kazıları", *28. Kazı Sonuçları Toplantısı* I, 2007, 231-246.

Günel, Sevinç. "Çine-Tepecik Höyük 2006 yılı kazıları", *29. Kazı Sonuçları Toplantısı* I, 2008, 73-90.

Günel, Sevinç. "Çine-Tepecik Kazıları Işığında Bölgenin Tarihöncesi Kültürleri Üzerine Bir İnceleme", *Karadeniz'den Fırat'a Bilgi Üretimleri-Önder Bilgi'ye Armağan Yazılar*, A. Öztan; Ş. Dönmez (eds.), Ankara 2011, 217-223.

Günel, Sevinç. "New Contributions Regarding Prehistoric Cultures in the Meander region: Çine Tepecik", *Western Anatolia before Troy Proto-Urbanisation in the 4th Millennium BC?,* B. Horejs; M. Mahofer (eds.), Austrian Academy of Sciences Press, Vienna 2014, 83-103.

Hadjianastasiou, Olga. "A Late Neolithic Settlement on Grotta, Naxos. In *Problems in Greek Prehistory"*, E.B. French; K.A. Wardle, (eds.), *Bristol: Bristol University Press* 1988, 11-20.

Hauptmann, Harald. "The Urfa Region", *The Neolithic in Turkey: New Excavations & New Research, The Euphrates Basin, Vol. 2,* M. Özdoğan, N. Başgelen; P. Kuniholm (eds.), Arkeoloji ve Sanat Yayınları, İstanbul 2011, 85-138.

Hood, Sinclair. *Chios Prehistoric Emporio and Ayio Gala*, vol. I. Oxford: The British School at Athens, Supplementary Volume No 15, 1981.

Hood, Sinclair. *Chios Prehistoric Emporio and Ayio Gala*, vol. II. Oxford: The British School at Athens, Supplementary Volume No 16, 1982.

Horejs, Barbara. "Çukuiçi Höyük A Neolithic and Bronze Age Settlement in the Region of Ephesos", *The Neolithic in Turkey New Excavations & New Research, Western Turkey, Vol.*

4, M. Özdoğan, N. Başgelen; P. Kuniholm (eds.), Arkeoloji ve Sanat Yayınları, İstanbul 2012, 117-131.

Horejs, Barbara. "Proto-Urbanisation without Urban Center? A Modek of Transformation fort he İzmir Region in the 4th Millennium BC", *Western Anatolia before Troy Proto - Urbanisation in the 4th Millennium BC?*, B. Horejs; M. Mehofer (eds.), Austrian Academy of Sciences Press, Vienna 2014, 15-41.

Horejs, Barbara; Christoph Schwall. "New Light on a Nebulous Period – Western Anatolia in the 4th millennium BC: Architecture and Settlement Structures as Cultural Patterns?", *Neolithic and Copper Age between the Carpathians and the Aegean Sea. Chronologies and Technologies from the 6th to 4th Millennium BC. International Workshop Budapedst 2012*, S. Hansen, P. Raczky, A. Anders; A. Reingruber (eds.), Bonn 2015, 457-474.

Immerwahr, Sara Anderson. *The Athenian Agora XIII. The Neolithic and Bronze Ages*. Princeton: Princeton University Press 1971.

Joukowsky, Marta Sharp. *Prehistoric Aphrodisias,* An Account of the Excavations and Artifact Studies, Vol I-II, Belgium 1986.

Karul, Necmi. "İlk Kalkolitik Çağ'da Konut ve Yerleşme: Aktopraklık Höyük", *Arkeoloji ve Sanat Dergisi* 143, 2013, 41-50.

Kaplan, Davut. "Smintheion Roma Hamamı", *Smintheion: Apollon Smintheus'un İzinde*, N. Özgünel (ed.), Ege Yayınevi, İstanbul 2013a, 81-100.

Kaplan, Davut. "Smintheion Roma Su Depoları", *Smintheion: Apollon Smintheus'un İzinde*, N. Özgünel (ed.), Ege Yayınevi, İstanbul 2013b, 101-116.

Katsarou, Stella; Demetrius U. Schilardi. "Emerging Neolithic and Early Cycladic settlements in Paros: Koukounaries and Sklavouna", *The Annual of the British School at Athens* 99, 2004, 23-48.

Korfmann, Manfred. Demircihöyük Die Ergebnisse der Ausgrabıngen 1975-1978 Band I, Architektur, Stragraphie und Befunde, Mainz 1983.

Korfmann, Manfred. "Beşik-Tepe 1983. Grabungen am Besik-Yassıtepe und Beşik-Sivritepe", *Archaologischer Anzeiger*, 1985, 167-172.

Korfmann, Manfred. "Beşik-Tepe. Vorbericht über die Ergebnisse der Grabungen von 1984", *Archaologischer Anzeiger*, 1986, 303-363.

Korfmann, Manfred. "Troia-Ausgrabungen 1995", *Studia Troica* 6, 1996, 1-63.

Korfmann, Manfred; Bernd Kromer. "Demircihöyük, Beşiktepe, Troia-Eine Zwischenblanz zur Chronologie dreier Orte in Westanatolien," *Studia Troica* 3, 1993, 135-171.

Korfmann, Manfred; Ç. Girgin; Ç. Morçöl; S. Kılıç. "Kumtepe 1993. Bericht über die Rettungsgrabung – Report on the Rescue Excavation", *Studia Troica*, 5, 1995, 237-289.

Korkut, Taner; Gül Işın; Turan Takaoğlu; Bilsen Özdemir. "Tlos Antik Yakınlarındaki Tavabaşı Mağarası Kaya Resimleri", *TÜBA-AR* 18, 2015, 37-49.

Koşay, Hamit Zübeyir. *Keban Projesi Pulur Kazısı 1968-1970,* OTDÜ Keban Projesi Yayınları, Seri III, No:I, Ankara 1976.

Koşay, Hamit Zübeyir; Jerome. Sperling. *Troad'da Dört Yerleşme Yeri,* Devlet Basımevi, İstanbul 1936.

Kromer, Bernd; Manfred Korfmann; Peter Jablonka. "Heidelberg Radiocarbon dates for Troia I to VIII and Kumtepe", *Troia and the Troad. Scientific Approaches*, G.A. Wagner, E. Pernicka; H.P. Uerpman (eds.), Berlin 2003, 43-54.

Lamb, Winifred. "Schliemann's prehistoric sites in the Troad", *Praehistoriche Zeitshcrift* 23, 1932, 111-131.

Lloyd, Seton; James Mellaart. *Beycesultan I. The Chalcolithic and Early Bronze Age levels.* London: British Institute of Archaeology at Ankara 1962.

Lichter, Clemens; Recep Meriç. "Dedecik-Heybelitepe. Excavations at a Neolithic Settlement in the Torbali Plain" *The Neolithic in Turkey: New Excavations & New Research, Central Turkey, Vol. 4,* M. Özdoğan, N. Başgelen; P. Kuniholm (eds.), Arkeoloji ve Sanat Yayınları, İstanbul 2012, 133-138.

Lidström Holmberg, Cecilia. "Prehistoric Grinding Tools as Metaphorical Traces of the Past", *Current Swedish Archaeology,* 6, 1998, 123–142.

Lidström Holmberg, Cecilia. "Saddle Querns and Gendered Dynamics of the Early Neolithic in Mid Central Sweden", *Coast to Coast - Arrival: Results and Reflections: Proceedings of the Final Coast to Coast Conference, 1-5 October 2002 in Falköping, Sweden,* H.Knutsson, (ed.), Department of Archaeology and Ancient History, Uppsala University, 2004, 199-231.

Mavridis, Fanis. "Neolithic pottery groups from the Agia Triada Cave, southern Euboea, and the Aegean Late Neolithic: Some remarks", *An Island Between two Worlds: The Archaeology of Euboea from Prehistoric to Byzantine Times,* Ž. Tankosić, F. Mavridis; M. Kosma (eds.), Papers and Monographs from the Norwegian Institute at Athens, Volume 6, 2017, 67-98.

Mellaart, James. *Excavations at Hacılar.* Edinburgh University Press, Edinburgh 1970.

Mellaart, James. "The Late Chalcolithic Period in Anatolia: an interim assessment", *Studia Praehistorica* 1-2, 1978, 84-87.

Mellaart, James. "Beycesultan", *in Ancient Anatolia,* R.Matthews (ed.), London British Institute of Archaeology at Ankara 1998.

Menasanch, Montserrat; Roberto Risch; José Antonio Soldevilla. "Las tecnologias del procesado de cereal en el sudeste de la peninsula Iberica durante el III y el II milenio A.N.E.", Moudre et broyer : l'interprétation fonctionnelle de l'outillage de mouture et de broyage dans la Préhistoire et l'Antiquité 1, Méthodes : pétrographie, chimie, tracéologie, expérimentation, ethnoarchéologie, Procopiou, Hara; René Treuil (eds.) CTHS Paris 2002, 81-110.

Milojcic, Vladimir. *Otzaki-Magula II, Das Mittlere Neolithikum, die mittelneolithische Siedlung,* Habelt, Bonn 1983.

Nesbitt, Mark; Delwen Samuel. "From staple crop to extinction? The archaeology and history of the hulled wheats", *Hulled wheats. Proceedings of the First International Workshop on Hulled Wheats. Promoting the conservation and use of underutilized and neglected crops 4,* S. Padulosi, K. Hammer; J. Heller (eds.) International Plant Genetic Resources Institute, Rome 1996, 41-100.

Niemeier, Wolf Dietrich. "Minoans, Mycenaeans, Hittites and Ionians in Western Asia Minor: New Excavations in Bronze Age Miletus-Milliwanda" *In The Greek in the East,* A. Villing (ed.), London 2005, 1-36.

Özdemir, Abdulkadir. "An Experimental Study of Mat Impressions on Pot Bases from Chalcolithic Gülpınar (Smintheion)" *Ethnoarchaeological investigations in Rural Anatolia, Volume 4,* T. Takaoğlu (ed.), Ege Yayınları, İstanbul 2007, 73-86.

Özdemir, Abdulkadir. Kalkolitik Smintheion (Gülpınar) Yerleşiminde Hasırcılık ve Dokumacılık, (Yayınlanmamış Yüksek Lisans Tezi), 2010, Çanakkale Onsekiz Mart Üniversitesi, Çanakkale.

Özdemir, Abdulkadir. "Kalkolitik Smintheion (Gülpınar)'da Dokumacılık ve Hasırcılık", *Anadolu/Anatolia* 38, 2012, 139-153.

Özdemir, Abdulkadir. *Kalkolitik Smintheion (Gülpınar) Yerleşiminde Hasırcılık ve Dokumacılık,* Studies on the Troad 3, Troia Vakfı Yayınları, Çanakkale 2013.

Özdemir, Abdulkadir; A. O. Bamyacı; Ç. Yavşan. "Kalkolitik Smintheion (Gülpınar) Buluntusu Antropomorfik Objeler", *Höyük* 5, Ankara 2014, 11-24.

Özdemir, Abdulkadir; A. O. Bamyacı. *Anadolu Arkeolojisinde Taş Aletler*, "Kuzey Doğu Ege Buluntusu Taş Aletlerin İşlevlendirilmesi ve Etnografik Analoji", A. Baysal (ed.), Ege Yayınları, 2018, İstanbul.

Özdemir, Abdulkadir; A. O. Bamyacı. "Erken ve Orta Kalkolitik Dönem'de Batı Anadolu'da Tekstil Üretimi: Gülpınar Buluntusu Ağırşakların İşlevlendrilmesi", *Fırat Üniversitesi Sosyal Bilimler Dergisi* 28:2, 2018, 1-14.

Özdemir, Abdulkadir; Ayşe Özdemir. "Technological Marks on Pot Bases from Chalcolithic Gülpınar", *Arkeoloji Dergisi* XXVI, 2021, 47-64.

Özdemir, Ayşe. Kalkolitik Smintheion (Gülpınar) Yerleşimi Çanak Çömlekleri Üzerindeki Teknolojik İzler, (Yayınlanmamış Yüksek Lisans Tezi), 2015, Çanakkale Onsekiz Mart Üniversitesi, Çanakkale.

Özdoğan, Mehmet. 1934 yılı Kumtepe Kazısı Çanak Çömlek Topluluğu ve Küçük Buluntuların Değerlendirme Tarihlendirmesi, 1970, İstanbul Üniversitesi, Bitirme Tezi.

Özdoğan, Mehmet. "Vinça and Anatolia: A New Look at a Very Old Problem (or Redefining Vinça Culture from the Perspective of Near Eastern Tradition)", *Anatolica* 19, 1993, 173-193.

Özdoğan, Mehmet. "Tarihten günümüze Anadolu'da Konut ve Yerleşme", *Kulübeden Konuta: Mimarlıkta İlkler, HABITAT* II, 1996, 19-30.

Özdoğan, Mehmet. "Neolitik Dönem ve Batı Anadolu: Sorunlar ve Bazı Tanımlar." *Refik Duru'ya Armağan*, G. Umurtak, Ş. Dönmez; A. Yurtsever (eds.), Ege Yayınları, İstanbul 2007, 31-37.

Özdoğan, Mehmet. "Neolithic sites in the Marmara Region: Fikirtepe, Pendik, Yarımburgaz, Toptepe, Hoca Çeşme and Aşağı Pınar", *The Neolithic in Turkey: New Excavations & New Research, Northwestern Turkey and Istanbul, Vol. 5,* M. Özdoğan, N. Başgelen; P. Kuniholm (eds.), Arkeoloji ve Sanat Yayınları, İstanbul 2013, 167-269.

Özdoğan, Mehmet; Yutaka Miyake; Nilgün Özbaşaran-Dede. "An Interim Report on the Excavations at Yarımburgaz and Toptepe in Eastern Thrace", *Anatolica* XVII, 1991, 59-121.

Özgünel, A. Coşkun. *Smintheion: Troas'da Bir Kutsal Alan: Gülpınar'daki Apollon Smintheus Tapınağı,* Kültür Bakanlığı, Ankara 2001.

Özgünel, A. Coşkun. "İlyada Destanı Işığında Apollon Smintheus Tapınağı", *Smintheion: Apollon Smintheus'un İzinde*, N. Özgünel (ed.), Ege Yayınevi, İstanbul 2013, 29-76.

Özkan, Turhan; Hayat Erkanal. *Tahtalı Barajı Kurtarma Kazısı Projesi*, İzmir 1999.

Pappa, Maria; Paul Halstead; Kostas Kotsakis; Duska Urem-Kotsou. "Evidence for large-scale Feasting at Late Neolithic Makriyalos, N Greece", *Food, Cuisine and Society in Prehistoric Greece. Sheffield Studies in Aegean Archaeology,* Paul Halstead; John C. Barrett (eds.), Oxbow Books 2004, 16-44.

Perlés, Catherine. *The Early Neolithic in Greece*, Cambridge University Press, Cambridge 2001.

Peschlow-Bindokat, Anneliese; Christoph Gerber. "The Latmos-Beşparmak Mountains, Sites with Early Rock Paintings in Western Anatolia", *The Neolithic in Turkey New Excavations & New Research Western Turkey, Vol* 4, M. Özdoğan, N. Başgelen; P. Kuniholm (eds.), Arkeoloji ve Sanat Yayınları, İstanbul 2012, 67-115.

Pişkin, Evangelia; T. Takaoğlu. "Animal Exploitation in The Subsistence Base of The Chalcolithic Gülpınar Community" *TÜBA-AR* 27, 2020, 45-59.

Pyke, Gillian; Paraskevi Yiouni. *Nea Nikomedeia I: The Excavation of an Early Neolithic Village in Northern Greece* 1961-1964, (*The Excavation and the Ceramic Assemblage*), K.A. Wardle (ed.), The British School at Athens, Athens 1996.

Renfrew, Colin; Paul Bahn. *Arkeoloji: Kuramlar, Yöntemler ve Uygulama*, Homer Kitabevi, İstanbul 2017.

Roodenberg, J.; S. Alpaslan Roodenberg. "Ilıpınar and Menteşe. Early Farming Communities in the Eastern Marmara", *The Neolithic in Turkey New Excavations & New Research, Northwestern Turkey and Istanbul,* Vol 5, M. Özdoğan, N. Başgelen; P. Kuniholm (eds.), Arkeoloji ve Sanat Yayınları, İstanbul 2013, 69-91.

Rosenberg, Danny; Dani Nadel. "The Sounds of Pounding Boulder Mortars and Their Significance to Natufian Burial Customs", *Current Anthropology,* 55, 6, 2014, 784-812.

Rosenstock, Eva. "Like a Su Böreği: Settlements and Site Formation Processes in Neolithic Turkey", *The Neolithic in Turkey, 10500-5200 BC Environment, Settlement, Flora, Fauna, Dating, Symbols of Belief, with views from North, South, East and West,* Vol 6, M. Özdoğan, N. Başgelen; P. Kuniholm (eds.), Arkeoloji ve Sanat Yayınları, İstanbul 2014, 223-263.

Sağlamtimur, Haluk. "Ege Gübre Neolitik Yerleşimi", *Anadolu'da Uygarlığın Doğuşu ve Avrupa'ya Yayılımı Türkiye'de Neolitik Dönem yeni kazılar, yeni bulgular,* M. Özdoğan; N. Başgelen (eds.), Arkeoloji ve Sanat Yayınları, İstanbul, 2007, 373-376 (metin), 359-369 (levhalar).

Sağlamtimur, Haluk. "The Neolithic Settlement of Ege Gübre", *The Neolithic in Turkey New Excavations & New Research Western Turkey, Vol 4,* M. Özdoğan, N. Başgelen; P. Kuniholm (eds.), Arkeoloji ve Sanat Yayınları, İstanbul 2012, 197-225.

Sağlamtimur, Haluk; A. Ozan. "Ege Gübre Neolitik Yerleşimi", *Ege Üniversitesi Arkeoloji Kazıları,* A. Çilingiroğlu, Z. Mercangöz; G. Polat (eds.), Ege Üniversitesi Edebiyat Fakültesi, İzmir 2012, 95-114.

Samuel, Delwen. An Archaeological study of baking and bread in New Kingdom Egypt, (Unpublished Ph.D. Dissertation), 1994. University of Cambridge.

Samuel, Delwen. "Bread Making and Social Interactions at the Amarna Workmen's Village, Egypt", World Archaeology, 31, 1, 1999, 121-144.

Seeher, Jürgen. "Vorläufiger Bericht über die Keramik des Beşik-Sivritepe", *Archäologischer Anzeiger,* 1985/2, 1985, 172-182.

Seeher, Jürgen. "Prähistorische Funde aus Gülpınar/Chryse. Neue Belege für einen vortrojanischen Horizont an der Nordwestküste Kleinasiens", *Archäologischer Anzeiger,* 1987, 533-556.

Seeher, Jürgen. "Antalya Yakınlarında Karain Mağarasındaki Kalkolitik Çağ Buluntuları", *V. Araştırma Sonuçları Toplantısı,* Cilt II, Ankara 1988, 221-238.

Schachner, Andreas. "Der Hanay Tepe und seine Bedeutung für dies Bronzezeitliche Topograhie der Troas: Die Prähistorischen funde der Grabungen von Frank Calvert im Berliner Museum für vor- und frühgeschichte", *Acta Praehistorica et Archaeologica* 31, 1999, 7-47.

Schliemann, Heinrich. *İlios, The City and of the Country Trojans,* J. Murray (ed.), London 1880.

Schoop, Ulf-Detrich. *Das anatolische Chalkolithikum,* Urgeschichtliche Studien I, Greiner, Grunbach 2005a.

Schoop, Ulf-Detrich. "The late escape of the Neolithic from the Central Anatolia Plain", *How Did Farming Reach Europe? Anatolian-European Relations from the Second Half of the 7th through the First Half of the 6th Millennium BC,* C. Lichter (ed.), BYZAS 2, Ege Yayınları, İstanbul 2005b, 41-58.

Schoop, Ulf-Detrich. "The Chalcolithic on the Plateau" *The Oxford Handbook of Ancient Anatolia,* S.R. Steadman; G. Mcmahon (eds.), Oxford University Press, Oxford 2011, 150-173.

Sperling, Jerome W. "Kum Tepe in the Troad: Trial Excavation, 1934", *Hesperia:* 45/4, 1976, 305-364.

Stroulia, Anna; Danai Chondrou. "Destroying the means of production: The case of ground stone tools from Kremasti-Kilada, Greece", *Destruction: Archaeological, Philological and Historical Perspectives,* J. Driessen, (ed.), Presses Universitaires de Louvain, Louvain-la-Neuve, 2013, 109-131.

Şahoğlu, Vasıf. "Liman Tepe and Bakla Tepe: New Evidence fort he Relation between the İzmir Region, The Cyclades and the Greek Mainland during the Late Fourth and Third Millenia BC", *The Aegean in the Neolithic, Chalcolithic and the Early Bronze Age. Procedings of the International Symposium, Urla 13-19 Ekim 1997,* H. Erkanal, H. Hauptmann, V.Şahoğlu; R.Tuncel (eds.), ANKÜSAM, Publication No.1, Ankara, 2008, 483-502.

Şahoğlu, Vasıf; Rıza Tuncel. "New Insights into the Late Chalcolithic of Coastal Western Anatolia: A View from Bakla Tepe, Izmir", *Western Anatolia before Troy Proto - Urbanisation in the 4th Millennium BC?,* B. Horejs; M. Mehofer (eds.), Austrian Academy of Sciences Press, Vienna, 2014, 65-82.

Takaoğlu, Turan. A Late Chalcolithic Marble Workshop at Kulaksızlar in Western Anatolia, An Analysis of Production and Craft Specialization, (Yayınlanmamış Doktora Tezi), 2001, Boston Universty, Boston.

Takaoğlu, Turan. "Chalcolithic Marble Working at Kulaksızlar in Western Anatolia" TÜBA-AR 5, 2002, 71-93.

Takaoğlu, Turan. "Interactions in the Fifth Millennium B.C. Eastern Aegean: New Evidence", *Anatolia Antiqua* 12, 2004, 1-6.

Takaoğlu, Turan. *A Chalcolithic Marble Workshop at Kulaksızlar in Western Anatolia: An Analysis of Production and Craft Specialization.* Oxford, England: Archaeopress, 2005a.

Takaoğlu, Turan. "Çoşkuntepe: an Early Neolithic Quern Production Site in NW Turkey", *Journal of Field Archaeology* 30.4, 2005b, 419-433.

Takaoğlu, Turan. "Pattern-Burnished Pottery From Gülpınar in the Troad" *Patronvs, Festschrift für Coşkun Özünel'e 65. Yaş Armağanı,* E. Öztepe; M. Kadıoğlu (eds.), İstanbul, Homer Kitabevi, 2005c, 359-365.

Takaoğlu, Turan. "A Prehistoric Mourning Figurine From Gülpinar In North-Western Anatolia", *Arkeoloji, Anadolu&Avrasya,* 2, 2005d, 3-7.

Takaoğlu, Turan. "The Late Neolithic in the Eastern Aegean: Excavations at Gülpınar in the Troad," *Hesperia* 75, 2006a, 289-315.

Takaoğlu, Turan. "Homeros'un Gölgesinde Troas Araştırmaları" *Sevinç Buluç Anı Kitabı,* V.Tolun; T.Takaoğlu (eds.), Çanakkale 2006b, 47-61.

Takaoğlu, Turan. "Prehistoric Occupations at Smintheion, A Preliminary Report", *Smintheion in Search of Apollo Smintheus,* C. Özgünel (ed.), Ege Yayınevi, İstanbul 2015, 137-165.

Takaoğlu, Turan. T., N. Kıyak, A.Erginal; H. Özcan. "Luminescence Dating of Prehistoric Site of Smintheion (Gülpinar) in NW Turkey." *Mediterranean Archaeology and Archaeometry, 10* (4), 2010, 35-42.

Takaoğlu, Turan; Abdulkadir Özdemir. "Smintheion Öncesi: Prehistorik Yerleşim", *Smintheion: Apollon Smintheus'un İzinde,* N. Özgünel (ed.), Ege Yayınevi, İstanbul 2013a, 15-28.

Takaoğlu, Turan; Abdulkadir Özdemir. "Coşkuntepe A Neolithic Village in the Coastal Troad", *The Neolithic in Turkey New Excavations & New Research Northwestern Turkey and Istanbul,* M. Özdoğan, N. Başgelen; P. Kuniholm (eds.), Arkeoloji ve Sanat Yayınları, İstanbul 2013b, 35-43.

Takaoğlu, Turan; T. Korkut; B. Erdoğu; G. Işın. "Archaeological evidence for 9th and 8th millennia BC at Girmeler Cave near Tlos in SW Turkey", *Documenta Praehistorica* XLI, 2014, 111-118.

Takaoğlu, Turan; Abdulkadir Özdemir. "The Middle Chalcolithic in the Troad: A new look from Gülpınar", *in Communities in Transition: The Circum-Aegean Later Neolithic Stage* (ca. 5000/4800-3200/3000 BC), S. Dietz, F. Mavridis, Z. Tankosic; T. Takaoğlu (eds.), Athens 2018, 479-490.

Takaoğlu, Turan; Onur Bamyacı. "On the marble conical Rhyta: A new looj from Yeşiltepe in the West Anatolian hinterland", *in Communities in Transition: The Circum-Aegean Later Neolithic Stage* (ca. 5000/4800-3200/3000 BC), S. Dietz, F. Mavridis, Z. Tankosic; T. Takaoğlu (eds.), Athens 2018, 491-498.

Takaoğlu, Turan; Stratos Nanoglou. "Figurines and Figural Objects from Chalcolithic Gülpinar in Northwestern Anatolia", *Anatolica* 47, 2021, 95-119.

Theocharis, Demetrios. T. *Neolithic Greece*, National Bank of Greece, Athens 1973.

Tomkins, Peter. "Domesticity by Default. Ritual, Ritualization and Cave-Use in the Neolithic Aegean", *Journal of Archaeology*, 28 (2), 2009, 125-153.

Tomkins, Peter. "Tracing Complexity in 'the Missing Millennium': An Overview of Recent Research into the Final Neolithic Period on Crete", *Western Anatolia before Troy, Proto-Urbanisation in the 4th millennium BC?*, B. Horejs; M. Mehofer (eds.), OREA 1, Vienna 2014, 345-364.

Tuncel, Rıza. Bakla Tepe Geç Kalkolitik Seramiğinin Batı Anadolu Arkeolojisindeki Yeri ve Önemi, (Yayınlanmamış Doktora Tezi), 2009, Hacettepe Üniversitesi, Ankara.

Tuncel, Rıza; Vasıf Şahoğlu. "The Chalcolithic of Coastal Western Anatolia: A View from Liman Tepe, İzmir", *in Communities in Transition: The Circum-Aegean Later Neolithic Stage* (ca. 5000/4800-3200/3000 BC), S. Dietz, F. Mavridis, Z. Tankosic; T. Takaoğlu, (eds.), Athens 2018, 513-529.

Umurtak, Gülsün. "Understanding the Hacılar II Settlement", *ADALYA* XIV, 2011, 1-16.

Wace, Alan; Bayard Thompson. *Pehistoric Thessaly, Being some account of recent excavations and exploratons in North-eastern Greece from Lake Kopais to the borders of Macedonia*, Cambridge University Press, Cambridge 1912.

Yakar, Jak. *The Later Prehistory of Anatolia. The Late Chalcolithic and Early Bronze Age*, BAR International Series 285, Oxford 1985.

Yakar, Jak. *Prehistoric Anatolia: The Neolithic Transformation and the Early Chalcolithic Period.* Tel Aviv Universty Press, Tel Aviv, Israel 1991.

Yavşan, Çilem. Kalkolitik Smintheion (Gülpınar) Kazıları Buluntusu Deniz Kabukları, (Yayınlanmamış Yüksek Lisans Tezi), 2010, Çanakkale Onsekiz Mart Üniversitesi, Çanakkale.

Yazıcı, Derya. Ege Gübre Kazısında Ortaya Çıkarılan Kalkolitik Dönem Çanak Çömlekleri", (Yayınlanmamış Yüksek Lisans Tezi), 2009, Ege Üniversitesi, İzmir.

Yılmaz, Derya. *Kuzey Troas'ta Yeni Araştırmalar: Neolitik Çağ'dan Demir Çağı Sonuna Kadar Çanakkale Merkez Yüzey Araştırması*, 2019, Ege Yayınları, İstanbul.